清华社"视频大讲堂"大系
网络开发视频大讲堂

jQuery从入门到精通
（微课精编版）

前端科技　编著

清华大学出版社
北　京

内容简介

《iQuery 从人门到精通(微课精编版)》通过理论与实践相结合的方式,由浅人深、循序渐进地介绍了jQuery 库的使用, 并对其源码进行解析。全书内容包括 jQuery 基础知识、内核详解和应用开发三部分,共计 16 章,包括初识 jQuery、解 析 jQuery 框架、解析 Sizzle 选择器引擎、定义 jQuery 对象、过滤 jQuery 对象、解析 DOM 模块、操作 DOM、使用 CSS、 jQuery 动画、jQuery 事件、使用 Ajax、jQuery 工具、jQuery 插件、使用 jQuery 设计微博系统、使用 jQuery 开发网店、使 用 jQuery 开发 Web 应用等内容。本书内容新颖全面,不仅讲解了 jQuery 技术本身的方方面面,而且还包括与 jQuery 相关 的扩展知识。书中每个知识点都配有完整的示例,不仅能满足读者系统学习理论知识的需求,还能满足读者充分实践的需求。

除纸质内容外,本书还配备了多样化、全方位的学习资源,主要内容如下。

☑ 237 节同步教学微视频 ☑ 344 个实例案例分析

☑ 15000 项设计素材资源

☑ 48 本权威参考学习手册

☑ 20 项拓展知识微阅读

☑ 124 个在线微练习

☑ 4800 个前端开发案例

☑ 1036 道企业面试真题

本书内容翔实、结构清晰、循序渐进,不仅适合 Web 开发人员阅读和参考,也适合广大网页制作和设计的学生阅 读和学习,还适合中、高级用户进一步学习和参考。

本书封面贴有清华大学出版社防伪标签, 无标签者不得销售。

版权所有,侵权必究。侵权举报电话: 010-62782989 13701121933

图书在版编目(CIP)数据

jQuery 从人门到精通: 微课精编版 / 前端科技编著. 一北京: 清华大学出版社, 2019 (清华社"视频大讲堂"大系 网络开发视频大讲堂) ISBN 978-7-302-52048-1

I. ①j··· II. ①前··· III. ①JAVA语言一程序设计 IV. ①TP312.8

中国版本图书馆 CIP 数据核字 (2019) 第008090号

责任编辑: 贾小红 封面设计: 李志伟 版式设计: 文森时代 责任校对: 马军令 责任印制: 李红英

出版发行:清华大学出版社

址: http://www.tup.com.cn, http://www.wqbook.com

址:北京清华大学学研大厦 A 座 邮 编: 100084

社 总 机: 010-62770175 购: 010-62786544

投稿与读者服务: 010-62776969, c-service@tup.tsinghua.edu.cn 质量反馈: 010-62772015, zhiliang@tup.tsinghua.edu.cn

印装者: 三河市铭诚印务有限公司

经 销:全国新华书店

开 本: 203mm×260mm 即 张: 29.75 字 数: 920 千字

次: 2019年8月第1版 次: 2019年8月第1次印刷 ED

定 价: 89.80元

产品编号: 078931-01

如何使用本书

本书提供了多样化、全方位的学习资源，帮助读者轻松掌握 jQuery 开发技术，从小白快速成长为前端开发高手。

纸质书　　视频讲解　　拓展学习　　在线练习　　电子书

手机端 +PC 端，线上线下同步学习

1. 获取学习权限

学习本书前，请先刮开图书封底的二维码涂层，使用手机扫描，即可获取本书资源的学习权限。再扫描正文章节对应的 3 类二维码，可以观看视频讲解，阅读线上资源和在线练习提升，全程易懂、好学、高效、实用。

2. 观看视频讲解

对于初学者来说，精彩的知识讲解和透彻的实例解析能够引导其快速入门，轻松理解和掌握知识要点。本书中大部分案例都录制了视频，可以使用手机在线观看，也可以离线观看，还可以推送到计算机，在大屏幕上观看。

Note

3. 拓展线上阅读

一本书的厚度有限，但掌握一门技术却需要大量的知识积累。本书选择了那些与学习、就业关系紧密的核心知识点放在书中，而将大量的拓展性知识放在云盘上，读者扫描“线上阅读”二维码，即可免费阅读数百页的前端开发学习资料，获取大量的额外知识。

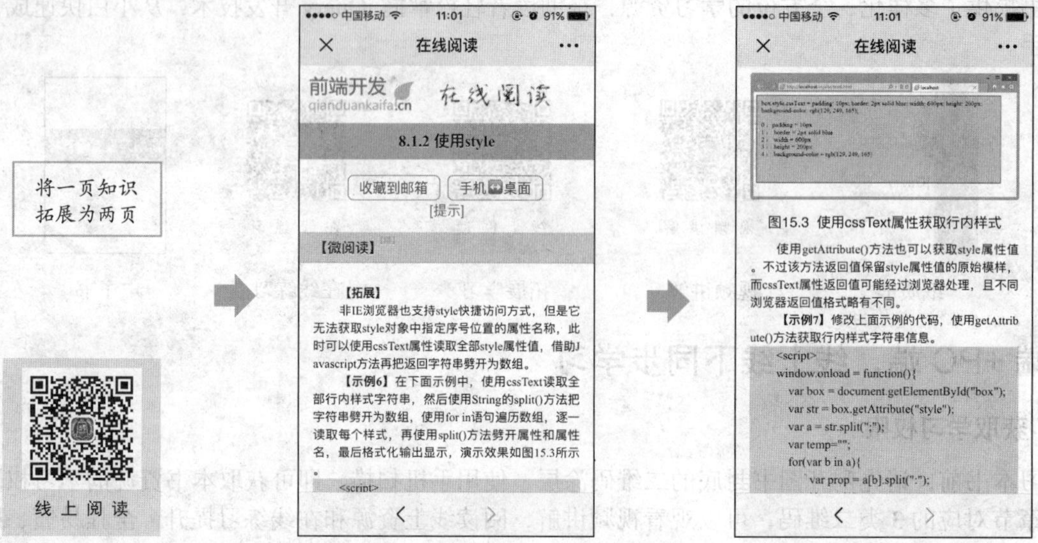

4. 进行在线练习

为方便读者巩固基础知识，提升实战能力，本书附赠了大量的前端练习题目。读者扫描最后一节的“在线练习”二维码，即可通过反复的实操训练加深对知识的领悟程度。

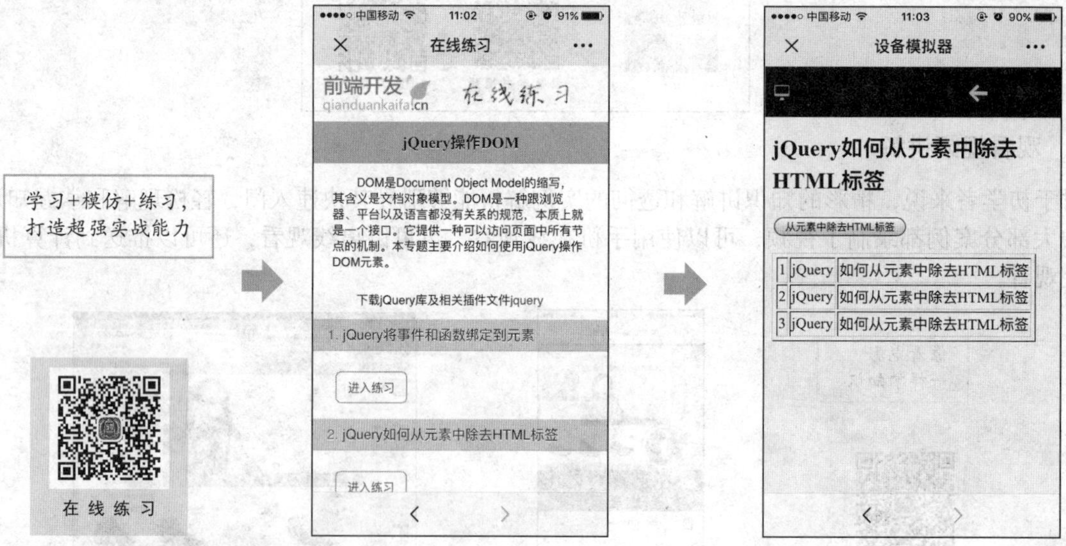

5. 其他 PC 端资源下载方式

除了前面介绍过的可以直接将视频、拓展阅读等资源推送到邮箱之外，还提供了如下几种 PC 端资源获取方式。

☑ 登录清华大学出版社官方网站（www.tup.com.cn），在对应图书页面下查找资源的下载方式。
☑ 申请加入 QQ 群、微信群，获得资源的下载方式。
☑ 扫描图书封底“文泉云盘”二维码，获得资源的下载方式。

小白学习电子书

为方便读者全面提升，本书赠送了“前端开发百问百答”小白学习电子书。这些内容精挑细选，希望成为您学习路上的好帮手，关键时刻解您所需。

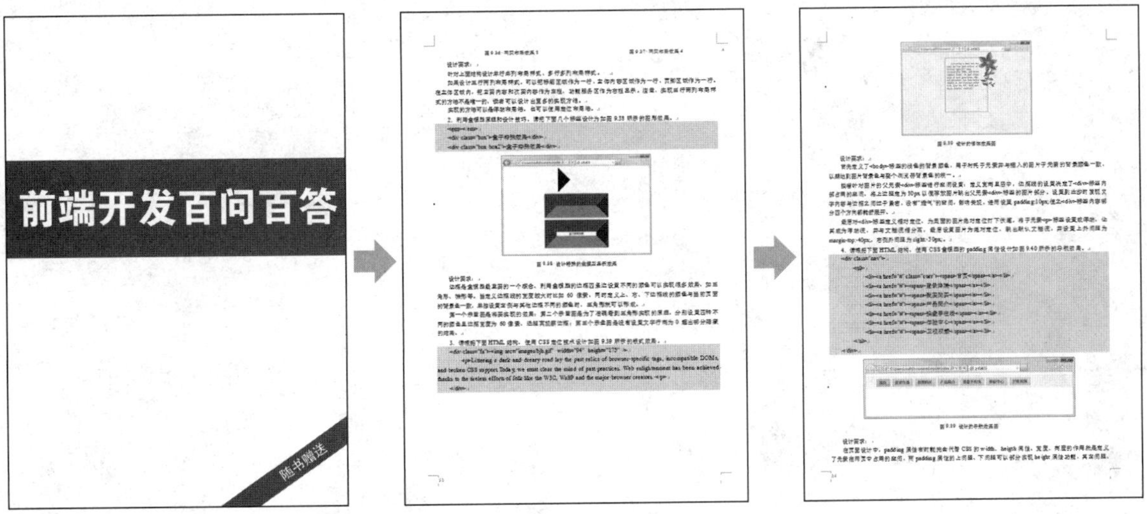

从小白到高手的蜕变

谷歌的创始人拉里·佩奇说过，如果你刻意练习某件事超过 10000 个小时，那么你就可以达到世界级。

因此，不管您现在是怎样的前端开发小白，只要您按照下面的步骤来学习，假以时日，您会成为令自己惊讶的技术大咖。

（1）扎实的基础知识 + 大量的中小实例训练 + 有针对性地做一些综合案例。

（2）大量的项目案例观摩、学习、操练，塑造一定的项目思维。

（3）善于借用他山之石，对一些成熟的开源代码、设计素材，能够做到拿来就用，学会站在巨人的肩膀上。

（4）多参阅一些官方权威指南，拓展自己对技术的理解和应用能力。

（5）最为重要的是，多与同行交流，在切磋中不断进步。

书本厚度有限，学习空间无限。纸张价格有限，知识价值无限。希望本书能帮您真正收获知识和学习的乐趣。最后，祝您阅读快乐！

前　言

Preface

“网络开发视频大讲堂”系列丛书因其编写细腻、讲解透彻、实用易学、配备全程视频等，备受读者欢迎。丛书累计销售超 20 万册，其中，《HTML5+CSS3 从入门到精通》累计销售 10 万册。同时，系列书被上百所高校选为教学参考用书。

本次改版，在继承前版优点的基础上，进一步对图书内容进行了优化，选择面试、就业最急需的内容，重新录制了视频，同时增加了许多当前流行的前端技术，提供了“入门学习→实例应用→项目开发→能力测试→面试”等各个阶段的海量开发资源库，实战容量更大，以帮助读者快速掌握前端开发所需要的核心精髓内容。

jQuery 是功能丰富的 JavaScript 库，可以帮助用户轻松地把动态功能应用到网页。它的体积很小，代码风格独特而又优雅，改变了 JavaScript 程序员编写程序的方式和思路。jQuery 的语法简单易学，而且具有很强大的跨平台性，可以兼容多种核心的浏览器。目前，已经有一百多个插件来扩充 jQuery 的功能，使得 jQuery 能满足几乎所有客户端的脚本开发。

本书通过理论与实践相结合的方式，由浅入深、循序渐进地介绍了 jQuery 库的使用，同时又辅以大量真实的开发案例，可以让用户很轻松地使用 jQuery 来增强网页的互动性，做出更好的 Web 前端产品和各种更炫更酷的效果。如果读者简单了解 HTML、CSS 和 JavaScript 基础知识，那么这本书正是为你而准备的。因为本书涵盖了利用 jQuery 展开工作时可能遇到的大多数问题。

本书内容

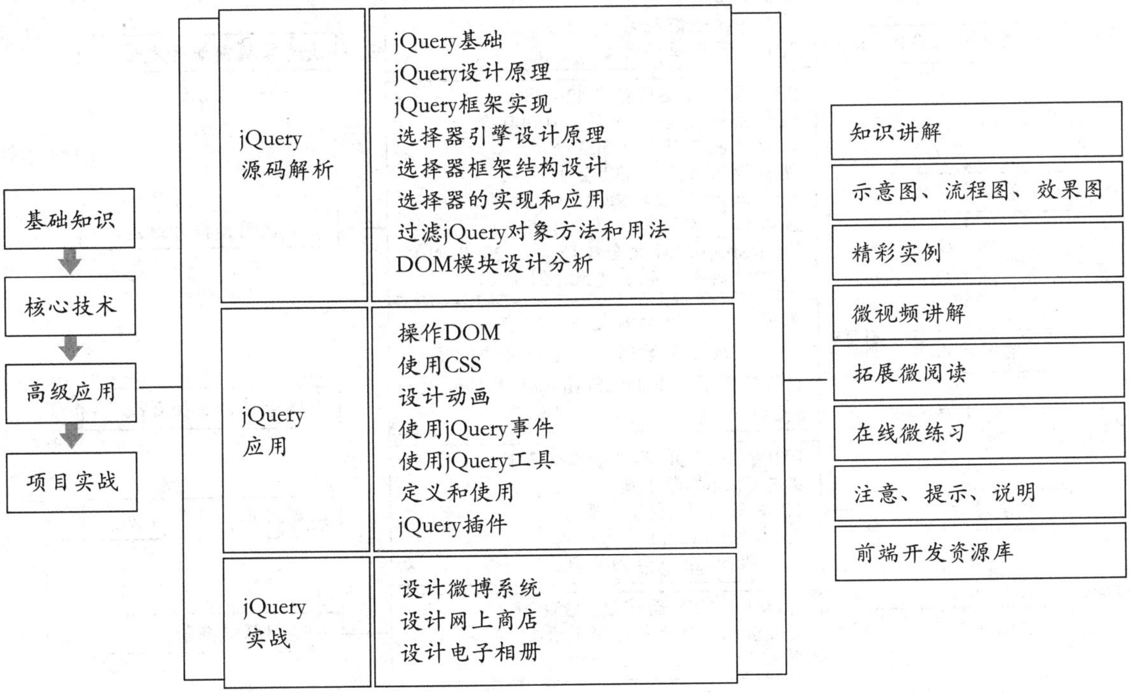

Note

本书特点

1. 由浅入深，编排合理，实用易学

本书系统地讲解了jQuery技术在网页设计中的应用，同时剖析jQuery源码，循序渐进，配合大量实例，帮助读者完全掌握jQuery技术。

2. 跟着案例和视频学，入门更容易

跟着例子学习，通过训练提升，是初学者最好的学习方式。本书案例丰富详尽，且都附有详尽的代码注释及清晰的视频讲解。跟着这些案例边做边学，可以避免学到的知识流于表面、限于理论，尽情感受编程带来的快乐和成就感。

3. 三大类线上资源，多元化学习体验

为了传递更多知识，本书力求突破传统纸质书的厚度限制。本书提供了三大类线上微资源，通过手机扫码，读者可随时观看讲解视频，拓展阅读相关知识，在线练习强化提升，全程便捷、高效，感受不一样的学习体验。

4. 精彩栏目，易错点、重点、难点贴心提醒

本书根据初学者特点，在一些易错点、重点、难点位置精心设置了“注意”“提示”等小栏目。通过这些小栏目，读者会更留心相关的知识点和概念，绕过陷阱，掌握很多应用技巧。

本书配套资源

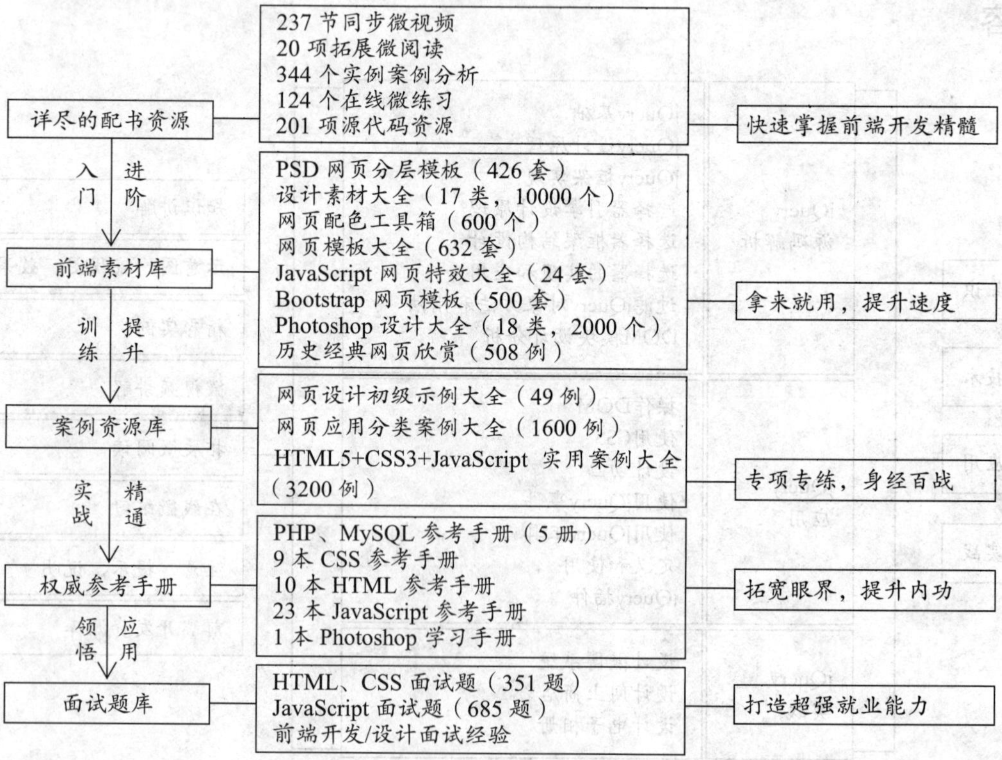

Note

读者对象

☑　希望系统学习网页设计制作和网站建设的初学者。
☑　jQuery 初学者和进阶者。
☑　Web 前端开发和后台设计人员。
☑　大、中专院校，以及相关培训机构的教师和学生。

读前须知

本书从初学者的角度出发，通过大量的案例使学习不再枯燥、教条。因此，要求读者边学习边实践操作，避免学习的知识流于表面、限于理论。

本书代码都以灰色背景进行显示，以方便读者阅读。考虑到版面限制，部分展示出来的代码仅包含 JavaScript 脚本和必要的结构代码。读者在学习测试时，应该把这些输入网页。

在默认情况下，使用 jQuery 的别名 $ 来表示 jQuery 的名字空间，同时直接把调用的函数放在 $() 函数中。$() 函数实际上是 $("document").ready() 方法的简写，它相当于 JavaScript 中的 window.onload=function· (){} 事件处理函数。

由于 jQuery 与 JavaScript 变量之间存在区别，默认情况下当定义 jQuery 对象变量时，在变量的前面附加一个 $ 前缀，以便与 JavaScript 变量进行区分。

读者服务

学习本书时，请先扫描封底的权限二维码（需要刮开涂层）获取学习权限，然后即可免费学习书中的所有线上线下资源。

本书所附赠的超值资源库内容，读者可登录清华大学出版社网站（www.tup.com.cn），在对应图书页面下获取其下载方式。也可扫描图书封底的“文泉云盘”二维码，获取其下载方式。

本书提供 QQ 群（668118468、697651657）、微信公众号（qianduankaifa_cn）、服务网站（www.qianduankaifa.cn）等互动渠道，提供在线技术交流、学习答疑、技术资讯、视频课堂、在线勘误等功能。在这里，您可以结识大量志同道合的朋友，在交流和切磋中不断成长。

读者对本书有什么好的意见和建议，也可以通过邮箱（qianduanjiaoshi@163.com）发邮件给我们。

关于作者

前端科技是由一群在校教师和一线开发人员组成的团队，主要从事 Web 开发、教学和培训，所编写的图书在网店及实体店的销量名列前茅，受到了广大读者的好评，让数十万的读者轻松跨进了 Web 开发的大门，为 IT 技术的普及和应用做出了积极贡献。由于水平有限，书中疏漏和不足之处在所难免，欢迎各位读者朋友批评、指正。

编　者

2019 年 4 月

目 录

Contents

Note

Note

Note

Note

第1章

初识 jQuery

（视频讲解：9 分钟）

jQuery 是一个轻量级的 JavaScript 代码库，是目前流行的 JavaScript 框架之一。jQuery 的设计宗旨是“write less, do more”，即倡导写更少的代码，做更多的事情。本章简单介绍 jQuery 基础知识和概念，帮助用户掌握如何正确使用 jQuery。

【学习重点】

- 了解 jQuery。
- 正确安装 jQuery。
- 正确使用 jQuery。
- 区分 jQuery 和 JavaScript 基本用法。

Note

1.1 jQuery 概述

jQuery 诞生于 2006 年，由 John Resig 开发，如图 1.1 所示。到现在，jQuery 经历了 10 多年的时间洗涤，成为全球最受欢迎的 JavaScript 框架。目前，微软的 Visual Studio 2008+ 和 Adobe 的 Dreamweaver CS 5.5+都完全包含了 jQuery 框架，并实现核心支持和扩展。

图 1.1　jQuery 框架的作者 John Resig

1.1.1 jQuery 功能

jQuery 封装了常用的 JavaScript 代码，提供一种简便的 JavaScript 设计模式，优化 HTML 文档操作、事件处理、CSS 设计和 Ajax 交互。可以说，jQuery 改变了用户编写 JavaScript 代码的方式。

由于 jQuery 最早支持 CSS 3 选择器，兼容所有主流浏览器，如 IE 6.0+、Firefox 1.5+、Safari 2.0+、Opera 9.0+ 等，因此它被越来越多的开发人员喜爱和选用。

jQuery 功能很强大，它能够帮助用户方便、快速地完成以下任务。

☑ 精确选择页面对象。jQuery 提供了可靠而富有效率的选择器，只需要一个 CSS 选择器字符串，即可准确获取需要检查或操纵的文档元素。

☑ 可靠的 CSS 样式控制。使用 JavaScript 控制 CSS 受限于浏览器的兼容性，而 jQuery 可以弥补这一不足，它提供了跨浏览器的标准解决方案。

☑ DOM 操作规范化。jQuery 可以使用少量的代码完成复杂的 DOM 操作，对 HTML 文档的整个结构都能重写或者扩展。使用起来远比 JavaScript 直接控制便捷。

☑ 标准化事件控制。jQuery 提供了丰富的页面事件，这些事件使用简单、易用、易记，不需要考虑浏览器兼容性问题，但是如果使用 JavaScript 直接控制用户行为，需要考虑的问题就很多，既要考虑 HTML 文档结构与事件处理函数的合成，还要考虑浏览器不一致性。

☑ 支持网页特效。jQuery 内置了一批淡入、擦除、移动之类的效果，以及制作新效果的工具包，用户只需要简单地调用动画函数，就可以快速设计出高级动画效果。如果直接使用 JavaScript 实现，不仅要考虑 CSS 动态控制，还要考虑浏览器解析差异，模拟的动画效果或许很生硬，或许很粗糙等。

☑ 快速通信。jQuery 对 Ajax 技术的支持很缜密，它通过消除这一过程中的浏览器特定的复杂性，使用户得以专注于服务器端的功能设计。

☑ 扩展 JavaScript 内核。jQuery 提供了对 JavaScript 核心功能的扩展，如迭代和数组操作等，增加对客户端、数据存储、JavaScript 扩展的支持。

1.1.2　jQuery 特性

近年来，互联网对用户体验的重视催生了客户端开发的热潮，由此也产生了大量的 JavaScript 框架。这些框架有的专注于 1.1.1 节任务中的一项或两项，有的则试图以预打包的形式囊括各种可能的行为和动态效果。

与其他优秀框架相比，jQuery 在以下几个方面更胜一筹。

☑ 沿袭 CSS 选择符用法，简化选择操作。通过将查找页面元素的机制构建于 CSS 选择符之上，jQuery 继承了简明清晰地表达文档结构的方式。由于大部分用户对于 CSS 语法比较熟悉，因而使用 jQuery 就更容易上手。

☑ 无限制扩展。再强大的 JavaScript 特效库也无法满足用户的个性化需求，jQuery 通过提供简单、统一的扩展接口予以解决众口难调的问题。创建新插件的方法很简单，而且拥有完备的文档说明，这促进了大量有创意和有实用价值的模块的开发，甚至在下载的基本 jQuery 库文件中，多数特性在内部都是通过插件架构实现的。如有必要，可以移除这些内部插件，从而生成更小的库文件。

☑ 兼容浏览器。Web 开发领域中一个令人遗憾的事实是，每种浏览器对颁布的标准都有自己的一套不一致的实现方案。任何 Web 应用程序中都会包含一个用于处理这些平台间特性差异的重要组成部分。jQuery 添加一个抽象层来标准化常见的任务，从而有效地减少了代码量，同时也极大地简化了这些任务。

☑ 集合化操作。jQuery 选择 DOM 元素之后，会自动封装成一个集合对象（也称为伪数组），调用 jQuery 方法可以直接对这些集合元素进行操作，而不需要循环遍历每个返回的元素。相反，.hide() 之类的方法被设计成自动操作对象集合，而不是单独的对象。这种称作隐式迭代的技术，使得大量的循环结构变得不再必要，从而大幅地减少代码量。

☑ 优化代码书写，提高开发效率。借助链式语法，jQuery 将多重操作集于一行。为了避免过度使用临时变量或不必要的代码重复，jQuery 在其多数方法中采用了链式编程模式。这种模式意味着基于一个对象进行的大多数操作的结果，都会返回这个对象自身，以便于为该对象应用下一次操作。

jQuery 小巧、便捷，学习门槛比较低，也为使用这个库的自定义代码保持简洁提供了技术保障。

1.1.3　jQuery 优势

与其他 JavaScript 框架相比，jQuery 具有以下几个优势。

☑ 体积小，使用灵巧。

☑ 丰富的 DOM 选择器（CSS 1～CSS 3、XPath）。

☑ 跨浏览器（IE、Firefox、Safari、Opera）。
☑ 链式代码。
☑ 强大的事件、样式支持。
☑ 强大的 Ajax 功能。
☑ 易于扩展，插件丰富。

1.1.4 jQuery 版本

目前，jQuery 有三个大版本。

☑ 1.x：兼容 IE 6、IE 7、IE 8，使用广泛，官方只做 bug 维护，功能不再新增。因此，对于一般项目来说，使用 1.x 版本就可以了。最终版本是 1.12.4，发布于 2016 年 5 月 20 日。
☑ 2.x：不再兼容 IE 6、IE 7、IE 8，很少有人使用，官方只做 bug 维护，功能不再新增。如果不考虑兼容低版本的浏览器，可以使用 2.x。最终版本是 2.2.4，发布于 2016 年 5 月 20 日。
☑ 3.x：不兼容 IE 6、IE 7、IE 8，只支持最新的浏览器。除非特殊要求，一般不会使用 3.x，很多旧的 jQuery 插件不支持这个版本。目前该版本是官方主要更新维护的版本。最新版本是 3.3.1，发布于 2018 年 1 月 30 日。

jQuery 的 1.x、2.x 和 3.x 版本都具有相同的公开 API，然而它们的内部实现是不同的。选用版本的一般原则是越新越好，jQuery 版本是在不断进步和发展的，最新版代表了当时最高的技术水平，也体现了最先进的技术理念。

注意： 在 1.x 版本下，细分版本比较多，各个版本的函数略有差异，使用时应该注意区分。维护 IE 6、IE 7、IE 8 是一件很头疼的事情，一般可以额外加载一个 CSS 和 JavaScript 兼容文件单独处理。不过，现在使用这些浏览器的用户也逐步减少，电脑端用户已经逐步被移动端用户取代，如果没有特殊要求，一般都会选择放弃对 IE 6、IE 7、IE 8 的支持。

jQuery 3.0 版本兼容更广泛的移动设备浏览器，提供更优化的代码，但是与 jQuery UI 和 jQuery Mobile 还存在兼容性问题。如果需要支持 IE 6、IE 7、IE 8 浏览器，或者兼容已经开发的项目，建议可以继续使用 1.12 版本。

提示： jQuery 3.3.1 已经发布，开发团队正在准备 4.0 版本。jQuery 4.0 版本重点已经开始倾向于移除一些特性，不再打算添加新的内容。尽管 jQuery 3.3.1 还是添加了新特性，如添加 .addClass()、.removeClass() 和 .toggleClass() 使其能够接受类数组，但仍要移除一些特性，为 jQuery 4.0 做准备。有一些方法已经被移除，如 .now、.isWindow 和 .camelCase。

视频讲解

1.2 使用 jQuery

jQuery 项目主要包括 jQuery Core（核心库）、jQuery UI（界面库）、Sizzle（CSS 选择器）、jQueryMobile（jQuery 移动版）和 QUnit（测试套件）五个部分，参考网址如表 1.1 所示。

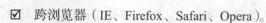

表 1.1　jQuery 参考网址

类　型	网　址
jQuery 框架官网	http://jquery.com/
jQuery 项目组官网	https://jquery.org/
jQuery UI 项目主页	http://jqueryui.com/
jQueryMobile 项目主页	http://jquerymobile.com/
Sizzle 选择器引擎官网	http://sizzlejs.com/
QUnit 官网	http://qunitjs.com/
John Resign（jQuery 原创作者）个人网站	http://ejohn.org/

1.2.1　下载 jQuery

访问 jQuery 官方网站（http://jquery.com/），下载最新版本的 jQuery 库文件，在网站首页单击“Download jQuery v3.3.1”图标，进入下载页面，如图 1.2 所示。目前最新版本是 3.3.1，本书主要根据 3.1.1 版本进行讲解。

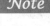

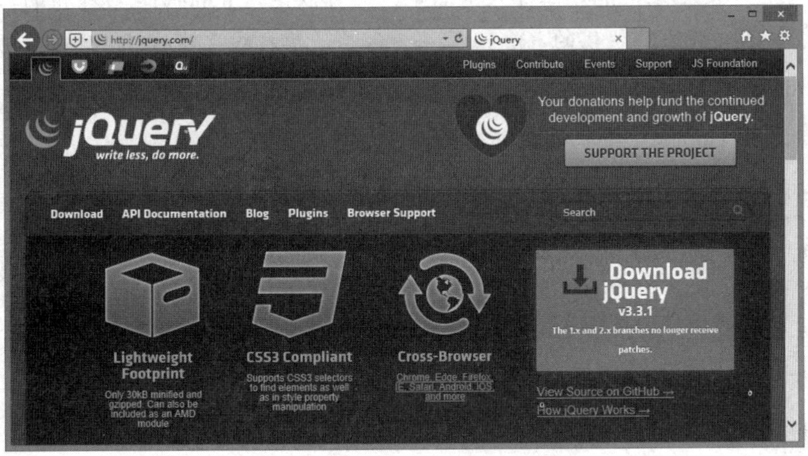

图 1.2　下载 jQuery 最新版本

在下载页面，如果选择“Download the compressed, production jQuery 3.3.1”选项，则可以下载代码压缩版本，此时 jQuery 框架源代码被压缩到 85KB，下载的文件为 jquery-3.3.1.min.js。

如果选择“Download the uncompressed, development jQuery 3.3.1”选项，则可以下载包含注释的未被压缩的版本，大小为 266KB，下载的文件为 jquery-3.3.1.js。

也可以访问下面网址进行下载。

☑　https://github.com/jquery/jquery

☑　https://code.jquery.com/

提示： jQuery 全部版本下载网址：http://code.jquery.com/jquery/。

1.2.2 安装 jQuery

jQuery 库不需要复杂的安装，只需要把下载的库文件放到站点中，然后导入页面中即可。

【示例】 导入 jQuery 库文件可以使用相对路径，也可以使用绝对路径，具体情况根据存放 jQuery 库文件的位置而定。

```
<!doctype html>
<html>
<head>
<meta charset="utf-8">
<script src="jquery/jquery-3.1.1.js" type="text/javascript"></script>
<script type="text/javascript">
    // 在这里用户就可以使用 jQuery 编程了！！
</script>
<title></title>
</head>
<body>
</body>
</html>
```

提示： 除了使用上述方法将 jQuery 库导入页面中，还可以使用 jQuery 在线提供的库文件，在大多数环境下，推荐使用在线提供的 jQuery 代码，因为使用在线存储的 jQuery 更加稳定、高速。

```
<script type="text/javascript" src="https://code.jquery.com/jquery-3.2.1.min.js"></script>
```

或者使用 Google 提供的 API 进行导入：

```
<script type="text/javascript" src="http://www.google.com/jsapi"></script>
<script type="text/javascript">
google.load("jquery","3.2.1",{uncompressed:true});
</script>
```

google.load() 函数包含 3 个参数，第一个参数为 JS 库的名称，如 jquery、extjs 等；第二个参数为该库的版本号，如 3.2.1；第三个参数设定是否使用压缩版本的库文件，使用未压缩版本格式为 {uncompressed:true}；前两个参数必选，第三个参数为可选参数。

注意： Google Ajax Libraries API 是 Google 的一个项目，它提供当前流行的各种 JavaScript 库的快速引用方式，并承诺永久可用。但是，考虑到国内禁用 Google 大部分服务，目前在国内还无法正常使用。

1.2.3 测试 jQuery

引入 jQuery 库文件之后，就可以在页面中进行 jQuery 开发了。开发的步骤很简单，在导入 jQuery 库文件的 <script> 标签行下面重新使用 <script> 标签定义一个 JavaScript 代码段，然后就可以在 <script> 标签内调用 jQuery 方法，编写 JavaScript 脚本。

【示例】 在页面初始化完毕后，调用 JavaScript 的 alert() 方法与浏览者打个招呼。

```
<!doctype html>
<html>
<head>
<meta charset="utf-8">
<script src="jquery/jquery-3.1.1.js" type="text/javascript"></script>
<script type="text/javascript">
$(function(){
    alert("Hi, 您好 !");
})
</script>
<title></title>
</head>
<body>
</body>
</html>
```

在浏览器中预览，可以看到在当前窗口中会弹出一个提示对话框，如图 1.3 所示。

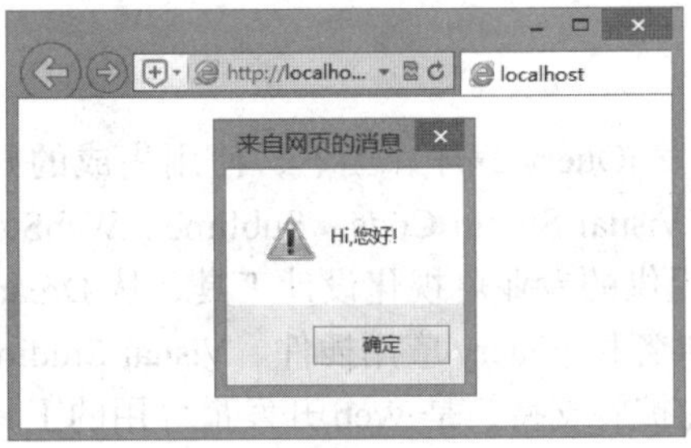

图 1.3　测试 jQuery 代码

在 jQuery 代码中，$ 是 jQuery 的别名，如 $() 等效于 jQuery()。jQuery() 函数是 jQuery 库文件的接口函数，所有 jQuery 操作都必须从该接口函数切入。jQuery() 函数相当于页面初始化事件处理函数，当页面加载完毕，会执行 jQuery() 函数包含的函数，所以在浏览该页面时会执行 “alert("Hi, 您好 !");” 代码，看到弹出的信息提示对话框。

注意： 如果使用 jQuery 操作 DOM 文档，则必须确保在 DOM 载入完毕后开始执行，应该使用 ready 事件作为处理 HTML 文档的开始。

```
$(document).ready(function() {
    //JavaScript 或者 jQuery 代码
});
```

上面代码的语义是，匹配文档中的 document 节点，然后为该节点绑定 ready 事件处理函数。它类似于 JavaScript 的 window.onload 事件处理函数，不过 jQuery 的 ready 事件要先于 onload 事件被激活。

```
window.onload = function(){
    //JavaScript 或者 jQuery 代码
};
```

Note

为了方便开发，jQuery 框架进一步简化了 $(document).ready() 方法的写法，直接使用 $() 方法来表示。

```
$( function() {
    //JavaScript 或者 jQuery 代码
});
```

考虑到页面加载需要一个过程，所有 jQuery 代码建议都包含在 $() 函数中，当然也可以不被包含在 $() 函数中，这与 JavaScript 代码应该放在 window.onload 事件处理函数中的道理是一样的。

1.3 学 习 资 源

下面为读者推荐一些学习 jQuery 的相关资源，使用这些资源可以帮助读者找到精通 jQuery 的捷径。

1.3.1 jQuery 开发工具

使用任何文本编辑器都可以开发 jQuery 程序，当然，使用集成的开发环境能够提高编码效率。常用 Web 开发工具包括 Dreamweaver、Visual Studio Code、Sublime、WebStorm、Atom、Aptana Studio 等。其中 Dreamweaver 是针对网页设计师提供的专业可视化设计工具，从 Dreamweaver CS 5.5 版本开始，内置了 jQuery 引擎，实现内核支持，并提供各种 jQuery 应用插件。Visual Studio Code 是 Visual Studio 的在线、开放版，该工具功能完善，提供强大的扩展支持，是 Web 开发最好用的工具之一。

以上工具读者都可以在网上搜索下载，这里不再提供下载链接。

1.3.2 jQuery 参考手册

学习 jQuery，配备参考手册是必需的。下面列举一些常用的在线参考手册。

☑ jQuery API 官方参考手册：https://api.jquery.com/。

☑ W3School 的 jQuery 参考手册：http://www.w3school.com.cn/jquery/jquery_reference.asp。

☑ 网友提供的参考手册，经过加工更适合初学者参考，读者也可以下载到本地离线参考。

- http://jquery.cuishifeng.cn/
- http://www.css88.com/jqapi-1.9/
- http://jquery.cuishifeng.cn/source.html

第2章

解析jQuery框架

（视频讲解：**1**小时**19**分钟）

jQuery剑走偏锋，抛弃了传统JavaScript框架中一些中看不中用的内容，为开发者提供了一个优雅、小巧、精悍的类库，极大地提高了Web开发的效率。jQuery源码将近有一万行，逻辑复杂、结构晦涩，本章将从JavaScript实现的基本方法开始起步，详解jQuery框架的设计思路，以及框架模型的实现过程。

【学习重点】

- 了解jQuery源码的设计思路。
- 熟悉jQuery框架模型构建过程。
- 认识jQuery对象的本质。

视频讲解

Note

2.1 设 计 思 路

jQuery 一词可以分解为 j + query，j 是 JavaScript 的首字母小写，query 一词表示查询的意思。也就是说，jQuery 实际上就是 JavaScript+Query 的语义合成，直接理解就是 JavaScript 查询。

正如其名称一样，jQuery 的核心功能就是 JavaScript 查询，它包含两个层面的语境：选择 DOM 元素，并对选择的对象进行操作。

概括来说，jQuery 框架主要实现了两个目标：选择和操作。为此，jQuery 重点解决了下面 4 个命题。

☑ 选择什么？

☑ 如何选择？

☑ 操作什么？

☑ 怎么操作？

在 jQuery 出现之前，Prototype、YUI 等已经是很成熟的 JavaScript 框架，且各有优点，市场占有率比较高。为什么 jQuery 后来者居上，所向披靡？它有什么优秀的特质吸引专业的开发人员放弃已经熟悉的 JavaScript 框架，转身选用 jQuery？

回答上述问题，需要先明白 jQuery 的设计思路。简单梳理一下，用户在 Web 开发中主要做了什么？

☑ 使用 getElementById()、getElementsByTagName()、querySelector() 和 querySelectorAll() 等原生方法在 DOM 文档中找到目标元素。

☑ 使用 innerHTML、text 等 DOM 属性读写值。

☑ 监听 DOM 事件，如 click 等。

☑ 通过改变 DOM 元素的 CSS 样式，设计各种动态视觉效果。

☑ 通过 Ajax 技术，实现与服务器交换数据，并在指定 DOM 元素中显示。

当然，jQuery 提供的功能远不止于此。

在对 DOM 元素进行操作时，这个 DOM 元素可能是单个元素，也可能是一个集合。操作的过程可以分解为以下两步。

☑ 查找 DOM 元素。

☑ 操作 DOM 元素。

用户通过 JavaScript 的原生方法可以查找 DOM 元素，也可以直接操作，但是考虑到浏览器的兼容性，以及代码的重用性，选用各种 JavaScript 类库就比使用原生方法方便、高效。

JavaScript 类库只要使用恰当，不一定比直接采用 JavaScript 原生方法的运行效率低，但是却能极大地提高开发效率。

自从 Prototype 采用 $ 作为 document.getElementById 的缩写，$ 符号似乎成了查找元素的专用符号。但是这种简单的查找并不能满足所有 Web 开发的需求，有时候需要像 CSS 选择器那样匹配 DOM 元素。

jQuery 采用 $ 符号作为查找元素的代理，不再是简单的 getElementById 的缩写，而是功能强大的 CSS 选择器，这也是 Query 的本意。

解决了查找的问题，下面就来对匹配元素进行操作。jQuery 抛弃了 Prototype 通过对 Array、Object、Function、Event 等 JavaScript 原型的功能进行扩展，而是把所有的焦点汇集到如何解决 DOM 操作的便利性上。

jQuery 在设计时遵循极简理念，它不仅简化了 JavaScript 原生方法的使用难度，同时提供了人性化、兼容性好的功能，如 Ajax、Event、Fx、CSS 等。概括说明如下。

☑ 为用户提供了唯一入口：jQuery() 构造函数（$()）。这样看起来更简洁，入手快。

☑ 为用户提供统一的操作对象：jQuery 对象。这样看起来更标准，使用快。

实际上，jQuery 就是一个选择器。在选择器的基础上提供对匹配元素进行操作的功能。选择器是入口，操作是目标。从代码上进行分析，这种操作分为以下两种方式。

☑ jQuery 工具函数：通过 jQuery 命名空间直接引用，相当于 jQuery 类型的静态方法，如 jQuery.each()。

☑ jQuery 方法：通过 jQuery 对象引用，如 jQuery().each()。实际上这些 jQuery 方法大多数是 jQuery 工具函数的代理，真正的功能实现代码都包含在 jQuery 静态方法中。

2.2　设计框架模型

视频讲解

为了帮助读者更容易理解 jQuery 框架，下面通过一个简单的模型来讲解 jQuery 框架的实现过程。

2.2.1　定义类型

在 JavaScript 中，构造函数就是函数，不要把它想得很复杂。在语法形态上，构造函数与普通的函数无异。一般使用小括号运算符来调用函数，执行一段代码。如果使用 new 运算符来调用函数，那么这个函数就变成构造函数了。

不同于其他的主流编程语言，JavaScript 的构造函数并不是作为类的一个特定方法存在的，当任意一个普通函数用于创建一个类型时，它就被称作构造函数，也称为构造器。

构造函数有如下特点。

☑ 在函数内部，可以使用 this 引用实例对象。实例对象就是类型实例化后返回的对象。因此，借助 this 可以在构造函数体内为实例对象设置属性、添加方法。

☑ 构造函数一般不需要返回值，但允许使用返回语句 return（不推荐）。如果返回值为非对象类型的值，则被忽略；如果返回对象类型的值，则将覆盖掉实例化对象，this 就不再引用返回的对象。

☑ 构造函数必须使用 new 运算符调用。如果直接使用小括号运算符调用，这时它就不是构造函数，而是普通的函数。

在 JavaScript 中，可以把构造函数理解为一个类型，虽然不规范，但是很好用。这个类型是 JavaScript 面向对象编程的基础。

定义一个函数就相当于构建了一个类型，然后借助这个类型来实例化无数的对象。

【示例】下面代码定义一个 jQuery 类型，类名是 jQuery。

```
var jQuery = function(){
    // 函数体
}
```

上面代码实际上定义了一个空的函数，函数体内没有包含任何代码，可以把它理解为一个空类型。

下面代码为 jQuery 扩展原型。

```
var jQuery = function(){}
jQuery.prototype = {
```

```
    // 扩展的原型对象
}
```

> 提示：这里读者需要理解 JavaScript 原型：
>
> 原型是 JavaScript 实现继承的基本机制，JavaScript 为所有函数定义了一个原型属性——prototype，通过它可以访问类型的原型对象。原型对象是一个类型的公共对象，允许该类型的所有实例对象访问。

接着上面的示例代码，为 jQuery 的原型起个别名——fn。如果直接命名为 fn，则表示它属于 window 对象，这样使用不安全。更安全的方法是为 jQuery 类型对象定义一个静态引用 jQuery.fn，然后把 jQuery 的原型对象传递给这个属性 Query.fn，实现代码如下：

```
jQuery.fn = jQuery.prototype = {
    // 扩展的原型对象
}
```

在这里，jQuery.fn 引用 jQuery.prototype，因此要访问 jQuery 的原型对象，不仅可以使用 jQuery.fn，还可以直接使用 jQuery.prototype。

下面为 jQuery 类型也起个别名——$。

```
var $ = jQuery = function(){}
```

模仿 jQuery 框架，给 jQuery 原型添加两个成员，一个是原型属性 version，另一个是原型方法 size()，分别定义 jQuery 框架的版本号和 jQuery 对象的长度。

```
var $ = jQuery = function(){}
jQuery.fn = jQuery.prototype = {
    version: "3.2.1",                    // 原型属性
    size: function() {                   // 原型方法
        return this.length;
    }
}
```

2.2.2 返回 jQuery 对象

在 2.2.1 节示例基础上，本节讲解如何调用原型成员：version 属性和 size() 方法。

也许，读者可以使用下面的代码调用。

```
var test = new $();                  // 实例化
alert( test.version );               // 读取属性，返回 "3.2.1"
alert( test.size() );                // 调用方法，返回 undefined
```

但是，jQuery 并不是这样用的，它模仿类似下面的方法进行调用。

```
$().version;
$().size();
```

也就是说，jQuery 没有使用 new 运算符调用 jQuery 构造函数，并实例化 jQuery 类型；而是使用小括号

运算符调用 jQuery() 构造函数，然后在后面直接访问原型成员。

如何实现这样的操作呢？

【示例 1】在 jQuery 构造函数中使用 return 语句返回一个 jQuery 实例。

```
var $ = jQuery = function(){
    return new jQuery();                        // 返回类的实例
}
jQuery.fn = jQuery.prototype = {
    version: "3.2.1",                           // 原型属性
    size: function() {                          // 原型方法
        return this.length;
    }
}
```

执行下面的代码，会出现如图 2.1 所示的内存溢出错误。

```
$().version;
$().size();
```

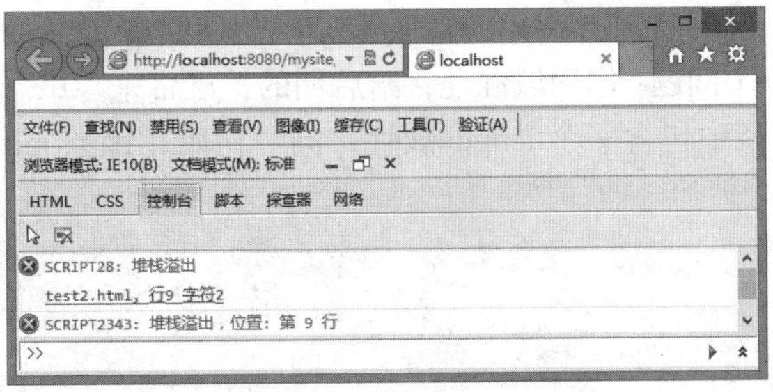

图 2.1　提示内存溢出错误

这说明在构造函数内部实例化对象是允许的，因为这个操作导致死循环引用。

【示例 2】下面尝试使用工厂模式进行设计：在 jQuery() 构造函数中返回 jQuery 的原型引用。

```
var $ = jQuery = function(){
return jQuery.prototype;                        // 返回类的原型
}
jQuery.fn = jQuery.prototype = {
    version: "3.2.1",                           // 原型属性
    size: function() {                          // 原型方法
        return this.length;
    }
}
alert($().version );                            // 读取属性，返回 "3.2.1"
alert($().size() );                             // 调用方法，返回 undefined
```

【示例 3】示例 2 基本实现了 $().size() 这种形式的用法，但是在构造函数中直接返回原型对象，设计思路过于狭窄，无法实现框架内部的管理和扩展。下面模拟其他面向对象语言的设计模式：在类型内部定义一个初始化构造函数 init()，当类型实例化后直接执行这个函数，然后返回 jQuery 的原型对象。

```
var $ = jQuery = function(){
```

```
        return jQuery.fn.init();                // 调用原型方法 init()，模拟类的初始化构造函数
    }
    jQuery.fn = jQuery.prototype = {
        init : function(){                      // 在原型的初始化方法中返回原型对象
            return this;
        },
        version: "3.2.1",                       // 原型属性
        size: function() {                      // 原型方法
            return this.length;
        }
    }
    alert($().version );                        // 读取属性，返回 "3.2.1"
    alert($().size() );                         // 调用方法，返回 undefined
```

2.2.3 设计作用域

2.2.2 节初步实现了最原始的想法：模拟 jQuery 的用法，让 jQuery() 返回 jQuery 类型的原型。实现方法：定义初始化函数 init() 并返回 this，而 this 引用的是 jQuery 类型的原型 jQuery.prototype。

在使用过程中也会发现一个问题：作用域混乱，给后期的扩展带来隐患。下面结合一个示例进行说明。

【示例 1】定义 jQuery 原型中包含一个 length 属性，同时初始化函数 init() 内部也包含一个 length 属性和一个 _size() 方法。

```
var $ =jQuery = function(){
    return jQuery.fn.init();
}
jQuery.fn = jQuery.prototype = {
    init : function(){
        this.length = 0;                        // 原型属性
        this._size = function(){                // 原型方法
            return this.length;
        }
        return this;
    },
    length: 1,
    version: "3.2.1",                           // 原型属性
    size: function() {                          // 原型方法
        return this.length;
    }
}
alert( $().version );                           // 返回 "3.2.1"
alert( $()._size() );                           // 返回 0
alert( $().size() );                            // 返回 0
```

运行示例，可以看到，init() 函数内的 this 与外面的 this 均引用同一个对象：jQuery.prototype 原型对象。因此，会出现 init() 函数内部的 this.length 覆盖掉外部的 this.length。

简单概括：初始化函数 init() 的内、外作用域缺乏独立性，对于 jQuery 这样的框架来说，很可能造成消极影响。

翻看一下 jQuery 源码，可以看到 jQuery 框架通过下面的方式调用 init() 函数。

```
var $ =jQuery = function( selector, context ){
    return new jQuery.fn.init(selector, context );    // 实例化 init()，分隔作用域
}
```

使用 new 运算符调用初始化函数 init()，创建一个独立的实例对象，这样就分隔了 init() 函数内、外的作用域，确保内、外 this 引用不同。

【示例 2】 修改示例 1 中的 jQuery()，使用 return 返回新创建的实例。

```
var $ =jQuery = function(){
    return new jQuery.fn.init();
}
jQuery.fn = jQuery.prototype = {
    init : function(){
        this.length = 0;                    // 本地属性
        this._size = function(){            // 本地方法
            return this.length;
        }
        return this;
    },
    length: 1,
    version: "3.2.1",                       // 原型属性
    size: function() {                      // 原型方法
        return this.length;
    }
}
alert( $().version );                       // 返回 undefined
alert( $()._size() );                       // 返回 0
alert( $().size() );                        // 抛出异常
```

运行示例 2，由于作用域被阻断，导致无法访问 jQuery.fn 对象的属性或方法。

2.2.4 跨域访问

下面来探索如何越过作用域的限制，实现跨域访问外部的 jQuery.prototype。

分析 jQuery 框架源码，发现它是通过原型传递解决这个问题。实现方法：把 jQuery.fn 传递给 jQuery.fn.init.prototype，用 jQuery 的原型对象覆盖掉 init 的原型对象，从而实现跨域访问。

【示例】 下面代码具体演示了跨域访问的过程。

```
var $ =jQuery = function(){
    return new jQuery.fn.init();
}
jQuery.fn = jQuery.prototype = {
    init : function(){
        this.length = 0;                    // 本地属性
        this._size = function(){            // 本地方法
            return this.length;
        }
```

```
        return this;
    },
    length: 1,
    version: "3.2.1",                       // 原型属性
    size: function() {                      // 原型方法
        return this.length;
    }
}
jQuery.fn.init.prototype = jQuery.fn;       // 使用 jQuery 的原型对象覆盖 init 的原型对象
alert( $().version );                       // 返回 "3.2.1"
alert( $()._size() );                       // 返回 0
alert( $().size() );                        // 返回 0
```

new jQuery.fn.init() 用来创建一个新的实例对象，它拥有 init 类型的 prototype 原型对象。通过改变 prototype 指针，使其指向 jQuery 类的 prototype，这样新实例实际上就继承了 jQuery.fn 原型对象的成员。

2.2.5 设计选择器

前面几节分步讲解了 jQuery 框架模型的最外层逻辑结构，下面再来探索 jQuery 内部的核心功能——选择器。

jQuery 返回的是 jQuery 对象。实际上，jQuery 是一个普通对象，拥有数组 length，不继承数组的原型方法。

【示例】下面示例尝试为 jQuery() 函数传递一个参数，并让它返回一个 jQuery 对象。

翻看 jQuery 源码，可以看到 jQuery() 构造函数包含两个参数——selector 和 context，其中 selector 表示选择器，context 表示匹配的下上文，即可选择的范围，它表示一个 DOM 元素。为了简化操作，本例假设选择器的类型仅为标签选择器。实现的代码如下：

```
<script>
var $ =jQuery = function(selector, context ){       //jQuery 构造函数
    return new jQuery.fn.init(selector, context ); //jQuery 实例对象
}
jQuery.fn = jQuery.prototype = {                // jQuery 原型对象
    init : function(selector, context){         // 初始化构造函数
        selector = selector || document;        // 初始化选择器，默认值为 document
        context = context || document;          // 初始化上下文对象，默认值为 document
        if ( selector.nodeType ) {              // 如果是 DOM 元素
            this[0] = selector;                 // 直接把该 DOM 元素传递给实例对象的伪数组
            this.length = 1;                    // 设置实例对象的 length 属性，表示包含 1 个元素
            this.context = selector;            // 重新设置上下文为 DOM 元素
            return this;                        // 返回当前实例
        }
        if ( typeof selector === "string" ) {   // 如果是选择符类型的字符串
            var e = context.getElementsByTagName(selector);     // 获取指定名称的元素
            for(var i = 0;i<e.length;i++){      // 使用 for 把所有元素传入当前实例数组中
                this[i] = e[i];
            }
            this.length = e.length;             // 设置实例的 length 属性，定义包含元素的个数
```

```
            this.context = context;              // 保存上下文对象
            return this;                         // 返回当前实例
        } else{
            this.length = 0;                     // 设置实例的 length 属性值为 0，表示不包含元素
            this.context = context;              // 保存上下文对象
            return this;                         // 返回当前实例
        }
    }
}
jQuery.fn.init.prototype = jQuery.fn;
window.onload = function(){
    alert( $("div").length );                    // 返回 3
}
</script>
<div></div>
<div></div>
<div></div>
```

在上面示例中，$("div") 基本拥有了 jQuery 框架中 $("div") 选择器的功能，使用它可以选取页面中指定范围的 div 元素。同时，读取 length 属性可以返回 jQuery 对象的长度。

2.2.6 设计迭代器

2.2.5 节探索了 jQuery 选择器的基本实现方法，下面讲解如何操作 jQuery 对象。

在 jQuery 框架中，jQuery 对象是一个普通的 JavaScript 对象，但是它以索引数组的形式包含了一组数据，这组数据就是使用选择器匹配的所有 DOM 元素。

操作 jQuery 对象，实际上就是操作这些 DOM 元素，但是无法直接使用 JavaScript 方法来操作 jQuery 对象。只有逐一读取它包含的每个 DOM 元素才能够实现各种操作，如插入、删除、嵌套、赋值、读写属性等。

在实际使用 jQuery 的过程中，可以看到类似下面的 jQuery 用法。

```
$("div").html()
```

也就是说，可以直接在 jQuery 对象上调用 html() 方法来操作 jQuery 包含的所有 DOM 元素。那么这个功能是怎么实现的呢？

jQuery 定义了一个工具函数 each()，利用这个工具可以遍历 jQuery 对象中的所有 DOM 元素，并把操作 jQuery 对象的行为封装到一个回调函数中，然后通过在每个 DOM 元素上调用这个回调函数来实现逐一操作每个 DOM 元素。

实现代码如下：

```
var $ =jQuery = function(selector, context ){             //jQuery 构造函数
    return new jQuery.fn.init(selector, context );        //jQuery 实例对象
}
jQuery.fn = jQuery.prototype = {                   // jQuery 原型对象
    init : function(selector, context){            // 初始化构造函数
        selector = selector || document;           // 初始化选择器，默认值为 document
        context = context || document;             // 初始化上下文对象，默认值为 document
        if ( selector.nodeType ) {                 // 如果是 DOM 元素
```

Note

```
            this[0] = selector;                // 直接把该 DOM 元素传递给实例对象的伪数组
            this.length = 1;                   // 设置实例对象的 length 属性，表示包含 1 个元素
            this.context = selector;           // 重新设置上下文为 DOM 元素
            return this;                       // 返回当前实例
        }
        if ( typeof selector === "string" ) { // 如果是选择符字符串
            var e = context.getElementsByTagName(selector);      // 获取指定名称的元素
            for(var i = 0;i<e.length;i++){   // 使用 for 把所有元素传入当前实例数组中
                this[i] = e[i];
            }
            this.length = e.length;            // 设置实例的 length 属性，定义包含元素的个数
            this.context = context;            // 保存上下文对象
            return this;                       // 返回当前实例
        } else{
            this.length = 0;                   // 设置实例的 length 属性值为 0，表示不包含元素
            this.context = context;            // 保存上下文对象
            return this;                       // 返回当前实例
        }
    },
    html: function(val){ // 模仿 jQuery 的 html() 方法，为匹配 DOM 元素插入 html 字符串
        jQuery.each(this, function(val){      // 为每个 DOM 元素执行回调函数
            this.innerHTML = val;
        }, val);
    }
}
jQuery.fn.init.prototype = jQuery.fn;
// 扩展方法：jQuery 迭代函数
jQuery.each = function( object, callback, args ){
    for(var i = 0; i<object.length; i++){     // 使用 for 迭代 jQuery 对象中每个 DOM 元素
        callback.call(object[i],args);         // 在每个 DOM 元素上调用回调函数
    }
    return object;                             // 返回 jQuery 对象
}
```

在上面代码中，为 jQuery 对象绑定 html() 方法，然后利用 jQuery() 选择器获取页面中的所有 div 元素，调用 html() 方法，为所有匹配的元素插入 HTML 字符串。

注意： each() 的当前作用对象是 jQuery 对象，故 this 指向当前 jQuery 对象；而在 html() 方法内部，由于是在指定 DOM 元素上执行操作，则 this 指向的是当前 DOM 元素，不再是 jQuery 对象。

最后，在页面中进行测试，代码如下：

```
<script>
window.onload = function(){
    $("div").html("<h1> 你好 </h1>");
}
</script>
<div></div>
<div></div>
<div></div>
```

预览效果如图 2.2 所示。

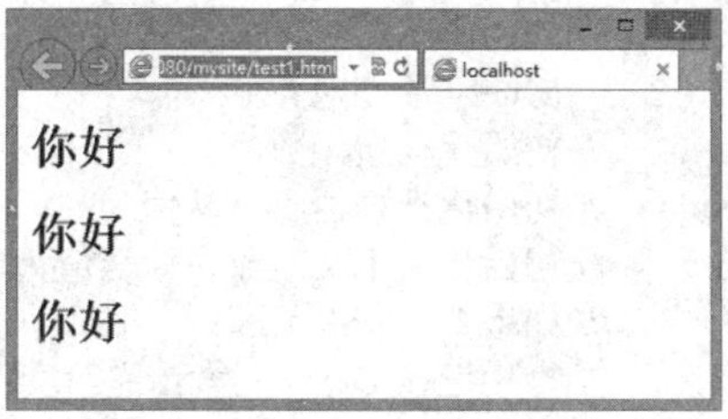

图 2.2　操作 jQuery 对象

当然，上面示例所定义的 each() 函数和 html() 方法的功能比较有限。在 jQuery 框架中封装的 each() 函数功能就很强大，具体代码将在后面章节中详细讲解。

2.2.7　设计扩展

jQuery 提供了良好的扩展接口，方便用户自定义 jQuery 方法。

根据设计习惯，如果为 jQuery 或者 jQuery.prototype 新增方法，直接通过点语法，或者在 jQuery.prototype 对象结构内增加即可。但是，如果分析 jQuery 源码，会发现它通过 extend() 函数来实现功能扩展。

【示例 1】 下面代码是 jQuery 框架通过 extend() 函数扩展的功能。

```
jQuery.extend({                                  // 扩展工具函数
    noConflict: function( deep ) {},
    isFunction: function( obj ) {},
    isArray: function( obj ) {},
    isXMLDoc: function( elem ) {},
    globalEval: function( data ) {}
});
```

或者

```
jQuery.fn.extend({                               // 扩展 jQuery 对象方法
    show: function(speed,callback){},
    hide: function(speed,callback){},
    toggle: function( fn, fn2 ){},
    fadeTo: function(speed,to,callback){},
    animate: function( prop, speed, easing, callback ) {},
    stop: function(clearQueue, gotoEnd){}
});
```

这样做有什么好处呢？

方便用户快速扩展 jQuery 功能，但不会破坏 jQuery 框架的结构。如果直接在 jQuery 源码中添加方法，这样容易破坏 jQuery 框架的简洁性，也不方便后期代码维护。如果不需要某个插件，使用 jQuery 提供的扩展工具添加，只需要简单的删除即可，而不需要在 jQuery 源码中寻找要删除的代码段。

extend() 函数的功能很简单，它只是把指定对象的方法复制给 jQuery 对象或者 jQuery.prototype。

【示例 2】 为 jQuery 类型和 jQuery 对象定义了一个扩展函数 extend()，设计把参数对象包含的所有属性复制给 jQuery 或者 jQuery.prototype，这样就可以实现动态扩展 jQuery 的方法。

```
var $ =jQuery = function(selector, context ){           //jQuery 构造函数
    return new jQuery.fn.init(selector, context );      //jQuery 实例对象
}
jQuery.fn = jQuery.prototype = {                        // jQuery 原型对象
    init : function(selector, context){                 // 初始化构造函数
        selector = selector || document;                // 初始化选择器，默认值为 document
        context = context || document;                  // 初始化上下文对象，默认值为 document
        if ( selector.nodeType ) {                      // 如果是 DOM 元素
            this[0] = selector;                         // 直接把该 DOM 元素传递给实例对象的伪数组
            this.length = 1;                            // 设置实例对象的 length 属性，表示包含 1 个元素
            this.context = selector;                    // 重新设置上下文为 DOM 元素
            return this;                                // 返回当前实例
        }
        if ( typeof selector === "string" ) { // 如果是选择符字符串
            var e = context.getElementsByTagName(selector);     // 获取指定名称的元素
            for(var i = 0;i<e.length;i++){ // 使用 for 把所有元素传入当前实例数组中
                this[i] = e[i];
            }
            this.length = e.length;                     // 设置实例的 length 属性，定义包含元素的个数
            this.context = context;                     // 保存上下文对象
            return this;                                // 返回当前实例
        } else{
            this.length = 0;                            // 设置实例的 length 属性值为 0，表示不包含元素
            this.context = context;                     // 保存上下文对象
            return this;                                // 返回当前实例
        }
    }
}
jQuery.fn.init.prototype = jQuery.fn;
// 扩展方法：jQuery 迭代函数
jQuery.each = function( object, callback, args ){
    for(var i = 0; i<object.length; i++){               // 使用 for 迭代 jQuery 对象中每个 DOM 元素
        callback.call(object[i],args);                  // 在每个 DOM 元素上调用回调函数
    }
    return object;                                      // 返回 jQuery 对象
}
//jQuery 扩展函数
jQuery.extend = jQuery.fn.extend = function(obj) {
    for (var prop in obj) {
        this[prop] = obj[prop];
    }
    return this;
}
// jQuery 对象扩展方法
jQuery.fn.extend({
    html: function(val){ // 模仿 jQuery 的 html() 方法，为匹配 DOM 元素插入 html 字符串
        jQuery.each(this, function(val){     // 为每个 DOM 元素执行回调函数
            this.innerHTML = val;
        }, val);
    }
```

```
  })
window.onload = function(){
    $("div").html("<h1> 你好 </h1>");
}
```

在上面示例中，先定义一个 jQuery 扩展函数 extend()，然后为 jQuery.fn 原型对象调用 extend() 函数，为其添加一个 jQuery 方法 html()。这样就可以设计出与 2.2.6 节相同的示例效果。

jQuery 框架定义的 extend() 函数的功能要强大很多，它不仅能够完成基本的功能扩展，还可以实现对象合并等功能，详细代码将在后面章节中解析。

2.2.8　传递参数

很多 jQuery 方法，如果包含有参数，一般都要求传递参数对象，例如：

```
$.ajax({
    type: "GET",
    url: "test.js",
    dataType: "script"
});
```

使用对象直接量作为参数进行传递，方便参数管理。当方法或者函数的参数长度不固定时，使用对象直接量作为参数进行传递有如下优势。

☑　参数个数不受限制。

☑　参数顺序可以随意。

这体现了 jQuery 用法的灵活性。

如果 ajax() 函数的参数长度是固定的，则参数位置也固定，如 $.ajax("GET", "test.js","script")。这种用法本身没有问题，但是很多 jQuery 方法包含大量的可选参数，参数位置没有必要限制，再使用传统方式来设计参数就比较麻烦。所以使用对象直接量作为参数进行传递，是最佳的解决方法。

【示例】使用对象直接量作为参数进行传递，这里就涉及参数处理问题，如何解析并提取参数，如何处理默认值问题，可以通过下面的方式来实现。

第 1 步，在前面示例基础上，重写编写 jQuery.extend() 工具函数。

```
var $ =jQuery = function(selector, context ){            //jQuery 构造函数
    return new jQuery.fn.init(selector, context );      //jQuery 实例对象
}
jQuery.fn = jQuery.prototype = {             // jQuery 原型对象
    init : function(selector, context){      // 初始化构造函数
        selector = selector || document;     // 初始化选择器，默认值为 document
        context = context || document;       // 初始化上下文对象，默认值为 document
        if ( selector.nodeType ) {           // 如果是 DOM 元素
            this[0] = selector;              // 直接把该 DOM 元素传递给实例对象的伪数组
            this.length = 1;                 // 设置实例对象的 length 属性，表示包含 1 个元素
            this.context = selector;         // 重新设置上下文为 DOM 元素
            return this;                     // 返回当前实例
        }
        if ( typeof selector === "string" ) { // 如果是选择符字符串
            var e = context.getElementsByTagName(selector);      // 获取指定名称的元素
```

Note

```
            for(var i = 0;i<e.length;i++){  // 使用 for 把所有元素传入当前实例数组中
                this[i] = e[i];
            }
            this.length = e.length;              // 设置实例的 length 属性，定义包含元素的个数
            this.context = context;              // 保存上下文对象
            return this;                         // 返回当前实例
        } else{
            this.length = 0;                     // 设置实例的 length 属性值为 0，表示不包含元素
            this.context = context;              // 保存上下文对象
            return this;                         // 返回当前实例
        }
    }
}
jQuery.fn.init.prototype = jQuery.fn;
// 扩展方法：jQuery 迭代函数
jQuery.each = function( object, callback, args ){
    for(var i = 0; i<object.length; i++){    // 使用 for 迭代 jQuery 对象中每个 DOM 元素
        callback.call(object[i],args);       // 在每个 DOM 元素上调用回调函数
    }
    return object;                           // 返回 jQuery 对象
}
/* 重新定义 jQuery 扩展函数 ***********************************************/
jQuery.extend = jQuery.fn.extend = function() {
    var destination = arguments[0], source = arguments[1];// 获取第 1 个和第 2 个参数
    // 如果两个参数都存在，且都为对象
    if(typeof destination == "object" && typeof source == "object"){
        // 把第 2 个参数对象合并到第 1 个参数对象中，并返回合并后的对象
        for (var property in source) {
            destination[property] = source[property];
        }
        return destination;
    }else{// 如果包含一个参数，则为 jQuery 扩展功能，把插件复制到 jQuery 原型对象上
        for (var prop in destination) {
            this[prop] = destination[prop];
        }
        return this;
    }
}
```

在上面代码中重写了 jQuery.extend() 工具函数，让它实现两个功能：合并对象，为 jQuery 扩展插件。

为此，在工具函数中通过 if 条件语句检测参数对象 arguments 所包含的参数个数，以及参数类型，来决定是合并对象，还是扩展插件。

如果用户给了两个参数，且都为对象，则把第 2 个对象合并到第 1 个对象中，并返回第 1 个对象；如果用户给了一个参数，则继续沿用前面的设计方法，把参数对象复制到 jQuery 原型对象上实现插件扩展。

第 2 步，利用 jQuery.extend() 工具函数为 jQuery 扩展一个插件 fontStyle()，使用这个插件可以定义网页字体样式。

```
//jQuery 对象扩展方法
jQuery.fn.extend({
```

```
        fontStyle: function(obj){                    // 设置字体样式
            var defaults = {                         // 设置默认值，可以扩展
                color :     "#000",
                bgcolor :  "#fff",
                size :      "14px",
                style :     "normal"
            };
            defaults = jQuery.extend(defaults, obj || {});        // 如果传递参数，则覆盖原默认参数
            jQuery.each(this, function(){                          // 为每个 DOM 元素执行回调函数
                this.style.color = defaults.color;
                this.style.backgroundColor = defaults.bgcolor;
                this.style.fontSize = defaults.size;
                this.style.fontStyle = defaults.style;
            });
        }
    })
```

在上面的插件函数 fontStyle() 中，首先，定义一个默认配置对象 defaults，初始化字体样式：字体颜色为黑色，字体背景色为白色，字体大小为 14 像素，字体样式为正常。

其次，使用 jQuery.extend() 工具函数，把用户传递的参数对象 obj 合并到默认配置参数对象 defaults，返回并覆盖掉 defaults 对象。为了避免用户没有传递参数，可以使用“obj || {}”检测用户是否传递参数对象，如果没有，则使用空对象参与合并操作。

最后，使用迭代函数 jQuery.each() 逐个访问 jQuery 对象中包含的 DOM 元素，然后分别为它设置字体样式。

第 3 步，在页面中调用 jQuery 查找所有段落文本 p，然后调用 fontStyle 方法设置字体颜色为白色，字体背景色为黑色，字体大小为 24 像素，字体样式保持默认值。

```
window.onload = function(){
    $("p").fontStyle({
            color: "#fff",
            bgcolor: "#000",
            size:"24px"
    });
}
```

第 4 步，在 <body> 内设计两段文本，最后在浏览器中查看效果，如图 2.3 所示。

```
<p> 少年不识愁滋味，爱上层楼。爱上层楼，为赋新词强说愁。</p>
<p> 而今识尽愁滋味，欲说还休。欲说还休，却道天凉好个秋。</p>
```

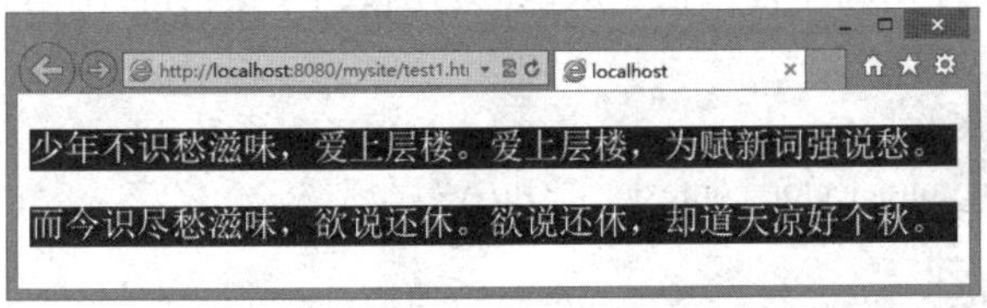

图 2.3　实现 jQuery 扩展的参数传递

在 jQuery 框架中，extend() 函数功能很强大，它既能够作为 jQuery 的扩展方法，也能够处理参数对象，并覆盖默认值，在后面章节中将详细分析它的源码。

2.2.9 设计独立空间

在页面中引入多个 JavaScript 框架，或者编写了大量 JavaScript 代码时，用户很难确保这些代码不发生冲突。任何人都无法确保自己很熟悉每个框架的源码，难免会出现名字冲突，或者功能覆盖现象。为了解决这个问题，必须把 jQuery 封装在一个孤立的环境中，避免与其他代码相互干扰。

解决这个问题，一般使用 JavaScript 闭包体来实现。

首先，读者要知道，JavaScript 有且仅有两个作用域：全局作用域和函数作用域。函数作用域是局部作用域，对外是不可见的，外部代码无权访问函数体内的代码。

调用函数时，JavaScript 会自动为其生成一个上下文环境，这个环境是临时的，函数调用完毕后，这个上下文环境会自动被注销。

提示： 如果每次调用函数后，上下文环境都被保留，那么内存溢出就不可避免，因为在页面中有大量的函数调用操作，一个浏览器可能会开启很多页面，每个上下文环境都要占据一定的内存空间，只进不出，内存肯定会被宕机。所以，调用完毕后，就没有必要继续保留这个上下文环境。

【示例 1】 设计一个匿名函数，然后自调用，瞬间产生一个临时的上下文环境。

```
(function(){
    // 函数体
})()
```

其次，如果在匿名函数中引用了外部变量，那么只要这个引用一直存在，则生成的上下文环境就一直存在，这样就产生了闭包体。所以，闭包体是一直存在的，除非手动销毁外部的引用。

闭包体的存在也改变了函数调用后的运行逻辑，这时调用对象一直存在，并一直保存着函数内各种局部变量的信息。

【示例 2】 把外部 window 对象传递给匿名函数，则自调用后，函数体内的私有变量 window 与外部变量 window 就一直保持着引用关系，这个上下文环境也就一直存在。

```
(function(window){
    // 函数体
})(window)
```

最后，对于函数作用域来说，也必须通过这种方式保持与外界的联系，否则外界无法访问内部的信息，则定义的闭包体也就没有存在的价值了。

如果希望 jQuery 框架与其他代码完全隔离，闭包体是一种最佳的方式。

【示例 3】 把 2.2.8 节设计的 jQuery 框架模型放入匿名函数中，然后自调用，并传入 window 对象。

```
(function(window){
    var $ =jQuery = function(selector, context ){       //jQuery 构造函数
        return new jQuery.fn.init(selector, context ); //jQuery 实例对象
    }
    jQuery.fn = jQuery.prototype = {                   //jQuery 原型对象
        init : function(selector, context){            // 初始化构造函数
            // 省略代码，可参考 2.2.8 节示例，或本节示例源代码
        }
    }
```

Note

```
    jQuery.fn.init.prototype = jQuery.fn;
    // 扩展方法：jQuery 迭代函数
    jQuery.each = function( object, callback, args ){
        for(var i = 0; i<object.length; i++){          // 使用 for 迭代 jQuery 对象中每个 DOM 元素
            callback.call(object[i],args);              // 在每个 DOM 元素上调用回调函数
        }
        return object;                                   // 返回 jQuery 对象
    }
    //jQuery 扩展函数
    jQuery.extend = jQuery.fn.extend = function() {
        var destination = arguments[0], source = arguments[1]; // 获取第 1 个和第 2 个参数
        // 如果两个参数都存在，且都为对象
        if(  typeof destination == "object" && typeof source == "object"){
            // 把第 2 个参数对象合并到第 1 个参数对象中，并返回合并后的对象
            for (var property in source) {
                destination[property] = source[property];
            }
            return destination;
        }else{                                           // 如果包含一个参数，则把插件复制到 jQuery 原型对象上
            for (var prop in destination) {
                this[prop] =  destination[prop];
            }
            return this;
        }
    }
    // 开放 jQuery 接口
    window.jQuery = window.$ = jQuery;
})(window)
```

倒数第二行代码“window.jQuery = window.$ = jQuery;”的主要作用是：把闭包体内的私有变量 jQuery 传递给参数对象 window 的 jQuery 属性，而参数对象 window 引用外部传入的 window 变量，window 变量引用全局对象 window。所以，在全局作用域中就可以通过 jQuery 变量来访问闭包体内的 jQuery 框架，通过这种方式向外界暴露自己，允许外界使用 jQuery 框架。但是，外界只能访问 jQuery，不能访问闭包体内其他私有变量。

至此，jQuery 框架的设计模型就基本完成了，后面的工作就是根据需要使用 extend() 函数扩展 jQuery 功能。例如，在闭包体外直接引用 jQuery.fn.extend() 函数为 jQuery 扩展 fontStyle 插件。

```
//jQuery 对象扩展方法
jQuery.fn.extend({
    fontStyle: function(obj){                      // 设置字体样式
        var  defaults = {                          // 设置默认值，可以扩展
                color :     "#000",
                bgcolor :  "#fff",
                size :      "14px",
                style :     "normal"
        };
        defaults = jQuery.extend(defaults, obj || {}); // 如果传递参数，则覆盖原默认参数
        jQuery.each(this, function(){               // 为每个 DOM 元素执行回调函数
            this.style.color = defaults.color;
```

Note

```
                this.style.backgroundColor = defaults.bgcolor;
                this.style.fontSize = defaults.size;
                this.style.fontStyle = defaults.style;
            });
        }
})
```

使用下面代码就可以在页面中使用这个插件了。

```
window.onload = function(){
    $("p").fontStyle({
            color: "#fff",
            bgcolor: "#000",
            size:"24px"
    });
}
```

上面代码与 2.2.8 节相同，这里不再赘述，本例完整代码请参考本节示例源代码。

2.3　jQuery 架构

2.1 节和 2.2 节从 JavaScript 角度演绎 jQuery 框架模型的实现过程。本节将从不同视角和层级解析 jQuery 框架的内部结构和逻辑设计。

2.3.1　jQuery 结构变化概述

jQuery 框架结构经历 4 个发展阶段，简单说明如下。

1. 原始结构

在 jQuery 1.1.3 版本（2007 年 7 月）及之前，jQuery 框架没有封装，在全局作用域中直接定义 jQuery 类型。例如，在 jQuery-1.1.3.js 中，框架结构代码如下：

```
var jQuery = function(a,c) {                          // 构造函数
    if ( window == this || !this.init )
        return new jQuery(a,c);
    return this.init(a,c);
};
var $ = jQuery;
jQuery.fn = jQuery.prototype = {                      // 原型
    init: function(a,c) {                             // 初始化函数
        …
    },
},
jQuery.extend = jQuery.fn.extend = function() {       // 定义扩展工具
    …
};
jQuery.extend({                                       // 扩展 jQuery 方法
```

```
    …
});
```

2. 初步封装

从 jQuery 1.1.4 版本（2007 年 8 月）开始，jQuery 框架开始注意代码的封装问题，把 jQuery 源码全部放在一个自调用的匿名函数中。

```
(function(){
    …
})()
```

在匿名函数内直接通过 window.jQuery 和 window.$ 暴露自己，对外开放 jQuery 的使用权。

```
(function(){
    var jQuery = window.jQuery = function(a,c) {
        if ( window == this || !this.init )
            return new jQuery(a,c);
        return this.init(a,c);
    };
    window.$ = jQuery;
})()
```

3. 完善封装

从 jQuery 1.4.0 版本（2010 年 1 月）开始，jQuery 框架开始完善封装的结构，注重隐私保护，确保内外变量的隔离。例如，在 jQuery 1.4.0.js 中，框架结构代码如下：

```
(function( window, undefined ) {                        // 封装
    var jQuery = function( selector, context ) {        // 构造函数
            return new jQuery.fn.init( selector, context );
        }
    jQuery.fn = jQuery.prototype = {                    // 原型
        init: function( selector, context ) {           // 初始化函数
    }
    jQuery.fn.init.prototype = jQuery.fn;               // 跨域访问
    jQuery.extend = jQuery.fn.extend = function() {     // 扩展函数
        …
    };
    jQuery.extend({                                     // 扩展方法
        …
    });
    window.jQuery = window.$ = jQuery;                  // 暴露自己，对外开放 jQuery
})(window);                                             // 把全局对象 window 传入闭包体，确保内外隔离
```

提示： 从 jQuery 1.3.0.js 版本开始，jQuery 框架初步成型，具有模块化的组织架构。也是从这个版本开始，jQuery 把选择器模块独立出来，并命名为 Sizzle。

4. 高级封装

从 jQuery 1.11 版本和 jQuery 2.1 版本（2014 年 1 月）开始，jQuery 框架结构做了较大升级，主要目的是适应 JavaScript 环境的变化。

随着 JavaScript 语言的广泛应用，以及 JavaScript 编译环境的多样性，如 Node.js 的出现，JavaScript 不仅仅在客户端浏览器中运行，还可能在服务器端，或者其他设备、环境中运行。而在非客户端浏览器中没有全局对象 window，因此为了适应不同的环境，jQuery 需要对框架结构进行重构。

例如，在 jQuery 1.11.0.js 中，框架结构代码如下：

```
(function( global, factory ) {
    if ( typeof module === "object" && typeof module.exports === "object" ) {
        module.exports = global.document ?
            factory( global, true ) :
            function( w ) {
                if ( !w.document ) {
                    throw new Error( "jQuery requires a window with a document" );
                }
                return factory( w );
            };
    } else {
        factory( global );
    }
}(typeof window !== "undefined" ? window : this, function( window, noGlobal ) {
    var jQuery = function( selector, context ) {
            return new jQuery.fn.init( selector, context );
        },
    jQuery.fn = jQuery.prototype = {
        …
        init = jQuery.fn.init = function( selector, context ) {
            …
        };
    };
    jQuery.extend = jQuery.fn.extend = function() {
        …
    };
    return jQuery;
}));
```

关于这段结构代码的详细解析，请参考 2.3.2 节介绍。

2.3.2 jQuery 新框架结构

下面以 jQuery 3.2.1 版本为例来说明 jQuery 新框架结构，主要代码如下：

```
(function (global, factory) {
    //启动严格模式
    "use strict";
    //检测当前环境是否支持模块和导出模块功能，兼容 CommonJS 类环境
    if (typeof module === "object" && typeof module.exports === "object") {
        module.exports = global.document ?
            factory(global, true) :
            function (w) {
                if (!w.document) {
```

```
                    throw new Error("jQuery requires a window with a document");
                }
                return factory(w);
            };
    } else {
        // 兼容浏览器环境
        factory(global);
    }
    // 如果没有定义 window，传递 this
})(typeof window !== "undefined" ? window : this, function (window, noGlobal) {
    var
        version = "3.2.1",
        // 定义 jQuery 的本地副本
        jQuery = function (selector, context) {
            // 这里使用 jQuery.fn.init() 构造了一个 jQuery 对象
            return new jQuery.fn.init(selector, context);
        }
    //jQuery 原型对象
    jQuery.fn = jQuery.prototype = {
        …
    };
    // 扩展方法
    jQuery.extend = jQuery.fn.extend = function () {
        …
    };
    // 扩展 jQuery 库
    jQuery.extend({
        var rootjQuery,
        init = jQuery.fn.init = function (selector, context, root) {
            …
        };
    };
    …
    return jQuery;
});
```

提示：自从 CommonJS 和 NodeJS 两个项目出现，JavaScript 作为本地编程语言开始流行。

CommonJS API 定义了很多普通应用程序使用的 API，主要指非浏览器的应用。它的终极目标是提供一个类似 Python、Ruby 和 Java 标准库，让用户可以使用 JavaScript 开发服务器端 JavaScript 应用程序、命令行工具、图形界面应用程序、混合应用程序（如 Adobe AIR）。

CommonJS 是一种规范，NodeJS 是这种规范的实现，官网地址为 http://www.commonjs.org/。两者关系类似于 ECMAScript 和 JavaScript。

因此，jQuery 不仅要考虑浏览器 JavaScript 编程，还要考虑其他本地应用程序编程。

下面解析上述代码。

第 1 步，可以看到，整个 jQuery 框架被置于一个匿名函数中，并自调用。

Note

```
(function (global, factory) {
        …
})(typeof window !== "undefined" ? window : this, function (window, noGlobal) {
        …
});
```

匿名函数包含两个形参：global、factory。

☑ global：定义全局对象。在浏览器中指代 window 对象，在 NodeJS 环境中指代 this。

☑ factory：设置工厂模式。仅指 jQuery 框架。

在调用匿名函数时，传入两个实参。

☑ typeof window !== "undefined" ? window : this：使用 typeof 运算符检测当前环境中是否存在 window 对象。如果存在，则传入 window 对象；如果不存在，则传入 this。

☑ function (window, noGlobal) {}：一个函数直接量表达式，实际上就是 jQuery 库函数。

第 2 步，下面来分析一下外层匿名函数。

```
(function (global, factory) {
    // 启动严格模式
    "use strict";
    // 检测当前环境是否支持模块和导出模块功能，兼容 CommonJS 类环境
    if (typeof module === "object" && typeof module.exports === "object") {
        module.exports = global.document ?
            factory(global, true) :
            function (w) {
                if (!w.document) {
                    throw new Error("jQuery requires a window with a document");
                }
                return factory(w);
            };
    } else {
        // 兼容浏览器环境
        factory(global);
    }
    // 如果没有定义 window，传递 this
})(typeof window !== "undefined" ? window : this, function (window, noGlobal) {
    …
});
```

第 3 行代码："use strict";，表示启动严格模式。

提示： 除了正常运行模式外，ECMAscript 5 新添加了第二种运行模式：严格模式。顾名思义，这种模式使得 JavaScript 在更严格的条件下运行，体现了 JavaScript 更合理、更安全、更严谨的发展方向，包括 IE 10+ 在内的主流浏览器都已经支持它，许多大项目已经开始全面使用它。严格模式具有以下优势。

☑ 消除 JavaScript 语法的一些不合理、不严谨之处，减少一些怪异行为。

☑ 消除代码运行的一些不安全之处，保证代码运行的安全。

☑ 提高编译器效率，提高运行速度。

☑ 为未来新版本的 JavaScript 做好铺垫。

Note

如果读者想了解在严格模式下 JavaScript 的语法和用法，请扫码阅读。

线上阅读

第 3 步，第 5 行为一个条件语句，检测在当前环境下是否支持 module 和 module.exports 对象。如果支持，则说明当前环境为 NodeJS 运行环境；如果不支持，则说明当前环境为浏览器运行环境。

```
if (typeof module === "object" && typeof module.exports === "object") {
```

提示：module 管理是 NodeJS 中比较有特色的部分，而 JavaScript 没有模块系统，没有标准库，不能自动加载和安装依赖。

第 4 步，在 NodeJS 环境下，使用 module.exports = global.document 引入全局作用域下的 document 对象。如果引入成功，则调用 factory(global, true)，在 NodeJS 环境中安装 jQuery 库；如果引入失败，则在函数作用域中尝试引入。

```
module.exports = global.document ?
    factory(global, true) :
    function (w) {
        if (!w.document) {
            throw new Error("jQuery requires a window with a document");
        }
        return factory(w);
};
```

第 5 步，在函数作用域中，默认参数 w 表示全局对象，再次尝试探测 w.document 是否存在。如果不存在，则抛出异常，警告 jQuery 库需要一个包含 document 的全局作用域。document 表示一个 DOM 文档对象。

第 6 步，如果在函数作用域中探测到 document，则返回 factory(w)。也就是调用 factory(w)，安装 jQuery 库，并把特定的全局对象 w 传入 jQuery 安装函数。

第 7 步，如果在浏览器环境中，则直接调用 factory(global)，安装 jQuery 库，并把全局对象 global 传入 jQuery 安装函数。

```
} else {
    // 兼容浏览器环境
    factory(global);
}
```

提示：这里的 global 表示 window 对象。

第 8 步，在 jQuery 安装函数中，包含两个参数：window、noGlobal。

```
function (window, noGlobal) {
    …
}
```

第一个形参 window 表示全局对象，第二个形参表示一个标识变量，确定第一个参数是否为最高作用域。

第 9 步，当参数 noGlobal 为 undefined，或者为 false 时，说明当前环境有全局对象 window，可使用

“window.jQuery = window.$ = jQuery;”开放 jQuery 访问权。如果为 NodeJS 环境，则没有 window 对象，通过“return jQuery;”返回 jQuery 控制权。

```
function (window, noGlobal) {
    …
    // Expose jQuery and $ identifiers, even in AMD
    // (#7102#comment:10, https://github.com/jquery/jquery/pull/557)
    // and CommonJS for browser emulators (#13566)
    if (!noGlobal) {
        window.jQuery = window.$ = jQuery;
    }
    return jQuery;
}
```

视频讲解

2.4 jQuery 构造函数

jQuery 提供唯一的接口——jQuery() 构造函数。jQuery 把所有的功能和操作都包装在一个 jQuery() 构造函数中，它的核心功能都是通过这个函数实现的。jQuery 中的一切都基于这个函数，或者说都是在以某种方式使用这个函数。

jQuery() 构造函数能够接收任意类型的参数，但是能够正确解析的参数包括下面 3 种类型。

2.4.1 jQuery([selector,[context]]) 接口

jQuery() 构造函数最基本的用法就是向它传递一个表达式，通常由 CSS 选择器组成，然后根据这个表达式来查找所有匹配的元素。接口用法如下：

```
jQuery([selector,[context]])
```

参数说明：

☑ selector：可选参数，用来查找的表达式，如 CSS 选择器字符串。

☑ context：可选参数，作为待查找的 DOM 元素集、文档或 jQuery 对象。

提示： 在默认情况下，如果没有指定 context 参数，jQuery() 构造函数将在当前的 HTML document 中查找 DOM 元素；如果指定了 context 参数，如一个 DOM 元素集或 jQuery 对象，那么就会在这个 context 中查找。

在 jQuery 1.3.2 版本以后，jQuery() 返回的元素顺序等同于在 context 中出现的先后顺序。

1. jQuery()

如果没有指定任何参数，则返回一个空的 jQuery 对象。例如：

```
alert(jQuery().length);                    // 返回 0
```

【源码解析】

在 jQuery 源码中，可以看到 init() 初始化处理函数首先处理无参数的情况。

```
// 初始化处理函数
init = jQuery.fn.init = function (selector, context, root) {
    var match, elem;
    // 处理：$(""), $(null), $(undefined), $(false)
    if (!selector) {
        return this;
}
```

如果 jQuery() 参数为空，或者为空字符串、null、undefined、false 等假值情况，将直接返回 this 原型对象，该对象不包含任何 DOM 元素，length 属性为默认值 0。

2. jQuery(string)

如果传入一个字符串，则可能需要处理的条件比较复杂。例如：

```
jQuery("#box")                              // 处理 CSS 选择器
jQuery("<div id='box'>")                    // 处理 HTML 字符串
```

【源码解析】

在 jQuery 源码中，可以看到 init() 初始化处理函数的第 2 个条件包含如下代码。

```
// 处理 HTML 字符串
if (typeof selector === "string") {
    …                                       // 处理各种类型的 HTML 字符串
}
```

该条件下的 jQuery 源码将在 2.4.2 节详细解析。

3. jQuery(element)

如果传入一个 DOM 元素，则返回一个包含该元素的 jQuery 对象。例如：

```
var ele = document.createElement("div");
alert(jQuery(ele).length);                  // 返回 1
```

或

```
<div id="box"></div>
<script>
var ele = document.getElementById("box");
alert(jQuery(ele).length);                  // 返回 1
</script>
```

【源码解析】

在 jQuery 源码中，可以看到 init() 初始化处理函数的第 3 个条件包含如下代码。

```
// 处理：$(DOMElement)
} else if (selector.nodeType) {// 如果选择器包含 nodeType 属性，说明第一个参数为 DOM 元素
    this[0] = selector;                     // 在 jQuery 中存储该 DOM 元素
    this.length = 1;                        // 重置 length 属性值为 1
    return this;                            // 返回 jQuery 对象
}
```

4. jQuery(object)

如果传入一个 Object 对象，则返回一个包含该对象的 jQuery 对象，即将参数对象封装为 jQuery。例如：

```
var obj= {
    a : 1,
    b : 2
};
console.dir(jQuery(obj));
```

在 Firefox 浏览器中可以看到控制台输出的 Object 结构信息，如图 2.4 所示。

图 2.4　显示 jQuery 对象结构 1

注意： 很少使用这种用法，用户不能在返回的 jQuery 对象上调用与 DOM 相关的操作方法，因为当前 jQuery 对象中包含的元素不是 DOM 元素，而是一个 JavaScript 对象。

5. jQuery(elementArray)

如果传入一个 DOM 元素集合，则返回一个包含所有 DOM 元素的 jQuery 对象，即将 DOM 元素集合封装为 jQuery。

例如，在下面示例中，分别使用 document.getElementsByTagName 在文档中匹配所有 p 元素，或者使用 document.createElement 创建两个 p 元素，然后组成一个数组，最后使用 jQuery() 进行封装，则在控制台可以看到输出的 jQurey 对象，如图 2.5 所示。

```
<p></p>
<p></p>
<script>
var eles = document.getElementsByTagName("p");
console.dir(jQuery(eles));
</script>
```

或者

```
var eles = [document.createElement("p"), document.createElement("p")];
console.dir(jQuery(eles));
```

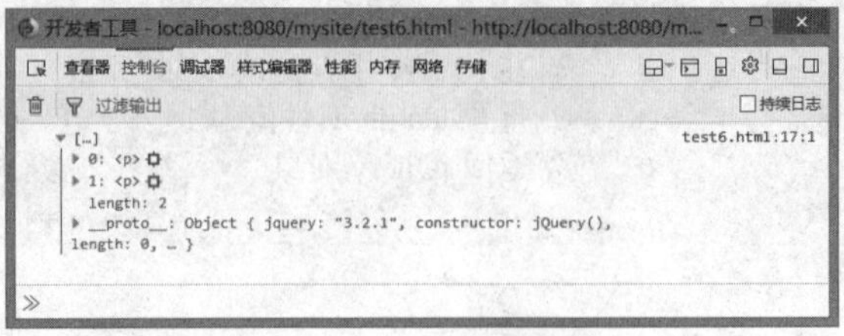

图 2.5　显示 jQuery 对象结构 2

6. jQuery(jQuery)

如果传入一个 jQuery，则返回一个新的 jQuery 对象，这个对象是参数 jQuery 对象的复制品。

提示：一般通过这种方式复制一个 jQuery 对象。

【源码解析】

在 jQuery 源码中，可以看到 init() 初始化处理函数中使用 jQuery.makeArray() 函数来处理参数为 Object、Arry 和 jQuery。

```
init = jQuery.fn.init = function (selector, context, root) {
    …
    return jQuery.makeArray(selector, this);
};
```

当参数为 JavaScript 对象、DOM 集合或数组、jQuery 对象时，将使用 jQuery.makeArray() 把它们封装为 jQuery 对象。

jQuery.makeArray() 工具函数可以把类数组转换为数组，或者合并成两个类数组，其源码如下：

```
// 将类数组对象转换为数组对象
makeArray: function (arr, results) {
    var ret = results || [];                         // 如果第 2 个参数不存在，则默认为空数组
    if (arr != null) {                               // 如果第 1 个参数存在，则进行转换
        if (isArrayLike(Object(arr))) {              // 如果参数为类数组，则把它合并到第 2 个参数数组中
            jQuery.merge(ret,
                typeof arr === "string" ? [arr] : arr // 如果为字符串，则把它包装为数组
            );
        } else {                                     // 如果不为类数组，如数组，则动态调用 Array 原生方法 push
                                                     // 把第 1 个参数推入第 2 个参数数组的尾部
            push.call(ret, arr);
        }
    }
    return ret;                                      // 返回第 2 个参数数组
}
```

isArrayLike() 函数可以判断一个对象是否为类数组，jQuery.merge() 工具函数能够合并两个数组或类数组。由于代码比较简单，此处不再展开说明，详细代码可以搜索、参考本书提供的注释版 jQuery 源码文件。

2.4.2 jQuery(html,[ownerDocument]) 接口

该接口能够根据提供的原始 HTML 标记字符串，动态创建由 jQuery 对象包装的 DOM 元素，同时也可以设置一系列的属性、事件等。接口用法如下：

```
jQuery(html,[ownerDocument] )
jQuery(html,props )
```

参数说明如下：

☑ html：必设参数，用于动态创建 DOM 元素的 HTML 标记字符串。

☑ ownerDocument：可选参数，创建 DOM 元素所在的文档。

☑ props：可选参数，用于附加到新创建元素上的属性、事件和方法，以对象直接量（Map）的形式设置的配置参数。

【示例】下面示例动态创建一个 p 元素，并添加到 body 元素上，设置 p 元素的类名为 red，包含文本为“变色文本”，为该元素绑定单击事件。当单击段落文本时，使用 toggleClass() 方法切换 red 类样式，实现类样式 red 的添加和移出不断切换。

```
$(function(){
    $("<p>", {
        "class": "red",
        text: " 变色文本 ",
        click: function(){
            $(this).toggleClass("red");
        }
    }).appendTo("body");
})
```

【源码解析】

该接口的实现，主要是通过临时创建一个元素，并将这个元素的 innerHTML 属性设置为给定的 HTML 字符串，从而实现将 HTML 字符串转换为 DOM 元素数组。

这部分代码比较长，因为针对参数 selector 的字符串形式有多种，主要包括：

☑ CSS 选择器字符串，如 "div#box"。

☑ HTML 字符串，如 "<div>"。

☑ ID 标识符，如 "#box"。本来 ID 标识符也应该属于 CSS 选择器范畴，但是为了提高执行效率，jQuery 把 ID 选择器提前进行解析，因为它比较简单，只要匹配出 ID 值，使用 document.getElementById 方法可以快速查找到。

对于 CSS 选择器字符串的处理，内部逻辑复杂，jQuery 使用 Sizzle 选择器引擎模块专门对其进行解析，接口函数为 find()。第 3 章将专门对 Sizzle 选择器引擎模块进行讲解。

```
} else if (!context || context.jquery) {// 如果无 context 参数，或者 context.jquery 存在，即 context 为 jQuery 对象，则
                                        // 在根标签或 jQuery 对象范围查找 CSS 选择器匹配的 DOM 元素
    return (context || root).find(selector);
    // 相当于：$(context).find(expr)，如 : $("div>p.red", document)
} else {
    // this.constructor 指 jQuery()，
    // 如果在特定环境下，可能是 Tween、jQuery.Event 等
    // 在指定上下文中查找 CSS 选择器匹配的 DOM 元素
    return this.constructor(context).find(selector);
}
```

HTML 字符串的解析过程如下：

第 1 步，如果 selector 表达式为字符串，则进入 init() 处理函数的第 2 个条件内进行处理。

```
if (typeof selector === "string") {   }
```

第 2 步，判断字符串是否为 HTML 标签，如果是单纯的标签，则不用正则表达式进行匹配；如果是复杂的 HTML 字符串片段，则使用正则表达式进行匹配。

```
if (selector[0] === "<" &&
```

```
        selector[selector.length - 1] === ">" &&
        selector.length >= 3) {
        // 则跳过正则表达式检查，直接把参数值传递给 match 匹配数组
        match = [null, selector, null];
} else { // 使用 /^(?:\s*(<[\w\W]+>)[^>]*|#([\w-]+))$/ 正则表达式对字符串进行匹配
        match = rquickExpr.exec(selector);
}
```

第 3 步，对匹配结果 match 进行判断。如果匹配到标签，或者没有指定上下文，则考虑解析 HTML 字符串，或者使用 document.getElementById 方法找到指定 ID 元素。

```
if (match && (match[1] || !context)) { }
```

第 4 步，在第 3 步条件内，进一步判断 match[1] 是否存在，如果匹配到标签，则进入 HTML 字符串解析流程。

第 5 步，在 if (match[1]){ } 条件中，先使用 jQuery.parseHTML 方法把 HTML 字符串解析为 DOM 元素数组，再使用 jQuery.merg 方法把它导入当前 jQuery 对象中。

```
jQuery.merge(this, jQuery.parseHTML(
    match[1],//HTML 字符串
    // 如果 context 存在，且为 DOM 节点
    // 如果存在 context.ownerDocument，则使用它，否则使用 context
    // 如果没有指定 context，则使用 document
    context && context.nodeType ? context.ownerDocument || context : document,
    true        // 设置第 3 个参数为 true，表示允许解析 script 元素
));
```

第 6 步，检测 HTML 字符串是否为单个标签，且设置了第 2 个参数为对象直接量。

```
if (rsingleTag.test(match[1]) && jQuery.isPlainObject(context)) { }
```

第 7 步，如果为单标签，且设置了配置参数对象，则在上一步条件语句内使用 for 语句映射配置对象到标签上，为其设置标签属性。

```
for (match in context) {                                    // 访问参数配置对象中每个设置项目
    // 如果可能，上下文的属性被称为方法
    if (jQuery.isFunction(this[match])) {
        this[match](context[match]);
        // 否则设置为属性
    } else {
        this.attr(match, context[match]);
    }
}
```

第 8 步，如果没有匹配到 HTML 标签，且没有设置上下文，则跳过 HTML 字符串解析，进入 else 分支，处理 ID 选择器。

```
} else {
    // 根据匹配到的 id 属性值，在文档中直接找到这个元素
    elem = document.getElementById(match[2]);
    if (elem) { // 如果找到这个元素
```

```
            this[0] = elem;                             // 将元素直接封装到 jQuery 对象中
            this.length = 1;                            // 重置 length 属性值为 1
        }
        return this;                                    // 返回 jQuery 对象
    }
```

Note

2.4.3 jQuery(callback) 接口

jQuery(callback) 实际上是 $(document).ready() 的简写。该接口允许用户绑定一个在 DOM 文档载入完成后执行的函数。例如：

```
$(function(){
    // 文档就绪
});
```

参数是一个处理函数。ready 事件处理函数在文档内容完全载入之后立即执行，不需要等待外部链接的文件是否载入完成，因此响应要比 load 事件早。

【源码解析】

在 jQuery 源码中，可以看到 init() 初始化处理函数的第 4 个条件包含如下代码。

```
} else if (jQuery.isFunction(selector)) {
    // 如果存在 ready，那么直接放在 $(document).ready() 中等待执行
    return root.ready !== undefined ?
        root.ready(selector) :
        // 如果不存在 ready，则立即执行
        // 提示：使用 jQuery 框架，那么 ready 是存在的
        selector(jQuery);
}
```

视频讲解

2.5 jQuery 类数组

在 jQuery 库中，有两个概念特别需要初学者注意：一个是 jQuery 类对象，另一个是 jQuery 对象，jQuery 库中所有功能函数都挂在这两个对象上，而且大部分方法是一一对应的。

2.5.1 jQuery 对象

无论在何种情况下，调用 jQuery() 构造函数都将返回一个 jQuery 对象。注意，下面方法除外：

```
$(function(){});
```

jQuery 对象是 jQuery() 构造函数返回的 this，这个 this 指代 jQuery.prototype，即 jQuery 原型对象。实际上，这个 this 应该是 init() 初始化处理函数的构造实例：

```
jQuery = function (selector, context) {
    // 这里使用 jQuery.fn.init() 构造了一个 jQuery 对象
```

```
    return new jQuery.fn.init(selector, context);
}
```

然后，jQuery 通过下面一行代码，使用 jQuery.prototype 覆盖掉 init.prototype，让 init() 构造函数的实例继承 jQuery 的原型。

```
init.prototype = jQuery.fn;
```

其中 jQuery.fn 引用 jQuery.prototype。

在 jQuery.fn.init 函数中，最终把匹配的 DOM 元素以类数组的形式挂在 jQuery 对象上，形成一个类数组形式。

2.5.2 构建类数组

类数组（Array-Like）是 jQuery 框架核心概念，它描述了 jQuery 对象的基本形态：jQuery 选择器能够匹配一个或多个 DOM 元素，并把这些元素打包到一个数据集合中返回，然后提供众多操作这个数据集合的方法。

如果从数据结构角度分析，对象和数组其实都是数据集合，只不过对象是一个无序集合，数组是一个有序集合。

```
var arr = [1,2,3,4];                    // 数组结构
var obj = {                             // 对象结构
    "a" : 1,
    "c" : 2,
    "b" : 3,
    "d" : 4
}
```

对于数组来说，它有两个主要特征：自带有序排列的下标值，包含一个 length 属性，当数组元素增减时，length 属性值会自动更新，反映变化后数组的实际长度。

在 JavaScript 中，存储有序数据最好的结构当然是数组。jQuery 实现元素存储最高效的方法也应该采用如下方式：

```
jQuery.fn.prototype=new Array();
```

在 this.setArray(arr) 函数中添加如下代码：

```
setArray.apply(this,arr);
```

这样就继承了数组的所有特性，并可以在 jQuery 对象中进行数组的功能扩展。但是 jQuery 并没有这样来实现对匹配元素的打包，它采用了 Array-Like 对象来实现。

类数组实际上就是对象，但是它附加有序数据寄存功能，结构类似数组。为了模拟 Array 有序的数据存储结构，jQuery 采用人工方式增加 length 属性，并随时手动更新 length 属性值，以确保其值能够准确反映寄存数据的长度，同时使用如下有序名称设置属性值。

```
var arr = [1,2,3,4];                    // 数组结构
var obj = {                             // 对象结构
    0 : 1,
```

Note

```
        1 : 2,
        2 : 3,
        3 : 4
}
```

可以通过这种类似数组的结构，来设计有序数据寄存的功能。例如，jQuery 按如下方式实现数组结构的特性。

```
// 处理单个 DOM 元素，$(DOMElement)
if (selector.nodeType) {
        this[0] = selector;
        this.length = 1;
        return this;
}
```

通过 this[0] 直接设定第 1 个位置的 DOM 元素，同时设定 length=1。这里可以看出对象与数组一样都是采用 key/Value 对的形式保存数据。上面的 JSON 格式如下：

```
{
        0 : 1,
        length : 1
}
```

对于数组来说，使用 [] 运算符解析的结果与 {} 结构是一一对应的。使用 [] 运算符构建数组时，把 index 作为对象的属性名，如 0、1、2 等，即 key；把数组中的值作为对象中对应的 value；同时手动改变 length 属性值。因此，从数据结构上分析对象与数组没有太大的区别。在很多框架中，如 YUI，都是采用对象的形式来构建类数组的结构。

数组和对象都可以采用 obj[attr] 的语法形式来取得其 key 对应的 value。对于类数组，必须要求其实现 length 属性，有了 length 长度，就可以使用循环语句实现迭代，逐一读取从 0 到 length−1 的 key 对应的 value。

2.5.3 定位元素

在 jQuery 对象中找到指定位置的 DOM 元素，可以使用 get() 和 index() 方法来实现。

注意： 类数组的操作对象是集合，而与类数组包含的 DOM 元素操作是两个不同的概念。

1. get()

get() 是 jQuery 对象的方法，用法如下：

```
get([index])
```

【示例 1】 取得指定下标位置的 DOM 元素，从 0 开始。

```
<P> 床前明月光 </P>
<p> 疑是地上霜 </p>
<script>
alert($("p").get(0).innerHTML );                    // 返回 " 床前明月光 "
</script>
```

如果没有参数，则取得所有匹配的 DOM 元素集合，即返回数组。

```
alert($("p").get()[0].innerHTML );                    // 返回 " 床前明月光 "
```

【源码解析】

```
// 获取 jQuery 对象的第 n 个元素，如果没有传入参数，则返回所有元素的数组
get: function (num) {
    // 返回一个数组，其中包含所有元素
    if (num == null) {
        return slice.call(this);                  // 把 jQuery 转换为数组
    }
    // 从集合中只返回一个元素
    return num < 0 ? this[num + this.length] : this[num];
}
```

【用法比较】

使用 eq(index) 也可以取得指定位置的元素，不过它返回 jQuery 对象，而 get() 方法返回的是 DOM 元素。

```
alert($("p").eq(0).text() );                          // 返回 " 床前明月光 "
```

eq() 方法的源码如下：

```
// 获取当前 jQuery 中第 i 个位置的元素，然后把它转换为 jQuery 对象返回
eq: function (i) {
    var len = this.length,                        // 获取 jQuery 对象长度
        // 如果 i 为负数，则从右向左定位取值；如果 i 为正数，则从左向右定位取值
        j = +i + (i < 0 ? len : 0);
    // 如果 j 介于 length 内，则取得 DOM 元素，并封装为数组，否则设为空数组
    // 最后使用 pushStack 方法把数组中元素合并到 this 对象上，即 jQuery 对象
    return this.pushStack(j >= 0 && j < len ? [this[j]] : []);
}
```

2. index()

index() 方法可以搜索匹配的元素，并返回相应元素的索引值，从 0 开始计数。用法如下：

```
index([selector|element])
```

【示例 2】 比较 index() 方法的不同用法。

```
<ul>
  <li id="foo">foo</li>
  <li id="bar">bar</li>
  <li id="baz">baz</li>
</ul>
<script>
// 传递一个 DOM 对象，返回这个对象在原先集合中的索引位置
$('li').index(document.getElementById('bar'));              //1
$('li').index($('#bar'));                                     //1，传递一个 jQuery 对象
// 传递一组 jQuery 对象，返回这组对象中第一个元素在原先集合中的索引位置
$('li').index($('li:gt(0)'));                                 //1
```

```
$('#bar').index('li'); //1，传递一个选择器，返回 #bar 在所有 li 中的索引位置
$('#bar').index();   //1，不传递参数，返回这个元素在同辈中的索引位置
</script>
```

Note

【源码分析】

index() 方法的实现代码如下：

```
// 可以搜索匹配的元素，并返回相应元素的索引值，从 0 开始计数
index: function (elem) {
    // 如果没有参数，将返回在父级包含框中的索引位置
    if (!elem) {
        return (this[0] && this[0].parentNode) ? this.first().prevAll().length : -1;
    }
    // 如果为 CSS 选择器字符串，则获取匹配的第 1 个元素在 jQuery 对象中的下标位置
    if (typeof elem === "string") {
        return indexOf.call(jQuery(elem), this[0]);
    }
    // 找到所需元素的位置
    return indexOf.call(this,  elem.jquery ? elem[0] : elem);
        // 如果是 jQuery 对象 , 则取第 1 个元素 , 否则直接使用参数
        // 获取其在 jQuery 对象中的下标位置
}
```

视频讲解

2.6 案例实战

jQuery 是在 JavaScript 基础上进行封装的，因此它的代码本质上也是 JavaScript 代码。因此，jQuery 代码与 JavaScript 代码可以相互混合使用。用户不需要去区分每一行代码到底是 jQuery 代码，还是 JavaScript 代码。但是，jQuery 与 JavaScript 是两个不同的概念，在用法上存在差异。

1. 把 jQuery 对象转换为 DOM 对象

jQuery 对象不能使用 DOM 对象的方法。如果需要使用 DOM 对象的方法，就应该先把 jQuery 对象转换为 DOM 对象。转换的方法有以下两种。

（1）借助数组下标来读取 jQuery 对象集合中的某个 DOM 元素对象。

【示例 1】在下面示例中，使用 jQuery 匹配文档中的所有 li 元素，返回一个 jQuery 对象，然后通过数组下标的方式读取 jQuery 集合中的第一个 DOM 元素。此时返回的是 DOM 对象，然后调用 DOM 属性 innerHTML，读取该元素包含的文本信息。

```
<!doctype html>
<html>
<head>
<meta charset="utf-8">
<script src="jquery/jquery-3.1.1.js" type="text/javascript"></script>
<script type="text/javascript">
$(function(){
    var $li = $("li");                          // 返回 jQuery 对象
    var li =$li[0];                             // 返回 DOM 对象
```

Note

```
        alert(li.innerHTML);
    })
    </script>
    <title></title>
    </head>
    <body>
    <ul>
        <li> 故人西辞黄鹤楼，</li>
        <li> 烟花三月下扬州。</li>
        <li> 孤帆远影碧空尽，</li>
        <li> 唯见长江天际流。</li>
    </ul>
    </body>
    </html>
```

（2）借助 jQuery 对象方法，如 get() 方法，为 get() 方法传递一个下标值，即可从 jQuery 对象中取出一个 DOM 对象元素。

【示例 2】在下面示例中，使用 jQuery 匹配文档中的所有 li 元素，返回一个 jQuery 对象，然后通过 jQuery 的 get() 方法读取 jQuery 集合中的第一个 DOM 元素。此时返回的是 DOM 对象，然后调用 DOM 属性 innerHTML，读取该元素包含的文本信息。

```
<!doctype html>
<html>
<head>
<meta charset="utf-8">
<script src="jquery/jquery-3.1.1.js" type="text/javascript"></script>
<script type="text/javascript">
$(function(){
    var $li = $("li");                    // 返回 jQuery 对象
    var li =$li.get(0);                   // 返回 DOM 对象
    alert(li.innerHTML);
})
</script>
<title></title>
</head>
<body>
<ul>
    <li> 故人西辞黄鹤楼，</li>
    <li> 烟花三月下扬州。</li>
    <li> 孤帆远影碧空尽，</li>
    <li> 唯见长江天际流。</li>
</ul>
</body>
</html>
```

2. 把 DOM 对象转换为 jQuery 对象

对于 DOM 对象来说，直接把它传递给 $() 函数即可，jQuery 对象会自动把它包装为 jQuery 对象，然后就可以自由调用 jQuery 定义的方法。

【示例 3】针对上面示例，可以这样来设计：使用 DOM 的方法获取所有 li 元素，然后使用 jQuery() 构造函数把它封装为 jQuery 对象，这样就可以方便调用 jQuery 对象的方法。

```
<!doctype html>
<html>
<head>
<meta charset="utf-8">
<script src="jquery/jquery-3.1.1.js" type="text/javascript"></script>
<script type="text/javascript">
$(function(){
    var li = document.getElementsByTagName("li");          // 获取所有 li 元素
    var $li = $(li[0]);                                     // 把第一个 li 元素封装为 jQuery 对象
    alert($li.html());                                      // 调用 jQuery 对象的方法
})
</script>
<title></title>
</head>
<body>
<ul>
    <li> 故人西辞黄鹤楼，</li>
    <li> 烟花三月下扬州。</li>
    <li> 孤帆远影碧空尽，</li>
    <li> 唯见长江天际流。</li>
</ul>
</body>
</html>
```

实际上，读者也可以把 DOM 元素数组传递给 $() 函数，jQuery 对象会自动把所有 DOM 元素包装在一个 jQuery 对象中。

【示例 4】 针对上面示例，还可以这样设计。

```
<script type="text/javascript" >
$(function(){
    var li = document.getElementsByTagName("li");       // 获取所有 li 元素
    var $li = $(li);                                     // 把所有 li 元素封装为 jQuery 对象
    alert($li.html());                                   // 调用 jQuery 对象的方法
})
</script>
```

第3章 解析 Sizzle 选择器引擎

2009 年 1 月，jQuery 在 1.3.0 版本中将 CSS 选择器代码拆分出来进行封装，命名为 Sizzle，以便独立维护，向外开放，当时版本为 0.9.1。

在 jQuery 1.4.0 中发布 Sizzle 1.0 版本选择器引擎，作为正式版发布。2014 年 12 月，在 jQuery 1.11.2、jQuery 2.1.2 版本中发布 Sizzle 2.2.0-pre 版本，从 1.10.19 版本直接升级到 2.2.0；2016 年 1 月，在 jQuery 3.1.0 版本中发布 Sizzle 2.3.0 版本；目前最新版本为 Sizzle 2.3.3 版本，于 2016 年 8 月发布的 jQuery 3.2.1 中同时发布。

Sizzle 选择器引擎在 2.2.1 版本前，使用 DOM 2 技术完成匹配任务，而在 2.2.1 版本中开始采用 HTML 5 新技术，使用 Selectors API 的 querySelector 和 querySelectorAll 完成 CSS 选择器匹配任务，同时兼容 DOM 2 技术，因此 Sizzle 源码结构和逻辑流程被重新设计。本章将以 Sizzle 2.3.3 版本的源码为基础进行解析。

【学习重点】

- 了解 Sizzle 选择器引擎。
- 熟悉 Sizzle 代码结构。
- 熟悉 Sizzle 框架和逻辑结构。
- 理解 Sizzle 引擎的运行逻辑和匹配过程。

3.1　CSS 选择器引擎历史

JavaScript CSS 选择器从诞生距今已有十多年，下面简单梳理一下早期历史，感兴趣的读者可以选择阅读，通过了解 JavaScript CSS 选择器的早期发展历程，以及代码变化，从最基础到最近的成熟，能够更深地理解 JavaScript 和 CSS 选择器引擎。

2003 年 3 月 25 日，Simon Willison 编写了第一个 CSS 选择器函数——document.getElementsBySelector()。

2004 年 4 月 10 日，Dean Edwards 发布第一个 CSS 选择器——CssQuery() 1.0。

2005 年 8 月 19 日，Dean Edwards 发布 CssQuery() 2.0 版本。

2005 年 8 月 22 日，John Resig 发布 jSelect，它是 jQuery 的前身，最早提出了 jQuery 的原型。

2006 年 1 月 14 日，jQuery 第一个版本发布，主要解决 DOM 选择问题，并提供最基本的 DOM 操作。

2006 年 1 月 18 日，Prototype 框架出现并流行，这是第一个真正意义上的选择器引擎的初始版本，开启了人们对 JavaScript 深度探索的热情。

2006 年 4 月 4 日，moo.dom 出现，它是 Mootools 类库的前身，进一步推动了 CSS 选择器引擎的发展。

2006 年 8 月 26 日，jQuery 1.0 发布，John Resig 对选择器的结构做了进一步的优化。

2006 年 11 月 14 日，Mochikit Selector 引擎出现，它从原型进行移植。

2007 年 1 月 8 日，jQuery 1.1a 版本发布，它的选择器引擎比 1.0 版本快 10～20 倍。

2007 年 1 月 11 日，Jack Slocum 开发出 DomQuery 选择器引擎，主要供 ExtJS 框架使用。

2007 年 2 月 5 日，dojo.query() 选择器引擎出现，主要为 dojo 框架使用。

2007 年 3 月 21 日，base2.DOM. 发布，开发了一套独立的选择器 API。

2007 年 5 月 1 日，Prototype 1.5.1 版本发布，进一步优化了 CSS 选择器引擎。

2007 年 5 月 7 日，Mootools 1.1 版本发布，进一步完善了 CSS 选择器引擎。

2007 年 7 月 1 日，jQuery 1.1.3 版本发布，选择器速度提高了 800%。

2007 年 7 月 10 日，Ext 1.1 RC1 发布。

2007 年 7 月 10 日，Dojo 0.9 发布。

2007 年 12 月 4 日，YUI 2.4.0 发布。

2007 年 12 月 17 日，Diego Perini 开发出 NWMatcher。

提示：关于上述各个时间节点的事件地址和源码链接，感兴趣的读者可以扫码查看。

线上阅读

3.2　Sizzle 引擎概述

Sizzle 是 jQuery 的 CSS 选择器模块，同时也是纯 JavaScript CSS 选择器引擎，能够方便用户轻松地引入各种库中。Sizzle API 由以下 3 部分组成。

☑ 公共 API：用户与之交互部分。

☑ 扩展 API：用于修改选择器引擎。

☑ 内部 API：在 Sizzle 内部使用。

3.2.1　Sizzle 特征

Sizzle 具有如下特征：

- ☑ 完全独立，不依赖任何库。
- ☑ 高效运行，最常用的选择器具有很强的竞争性能。
- ☑ 非常小，被压缩后只有 4KB。
- ☑ 易于使用，API 具有高度可扩展性。
- ☑ 通过事件委托可以实现最佳性能。
- ☑ 代码开源，由 jQuery 基金会持有所有代码，开放共享。

3.2.2　Sizzle 选择器功能

Sizzle 选择器主要功能如下：

- ☑ 支持 CSS 3 选择器。
- ☑ 支持完整的 Unicode。
- ☑ 支持转义选择器，如 #id\:value。
- ☑ 支持包含文本，如 :contains(text)。
- ☑ 支持复合选择器，如 :not :not(a#id)。
- ☑ 支持多重选择，如 :not :not(div,p)。
- ☑ 支持不包含属性值，如 [name!=value]。
- ☑ 支持判断选择器，如 :has(div)。
- ☑ 支持位置选择器，如 :first、:last、:even、:odd、:gt、:lt、:eq。
- ☑ 支持易用表单选择器，如 :input、:text、:checkbox、:file、:password、:submit、:image、:reset、:button。
- ☑ 支持标题选择器，如 :header。

3.2.3　Sizzle 代码功能

Sizzle 代码具有如下功能：

- ☑ 为语法问题提供有意义的错误消息。
- ☑ 使用单个代码路径，不用 XPath。
- ☑ 不再使用浏览器探测。
- ☑ Caja 兼容代码。

3.2.4　Sizzle 参考

Sizzle 官网：https://sizzlejs.com/。

Sizzle 文档：https://github.com/jquery/sizzle/wiki。

GitHub 项目（源代码）：https://github.com/jquery/sizzle/tree/master。

Sizzle 讨论组：http://groups.google.com/group/sizzlejs。

3.2.5 浏览器支持

☑ 桌面

- Chrome 16+
- Edge 12+
- Firefox 3.6+
- Internet Explorer 7+
- Opera 11.6+
- Safari 4.0+

注意：独立 Sizzle 和包含 Sizzle 的库之间，浏览器支持可能会有所不同。
Internet Explorer 6 的解决方案仍在代码中，但浏览器不再被主动测试。

☑ 移动

- Android 2.3+
- iOS 5.1+

3.2.6 Sizzle 选择器

Sizzle 支持几乎所有的 CSS 3 选择器，包括转义的选择器（如 foo\+bar）、Unicode 选择器和以文档顺序返回的结果。但是，不支持以下 CSS 伪选择器：

☑ :hover
☑ :active
☑ :visited
☑ :link

因为需要额外的 DOM 事件监听器来跟踪元素的状态。

而下面这些 CSS 3 伪选择器在 Sizzle 1.9 版本之前不被支持：

☑ :target
☑ :root
☑ :nth-last-child
☑ :nth-of-type、:nth-last-of-type、:first-of-type、:last-of-type、:only-of-type
☑ :lang()

除了 CSS 3 选择器外，Sizzle 又增加了其他选择器，具体说明如下：

☑ not() 完全选择列表：:not(a.b)、:not(div > p)、:not(div, p)。
☑ 嵌套伪选择器：:not(:has(div:first-child))。
☑ [NAME!=VALUE]：匹配 NAME 属性与指定值不匹配的元素，相当于 :not([NAME=VALUE])。
☑ :contains(TEXT)：含有 textContent 的元素，包含单词 'TEXT'，区分大小写。
☑ :header：标题元素，包括 h1、h2、h3、h4、h5 和 h6 元素。
☑ :parent：包含至少有一个子节点（文本或元素）的元素。
☑ :selected：当前选择的元素。

添加的表单选择器说明如下：

- ☑ :input：输入元素。
- ☑ :button：输入元素是按钮，或 type="button" 的按钮。
- ☑ :checkbox、:file、:image、:password、:radio、:reset、:submit、:text：具有指定类型的输入元素。

注意： input、button、select 和 textarea 都被认为是输入元素。

添加的位置选择器说明如下：

- ☑ :first、:last：第一个或最后一个匹配元素。
- ☑ :even、:odd：偶数或奇数元素。
- ☑ :eq、:nth：第 n 个元素，如 :eq(5) 匹配第 6 个元素。
- ☑ :lt、:gt：位于指定位置上方或下方的元素。

注意： 位置索引从 0 开始。在这种情况下，位置是指在选择之后，基于文档顺序的元素在集合中的位置。例如，div:first，首先返回在页面中包含第一个 div 的数组，而 div:first em 将定位到页面上的第一个 div，然后选择所有 em 元素。

3.2.7　公共 API

下面是 Sizzle 选择器引擎主要公共函数。

1. Sizzle()

Sizzle() 是 Sizzle 查找元素的主要函数。语法格式如下：

```
Sizzle( String selector[, DOMNode context[, Array results]] )
```

参数说明如下：

- ☑ selector：一个 CSS 选择器，字符串类型。
- ☑ context：指定查找范围的上下文元素，如文档或文档片段。默认为文档。注意，在 2.1 版本之前，不支持文档片段。
- ☑ results：附加查找结果的数组，或类似数组的对象（如 jQuery）。

该函数先判断浏览器是否支持 querySelectorAll。如果支持 querySelectorAll，则优先使用 querySelectorAll；否则使用传统方法进行匹配。最后返回一个数组，包含与选择器匹配的所有元素。

2. Sizzle.matchesSelector()

Sizzle.matchesSelector() 判断给定元素是否与选择器匹配。语法格式如下：

```
Sizzle.matchesSelector( DOMElement element, String selector )
```

参数说明如下：

- ☑ element：一个 DOM 元素，Sizzle 将测试选择器的 DOMElement。
- ☑ selector：一个 CSS 选择器，字符串类型。

该函数使用本地函数 matchesSelector（如果可用）进行检测，最后返回一个布尔值，如果匹配则返回 true，否则返回 false。

3. Sizzle.matches()

Sizzle.matches() 根据给定的选择器，返回匹配元素。语法格式如下：

```
Sizzle.matches( String selector, Array<DOMElement> elements )
```

参数说明如下：

☑ selector：一个 CSS 选择器，字符串类型。

☑ elements：使用指定选择器进行过滤的 DOMElement 数组。

最后返回一个数组，数组中包含与给定选择器匹配的元素。

Note

3.2.8 扩展 API

在 Sizzle 中，Sizzle.selectors.match.NAME = RegExp 包含了用于将选择器解析为不同部分的正则表达式，用于查找和过滤。每个正则表达式的名称应对应于 Sizzle.selectors.find 和 Sizzle.selectors.filter 对象中指定的名称。

1. 查找

为了添加一个新的查找函数：

☑ 必须将正则表达式添加到匹配对象中。

☑ 必须定义一个查找函数。

"|" + NAME 必须附加到 Sizzle.selectors.order 正则表达式，代码如下：

```
Sizzle.selectors.find.NAME = function( match, context, isXML ) {}
```

这是一个在页面上查找某些元素的函数。每个选择器将指定的函数不超过一次。

该函数的参数说明如下：

☑ match：是从指定的正则表达式与选择器匹配返回的结果数组。

☑ context：指定查找的范围，即上下文 DOMElement 或 DOMDocument。

☑ isXML：布尔值，设置当前函数是否在 XML 文档中运行。

2. 过滤

为了添加一个新的过滤语句：

☑ 必须将正则表达式添加到匹配对象中。

☑ 一个函数必须添加到过滤器对象。

☑ 可以将一个函数添加到 preFilter 对象（可选）。代码如下：

```
Sizzle.selectors.preFilter.NAME = function( match ) {}
```

这是一个可选的预过滤器函数，允许根据相应的正则表达式过滤匹配的数组，这将返回一个新的匹配数组。这个匹配的数组最终将被传递给过滤器函数。这是为了清理在过滤器函数中发生的一些重复处理。

```
Sizzle.selectors.filter.NAME: function( element, match[1][, match[2], match[3], …] ) {}
```

注意： match[0] 被传递到过滤器之前将被删除，不能使用。

过滤方法的参数是元素和来自正则表达式的捕获对应于此过滤器（上面由匹配中指出的，从索引 1 开始）。返回结果必须为布尔值：如果元素与选择器匹配，则返回 true，否则返回 false。

3. 属性

```
Sizzle.selectors.attrHandle.LOWERCASE_NAME = function(elem, casePreservedName, isXML) {}
```

处理需要专门处理的属性，如具有跨浏览器问题的 href。返回结果必须是该属性的实际字符串值。

4. 伪选择器

```
Sizzle.selectors.pseudos.NAME = function( elem ) {}
```

选择器引擎最常见的扩展：添加一个新的伪类。此函数的返回结果必须为布尔值：如果元素与选择器匹配，则返回 true，否则返回 false。

【示例 1】 这定义了一个简单的 fixed 伪类。

```
var $test = jQuery( document );
Sizzle.selectors.pseudos.fixed = function( elem ) {
    $test[ 0 ] = elem;
    return $test.css( "position" ) === "fixed";
};
```

当自定义伪选择器接收参数时，才需要使用 createPseudo(function) 函数。

```
Sizzle.selectors.createPseudo(function)
```

> **注意：** 在 jQuery 1.8 及更早版本中，用于创建具有参数的自定义伪类的 API 已被破坏。在 jQuery 1.8.1+ 中，API 向后兼容。无论如何，鼓励使用 createPseudo() 函数。

解析器编译包含其他函数的单个函数，具有参数的自定义伪选择器更清晰。

【示例 2】 在 Sizzle 中，执行 :not(<sub-selector>) 伪类类似如下代码。

```
Sizzle.selectors.pseudos.not =
    Sizzle.selectors.createPseudo(function( subSelector ) {
        var matcher = Sizzle.compile( subSelector );
        return function( elem ) {
            return !matcher( elem );
        };
    });
```

为了编写具有可以利用新 API 的参数的自定义选择器，但仍支持所有版本的 Sizzle，请检查 createPseudo() 函数。

【示例 3】 以下示例使用 jQuery 语法。

```
// 不区分大小写的实现包含伪类
// 适用所有版本的 jQuery
(function( $ ) {
function icontains( elem, text ) {
    return (
        elem.textContent ||
        elem.innerText ||
        $( elem ).text() ||
        ""
    ).toLowerCase().indexOf( (text || "").toLowerCase() ) > -1;
}
$.expr.pseudos.icontains = $.expr.createPseudo ?
```

Note

```
    $.expr.createPseudo(function( text ) {
        return function( elem ) {
            return icontains( elem, text );
        };
    }) :
    function( elem, i, match ) {
        return icontains( elem, match[3] );
    };

})( jQuery );
```

这些过滤器在选择器的上一部分已经返回结果之后运行。setFilters 从匹配的 Sizzle.selectors.match.POS 中找到。使用时，参数预计为整数。not 参数是一个布尔值，表示结果是否应该反转（如 div:not(:first)）。

【示例 4】第一个 setFilter 的代码类。

```
var first = function( elements, argument, not ) {
    //No argument for first
    return not ? elements.slice( 1 ) : [ elements[0] ];
};
Sizzle.selectors.setFilters.first = first;
```

很容易扩展 Sizzle，甚至 Sizzle 的 POS 选择器。例如，要重命名“:first”为“:uno”。

```
Sizzle.selectors.match.POS = new RegExp( oldPOS.source.replace("first", "uno"), "gi" );
Sizzle.selectors.setFilters.uno = Sizzle.selectors.setFilters.first;
delete Sizzle.selectors.setFilters.first;
Sizzle("div:uno"); //==> [ <div> ]
```

3.2.9 内部 API

一般功能应通过公共 API 和扩展 API 访问，内部 API 专门用于内部使用。

Sizzle 内部缓存编译的选择器函数和标记化对象。这些缓存的长度默认为 50，但可以通过分配给此属性设置为任何正整数。

```
Sizzle.selectors.cacheLength
```

下面编译一个选择器函数并缓存它以供以后使用。例如，在插件初始化期间调用 Sizzle.compile(".myWidget:myPseudo") 将加快匹配元素的第一选择。

```
Sizzle.compile( selector )
```

参数 selector 表示一个 CSS 选择器。最后返回一个函数，即在过滤可能匹配元素的集合时使用的编译函数。

3.2.10 Sizzle 代码结构

Sizzle() 构造函数包含了三十多个私有函数，Sizzle 引擎正是通过这些功能函数完成 CSS 选择器字符串的分拣、匹配、过滤等操作，最终从文档中找出匹配的 DOM 元素，并返回这些元素。下面是 jQuery 框架中嵌入的 Sizzle 代码，主要结构如下：

```
var Sizzle = (function (window) {
    //1.Sizzle 函数，获得匹配的结果集
    function Sizzle(selector, context, results, seed) {};
    //2. 创建有限大小的键值缓存
    function createCache() { };
    //3. 标记函数
    function markFunction(fn) { };
    //4. 测试函数 fn 传入 DOM 元素 div 的返回值
    function assert(fn) { };
    //5. 给所有属性添加相同的处理程序
    function addHandle(attrs, handler) { };
    //6. 检查 a、b 先后顺序
    function siblingCheck(a, b) { };
    //7. 返回一个检测 elem 是 input 类型且 type 属性为指定的 type 的函数
    function createInputPseudo(type) { };
    //8. 返回一个检测节点名是 input 或 button，且 type 属性是指定的 type 的函数
    function createButtonPseudo(type) {
    //9. 返回一个函数，用于 :enabled/:disabled 伪类
    function createDisabledPseudo(disabled) { };
    //10. 传入参数 fn，返回一个函数，调用这个函数（argument）又返回一个函数（seed，matches）
    function createPositionalPseudo(fn) { };
    //11. 在 Sizzle 上下文中检查节点有效性
    function testContext(context) { };
    //12. 为了方便，公开支持的变量
    support = Sizzle.support = {};
    //13. 检测 XML 节点
    isXML = Sizzle.isXML = function (elem) { };
    //14.Sizzle 的 setDocument 函数，根据当前文档设置文档相关的变量，参数为 element 或 document，返回 current
        document
    setDocument = Sizzle.setDocument = function (node) { };
    //15. 检查多个元素匹配 expr 的部分
    Sizzle.matches = function (expr, elements) { };
    //16. 便捷方法，检查某个元素 node 是否匹配选择器表达式 expr
    Sizzle.matchesSelector = function (elem, expr) { };
    //17. 检查包含关系，调用 setDocument 函数中定义的 contains 函数
    Sizzle.contains = function (context, elem) { };
    //18. 工具函数，属性处理
    Sizzle.attr = function (elem, name) { };
    //19. 工具函数，转义选择器字符串
    Sizzle.escape = function (sel) { };
    //20. 工具函数，抛出异常
    Sizzle.error = function (msg) {
    //21. 工具方法，排序、去重
    Sizzle.uniqueSort = function (results) { };
    //22. 工具方法，获取 DOM 元素集合的文本内容
    getText = Sizzle.getText = function (elem) { };
    //23.Expr 对象，Sizzle.selectors 对象的定义
    Expr = Sizzle.selectors = { };
```

```
                //nth 与 eq 相同的过滤函数
                Expr.pseudos["nth"] = Expr.pseudos["eq"];
                //Easy API 用于创建新的 setFilters
                function setFilters() {}
                setFilters.prototype = Expr.filters = Expr.pseudos;
                Expr.setFilters = new setFilters();
    //24. 解析器，用于词法解析，分解选择器字符串
    tokenize = Sizzle.tokenize = function (selector, parseOnly) { };
    //25.tokens 转换为 selector
    function toSelector(tokens) {
    //26. 生成关系选择符过滤函数
    function addCombinator(matcher, combinator, base) { }
    //27.matchers 为数组的情况，返回过滤函数
    function elementMatcher(matchers) { }
    //28. 多个上下文的情况，对每个上下文调用 Sizzle，合并结果
    function multipleContexts(selector, contexts, results) { }
    //29. 根据 filter 缩小 unmatched 范围，保留 map 对应
    function condense(unmatched, map, filter, context, xml) { }
    //30. 设置匹配处理函数，参数有预过滤函数、选择器、matcher 函数、后置过滤函数、后置查找函数和后置
       选择器
    function setMatcher(preFilter, selector, matcher, postFilter, postFinder, postSelector) { }
    //31. 通过解析的 selector 来获得对应的过滤函数
    function matcherFromTokens(tokens) {}
    //32. 多个 elementMatcher 和多个 setMatcher 的情况下，返回 superMatcher
    function matcherFromGroupMatchers(elementMatchers, setMatchers) {}
    //33. 编译函数机制
    compile = Sizzle.compile = function (selector, match) { }
    //34.Sizzle 编译选择器功能的低级选择功能，是 Sizzle 引擎的主要入口函数
    select = Sizzle.select = function (selector, context, results, seed) { };

    return Sizzle;
})(window);
```

3.3 使用 Sizzle 引擎

本节将简单介绍 Sizzle 引擎的安装和使用，同时了解其基本工作流程。

3.3.1 安装 Sizzle

下面演示在网页中安装 Sizzle 引擎。

第 1 步，访问 Sizzle 官网（https://sizzlejs.com/），下载 Sizzle 引擎压缩包。

提示： 或者访问 https://github.com/jquery/sizzle 下载。

第 2 步，在网页头部区域导入 sizzle.js 库文件。

```
<script src="sizzle/sizzle.js"></script>
```

第 3 步，在页面主体区域输入下面 HTML 代码和 JavaScript 脚本。

```
<P> 床前明月光 </P>
<p> 疑是地上霜 </p>
<script>
console.dir(Sizzle("p") );
</script>
```

第 4 步，使用 Chrome 浏览器查看页面，在控制台（按 F12 键）中可以看到 Sizzle 匹配两个 DOM 元素，以数组的形式返回，如图 3.1 所示。

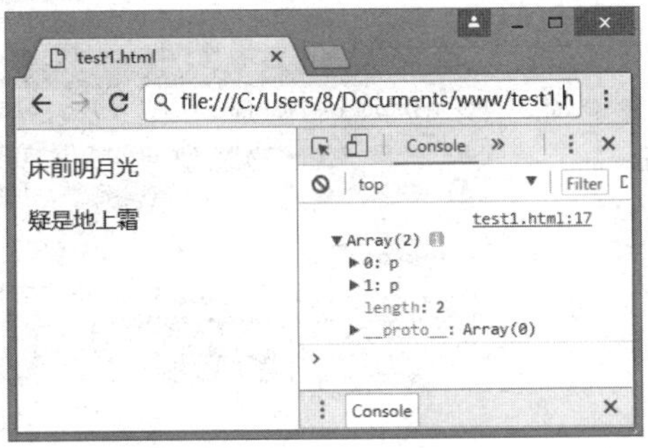

图 3.1　使用 Sizzle 匹配元素

3.3.2　嵌入 jQuery

在默认状态下，jQuery 内置了 Sizzle 引擎。用户直接使用 jQuery() 即可调用 Sizzle。主要代码如下：

```
var Sizzle =
      (function (window) {
            …
            return Sizzle;
      })(window);
jQuery.find = Sizzle;
jQuery.expr = Sizzle.selectors;
jQuery.uniqueSort = jQuery.unique = Sizzle.uniqueSort;
jQuery.text = Sizzle.getText;
jQuery.isXMLDoc = Sizzle.isXML;
jQuery.contains = Sizzle.contains;
jQuery.escapeSelector = Sizzle.escape;
```

在 jQuery 库中，把 Sizzle 引擎传递给变量 Sizzle，然后再把内部主要接口向 jQuery 开放，实现无缝对接。

3.3.3　jQuery 与 Sizzle 协作

下面以一个简单示例演示 jQuery 与 Sizzle 是如何协同操作的，从而达到在 jQuery 中调用 Sizzle，并获取一个符合条件的 jQuery 对象。

第 1 步，新建页面，导入 jQuery 库文件。然后，构建如下示例代码。

```
<script src="jquery/jquery-3.2.1.js"></script>
<P> 床前明月光 </P>
<p> 疑是地上霜 </p>
<script>
console.dir(jQuery("p") );
</script>
```

第 2 步，在 Firefox 浏览器中先查看一下结果，按 F12 键，可以在控制台显示匹配的集合，如图 3.2 所示。

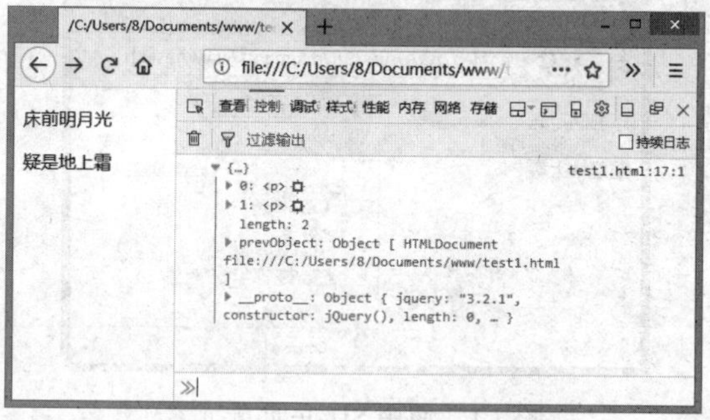

图 3.2　使用 jQuery 匹配元素

注意： 这里的匹配集合是一个 jQuery 对象，也就是一个普通对象，与 Sizzle 引擎直接返回的数据集合是不同的，Sizzle 直接返回的是一个数组，而不是一个对象。

第 3 步，把 "p" 传入 jQuery() 之后，又被传给了 init() 函数，过程如下：

```
// 传入：
jQuery = function (selector, context) {
    return new jQuery.fn.init(selector, context);
}
// 再传给：
init = jQuery.fn.init = function (selector, context, root){ }
```

第 4 步，在 init() 函数内对字符串 selector 进行处理，如果是 CSS 选择器字符串，则再传给 find()。代码如下：

```
} else if (!context || context.jquery) {
    return (context || root).find(selector);
} else {
    return this.constructor(context).find(selector);
}
```

第 5 步，根据上下文的不同，最后都调用 jQuery 对象的 find() 方法。find() 方法的源码如下：

```
jQuery.fn.extend({
    find: function (selector) {// 在已生成的 DOM 中按照 selector 查找对应元素
        var i, ret,
```

```
            len = this.length,
            self = this;
        if (typeof selector !== "string") {
            //jQuery(selector) 调用 filter() 方法，获得符合条件的新 jQuery 对象
            return this.pushStack(jQuery(selector).filter(function () {
                for (i = 0; i < len; i++) {
                    // 遍历 self 中的每个元素，看看其中是否有 this，如果有则返回 true
                    //self[i] 是祖先，this 是被检测的元素
                    if (jQuery.contains(self[i], this)) {
                        return true;
                    }
                }
            }));
        }
        ret = this.pushStack([]);                    //selector 拼接一下，然后添加的 elem 是空
        for (i = 0; i < len; i++) {                  //this 是调用 find() 的 jQuery 对象，ret 是全局 jQuery 对象
            jQuery.find(selector, self[i], ret); // 调用 Sizzle，把结果放到 ret 里
                                             // 根据 selector，把 self[i] 中符合 selector 的结果放到 ret 里面
        }
        // 如果匹配多个元素，则调用 jQuery.uniqueSort 进行去重，最后返回最终结果 rect
        return len > 1 ? jQuery.uniqueSort(ret) : ret;
    }
}
```

在上面代码中，如果 selector 不是 string，则调用 jQuery 的 filter() 方法，过滤的条件是一个 function，其中调用了 contains() 方法。

第 6 步，在 find() 方法中，调用 jQuery.find() 执行 Sizzle 选择器引擎。

```
jQuery.find(selector, self[i], ret)
```

第 7 步，jQuery.find 正引用了 Sizzle，从而完成 jQuery 选择器工作流程，代码如下：

```
jQuery.find = Sizzle;
```

3.4 词法分析

下面从浏览器的词法分析开始，来探究 Sizzle 选择器引擎的设计原理。

3.4.1 浏览器解析概述

网页从加载到显示是一个复杂的过程，主要包含两个阶段：重绘和重排。各浏览器引擎的工作原理虽略有不同，但基本规则都是一样的。

第 1 步，当文档初次加载时，引擎会解析 HTML 文档，构建 DOM 树。

第 2 步，根据 DOM 元素的几何属性，构建一个用于渲染的树。

提示：渲染树的每个节点都有大小和边距等属性，即 CSS 盒模型。由于隐藏元素不需要显示，渲染树中不包含 DOM 树中隐藏的元素。

第 3 步，当构建完渲染树，浏览器就将元素放置到正确的位置，再根据渲染树节点的样式属性在页面中进行绘制。

提示：在默认情况下，浏览器采用流布局，对渲染树的计算通常只需遍历一次就可以完成。

【示例 1】一个简单的 HTML 文档解析成 DOM 树后，结构如下：

```
<div id="text">
    <p>
        <input type="text" />
    </p>
    <div class="sub">
        <input type="checkbox" name="me" />
        <p>Sizzle</p>
    </div>
</div>
```

如果想要操作其中的 checkbox，需要有一种表达方式，使得通过这个表达式让浏览器知道要操作的节点。这个表达式就是 CSS 选择器，它可以这样表示：

```
div > p + .sub input[type="checkbox"]
```

简单描述就是，在 div 子元素中找到 p，再找到它的相邻兄弟节点，节点的 class 为 sub，然后在它的后代元素中找 input 元素，且其属性 type 为 checkbox。

使用 CSS 3 的读者都应该知道，CSS 3 选择器的类型是非常多的，其组合形式也是千变万化。但是对于 JavaScript 引擎来说，最终都会通过下述接口来实现查找。

```
document.getElementById                    // 根据 ID 值获取 DOM 节点
document.getElementsByTagName              // 根据标签名获取 DOM 节点
document.getElementsByName                 // 根据属性 name 值获取 DOM 节点
```

另外，高级浏览器还提供下述接口：

```
document.getElementsByClassName            // 根据 class 值获取 DOM 节点
document.querySelector                     // 根据 CSS 选择器字符串获取节点
document.querySelectorAll                  // 根据 CSS 选择器字符串获取节点
```

由于低级浏览器未提供这些高级接口，所以才催生了 Sizzle CSS 选择器引擎。Sizzle 引擎提供的接口与 document.querySelectorAll 是一样的，都是根据 CSS 选择器字符串匹配符合规则的 DOM 节点列表，因此首先要分析这个输入的选择器。

【示例 2】在页面中设计 4 段文本，然后引入 Sizzle 引擎，输入下面 JavaScript 脚本，使用浏览器查看，在控制台可以看到相同的查询结果，如图 3.3 所示。

```
<script src="sizzle/sizzle.js"></script>
<div>
    <div class="sub">
```

```
            <p> <span>s1</span></p>
            <p><span>s2</span></p>
            <p><span>s3</span> </p>
            <p><span class='red'>s4</span></p>
        </div>
</div>
<script>
window.onload = function () {
    console.log(Sizzle('div > div.sub p span.red'))
    console.log(document.querySelectorAll('div > div.sub p span.red'))
}
</script>
```

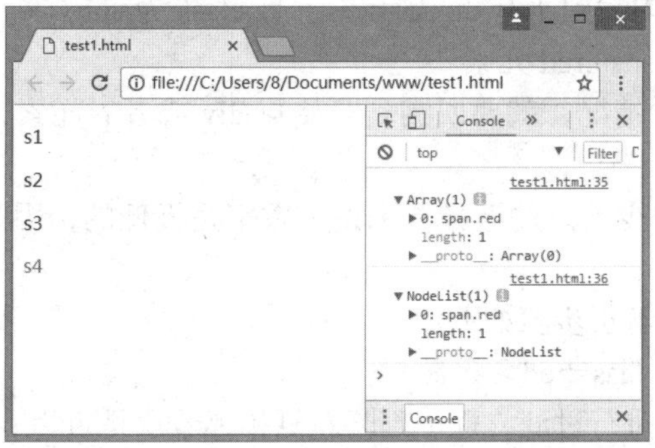

图 3.3　使用 Sizzle 和 querySelectorAll 分别查询 span 元素

使用 Sizzle 查询的结果为一个 Array，包含一个元素，为 <span class='red'>；使用 querySelectorAll 查询的结果为 NodeList，包含一个元素，为 <span class='red'>。虽然返回数据类型不同，一个是数组，另一个是类数组，但是它们都是数据集合，可以相互转换。

3.4.2　CSS 选择器解析顺序

HTML 经过解析后，生成 DOM 树；在 CSS 解析后，将解析结果与 DOM 树进行分析，建立渲染树，最后在页面上绘图。

渲染树中的元素与 DOM 树中的元素相对应，但不是一一对应：一个 DOM 元素可能会对应多个渲染树中的元素。例如，文本折行后，不同的行会成为渲染树中不同的元素；也有 DOM 元素被渲染树忽略，如 display:none 的元素。

在建立渲染树时，浏览器根据 CSS 的解析结果，要为每个 DOM 元素确定生成怎样的渲染元素。对于每个 DOM 元素，必须在所有样式规则中找到符合的 CSS 选择器，并将对应的规则进行合并层叠。CSS 选择器的解析实际上就是在这里执行的。在遍历 DOM 树时，从样式规则中查找对应的渲染元素。

在 HTML 文档中，样式规则数量可能会很庞大，也可能不会匹配到当前的 DOM 元素，因此浏览器一般会建立样式规则索引树，这时如何快速判断一个 CSS 选择器不匹配当前元素，是极其重要的。

浏览器解析方式有以下两种：

（1）正向匹配。例如，div div p em，先在 HTML 中检查当前元素，找到最上层的 div 后再往下找，如果遇到不匹配的元素，就必须返回到最上层的 div，然后往下匹配选择器中的第一个 div，回溯若干次后，才能确定匹配与否，执行效率很低。

（2）逆向匹配。如果当前的 DOM 元素是 div，而不是 em，那么只要一步就能排除。只有在匹配时，才会不断向上找父节点进行验证。

由于匹配的情况远远低于不匹配的情况，所以逆向匹配带来的优势是很大的。在这种情况下，尾部选择符越具体，执行效率就越高。如果在选择器尾部加上通配符“*”，就会大大降低这种优势。

总之，浏览器从右到左进行查找的优势是可以尽早过滤掉一些无关的样式规则和元素。

【示例】以 3.4.1 节示例为基础，解析下面 CSS 选择器字符串。

```
div > div.sub p span.red
```

如果从左到右进行查找，则解析步骤如下：

第 1 步，先找到所有 div 元素。

第 2 步，在第 1 个 div 元素内找到所有 div 子元素，且 class 为 sub。

第 3 步，按顺序逐层匹配 p span.red 元素。

第 4 步，如果遇到不匹配的情况，就要回溯到开始点 div 或者 p 元素，然后搜索下个节点，依次重复操作。

这种方式对于一个只匹配很少节点的选择器来说，效率是极低的，因为花费了大量时间在回溯匹配不符合规则的节点。

如果从右到左进行查找，则解析步骤如下：

第 1 步，先查找所有 <span class='red'> 元素。

第 2 步，在匹配到的节点中进行过滤，逐个判断左侧相邻节点是否为 p，这样可以过滤掉部分元素，只有符合当前的子规则才会再匹配上一条子规则。

第 3 步，依此类推，逐层上溯，进行过滤。

对于 DOM 树来说，一个元素可能包含若干子元素，如果每个都去判断显然性能很低；而一个子元素只有一个父元素，所以过滤的速度会非常快。

所以，浏览器在解析 CSS 选择器时就是根据从右到左的算法去解析。

3.4.3 CSS 选择器解析机制

JavaScript 解析过程包含两个阶段：预编译和执行阶段。在预编译期，通过词法分析、语法分期，完成对规则的预处理。

Sizzle 对 CSS 选择器的解析也借用了 JavaScript 的解析思路。CSS 选择器是一串字符串，Sizzle 先通过词法分析，找出这段字符串对应的规则。在 Sizzle 中，词法分析主要定义了一个 tokenize 处理器，用来对 CSS 选择器进行词法分组。

【示例】下面以 3.4.1 节示例为基础简单分析 tokenize 的处理结果。

第 1 步，在 Sizzle 源码中找到下面一行代码：

```
if ( (support.qsa = rnative.test( document.querySelectorAll )) ) {
```

修改为下面形式：

```
if ( (support.qsa =false && rnative.test( document.querySelectorAll )) ) {
```

目的：阻止浏览器优先使用 querySelectorAll 接口，rnative.test(document.querySelectorAll) 用来获取当前

浏览器是否支持 querySelectorAll，然后把检测结果存入 support.qsa，后面代码将根据这个标志变量决定是否优先调用 querySelectorAll() 方法。如果该属性值为 false，则 Sizzle 将采用过去的算法进行设计，这样读者才可以观察到 tokenize 处理器的工作状态。

第 2 步，在 IE 浏览器中预览 test1.html。

第 3 步，按 F12 键，打开开发工具窗口，切换到“脚本”选项卡。

第 4 步，选择 sizzle.js，在搜索文本框中输入“tokens.push”，在源代码中找到该行代码。

第 5 步，在窗口左侧边沿单击，添加一个断点，以便实时进行观察。

第 6 步，在工具栏中单击“启动测试”按钮，准备测试。

第 7 步，在窗口右侧面板选择“监视”选项卡，分别增加 4 个变量，如图 3.4 所示。

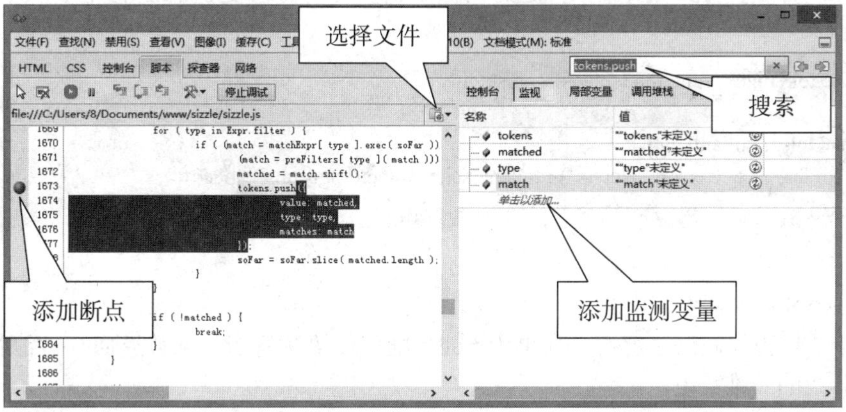

图 3.4　使用调试工具进行调试

第 8 步，在 IE 浏览器中单击“刷新”按钮，开始调试代码。

第 9 步，在调试窗口中连续单击“继续”按钮（按 F5 键），可以在“监视”面板中观察到变量的变化过程，如图 3.5 所示。

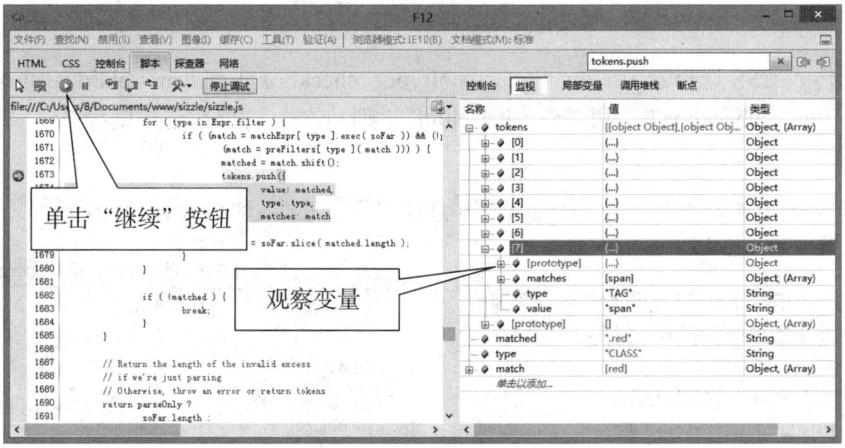

图 3.5　监视变量变化过程

经过 tokenize 处理器处理后分解为一个数组对象（tokens），每个元素（token）为一个匹配对象。Sizzle 的 Token 格式如下：

Note

```
Token:{
    value:' 匹配到的字符串 ',
    type:' 对应的 Token 类型 ',
    matches:' 正则匹配到的一个结构 '
}
```

Sizzle 获取到匹配后的结构 Token，就可以进行后期相关处理。

3.4.4 tokenize 处理器

tokenize 处理器是一个词法解析函数。通过词法解析，分解 CSS 选择器字符串形成组，每组再按序分解选择符。

```
tokenize = Sizzle.tokenize = function (selector, parseOnly) {
    …
    return parseOnly ? soFar.length :
            soFar ? Sizzle.error( selector ) : tokenCache( selector, groups ).slice( 0 );
};
```

参数说明如下：

☑ selector：CSS 选择器字符串。

☑ parseOnly：是否仅做语法解析。如果为 true，则仅做语法解析，函数返回 0；否则返回一个选择器字符串分组的二维数组。

tokenize 处理器返回一个 Token 序列的二维数组 groups；数组元素为 tokens 数组，tokens 数组是一个 token 序列，每个 token 是一个对象。token 对象的格式如下：

```
{
    value:' 匹配到的字符串 ', // 如 "div"
    type:' 对应的 Token 类型 ', // 如 "TAG"
    matches:' 正则匹配到的一个结构 ', // 如 ["div", index: 0, input: "div > div.sub p span.red"]
}
```

【示例】假设传入 CSS 选择器为“div > p + .sub[type="checkbox"], #id:first-child”，可以分为两个规则，即“div > p + .sub[type="checkbox"]”和“#id:first-child”，则 groups 对象数组长度为 2。

完整代码如下：

```
tokenize = Sizzle.tokenize = function (selector, parseOnly) {// 选择器分组，每组按序分解选择符
    var matched, match, tokens, type,
        soFar,                                          // 表示目前还未分析的选择器字符串剩余部分
        groups, /* 表示目前已经匹配到的规则组。例如，针对上面示例，groups 的长度最后是 2，存放的是每个
                规则对应的 Token 序列 */
        preFilters,                                     // 预处理表达式
        cached = tokenCache[selector + " "];            // 缓存选择器字符串
    // 如果缓存中有对应的分组信息，直接读取即可，避免重复解析
    if (cached) {
        // 如果只是语法解析，则返回 0；否则返回分组信息
        return parseOnly ? 0 : cached.slice(0);
    }
```

```
// 初始化 CSS 选择器
soFar = selector;
groups = [];                              // 最后要返回的结果，一个二维数组
// 访问预处理器，对匹配到的 Token 适当做一些调整
preFilters = Expr.preFilter;
// 递归分析 CSS 选择器字符串
// 从左边开始匹配，每匹配到一个选择符，就推入栈内保存
// 同时去除已经匹配的选择符，继续匹配剩余字符串
// 如 "div > p + .sub input[type='checkbox']"
while (soFar) {
    // 遇到逗号，并第一次运行
    // 以第一个逗号分隔选择符，然后去掉前面的部分
    if (!matched || (match = rcomma.exec(soFar))) {
        if (match) {// 如果匹配到逗号
                // 不要使用逗号作为有效的分隔符
            // 去掉第一个（上一个结束的）无效的逗号（逗号前面是空白开头）
            soFar = soFar.slice(match[0].length) || soFar;
        }
        // 创建新的 tokens
        // 往规则组里边推入一个 Token 序列，目前 Token 序列还是空的
        groups.push((tokens = []));
    }
    matched = false;
    // 将 CSS 选择器字符串以关系选择器进行划分，因为它们比较简单，且是单字符
    // 先处理几个特殊的 Token：>、+、空格、~
    if ((match = rcombinators.exec(soFar))) {
        // 获取匹配的字符
        matched = match.shift();
        // 从数组头部移出一项，存入 tokens，放入 Token 序列中
        tokens.push({
            value: matched,
            // 替换后代选择器为单个空格，避免多个空格影响匹配操作
            //match[0] 是捕获组 1，包含关系选择符
            type: match[0].replace(rtrim, " ")
        });
        // 去除匹配的字符
        soFar = soFar.slice(matched.length);
    }
    //Expr.filter 定义的过滤选择器
    /*
    这里开始分析以下 Token：TAG、ID、CLASS、ATTR、CHILD、PSEUDO、NAME
    将每个选择器组依次用 ID、TAG、CLASS、ATTR、CHILD、PSEUDO 这些正则进行匹配
    Expr.filter 里包含这些 key：
    matchExpr 过滤正则
    ATTR：/^\[[\x20\t\r\n\f]*((?:\\.|[\w-]|[^\x00-\xa0])+)[\x20\t\r\n\f]*(?:([*^$|!~]?=)[\x20\t\r\n\f]*(?:(['"])
        ((?:\\.|[^\\])*?)\3|((?:\\.|[\w#-]|[^\x00-\xa0])+)|)|)[\x20\t\r\n\f]*\]/
    CHILD：/^:(only|first|last|nth|nth-last)-(child|of-type)(?:\([\x20\t\r\n\f]*(even|odd|(([+-]|)(\d*)n|)[\x20\t\r\
        n\f]*(?:([+-]|)[\x20\t\r\n\f]*(\d+)|))[\x20\t\r\n\f]*\)|)/i
    CLASS：/^\.((?:\\.|[\w-]|[^\x00-\xa0])+)/
    ID：/^#((?:\\.|[\w-]|[^\x00-\xa0])+)/
```

```
        PSEUDO：/^:((?:\\.|[\w-]|[^\x00-\xa0])+)(?:\((('|")((?:\\.|[^\\])*?)\3|((?:\\.|[^\\()[\]]|\[[\x20\t\r\n\f]*((?:\\.|[\w-]|
                [^\x00-\xa0])+)[\x20\t\r\n\f]*(?:([*^$|!~]?=)[\x20\t\r\n\f]*(?:(['"])((?:\\.|[^\\])*?)\8|((?:\\.|[\w#-]|[^\x00-\
                xa0])+)|)|)[\x20\t\r\n\f]*\])*)|.*)\)|)/
        TAG：/^((?:\\.|[\w*-]|[^\x00-\xa0])+)/
        Bool：/^(?:checked|selected|async|autofocus|autoplay|controls|defer|disabled|hidden|ismap|loop|multiple|open|
            rea donly|required|scoped)$/i
        needsContext：/^[\x20\t\r\n\f]*[>+~]|:(even|odd|eq|gt|lt|nth|first|last)(?:\([\x20\t\r\n\f]*((?:-\d)?\d*)[\x20\t\r\
                n\f]*\)|)(?=[^-]|$)/i
        如果通过正则匹配到了 Token 格式：match = matchExpr[ type ].exec( soFar )
        然后判断是否需要预处理：!preFilters[ type ]
        如果需要，那么通过预处理器将匹配到的信息处理一下：match = preFilters[ type ]( match )
        */
        for (type in Expr.filter) {
            // 遍历 filter
            if ((match = matchExpr[type].exec(soFar)) && (!preFilters[type] ||
                // 当前 type 匹配到 sofar，捕获内容赋值给 match
                (match = preFilters[type](match)))) {
                matched = match.shift();
                //preFilter 中有 type，预处理结果给 match
                // 放入 Token 序列中
                tokens.push({
                    value: matched,        // 匹配的全部内容
                    type: type,            // 类型
                    matches: match         // 对 sofar 的捕获组
                });
                // 剩余还未分析的字符串需要减去这段已经分析过的匹配字符
                soFar = soFar.slice(matched.length);
            }
        }
        // 如果没有匹配到，说明选择器在这里有错误，直接中断词法分析过程
        // 这是 Sizzle 对词法分析的异常处理
        if (!matched) {
            break;                         // 结束时，没有匹配到内容，退出循环
        }
    }
    // 放到 tokenCache() 函数里进行缓存
    /* 如果只需要这个接口检查选择器的合法性，直接就返回 soFar 的剩余长度，倘若大于零，说明选择器不合法 */
    // 其余情况，如果 soFar 长度大于零，抛出异常；否则把 groups 记录在 cache 里并返回
    return parseOnly ?
        // 返回多余的长度
        soFar.length :
        // 需要实际匹配得到分组
        soFar ?
            // 有多余的就抛出错误
            Sizzle.error(selector) :
            // 缓存 groups
            tokenCache(selector, groups).slice(0);
};
```

例如，针对“title,div > :nth-child(even)”选择器，解析后的分组信息如下：

Note

```
[
    [{
        value: "title",
        type: "TAG",
        matches: ["title"]
    }],
    [{
        value: "div",
        type: ["TAG", matches: ["div"]
    },
    {
        value: ">",
        type: ">"
    },
    {
        value: ":nth-child(even)",
        type: "CHILD",
        matches: ["nth", "child", "even", 2, 0, undefined, undefined, undefined
        ]
    }]
]
```

有多少个分组选择器，就有多少个数组，数组里面包含拥有 value 与 type 的对象。

3.5　选择过滤

本节将结合下面示例继续分析当完成词法分组之后 Sizzle 的操作。

HTML DOM 结构：

```
<div id="text">
    <p>
        <input type="text" />
    </p>
    <div class="sub">
        <input type="checkbox" name="me" />
        <p>Sizzle</p>
    </div>
</div>
```

CSS 选择器：

```
div > p + div.sub input[type="checkbox"]
```

JavaScript 脚本：

```
<script>
window.onload = function () {
    console.log(Sizzle('div > p + div.sub input[type="checkbox"]'))
```

Note

```
}
</script>
```

下面按常规思维逻辑来描述主要任务。

第 1 步，选择 div 元素的所有子元素 p。

第 2 步，选择紧邻 p 元素后的所有 div 元素，且 class="sub"。

第 3 步，选择 div.sub 元素内所有 input 元素，且 type="checkbox"。

在 jQuery 3.2.1 中，针对高级浏览器会自动使用 querySelectorAll 处理所有 CSS 选择器，不再使用低效的原始方法。为了深入学习 Sizzle 引擎，本节主要讲解在低版本中是如何实现的，其中伪类选择器、XML 处理等在后文讲解，本节暂不涉及这方面的处理。

首先，读者需要了解下面知识点。

☑ CSS 选择器的位置关系。

☑ CSS 选择器基本实现接口。

☑ CSS 选择器从右到左匹配原则。

3.5.1 位置关系

在 HTML 文档中，所有节点之间都存在如下几种关系。

☑ 祖先和后代

☑ 父亲和儿子

☑ 相邻兄弟

☑ 同级兄弟

在 CSS 选择器里分别对应的标识符是空格、>、+、~。

其实还有一种特殊关系——div.sub，中间没有空格表示选取一个 class 为 sub 的 div 节点，相当于限定关系。

在 Sizzle 中，专门定义了一个 Expr 对象，来记录选择器相关的属性及操作。它有以下属性：

```
//Sizzle 选择器集合
// 扩展方法和属性
// 暴露方法：jQuery.expr = Sizzle.selectors;
//Expr 对象，Sizzle.selectors 对象的定义
Expr = Sizzle.selectors = {
    relative: { // 块间关系过滤集
        ">": { dir: "parentNode",   first: true },
        " ": { dir: "parentNode" },
        "+": { dir: "previousSibling",   first: true },
        "~": { dir: "previousSibling" }
    }
}
```

在 Expr.relative 属性中定义了一个 first 属性，用来标识两个节点的“紧密”程度。例如，父子关系和相邻兄弟关系就是紧密的。在创建位置匹配器时，会根据 first 属性来匹配合适的节点。

3.5.2 实现接口

除了 querySelector 和 querySelectorAll，HTML DOM 提供了 4 个 API 接口。

Note

☑ getElementById：上下文只能是 HTML 文档。
☑ getElementsByName：上下文只能是 HTML 文档。
☑ getElementsByTagName：上下文可以是 HTML 文档、XML 文档、元素节点。
☑ getElementsByClassName：上下文可以是 HTML 文档、元素节点。提示，IE 8- 不支持。

所以 Sizzle 只有三种可靠的兼容用法。

```
Expr.find = {
    'ID'     :   context.getElementById,
    'CLASS' :   context.getElementsByClassName,
    'TAG'   :   context.getElementsByTagName
}
```

3.5.3　匹配原则

CSS 选择器遵循从右到左的匹配原则。以下面 CSS 选择器为例：

```
div > p + div.sub input[type="checkbox"]
```

通过词法分析器 tokenize 分解后，对应的规则，即分解的每个小块如下：

```
type: "TAG"
value: "div"
matches ...

type: ">"
value: " > "

type: "TAG"
value: "p"
matches ...

type: "+"
value: " + "

type: "TAG"
value: "div"
matches ...

type: "CLASS"
value: ".sub"
matches ...

type: " "
value: " "

type: "TAG"
value: "input"
matches ...
```

Note

```
type: "ATTR"
value: "[type="checkbox"]"
matches ...
```

除关系选择器外，其余有语意的标签都对应分析出 matches。例如，最后一个属性选择器分支 "[type="checkbox"]"。

```
matches = [
    0: "type"
    1: "="
    2: "checkbox"
]
type: "ATTR"
value: "[type="checkbox"]"
```

分组之后，需要使用浏览器提供的 API 实现匹配，所以 Expr.find 就是最终的实现接口。

第 1 步，首先确定从右到左的顺序进行匹配，但是右边第一个是 "[type="checkbox"]"，Expr.find 不认识这种选择器，所以只能往前继续找。

```
type: "TAG"
value: "input"
```

第 2 步，这种标签 Expr.find 能匹配到，所以就会直接调用以下代码：

```
Expr.find["TAG"] = support.getElementsByTagNamc ?
    function (tag, context) {
        if (typeof context.getElementsByTagName !== "undefined") {
            return context.getElementsByTagName(tag);
            //DocumentFragment 对象没有 getElementsByTagName，使用 querySelectorAll
        } else if (support.qsa) {
            return context.querySelectorAll(tag);
        }
    } :
    function (tag, context) {
        var elem, tmp = [], i = 0,
            // 如果 gBEBN 也出现在 DocumentFragment 节点中
            results = context.getElementsByTagName(tag);
        // 过滤掉可能的注释节点
        if (tag === "*") {
            while ((elem = results[i++])) {
                if (elem.nodeType === 1) {
                    tmp.push(elem);
                }
            }
            return tmp;
        }
        return results;
    };
```

由于 getElementsByTagName 方法返回的是一个合集，所以 Sizzle 在这里引入了 seed（种子合集），搜素器搜到符合条件的标签，都放入这个初始集合 seed 中。

第 3 步，完成匹配之后，就不再继续往下匹配了，开始进行整理：重组 CSS 选择器，剔掉已经用于处理的 TAG 标签——input。这时 CSS 选择器缩减为：

```
selector: "div > p + div.sub [type="checkbox"]"
```

如果直接剔除后，selector 为空，就证明满足匹配要求，直接返回结果。

第 4 步，如果 selector 不为空，则开始进行过滤操作。这里能够使用的对象包括 seed 集、通过 tokenize 分析组成 match 合集。

删除 input 之后，CSS 选择器变成：

```
selector: "div > p + div.sub [type="checkbox"]"
```

此时，send 目标合集有两个最终元素。

第 5 步，下面开始使用 select() 函数快速从两个条件中找到目标元素。select() 函数的源代码如下：

```
/*
Sizzle 编译选择器功能的低级选择功能，是 Sizzle 引擎的主要入口函数
参数：
    selector：CSS 选择器字符串，或者预编译函数，使用 Sizzle.compile 构建的选择器函数
    context：上下文元素
    results：选择结果集，数组类型
    seed：一组要匹配的元素
返回值：
    返回 results。
*/
select = Sizzle.select = function (selector, context, results, seed) {
    var i, tokens, token, type, find,
        compiled = typeof selector === "function" && selector,//selector 是 function 类型，编译结果
        // 解析出词法格式，seed 不存在时，match 赋值为 selector 的解析结果
        match = !seed && tokenize((selector = compiled.selector || selector));
    // 初始化结果集
    results = results || [];
    // 如果外界没有指定初始集合 seed，它提供了操作的上下文
    // 如果 selector 只有一个分组，单个选择器，没有多组，即没有逗号的情况：div, p，可以进行特殊优化
    if (match.length === 1) {
        // 如果选择器是 ID，则减少上下文 context
        tokens = match[0] = match[0].slice(0);                    // 取出选择器 Token 序列
        // 如果第一个 selector 是 id，可以设置 context 快速查找
        if (tokens.length > 2 && (token = tokens[0]).type === "ID" &&
            //tokens 长度大于 2，且以 ID 选择符开头（快速处理方法）
            context.nodeType === 9 && documentIsHTML &&
            // 支持 getById，context 是 document，文档是 HTML
            Expr.relative[tokens[1].type]) {
            // 第二个选择符是关系选择符
            context = (Expr.find["ID"](token.matches[0].replace(runescape, funescape), context) || [])[0];
            // 设置上下文为当前 ID 指向的元素
            if (!context) {                                       // 如果上下文不存在，返回结果
                return results;
                // 预编译的匹配器仍然会验证祖先，所以提高一个级别
```

Note

```
            } else if (compiled) {
                context = context.parentNode;
            }
            selector = selector.slice(tokens.shift().value.length);          // 最后去掉第一个选择符
        }
        // 获取从右到左匹配的种子集
        i = matchExpr["needsContext"].test(selector) ? 0 : tokens.length;
        // 如果 selector 需要上下文（对照 matchExpr 看），i 置 0，否则置 tokens.length
        while (i--) {
            token = tokens[i];                          // 不需要上下文，从右向左遍历 tokens
            if (Expr.relative[(type = token.type)]) {// 如果是一个组合器，终止
                break;                                  // 遇到关系选择符，跳出
            }
            if ((find = Expr.find[type])) {             //type 对应的 find 函数存在
                // 尝试能否通过搜索器搜到符合条件的初始集合 seed
                if ((seed = find(
                    token.matches[0].replace(runescape, funescape),          // 当前 selector
                    rsibling.test(tokens[0].type) && testContext(context.parentNode) || context
                    // 如果是兄弟选择符，返回 parentNode，否则返回原来的 context，作为 find 的参数
                ))) {
                    // 如果 seed 为空，或没有 tokens，可以提前返回
                    tokens.splice(i, 1);                        // 移除当前选择符
                    // 获取当前剩余的 selector
                    selector = seed.length && toSelector(tokens);
                    // 检测选择器是否为空。如果为空，提前返回结果
                    if (!selector) {
                        push.apply(results, seed);              // 候选集添加到结果集
                        return results;                         // 返回结果
                    }
                    break;                                      // 已经找到符合条件的 seed 集合，前边还有其他规则，跳出
                }
            }
        }
    }
/*
使用 compile 生成一个终极匹配器
通过这个匹配器过滤 seed，把符合条件的结果放到 results 里
生成编译函数：
var superMatcher = compile( selector, match )
执行：
superMatcher(seed,context,!documentIsHTML,results,rsibling.test( selector ))
*/
(compiled || compile(selector, match))(
    seed,                       // 候选集
    context,                    // 上下文
    !documentIsHTML,            // XML
    results,
    !context || rsibling.test(selector) && testContext(context.parentNode) || context
);
```

```
    return results;                    // 返回结果
};
```

这个过程比较复杂，简单总结一下：

第1步，按照从右到左原则取出最后一个 token，如 [type="checkbox"]。

```
{
    matches : Array[3]
    type      : "ATTR"
    value     : "[type="
    checkbox "]"
}
```

第2步，过滤类型 如果 type 是 >、+、~、空格四种关系选择器中的一种，则跳过，继续过滤。

第3步，直到匹配到 ID、CLASS、TAG 中的一种，因为这样才能通过浏览器的接口获取元素。

第4步，此时 seed 种子合集中就有值了，这样把匹配的范围缩小到一个很小的范围。

第5步，如果匹配的 seed 合集有多个，需要进一步的过滤，修正选择器 selector: "div > p + div.sub [type="checkbox"]"。

第6步，完成选择过滤之后，跳到编译函数阶段。

3.6 编译函数

从 Sizzle 1.8.0 开始，Sizzle 开始引入编译函数机制，主要作用是分词的筛选，提高逐个匹配的效率。

3.6.1 元匹配器

通过 tokenize 处理器分类的 group 都有对应的 type，每种 type 都会有对应的处理方法，源代码如下：

```
// 过滤函数
filter: {
    // 标签过滤函数
    "TAG": function (nodeNameSelector) {
    // 类过滤函数
    "CLASS": function (className) {
    // 属性预过滤
    //name 是属性名，operator 是操作符，check 是要检查的值
    // 如 [type="checkbox"] 中，name="type"，operator="="，check="checkbox"，返回布尔值
    "ATTR": function (name, operator, check) {
    // 子元素选择器过滤
    "CHILD": function (type, what, argument, first, last) {
    // 伪类过滤
    "PSEUDO": function (pseudo, argument) {
}
```

可以把“元”理解为“原子”，也就是最小的那个匹配器。在 CSS 选择器中最小单元可以划分为 ATTR、CHILD、CLASS、ID、PSEUDO、TAG。在 Sizzle 中有一些工厂方法用来生成对应的这些元匹配器，如 Expr.filter。

下面可以看看属性选择器的处理代码：

```
// 属性预过滤
//name 是属性名，operator 是操作符，check 是要检查的值
// 例如选择器 [type="checkbox"] 中，name="type"，operator="="，check="checkbox"
// 返回布尔值
"ATTR": function (name, operator, check) {
    // 返回一个元匹配器，该函数需要参数 elem
    return function (elem) {
        // 获取 elem 的 name 属性
        var result = Sizzle.attr(elem, name);
        // 判断是否存在属性值
        if (result == null) {
            // 如果操作符是不等号，返回真，因为当前属性为空，是不等于任何值的
            return operator === "!=";
        }
        if (!operator) {// 如果有操作符，那就直接通过规则
            // 如果没有操作符，result 不为空，那么属性存在，返回 true
            return true;
        }
        // 有操作符，result 不为空，加上空格，check 后面会加上空格，方便比较
        result += "";
        return operator === "=" ? result === check : // 如果是等号，判断目标值跟当前属性值相等是否为真
            operator === "!=" ? result !== check :// 如果是不等号，判断目标值跟当前属性值不相等是否为真
                operator === "^=" ? check && result.indexOf(check) === 0 :// 如果是起始相等，判断目标值是否
                                                                           // 在当前属性值的头部
                    operator === "*=" ? check && result.indexOf(check) > -1 :// 这样解释：lang*=en 匹配 <html
                                                                              // lang="xxxxenxxx"> 这样的节点
                        //slice（-xxx.length）检测结尾
                        operator === "$=" ? check && result.slice(-check.length) === check :// 如果是末尾相等，
                                                                                            // 判断目标值是否在
                                                                                            // 当前属性值的末尾
                            //check 后面有空格，所以匹配会正确工作
                            operator === "~=" ? (" " + result.replace(rwhitespace, " ") + " ").indexOf(check) > -1 :
                                // 这样解释：lang~=en 匹配 <html lang="zh_CN en"> 这样的节点

                                //e.g. en-
                                operator === "|=" ? result === check || result.slice(0, check.length + 1) === check +
                                    "-" : // 这样解释：lang=|en 匹配 <html lang="en-US"> 这样的节点
                                    false;
    };
},
```

实际上，Sizzle 通过对 selector 做“分词”，打散之后再分别从 Expr.filter 里面去找对应的方法来执行具体的查询或者过滤的操作。

3.6.2 编译器

为了提高效率，Sizzle 引入了编译函数的概念。通过 Sizzle.compile 方法内部的 matcherFromTokens 和

matcherFromGroupMatchers 把分析关系表生成用于匹配单个选择器群组的函数。

matcherFromTokens 充当了 selector 的“分词”，与 Expr 中定义的匹配方法的纽带，可以说选择符的各种排列组合都是能适应的。Sizzle 的巧妙之处在于没有直接将拿到的“分词”结果与 Expr 中的方法逐个匹配并执行，而是先根据规则组合出一个大的匹配方法，最后一步执行。编译器的源代码如下：

```
// 编译函数机制
// 通过传递进来的 selector 和 match 生成匹配器
// 把 selector 分组，得到对应的 elementMatchers 或 setMatchers，再调用 matcherFromGroupMatchers 获得总的 matcher
// 并缓存到 compilerCache 中，以后使用相同的 selector 时，可以直接查询得到结果
compile = Sizzle.compile = function (selector, match /* Internal Use Only  仅限内部使用 */) {
    var i, setMatchers = [], elementMatchers = [], cached = compilerCache[selector + " "];
    if (!cached) {                                          // 无缓存
        // 生成可用于检查每个元素的递归函数的函数
        if (!match) {                                       // 如果没有词法解析过，无匹配组
            match = tokenize(selector);                     // 分析 selector，分割成数组
        }
        i = match.length;                                   // 从后向前生成匹配器
        // 如果有并联选择器，这里多次等循环
        while (i--) {
            // 从后向前遍历 match
            // 这里用 matcherFromTokens 来生成对应 Token 的匹配器
            cached = matcherFromTokens(match[i]);
            // 获得 match[i] 的处理函数
            if (cached[expando]) {
                // 有 expando 标记，把该函数添加到 setMatchers（集合过滤函数）中
                setMatchers.push(cached);
            } else {                                        //那些普通的匹配器都压入了elementMatchers 中
                // 没有 expando 标记，把该函数添加到 elementMatchers（元素过滤函数）中
                elementMatchers.push(cached);
            }
        }
        // 缓存编译函数
        /* 调用 matcherFromGroupMatchers 得到总的处理函数，再把这个函数缓存到 complierCache 中，可以看
         到，通过 matcherFromGroupMatchers() 函数来生成最终的匹配器 */
        cached = compilerCache(selector, matcherFromGroupMatchers(elementMatchers, setMatchers));
        // 保存选择器和标记化
        // 添加属性 selector
        cached.selector = selector;
    }
    // 返回 cached，把这个终极匹配器返回 select 函数中
    return cached;
};
```

3.6.3　过滤函数

matcherFromTokens 通过解析 selector 获得对应的过滤函数，源代码如下：

```
function matcherFromTokens(tokens) {
```

Note

```
var checkContext, matcher, j,
    len = tokens.length,
    //relative 是关系选择符与对应的 dir 和 first
    // 前导的关系
    leadingRelative = Expr.relative[tokens[0].type],
    // 隐式的关系
    implicitRelative = leadingRelative || Expr.relative[" "],
    //leadingRelative 存在，i 置 1，否则置 0
    i = leadingRelative ? 1 : 0,
    // 基础匹配器确保元素可从顶级上下文访问
    // 获得基础的过滤函数，匹配 checkContext
    matchContext = addCombinator(function (elem) {
        return elem === checkContext;
    }, implicitRelative, true),
    //checkContext 有 elem 就匹配，这里的 context 是数组，即多个 context，匹配任意一个就可以
    matchAnyContext = addCombinator(function (elem) {
        return indexOf(checkContext, elem) > -1;
    }, implicitRelative, true),
    //matchers 函数数组
    matchers = [function (elem, context, xml) {
        var ret = (!leadingRelative && (xml || context !== outermostContext)) || (
            /* 前导关系不存在，且是 xml，返回 true，不是 xml 且 context 不是最外面的 context 则返回 true，
            否则执行下面代码 */
            (checkContext = context).nodeType ?
                //context 是单个的，使用 matchContext 得到结果
                matchContext(elem, context, xml) :
                //context 是数组，使用 matchAnyContext 得到结果
                matchAnyContext(elem, context, xml));
        // 避免挂在元素上（问题# 299）
        // 置空
        checkContext = null;
        return ret;
    }];
for (; i < len; i++) {
    if ((matcher = Expr.relative[tokens[i].type])) {
        // 在 relative 中有当前的选择符
        matchers = [addCombinator(elementMatcher(matchers), matcher)];
        /* 先调用 elementMatcher 获得匹配 matchers 中所有函数的过滤函数，把此函数作为参数传递给
        addCombinator，获得当前 matcher 的过滤函数，最后用数组包裹 */
    } else {
        // 在 relative 中没有当前选择符
        matcher = Expr.filter[tokens[i].type].apply(null, tokens[i].matches);
        // 把 token[i].matches 传递给 filter[type]，得到对应的过滤函数 matcher
        // 看到一个位置 matcher 返回特别 upon
        if (matcher[expando]) {
            // 如果有 expando 标记，说明它是位置匹配器，需要特殊处理
            // 找到下一个相对运算符（如果有）并正确处理
            j = ++i;
            for (; j < len; j++) {
```

```
                if (Expr.relative[tokens[j].type]) {
                    break;
                }
            }
            return setMatcher(
                // 调用 setMatcher 获得对应的过滤函数，返回
                i > 1 && elementMatcher(matchers),
                // 不是第一个选择器就要预过滤函数参数 matchers
                i > 1 && toSelector(
                    // 如果前面的 token 是后代组合器，则插入一个隐式任意元素 '*'
                    tokens.slice(0, i - 1).concat({
                        value: tokens[i - 2].type === " " ? "*" : ""
                        // 如果当前位置匹配器前面是后代关系选择符，后面插入隐式的通配符 *
                    })
                ).replace(rtrim, "$1"),
                // 转换为 selector 字符串，去掉左右空白符，作为前置选择器
                matcher,
                // 匹配函数
                i < j && matcherFromTokens(tokens.slice(i, j)),
                // 如果 i<j，即当前位置匹配器到下一个关系选择器之间有其他选择器，需要后置过滤
                // 函数 postFilter
                // 递归调用函数本身得到对应的 postFilter
                j < len && matcherFromTokens((tokens = tokens.slice(j))),
                // 如果 j<len，即下一个关系选择符后面还有其他选择器，需要传入 postFinder 参数过滤
                // 同样递归调用本函数，获得对应的 postFinder
                j < len && toSelector(tokens)
                // 获得剩余的选择器，传入 postSelector 参数 tokens 在上一步被赋值为剩余的 token
            );
        }
        // 运行到这里，说明不是位置匹配器，直接入栈
        matchers.push(matcher);
    }
  }
  /* 到这里，整个 tokens 被处理完毕，所有处理函数按序排列在 matchers 中，此时调用 elementMatcher，获得
  符合所有 matchers 项的过滤函数 */
  return elementMatcher(matchers);
}
```

在上面代码中，重点是：

```
cached = matcherFromTokens(group[i]);
```

cached 的结果就是 matcherFromTokens 返回的 matchers 编译函数。matcherFromTokens 的分解是有规律的：语义节点 + 关系选择器的组合。

```
div > p + div.sub input[type="checkbox"]
```

Expr.relative 匹配关系选择器类型，当遇到关系选择器时，elementMatcher 函数将 matchers 数组中的函数生成一个函数。

再递归分解 tokens 中的词法元素，提取第一个 typ 匹配到对应的处理方法：

```
matcher = Expr.filter[tokens[i].type].apply(null, tokens[i].matches);
```

Note

例如，下面是 TAG 类型源代码。

```
// 过滤函数
filter: {
    // 标签过滤函数
    "TAG": function (nodeNameSelector) {
        var nodeName = nodeNameSelector.replace(runescape, funescape).toLowerCase();
        return nodeNameSelector === "*" ?
            // 选择符为通配选择符，直接返回 true
            function () {
                return true;
            } :
            // 否则比较传入参数 elem，比较 elem 的节点名再返回结果
            // 这里形成闭包
            function (elem) {
                return elem.nodeName && elem.nodeName.toLowerCase() === nodeName;
            };
    },
```

matcher 最终返回的结果就是布尔值，但是这里返回的只是一个闭包函数，不会马上执行，这个过程就是编译成一个匿名函数。

如果遇到关系选择符就会合并分组了。

```
matchers = [addCombinator(elementMatcher(matchers), matcher)];
```

通过 elementMatcher 生成一个终极匹配器。

```
//matchers 为数组的情况，返回过滤函数
function elementMatcher(matchers) {
    return matchers.length > 1 ?
        // 如果有多个 matcher 函数，每个函数都要测试
        function (elem, context, xml) {
            var i = matchers.length;
            while (i--) {
                // 有一个不为真，就返回 false
                if (!matchers[i](elem, context, xml)) {
                    return false;
                }
            }
            return true;
        } :
        // 只有一个 matcher 函数，则 matcher 函数本身即可作为过滤函数
        matchers[0];
}
```

上面代码将分解这个子匹配器，返回一个 curry 函数，传递给 addCombinator() 函数。addCombinator() 函数的源代码如下：

```
// 生成关系选择符过滤函数
function addCombinator(matcher, combinator, base) {
```

Note

```
var dir = combinator.dir,
    skip = combinator.next,
    key = skip || dir,
    checkNonElements = base && key === "parentNode",
    doneName = done++;
return combinator.first ?
    // 最近的祖先元素
    // 检查最近的祖先 / 前一个元素
    // 返回此函数作为 combinator 的过滤函数
    function (elem, context, xml) {
        while ((elem = elem[dir])) {
            if (elem.nodeType === 1 || checkNonElements) {
                // 如果遇到元素节点或没有父节点，返回匹配函数
                return matcher(elem, context, xml);
            }
        }
        return false;
    } :
    // 检查所有祖先 / 前面的元素
    //first 不存在，返回此函数
    function (elem, context, xml) {
        var oldCache, uniqueCache, outerCache,
            newCache = [dirruns, doneName];
        // 不能在 xml 节点上设置任意数据，所以它们不会从组合器缓存中获益
        if (xml) {
            while ((elem = elem[dir])) {
                if (elem.nodeType === 1 || checkNonElements) {
                    if (matcher(elem, context, xml)) {
                        // 判断 matcher 结果，返回 true，如果为 false，还要继续遍历
                        return true;
                    }
                }
            }
        } else {
            while ((elem = elem[dir])) {
                if (elem.nodeType === 1 || checkNonElements) {
                    outerCache = elem[expando] || (elem[expando] = {});
                    // 获得、创建外部缓存
                    // 仅支持 IE 9-
                    // 保护复制的 attroperties（jQuery gh-1709）
                    uniqueCache = outerCache[elem.uniqueID] || (outerCache[elem.uniqueID] = {});
                    if (skip && skip === elem.nodeName.toLowerCase()) {
                        elem = elem[dir] || elem;
                    } else if ((oldCache = uniqueCache[key]) &&
                        // 把 outerCache[dir] 赋值给 oldCache，如果它存在，即有缓存可用，继续
                        oldCache[0] === dirruns && oldCache[1] === doneName) {
                        // 第一项全等于 dirruns 且第二项全等于 doneName，即方向与结果都存在，继续
                        // 分配给 newCache，所以结果反向传播到以前的元素
                        return (newCache[2] = oldCache[2]);
```

Note

```
                    // 把这个缓存第三项传递给 newCache[2]（newCache 在 outerCache 中，outerCache
                    // 在 elem[expando] 中）
                    // 并返回它作为结果
                    // 这一项代表这个 elem 在当前 dir 和 doneName 下匹配的结果

                } else {
                    //outerCache 不存在，即第一次遍历到这个元素
                    // 重新使用新的缓存，所以结果反向传播到以前的元素
                    uniqueCache[key] = newCache;
                    // 把 newCache 传递给 outerCache[dir]，即存入 elem[expando]，建立缓存
                    //match 意味着完成，fail 意味着必须继续检查
                    if ((newCache[2] = matcher(elem, context, xml))) {
                        // 把 matcher 当前元素结果赋值给 newCache[2]，如果结果为真，返回 true，否则
                        // 继续遍历
                        return true;
                    }
                }
            }
        }
    }
    return false;
  };
}
```

matcher 为当前词素前的“终极匹配器”，combinator 为位置词素。根据关系选择器检查，如果是没有位置词素的选择器，如 #id.sub[name="checkbox"]，则从右到左依次查看当前节点 elem 是否匹配规则即可。

由于有了位置词素，那么判断的时候就不能简单判断当前节点，可能需要判断 elem 的兄弟节点或者父亲节点是否依次符合规则。

这是一个递归深度搜索的过程，所以 matchers 又经过一层包装，然后使用相同的方式递归，直到 tokens 分解完毕。

返回的结果是一个根据关系选择器分组后再组合的嵌套很深的闭包函数。

3.7 超级匹配

通过 Expr.find[type] 找出选择器最右边的最终 seed 种子合集；通过 Sizzle.compile 函数编译器，把 tokenize 词法元素编译成闭包函数；使用 superMatcher 超级匹配，以最佳的方式从 seed 种子集合筛选出需要的数据，也就是通过 seed 与 compile 的匹配，得出最终的结果。

3.7.1 superMatcher

superMatcher 并不是一个直接定义的方法，它通过 matcherFromGroupMatchers 方法返回的一个 Curry 化的函数，但是最后执行起重要作用的是它。

```
compile( selector, match )(
```

```
        seed,
        context,
        !documentIsHTML,
        results,
        rsibling.test( selector ) && testContext( context.parentNode ) || context
    );
```

superMatcher 方法会根据参数 seed、expandContext 和 context 确定一个起始的查询范围。

```
elems = seed || byElement && Expr.find["TAG"]( "*", outermost ),
```

有可能直接从 seed 中查询过滤，也有可能在 context 或者 context 的父节点范围内。如果不是从 seed 开始，那只能把整个 DOM 树节点取出来过滤了，把整个 DOM 树节点取出来过滤后，它会先执行 Expr.find["TAG"]("*", outermost) 这句代码等到一个 elems 集合（数组合集）。

```
context.getElementsByTagName( tag );
```

可以看出对于优化选择器，最右边应该写一个作用域的搜索范围 context 比较好。

开始遍历这个 seed 种子合集：

```
while ( (matcher = elementMatchers[j++]) ) {
    if ( matcher( elem, context, xml ) ) {
        results.push( elem );
        break;
    }
}
```

elementMatchers 就是通过分解词法器生成的闭包函数，也就是“终极匹配器”。

tokenize 选择器可以用“,”分组 group，所以就有个合集的概念。matcher 就得到每个终极匹配器。通过代码能看出 matcher 方法运行的结果都是布尔值。

对里面的元素逐个使用预先生成的 matcher 方法做匹配，如果结果为 true，则直接将元素推入返回结果集里。

3.7.2 matcher

matcher 是 elementMatcher 函数的包装，整个匹配的核心代码如下：

```
function( elem, context, xml ) {
    var i = matchers.length;
    while ( i-- ) {
        if ( !matchers[i]( elem, context, xml ) ) {
            return false;
        }
    }
    return true;
} :
```

Sizzle 引擎的解析过程如图 3.6 所示。

Note

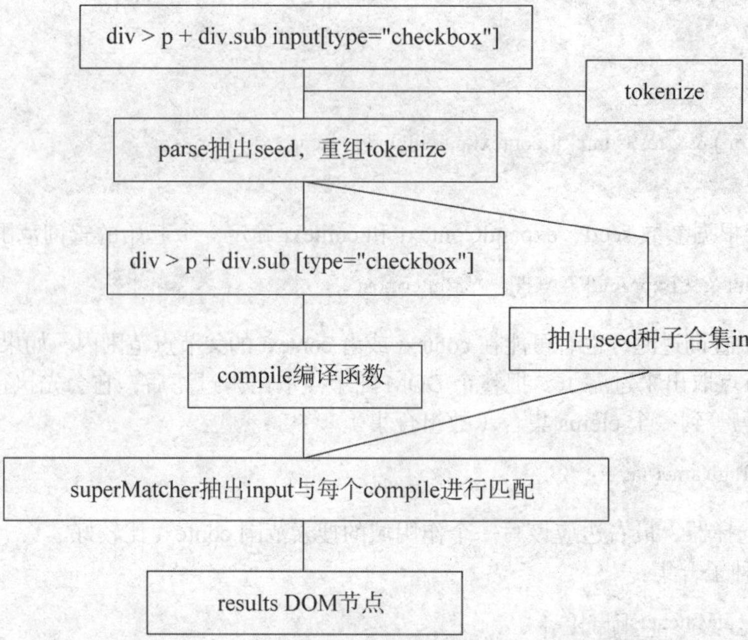

图 3.6　Sizzle 引擎的解析过程

解析过程：

第 1 步，设计 CSS 选择器。

```
div > p + div.sub input[type="checkbox"]
```

从右边剥离出原生 API 能使用的接口属性：

```
context.getElementsByTagName("input" )
```

找到 input，因为只可以使用 TAG 查询，但是此时结果是个合集，故引入 seed 的概念，称为种子合集。

第 2 步，重组选择器，去掉 input，得到新的 tokens 词法元素哈希表。

```
div > p + div.sub [type="checkbox"]'
```

第 3 步，调用 matcherFromTokens 函数，根据关系选择器（">"," 空 ","~","+"）分组，因为 DOM 节点都是存在关系的，所以引入 Expr.relative，通过 first:true 得到两个关系的“紧密”程度，用于组合最佳的筛选。

按照如下顺序解析，且编译闭包函数。

编译规则：div > p + div.sub [type="checkbox"]

编译成 4 组闭包函数，然后前后再合并组合成一组。

div >

p +

div.sub

input[type="checkbox"]

先构造一组编译函数：

A：抽出 div 元素，对应的是 TAG 类型。

B：通过 Expr.filter 找到对应匹配的处理器，返回一个闭包处理器，如 TAG 方法。

```
"TAG": function( nodeNameSelector ) {
    var nodeName = nodeNameSelector.replace( runescape, funescape ).toLowerCase();
    return nodeNameSelector === "*" ?
        function() { return true; } :
        function( elem ) {
            return elem.nodeName && elem.nodeName.toLowerCase() === nodeName;
        };
},
```

C：将返回的 Curry 方法放入 matchers 匹配器组中，继续分解。

D：抽出子元素选择器 '>'，对应的类型为 type: ">"。

E：通过 Expr.relative 找到 elementMatcher 方法，分组合并多个词素的编译函数。

```
function( elem, context, xml ) {
        var i = matchers.length;
        while ( i-- ) {
            if ( !matchers[i]( elem, context, xml ) ) {
                return false;
            }
        }
```

执行各自 Expr.filter 匹配中的判断方法，其中 matcher 方法运行的结果都是布尔值，所以这里只返回了一个组合闭包，通过这个筛选闭包，各自处理自己内部的元素。

F：返回匹配器还是不够，因为没有规范搜索范围的优先级，所以这时还要引入 addCombinator 方法。

G：如果 Expr.relative 和 first:true 两个关系的“紧密”程度高，则返回 addCombinator。

```
function( elem, context, xml ) {
    while ( (elem = elem[ dir ]) ) {
        if ( elem.nodeType === 1 || checkNonElements ) {
            return matcher( elem, context, xml );
        }
    }
}
```

如果是紧密关系的位置词素，找到第一个亲密的节点，用终极匹配器判断这个节点是否符合前面的规则。

上面是第一组终极匹配器的生成流程，可见过程极其复杂，被包装了三层，依次是 addCombinator、elementMatcher 和 Expr.relative。

三个方法嵌套处理。然后继续分解下一组，遇到关系选择器又继续依照以上的过程分解。但是有一个不同的地方，下一个分组会把上一个分组一并合并，所以整个关系就是一个依赖嵌套很深的结构。

可以看到，终极匹配器其实只有一个闭包，但是有内嵌很深的分组闭包，依照从左往右依次生成闭包，然后把上一组闭包添加到下一组闭包，就跟栈是一种后进先出的数据结构一样处理，所以最外层是 type=["checkbox"]。

再返回 superMatcher 方法的处理。遍历 seed 种子合集，依次匹配 matchers 闭包函数，传入每个 seed 的元素与之匹配（这里是 input），在对应的编译处理器中通过对 input 的处理，找到最优匹配结果。

```
function( elem, context, xml ) {
    var i = matchers.length;
```

Note

```
        while ( i-- ) {
            if ( !matchers[i]( elem, context, xml ) ) {
                return false;
            }
        }
        return true;
    } :
```

注意：i-- 表示从后往前查找，所以第一次开始匹配的是：check: "checkbox"、name: "type"、operator: "="。

找到对应的 Attr 处理方法，源代码如下：

```
// 过滤函数
filter: {
    // 属性预过滤
    //name 是属性名，operator 是操作符，check 是要检查的值
    // 如选择器 [type="checkbox"] 中，name="type"，operator="="，check="checkbox"
    // 返回布尔值
    "ATTR": function (name, operator, check) {
        // 返回一个元匹配器
        // 返回函数，函数需要参数 elem
        return function (elem) {
            // 获取 elem 的 name 属性
            var result = Sizzle.attr(elem, name);
            // 判断是否存在属性值
            if (result == null) {
                // 如果操作符是不等号，返回真，因为当前属性为空，是不等于任何值的
                return operator === "!=";
            }
            if (!operator) {                                    // 如果没有操作符，那就直接通过规则
                // 如果没有操作符，result 不为空，那么属性存在，返回 true
                return true;
            }
            // 有操作符，result 不为空
            // 加上空格，check 后面会加上空格，方便比较
            result += "";
            return operator === "=" ? result === check : // 如果是等号，判断目标值跟当前属性值相等是否为真
                operator === "!=" ? result !== check :// 如果是不等号，判断目标值跟当前属性值不相等是否为真
                    operator === "^=" ? check && result.indexOf(check) === 0 :// 如果是起始相等，判断目标值是
                                                                            // 否在当前属性值的头部
                        operator === "*=" ? check && result.indexOf(check) > -1 :// 这样解释：lang*=en 匹配 <html
                                                                            // lang="xxxxenxxx"> 这样的节点
                            //slice（-xxx.length）检测结尾
                            operator === "$=" ? check && result.slice(-check.length) === check :// 如果是末尾相等，
                                                                                        // 判断目标值是否
                                                                                        // 在当前属性值的
                                                                                        // 末尾
                                //check 后面有空格，所以匹配会正确工作
                                operator === "~=" ? (" " + result.replace(rwhitespace, " ") + " ").indexOf(check) > -1 :
                                // 这样解释：lang~=en 匹配 <html lang="zh_CN en"> 这样的节点
                                    //e.g. en-
```

```
                                        operator === "|=" ? result === check || result.slice(0, check.length + 1) ===
                                        check + "-" : // 这样解释：lang=|en 匹配 <html lang="en-US"> 这样的节点
                                            false;
            };
        }
    }
```

例如：

```
Sizzle.attr( elem, name )
```

传入 elem 元素就是 seed 中的 input 元素，找到是否有 'type' 类型的属性，如 <input type="text">，所以第一次匹配 input 就出错了，返回的 type 是 text，而不是需要的 'checkbox'，这里返回的结果就是 false，所以整个处理就直接返回。

再传入第二个 input，继续上一个流程，这时发现检测到的属性：

```
var result = Sizzle.attr( elem, name );
result: "checkbox"
```

此时满足第一条匹配，然后继续 i = 0。

```
!matchers[i]( elem, context, xml )
```

找到第 0 个编译函数——addCombinator()，源代码如下：

```
// 生成关系选择符过滤函数
function addCombinator(matcher, combinator, base) {
    var dir = combinator.dir,
        skip = combinator.next,
        key = skip || dir,
        checkNonElements = base && key === "parentNode",
        doneName = done++;
    return combinator.first ?
        // 最近的祖先元素
        // 检查最近的祖先 / 前一个元素
        // 返回此函数作为 combinator 的过滤函数
        function (elem, context, xml) {
            while ((elem = elem[dir])) {
                if (elem.nodeType === 1 || checkNonElements) {
                    // 如果遇到元素节点或没有父节点，返回匹配函数
                    return matcher(elem, context, xml);
                }
            }
            return false;
        } :
        // 检查所有祖先 / 前面的元素
        //first 不存在，返回此函数
        function (elem, context, xml) {
            var oldCache, uniqueCache, outerCache,
                newCache = [dirruns, doneName];
            // 不能在 xml 节点上设置任意数据，所以它们不会从组合器缓存中获益
```

Note

```
        if (xml) {
            while ((elem = elem[dir])) {
                if (elem.nodeType === 1 || checkNonElements) {
                    if (matcher(elem, context, xml)) {
                        // 判断 matcher 结果，返回 true，如果为 false，还要继续遍历
                        return true;
                    }
                }
            }
        } else {
            while ((elem = elem[dir])) {
                if (elem.nodeType === 1 || checkNonElements) {
                    outerCache = elem[expando] || (elem[expando] = {});
                    // 获得、创建外部缓存
                    // 仅支持 IE 9-
                    // 保护复制的 attroperties（jQuery gh-1709）
                    uniqueCache = outerCache[elem.uniqueID] || (outerCache[elem.uniqueID] = {});
                    if (skip && skip === elem.nodeName.toLowerCase()) {
                        elem = elem[dir] || elem;
                    } else if ((oldCache = uniqueCache[key]) &&
                        // 把 outerCache[dir] 赋值给 oldCache，如果它存在，即有缓存可用，继续
                        oldCache[0] === dirruns && oldCache[1] === doneName) {
                        // 第一项全等于 dirruns 且第二项全等于 doneName，即方向与结果都存在，继续
                        // 分配给 newCache，所以结果反向传播到以前的元素
                        return (newCache[2] = oldCache[2]);
                        // 把这个缓存第三项传递给 newCache[2]（newCache 在 outerCache 中，outerCache
                        // 在 elem[expando] 中）
                        // 并返回它作为结果
                        // 这一项代表这个 elem 在当前 dir 和 doneName 下 macher 的结果

                    } else {
                        //outerCache 不存在，即第一次遍历到这个元素
                        // 重新使用新的缓存，所以结果反向传播到以前的元素
                        uniqueCache[key] = newCache;
                        // 把 newCache 传递给 outerCache[dir]，即存入 elem[expando]，建立缓存
                         //match 意味着完成，fail 意味着必须继续检查
                        if ((newCache[2] = matcher(elem, context, xml))) {
                            // 把 matcher 当前元素结果赋值给 newCache[2], 如果结果为真，返回 true，否
                            // 则继续遍历
                            return true;
                        }
                    }
                }
            }
        }
        return false;
    };
}
```

如果是不紧密的位置关系，那么一直匹配到 true 为止。例如祖宗关系，查找父亲节点直到有一个祖先

节点符合规则为止。

直接递归调用代码如下：

```
matcher( elem, context, xml )
```

就是下一组闭包队列，传入的上下文是 div.sub，也就是 <input type="checkbox"> 的父节点。

```
function (elem, context, xml) {
            var i = matchers.length;
            // 从右到左开始匹配
            while (i--) {
                // 如果有一个没匹配中，那就说明该节点 elem 不符合规则
                if (!matchers[i](elem, context, xml)) {
                    return false;
                }
            }
            return true;
    }
```

这样递归下去，一层一层地匹配，可见不是一层一层往下查，而是一层一层向上做匹配、过滤。Expr 里面只有 find 和 preFilter 返回的是集合。

第 4 章

定义 jQuery 对象

（视频讲解：**47** 分钟）

jQuery 选择器采用 CSS3 选择器语法规范，在 HTML 结构中可以快速匹配元素，jQuery 具有使用便捷、功能强大、支持完善、处理灵活等优势。jQuery 选择器的返回值均是一个类数组的 jQuery 对象，如果没有匹配元素，则会返回一个空的类数组，因此不能使用 if($("tr")) 检测 jQuery 对象，而应该使用 if($("tr").length > 0) 进行检测。

jQuery 选择器分为简单选择器、结构选择器、过滤选择器、属性选择器以及表单专用选择器等，本章将分别讲解每类选择器的使用。

【学习重点】

- 使用简单选择器。
- 使用结构选择器。
- 使用过滤选择器。
- 使用属性选择器。

4.1　简单选择器

简单选择器包括 5 种类型：ID 选择器、标签选择器、类选择器、通配选择器、分组选择器。

4.1.1　ID 选择器

JavaScript 提供原生的 getElementById() 方法，可以在 DOM 中匹配指定 ID 元素。用法如下：

```
var element = document.getElementById("id");
```

该方法的返回值为所匹配元素的对象，参数值为字符串型 ID 值，该值在 HTML 标签中通过 id 特性设置。

jQuery 简化了 JavaScript 原生方法的操作，通过一个简单的“#”标识前缀快速匹配指定 ID 元素。用法如下：

```
jQuery("#id") ;
```

参数 id 为字符串，表示标签的 id 属性值。返回值为包含匹配 id 的元素的 jQuery 对象。

【示例 1】使用 jQuery 匹配文档中 ID 值为 box 的元素，并设置其背景色为红色。

```
<script>
$(function(){                                    // 页面初始化函数
    $("#box").css("background","red");          // 匹配 ID 值为 box 的元素，设置其背景色为红色
})
</script>
<div id="box"> 测试盒子 </div>
```

在上面代码中，$("#box") 函数包含的 "#box" 参数表示 ID 选择器，jQuery 构造器能够根据这个选择器准确返回包含该元素引用的 jQuery 对象。

在 ID 选择器中，如果包含特殊字符，可以使用双斜杠对特殊字符进行转义。

【示例 2】页面包含 3 个 <div> 标签，它们的 id 属性值都包含了特殊的字符。如果不进行处理，jQuery 在解析时会引发歧义，因此可以使用如下方法来实现准确选择，即为这些 ID 选择器字符串添加双斜杠前缀，以便对这些特殊的字符进行转义。

```
<script>
$(function(){
    $("#a\\.b").css("color","red");
    $("#a\\:b").css("color","red");
    $("#\\[div\\]").css("color","red");
})
</script>
<div id="a.b">div1</div>
<div id="a:b">div2</div>
<div id="[div]">div3</div>
```

在执行 jQuery() 函数时，jQuery 使用正则表达式来匹配参数值，判断当前参数是否为 ID 值。

```
ID: /#((?:[\w\u00c0-\uFFFF_-]|\\.)+)/
```

而正则表达式对于特殊字符是敏感的，要避免正则表达式被误解，就必须进行转义，在正则表达式中一般通过双斜杠来转义特殊字符。如果直接使用 JavaScript 的原生方法 getElementById()，就不用考虑这个问题。

【示例 3】示例 2 中的示例代码可以改写为下面写法。

```
$(function(){
    document.getElementById("a.b").style.color = "red";
    document.getElementById("a:b").style.color = "red";
    document.getElementById("[div]").style.color = "red";
})
```

4.1.2 标签选择器

JavaScript 提供原生的 getElementsByTagName() 方法，用来在 DOM 中选择指定标签类型的元素。用法如下：

```
var elements = document.getElementsByTagName("tagName");
```

该方法的返回值为所选择类型元素的集合，参数值为字符串型 HTML 标签名称。

jQuery 匹配指定标签的方法比较简单，在 jQuery() 构造函数中指定标签名称即可。用法如下：

```
jQuery("element") ;
```

参数 element 为字符串，表示标签的名称。返回值为包含匹配标签的 jQuery 对象。与 ID 选择器不同，标签选择器的字符串不需要附加标识前缀（#）。

【示例 1】使用 jQuery 匹配文档中所有的 <div> 标签，并定义它们的字体颜色为红色。

```
<script>
$(function(){
    $("div").css("color","red");
})
</script>
<div>[ 标题栏 ]</div>
<div>[ 内容框 ]</div>
<div>[ 页脚栏 ]</div>
```

$("div") 表示匹配文档中所有的 <div> 标签，并返回 jQuery 对象，然后调用 jQuery 的 css() 方法为所有匹配的 <div> 标签定义红色字体。

【示例 2】如果使用 JavaScript 原生的 getElementsByTagName() 方法匹配文档中的 <div> 标签，并设置它们的前景色为红色，则需要使用循环语句遍历返回的元素集合，并逐一设置每个元素的字体样式。实现代码如下：

```
<script>
window.onload = function(){                                  // 页面初始化函数
    var divs = document.getElementsByTagName("div");  // 返回 div 元素集合
    for(var i=0;i<divs.length;i++){                         // 遍历 div 元素集合
```

```
            divs[i].style.color = "red";                    // 设置 div 元素的前景色为红色
        }
    }
</script>
```

此时 $("div") 与 document.getElementsByTagName("div") 的运行结果是一样的，都返回一个元素集合对象。

【示例 3】用户还可以混合使用 jQuery 代码和 JavaScript 代码。

```
<script>
window.onload = function(){                        // 使用 JavaScript 方法初始化页面处理函数
    var divs = $("div");                           // 使用 jQuery 方法选择所有 div 元素
    for(var i=0;i<divs.length;i++){                // 使用 JavaScript 方法遍历返回的 jQuery 结果对象
        divs[i].style.color = "red";
    }
}
</script>
```

从执行效率的角度考虑，应多使用 JavaScript 原生的 getElementsByTagName() 方法来选择同类型的元素。在复杂的 jQuery 编程环境中，嵌入使用 getElementsByTagName() 方法要比直接使用 $() 方法高效。

4.1.3 类选择器

HTML 5 新增 getElementsByClassName() 方法，使用该方法可以选择指定类名的元素。该方法可以接收一个字符串参数，包含一个或多个类名，类名通过空格分隔，不分先后顺序，返回值为带有指定类的所有元素的集合。

支持浏览器包括 IE 9+、Firefox 3.0+、Safari 3+、Chrome 和 Opera 9.5+。

【示例 1】使用 document.getElementsByClassName("red") 方法选择文档中所有包含 red 类的元素。

```
<script>
$(function(){
    var divs = document.getElementsByClassName("red");
    for(var i=0; i<divs.length;i++){
        console.log(divs[i].innerHTML);
    }
})
</script>
<div class="red"> 红盒子 </div>
<div class="blue red"> 蓝盒子 </div>
<div class="green red"> 绿盒子 </div>
```

【示例 2】先使用 document.getElementById("box") 方法获取 <div id="box">，然后在它下面使用 getElementsByClassName("blue red") 选择同时包含 red 和 blue 类的元素。

```
<script>
$(function(){
    var divs = document.getElementById("box").getElementsByClassName("blue red");
    for(var i=0; i<divs.length;i++){
        console.log(divs[i].innerHTML);
```

```
        }
})
</script>
<div id="box">
        <div class="blue red green">blue red green</div>
</div>
```

提示：在 document 对象上调用 getElementsByClassName() 会返回与类名匹配的所有元素，在元素上调用该方法只会返回后代元素中匹配的元素。

【示例 3】如果要支持早期浏览器，用户可以扩展 getElementsByClassName() 方法。实现代码如下：

```
document.getElementsByClassName = function(className) {
        var el = [],
                _el = document.getElementsByTagName('*');          // 获取所有元素
        for (var i=0; i<_el.length; i++ ) {                        // 遍历元素集合
            if (_el[i].className == className ) {                  // 获取相同类名的元素
                    el[el.length] = _el[i];
                }
        }
        return el;
}
```

使用自定义类选择器方法 getElementsByClassName() 选择文档中类名为 red 的所有元素，并设置它们的前景色为红色。

```
window.onload = function(){                                        // 页面初始化函数
        var red = document.getElementsByClassName("red"); // 返回 div 元素集合
        for(var i=0, l=red.length; i< l; i++){                     // 遍历 div 元素集合
                red[i].style.color = "red";                        // 设置 div 元素的前景色为红色
        }
}
```

在 jQuery 中，类选择器的字符串需要附加标识前缀（.）。用法如下：

```
jQuery(".className") ;
```

参数 className 为字符串，表示标签的 class 属性值，前缀符号“.”表示该选择器为类选择器。返回值为包含匹配 className 的元素的 jQuery 对象。

【示例 4】使用 jQuery 构造器匹配文档中所有类名为 red 的标签，并定义它们的字体颜色为红色。

```
<script>
$(function(){
        $(".red").css("color","red");
})
</script>
<div class="red"> 红盒子 </div>
<div class="blue red"> 蓝盒子 </div>
<div class="green red"> 绿盒子 </div>
```

4.1.4　通配选择器

在 JavaScript 中，使用 document.getElementsByTagName("*") 可以匹配文档中的所有元素。jQuery 也支持通配选择器，该选择器能够匹配指定上下文中的所有元素。用法如下：

```
jQuery("*") ;
```

参数“*”为字符串，表示将匹配指定范围内的所有标签元素。

【示例 1】 匹配文档中 <body> 标签下包含的所有标签，然后定义所有标签包含的字体显示为红色。

```
<script>
$(function(){
    $("body *").css("color","red");
})
</script>
<div>[ 标题栏 ]</div>
<div>[ 内容框 ]</div>
<div>[ 页脚栏 ]</div>
```

【示例 2】 针对示例 1，可以使用如下 JavaScript 原生方法实现相同的设计效果。

```
$(function(){
    var all = document.getElementsByTagName("*");
    for(var i=0; i<all.length; i++){
        all[i].style.color = "red";
    }
})
```

更高效的方法是把 JavaScript 原生方法和 jQuery 迭代操作相结合，这样可以提高代码执行效率，也不会多写很多代码。

【示例 3】 使用 JavaScript 原生方法获取页面中的所有元素，然后把这个 DOM 元素集合传递给 jQuery() 函数。把 JavaScript 数组集合封装为 jQuery 对象的类数组集合，然后借助 jQuery 的 css() 方法可以快速定义样式，从而提高整个程序的执行速度。

```
$(function(){
    var all = document.getElementsByTagName("*");
    $(all).css("color","red");
})
```

4.1.5　分组选择器

分组选择器通过逗号分隔符来分隔多个不同的选择器，这些子选择器可以是任意类型的，也可以是复合选择器。用法如下：

```
jQuery("selector1,selector2,...,selectorN") ;
```

参数 selector1、selector2、selectorN 为字符串，表示多个选择器，这些选择器没有数量限制，它们通过逗号进行分隔。当执行分组选择器之后，返回的 jQuery 对象将包含每个选择器匹配的元素。jQuery 在执行分组选择器匹配时，先是逐一匹配每个选择器，然后将匹配的元素合并到一个 jQuery 对象中返回。

【示例】 首先利用分组选择器匹配文档中包含的不同标签，然后定义所有标签包含的字体显示为红色。

```
<script>
$(function(){
    $("h2, #wrap, span.red, [title='text']").css("color","red");
})
</script>
<h2>H2</h2>
<div id="wrap">DIV</div>
<span class="red">SPAN</span>
<p title="text">P</p>
```

4.1.6 源码解析

为了提高匹配效率，jQuery 对于简单的选择器进行提前匹配，直接调用 JavaScript 原生方法来完成任务，避免在复杂的循环逻辑中浪费时间。

在第 2 章 jQuery 框架中，介绍了 jQuery 的入口函数 init()。init() 函数在正式调用 Sizzle 引擎之前先对 ID 选择器、标签选择器和类选择器进行处理，直接调用原生方法，这样能够提高执行效率，具体说明请参考 2.2 节内容。

实际上，在 Sizzle 引擎接口函数中也是先对简单的选择器提前进行处理，避免对简单选择器进行深度处理。具体源码如下：

```
// 选择器引擎入口，查找与选择器表达式 selector 匹配的元素集合
function Sizzle(selector, context, results, seed) {
    var m, i, elem, nid, match, groups, newSelector,
        newContext = context && context.ownerDocument,
        // nodeType 默认为 9，因为 context 默认为 document
        nodeType = context ? context.nodeType : 9;
    results = results || [];
    // 从无效选择器或上下文的调用中提前返回
    if (typeof selector !== "string" || !selector ||
        nodeType !== 1 && nodeType !== 9 && nodeType !== 11) {
        return results;
    }
    // 尝试在 HTML 文档中快速找到操作（而不是过滤器）
    //seed 不存在
    if (!seed) {
        // 如果上下文存在，获取 context.ownerDocument 或 context，否则获取 preferredDoc
        // 再比较是否与 document 相同，不同就调用 setDocument (context)
        if ((context ? context.ownerDocument || context : preferredDoc) !== document) {
            setDocument(context);
        }
        // 获得 context
        context = context || document;
        // 如果为 HTML 文档类型
        if (documentIsHTML) {
```

Note

```
// 如果选择器非常简单，请尝试使用 get*By* 的 DOM 方法
//（除了 DocumentFragment 上下文，方法不存在）
if (nodeType !== 11 && (match = rquickExpr.exec(selector))) {
    //ID 选择器
    //selector 只存在三种选择器的情况（id，tag，class）下的快速处理方法
    //context 类型不是 DocumentFragment，且 selector 中匹配 rquickExpr
    // 先处理 ID 选择器，有效缩小查找范围，提高速度
    if ((m = match[1])) {
        //context 是 Document 类型
        // 第一个捕获组存在，即存在 ID 选择器
        if (nodeType === 9) {
            if ((elem = context.getElementById(m))) {
                //getElementById can match elements by name instead of ID
                // 判断 id 是否与捕获组 1 相同，用来过滤 name 属性为 m，但是 id 不是 m 的元素
                if (elem.id === m) {
                    results.push(elem);
                    return results;
                }
            } else {
                //elem 不存在
                return results;
            }
        // 上下文不是 Document 类型
        } else {
            if (newContext && (elem = newContext.getElementById(m)) &&
                contains(context, elem) &&
                elem.id === m) {
                // 上下文不是 Document 类型，如果 context.ownerDocument 存在且其中存在 id/name
                // 为 m 的元素
                // 且该元素是 context 的子元素，且该元素的 id 为 m
                // 添加 elem 到结果集，返回结果
                results.push(elem);
                return results;
            }
        }
    // 标签选择器
    } else if (match[2]) {
        // 如果标签名存在第二个捕获组
        // 使用 getElementsByTagName 返回内容并添加到结果集
        push.apply(results, context.getElementsByTagName(selector));
        return results;
    // 类选择器
    // 处理最慢，放到最后
    } else if ((m = match[3]) && support.getElementsByClassName &&
        context.getElementsByClassName) {
        // 第三个捕获组存在内容，即类选择器；而且浏览器支持 getElementsByClassName
        push.apply(results, context.getElementsByClassName(m));
        return results;
    }
```

Note

```
}
// 利用 querySelectorAll
if (support.qsa &&
    !compilerCache[selector + " "] &&
    (!rbuggyQSA || !rbuggyQSA.test(selector))) {
    // 浏览器支持 querySelectorAll 且 rbbuggyQSA 不存在或 selector 没有与 rbuggyQSA 匹配的
    if (nodeType !== 1) {
        newContext = context;
        newSelector = selector;
    } else if (context.nodeName.toLowerCase() !== "object") {
        //context 为元素节点，节点名不是 object
        if ((nid = context.getAttribute("id"))) {
            // 如果上下文有 id 属性，赋给 nid
            // 修改 nid 的值，替换其中的单引号和斜杠为 $&
            nid = nid.replace(rcssescape, fcssescape);
        } else {
            // 没有 id 属性，则给上下文设置 id 属性为 nid，即 sizzle+ 数字（时间 .tostring）
            // 这样可保证 context 有 id 属性，让 QSA 正常工作
            context.setAttribute("id", (nid = expando));
        }
        // 对 selector 分组
        groups = tokenize(selector);
        i = groups.length;
        while (i--) {
            // 给分组的每个选择器添加头部 nid 属性选择器
            groups[i] = "#" + nid + " " + toSelector(groups[i]);
        }
        newSelector = groups.join(",");
        // 扩展兄弟选择器的上下文
        // 如果 selector 存在 +、~ 兄弟选择器，且上下文的父节点是符合要求的上下文
        //（看 testContext 测试参数是否有 getElementsByTageName，返回参数本身或 false）
        // 返回 context.parentNode
        // 否则返回 context 本身
        newContext = rsibling.test(selector) && testContext(context.parentNode) ||
            context;
    }
    if (newSelector) {
        // 如果 newSelector 存在
        try {
            // 使用 QSA 得到结果
            push.apply(results,
                newContext.querySelectorAll(newSelector)
            );
            return results;
        } catch (qsaError) { } finally {
            // 如果 nid 标识符为空，移除上下文 id 属性
            if (nid === expando) {
                context.removeAttribute("id");
            }
```

```
                    }
                }
            }
        }
    }
    // 其他情况调用 select 函数，去掉 selector 前后的空白作为参数
    return select(selector.replace(rtrim, "$1"), context, results, seed);
}
```

分组选择器的实现思路是这样的。首先，在 Sizzle() 构造器函数中获取选择器字符串，并通过下面正则表达式模式进行匹配。

```
var chunker = /((?:\((?:\([^()]+\)|[^()]+)+\)|\[(?:\[[^\[\]]*\]|['"][^'"]*['"]|[^\[\]'"]+)+\]|\\.|[^ >+~,(\[\\]+)+|[>+~])(\s*,\s*)?/g,
```

然后把该正则表达式的下标位置恢复到初始化位置。根据选择器字符串中的逗号作为分隔符，把选择器字符串分隔开，然后分别推入 parts 数组中。

最后，通过条件语句分别判断 parts 数组的长度，如果长度大于 1，则重复调用 Sizzle() 函数，并分析第一个逗号后面的选择器字符串，依此类推。

4.2 关系选择器

视频讲解

关系选择器能够根据元素之间的结构关系进行匹配，主要包括包含选择器、子选择器、相邻选择器和兄弟选择器，说明如表 4.1 所示。

表 4.1 关系选择器

选 择 器	说 明
ancestor descendant	在给定的祖先元素下匹配所有的后代元素。ancestor 表示任何有效选择器，descendant 表示用以匹配元素的选择器，并且它是第一个选择器的后代元素 例如，$("form input") 可以匹配表单下的所有 input 元素
parent > child	在给定的父元素下匹配所有子元素。parent 表示任何有效选择器，child 表示用以匹配元素的选择器，并且它是第一个选择器的子元素 例如，$("form > input") 可以匹配表单下的所有子级 input 元素
prev + next	匹配所有紧接在 prev 元素后的 next 元素。prev 表示任何有效选择器，next 表示一个有效选择器并且紧接着第一个选择器 例如，$("label + input") 可以匹配所有跟在 label 后面的 input 元素
prev ~ siblings	匹配 prev 元素之后的所有 siblings 元素。prev 表示任何有效选择器，siblings 表示一个选择器，并且它作为第一个选择器的同辈 例如，$("form ~ input") 可以匹配所有与表单同辈的 input 元素

【示例 1】首先在文档中插入 3 个文本框，它们分别位于 <form> 标签内和外，其中第一个和第二个位于 <form> 标签内，第三个位于 <form> 标签外。第一个和第二个文本框分别处于不同的 DOM 层级中。然后使用包含选择器匹配 <form> 标签包含的所有 <input> 标签，并定义被包含的文本框边框显示为红色，背景色为蓝色，预览效果如图 4.1 所示。

```
<script>
$(function(){
    $("form input").css({"border":"solid 1px red","background":"blue"});
})
</script>
<form>
    <fieldset>
        <label> 包含的子文本框
            <input />
        </label>
        <fieldset>
            <label> 包含的孙文本框
                <input />
            </label>
        </fieldset>
    </fieldset>
</form>
<label> 非包含的文本框
    <input />
</label>
```

图 4.1　包含选择器的应用

注意：包含选择器不受包含结构的层级限制，即被包含在第一个选择器中的所有匹配第二个选择器的元素都将被返回。

【示例 2】首先在文档中插入 3 幅图片，它们分别位于 <div> 标签内和外，其中第一幅和第二幅位于 <div> 标签内，第三幅位于 <div> 标签外。第一个和第二个文本框分别处于不同的 DOM 层级中。然后使用子选择器匹配 <div> 标签包含的 <img> 子标签，并定义匹配的子标签显示为红色粗边框，预览效果如图 4.2 所示。

```
<script>
$(function(){
    $("div > img").css("border","solid 5px red");
})
</script>
<div>
    <span><img src="images/bg.jpg" /></span>
    <img src="images/bg.jpg" />
</div>
<img src="images/bg.jpg" />
```

注意：子选择器与包含选择器在匹配结果集中有重合的部分，但是包含选择器能够匹配更多的元素，除了子元素，还包括所有嵌套的元素。

【示例 3】首先在文档中插入 4 幅图片，分别位于 <div> 标签内和外，其中第一幅和第二幅位于 <div> 标签内，第三幅和第四幅位于 <div> 标签外。第一个和第二个文本框分别处于不同的 DOM 层级中。然后使用相邻选择器匹配 <div> 标签后相邻的 <img> 同级标签，并定义匹配的 <img> 标签显示为红色粗边框，预览效果如图 4.3 所示。

```
<script>
$(function(){
    $("div + img").css("border","solid 5px red");
})
</script>
<div>
    <span><img src="images/bg.jpg" /></span>
    <img src="images/bg.jpg" />
</div>
<img src="images/bg.jpg" />
<img src="images/bg.jpg" />
```

图 4.2　子选择器的应用

图 4.3　相邻选择器的应用

注意：与子选择器和包含选择器不同，从结构上分析相邻选择器是在同级结构上进行匹配和过滤元素，而子选择器和包含选择器是在包含的内部结构中过滤元素。

【示例 4】首先在文档中插入 4 幅图片，它们分别位于 <div> 标签内和外，其中第一幅和第二幅位于 <div> 标签内，第三幅和第四幅位于 <div> 标签外。第一个和第二个文本框分别处于不同的 DOM 层级中。然后使用兄弟选择器匹配 <div> 标签后同级的 <img> 标签，并定义匹配的 <img> 标签显示为红色粗边框，预览效果如图 4.4 所示。

```
<script>
$(function(){
    $("div ~ img").css("border","solid 5px red");
})
</script>
<div>
    <span><img src="images/bg.jpg" /></span>
    <img src="images/bg.jpg" />
</div>
```

```
<img src="images/bg.jpg" />
<img src="images/bg.jpg" />
```

Note

注意：从结构上分析，兄弟选择器是在同级结构上进行匹配和过滤元素，而子选择器和包含选择器是在包含的内部结构中过滤元素。从这点分析，兄弟选择器与相邻选择器类似，但是兄弟选择器能够匹配更多的元素，除了相邻的同级元素外，还包括所有不相邻的同级元素。

【示例 5】利用 jQuery 定义的关系选择器控制 HTML 文档各级元素的样式。虽然这些结构没有定义 id 或 class 属性，但是并不影响用户方便、精确地控制文档样式，演示效果如图 4.5 所示。

```
<script>
$(function(){
    $("div").css("border", "solid 1px red");          // 控制文档中所有 div 元素
    $("div > div").css("margin", "2em"); /* 控制 div 元素包含的 div 子元素，实际上它与 div 包含选择器所匹配的元
                                         素是相同的 */
    $("div div").css("background", "#ff0");          // 控制最外层 div 元素包含的所有 div 元素
    $("div div div").css("background", "#f0f");      // 控制第三层及其以内的 div 元素
    $("div + p").css("margin", "2em");               // 控制 div 元素相邻的 p 元素
    $("div:eq(1) ~ p").css("background", "blue"); // 控制 div 元素后面并列的所有 p 元素
})
</script>
<div> 一级 div 元素
    <div> 二级 div 元素
        <div>
            三级 div 元素
        </div>
        <p> 段落文本 11</p>
        <p> 段落文本 12</p>
    </div>
    <p> 段落文本 21</p>
    <p> 段落文本 22</p>
</div>
<p> 段落文本 31</p>
<p> 段落文本 32</p>
```

图 4.4　兄弟选择器的应用

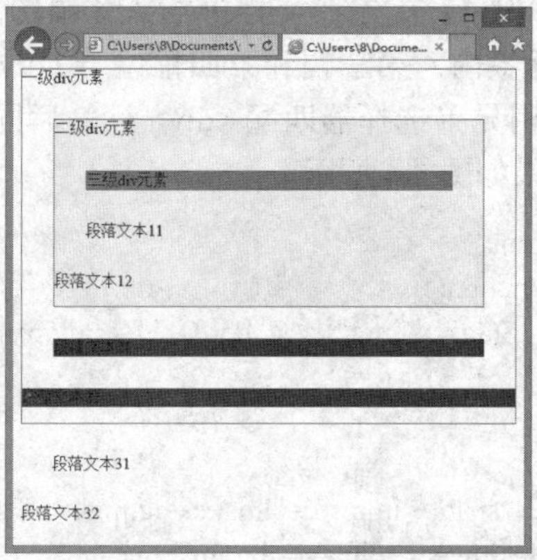

图 4.5　关系选择器演示效果

在关系选择器中，左、右两个子选择器可以为任何形式的选择器，可以是简单选择器，也可以是复合选择器，甚至是关系选择器。例如，$("div div div") 可以有两种理解："div div" 表示子包含选择器，位于左侧，作为父包含选择器的包含对象，而第三个 "div" 表示被包含的对象，它是一个简单选择器；或者 "div" 表示简单选择器，位于左侧，作为父包含选择器的包含对象，而 "div div" 表示被包含的对象，它是一个子包含选择器。

4.3　伪类选择器

视频讲解

jQuery 伪类选择器是 CSS 选择器的核心部分，也是使用最灵活、源码最复杂的部分。

4.3.1　子选择器

子选择器就是通过当前匹配元素选择该元素包含的特定子元素。子选择器主要包括 4 种类型，说明如表 4.2 所示。

表 4.2　子选择器

选　择　器	说　　明
:nth-child	匹配其父元素下的第 *N* 个子或奇偶元素
:first-child	匹配第一个子元素 :first 选择器只匹配一个元素，而 :first-child 选择符将为每个父元素匹配一个子元素
:last-child	匹配最后一个子元素 :last 选择器只匹配一个元素，而 :last-child 选择符将为每个父元素匹配一个子元素
:only-child	如果某个元素是父元素中唯一的子元素，那将会被匹配，如果父元素中含有其他元素，那将不会被匹配

:eq(index) 选择器只能够匹配一个元素，而 :nth-child 能够为每个父元素匹配子元素。:nth-child 是从 1 开始的，而 :eq() 是从 0 算起的。下列表达式都是可以使用的。

```
:nth-child(even)                    // 匹配偶数位元素
:nth-child(odd)                     // 匹配奇数位元素
:nth-child(3n)                      // 匹配第三个及其后面间隔 3 的每个元素
:nth-child(2)                       // 匹配第二个元素
:nth-child(3n+1)                    // 匹配第一个及其后面间隔 3 的每个元素
:nth-child(3n+2)                    // 匹配第二个及其后面间隔 3 的每个元素
```

【示例】利用子选择器分别匹配不同位置上的 li 元素，并为其设计不同的样式，演示效果如图 4.6 所示。

```
<script>
$(function(){
    $("li:first-child").css("color", "red");
    $("li:last-child").css("color", "blue");
    $("li:nth-child(1)").css("background", "#ff6");
    $("li:nth-child(2n)").css("background", "#6ff");
```

```
})
</script>
<ul>
    <li> 己所不欲，勿施于人。——《论语》</li>
    <li> 天行健，君子以自强不息。——《周易》</li>
    <li> 勿以恶小而为之，勿以善小而不为。——《三国志》</li>
    <li> 君子成人之美，不成人之恶。小人反是。——《论语》</li>
</ul>
```

图 4.6　子选择器的应用

4.3.2　位置选择器

位置选择器主要是根据编号和排位筛选特定位置上的元素，或者过滤掉特定元素。位置选择器详细说明如表 4.3 所示。

表 4.3　位置选择器

选 择 器	说　明
:first	匹配找到的第一个元素。例如，$("tr:first") 表示匹配表格的第一行
:last	匹配找到的最后一个元素。例如，$("tr:last") 表示匹配表格的最后一行
:not	去除所有与给定选择器匹配的元素。注意，在 jQuery 1.3 中，已经支持复杂选择器了，如 :not(div a) 和 :not(div,a)。例如，$("input:not(:checked)") 可以匹配所有未选中的 input 元素
:even	匹配所有索引值为偶数的元素，从 0 开始计数。例如，$("tr:even") 可以匹配表格的第 1、3、5 行（索引值为 0, 2, 4, ...）
:odd	匹配所有索引值为奇数的元素，从 0 开始计数。例如，$("tr:odd") 可以匹配表格的第 2、4、6 行（索引值为 1, 3, 5, ...）
:eq	匹配一个给定索引值的元素，从 0 开始计数。例如，$("tr:eq(0)") 可以匹配第 1 行表格行
:gt	匹配所有大于给定索引值的元素，从 0 开始计数。例如，$("tr:gt(0)") 可以匹配第 2 行及其后面行
:lt	匹配所有小于给定索引值的元素。例如，$("tr:gt(1)") 可以匹配第 1 行及其后面行
:header	匹配 h1、h2、h3 之类的标题元素
:animated	匹配所有正在执行动画效果的元素

【示例】在下面示例中，分别借助基本选择器为表格中不同行设置不同的显示样式，演示效果如图 4.7 所示。

```
<script>
$(function(){
    $("tr:first").css("color", "red");              // 设置第 1 行字体为红色
    $("tr:eq(0)").css("font-size", "20px");         // 设置第 1 行字体大小为 20 像素
    $("tr:last").css("color", "blue");              // 设置最后一行字体为蓝色
    $("tr:even").css("background", "#ffd");         // 设置偶数行背景色
    $("tr:odd").css("background", "#dff");          // 设置奇数行背景色
    $("tr:gt(3)").css("font-size", "12px");         // 设置从第 5 行开始所有行的字体大小
    $("tr:lt(4)").css("font-size", "14px");         // 设置第 1～4 行字体大小
})
</script>
<table>
    <tr><th> 选择器 </th><th> 说明 </th> </tr>
    <tr><td>:first</td><td> 匹配找到的第一个元素。例如，$(&quot;tr:first&quot;) 表示匹配表格的第一行 </td></tr>
    <tr> <td>:last</td><td> 匹配找到的最后一个元素。例如，$(&quot;tr:last&quot;) 表示匹配表格的最后一行 </td></tr>
    <tr><td>:not</td><td> 去除所有与给定选择器匹配的元素。注意，在 jQuery 1.3 中，已经支持复杂选择器了，
如 :not(diva) 和 :not(div,a)。例如，$(&quot;input:not(:checked)&quot;) 可以匹配所有未选中的 input 元素 </td> </tr>
    <tr><td>:even</td><td> 匹配所有索引值为偶数的元素，从 0 开始计数。例如，$(&quot;tr:even&quot;) 可以匹
        配表格的第 1、3、5 行（索引值 0, 2, 4...）</td></tr>
    <tr><td>:odd</td><td> 匹配所有索引值为奇数的元素，从 0 开始计数。例如，$(&quot;tr:odd&quot;) 可以匹配
        表格的第 2、4、6 行（索引值 1, 3, 5...）</td></tr>
    <tr><td>:eq</td><td> 匹配一个给定索引值的元素，从 0 开始计数。例如，$(&quot;tr:eq(0)&quot;) 可以匹配第
        1 行表格行 </td></tr>
    <tr><td>:gt</td><td> 匹配所有大于给定索引值的元素，从 0 开始计数。例如，$(&quot;tr:gt(0)&quot;) 可以匹
        配第 2 行及其后面行 </td></tr>
    <tr><td>:lt</td><td> 配所有小于给定索引值的元素。例如，$(&quot;tr:gt(1)&quot;) 可以匹配第 1 行及其后面
        行 </td></tr>
    <tr><td>:header</td><td> 匹配 h1、h2、h3 之类的标题元素 </td> </tr>
    <tr><td>:animated</td><td> 匹配所有正在执行动画效果的元素 </td> </tr>
</table>
```

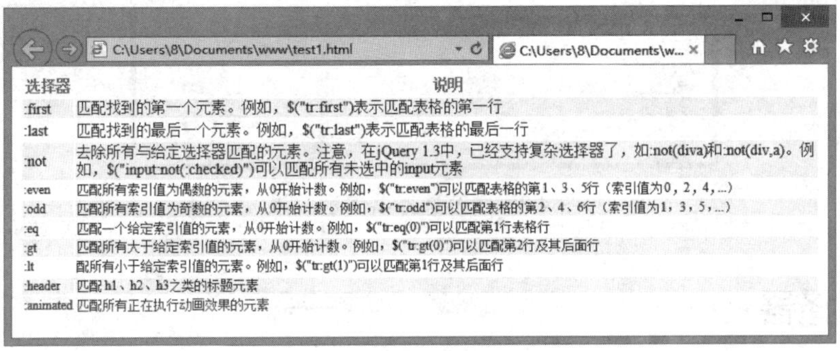

选择器	说明
:first	匹配找到的第一个元素。例如，$("tr:first")表示匹配表格的第一行
:last	匹配找到的最后一个元素。例如，$("tr:last")表示匹配表格的最后一行
:not	去除所有与给定选择器匹配的元素。注意，在jQuery 1.3中，已经支持复杂选择器了，如:not(diva)和:not(div,a)。例如，$("input:not(:checked)")可以匹配所有未选中的input元素
:even	匹配所有索引值为偶数的元素，从0开始计数。例如，$("tr:even")可以匹配表格的第1、3、5行（索引值为0，2，4，...）
:odd	匹配所有索引值为奇数的元素，从0开始计数。例如，$("tr:odd")可以匹配表格的第2、4、6行（索引值为1，3，5，...）
:eq	匹配一个给定索引值的元素，从0开始计数。例如，$("tr:eq(0)")可以匹配第1行表格行
:gt	匹配所有大于给定索引值的元素，从0开始计数。例如，$("tr:gt(0)")可以匹配第2行及其后面行
:lt	配所有小于给定索引值的元素。例如，$("tr:gt(1)")可以匹配第1行及其后面行
:header	匹配 h1、h2、h3之类的标题元素
:animated	匹配所有正在执行动画效果的元素

图 4.7　位置选择器演示效果

4.3.3　内容选择器

内容选择器主要根据匹配元素所包含的子元素或者文本内容进行过滤。主要包括 4 种内容选择器，说明如表 4.4 所示。

表 4.4　内容选择器

选 择 器	说　明
:contains	匹配包含给定文本的元素。例如，$("div:contains(' 图片 ')") 匹配所有包含“图片”的 div 元素
:empty	匹配所有不包含子元素或者文本的空元素
:has	匹配含有选择器所匹配的元素。例如，$("div:has(p)") 匹配所有包含 p 元素的 div 元素
:parent	匹配含有子元素或者文本的元素

【示例】 借助内容选择器选择文档中的特定内容元素，然后对其进行控制，演示效果如图 4.8 所示。

```
<script>
$(function(){
    $("li:empty").text(" 空内容 ");                    // 匹配空 li 元素
    $("div ul:parent").css("background", "#ff1");      // 匹配 div 中包含 ul 的子元素或者文本
    $("h2:contains(' 标题 ')").css("color", "red");    // 匹配标题元素中包含“标题”的文本
    $("p:has(span)").css("color", "blue");             // 匹配包含 span 元素的 p 元素
})
</script>
<div>
    <h2> 标题 </h2>
    <p> 段落文本 1</p>
    <p><span> 段落文本 2</span></p>
    <ul>
        <li></li>
        <li></li>
    </ul>
</div>
```

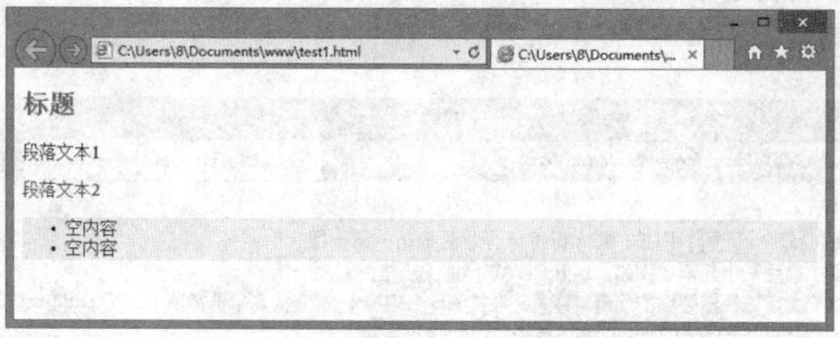

图 4.8　内容选择器演示效果

4.3.4　可视选择器

可视选择器是根据元素的可见或者隐藏来进行匹配的，详细说明如表 4.5 所示。

表 4.5　可视选择器

选 择 器	说　明
:hidden	匹配所有不可见元素，或者 type 为 hidden 的元素
:visible	匹配所有的可见元素

Note

【示例】分别设置奇数位 p 和偶数位 p 的字体颜色，如果奇数位 p 元素被隐藏，则通过 p:hidden 选择器匹配它们，并把它们显示出来。

```
<script>
$(function(){
    $("p:odd").hide();                          // 隐藏奇数位 p 元素
    $("p:odd").css("color", "red");             // 设置奇数位 p 元素的字体颜色为红色
    $("p:visible").css("color", "blue");        // 设置偶数位 p 元素的字体颜色为蓝色
    $("p:hidden").show();                       // 显示奇数位 p 元素
})
</script>
<p> 独在异乡为异客，</p>
<p> 每逢佳节倍思亲。</p>
<p> 遥知兄弟登高处，</p>
<p> 遍插茱萸少一人。</p>
```

4.3.5 源码解析

Sizzle 引擎的核心部分是对 CSS 伪类选择器的处理。在第 3 章中分析了 tokenize 方法，它把选择器字符串分解成分词。当然，Sizzle 没有直接将拿到的“分词”结果与 Expr 中的方法逐个匹配并执行，而是先根据规则组合出一个大的匹配方法，最后一步执行。

编译函数 Sizzle.compile 中最核心的一段代码如下：

```
i = group.length;
while ( i-- ) {
    cached = matcherFromTokens( group[i] );
    if ( cached[ expando ] ) {
        setMatchers.push( cached );
    } else {
        elementMatchers.push( cached );
    }
}
cached = compilerCache( selector, matcherFromGroupMatchers( elementMatchers, setMatchers ) );
```

matcherFromTokens() 方法通过 tokens 生成匹配程序，它充当了 selector“分词”与 Expr 中定义的匹配方法的纽带，可以说选择符的各种排列组合都能适应。

matcherFromGroupMatchers() 方法通过返回 curry 的 superMatcher() 方法执行。

伪类如何生成最终的匹配器？先看 matcherFromTokens 源码核心部分：

```
for ( ; i < len; i++ ) {
    if ( (matcher = Expr.relative[ tokens[i].type ]) ) {
        matchers = [ addCombinator(elementMatcher( matchers ), matcher) ];
    } else {
        matcher = Expr.filter[ tokens[i].type ].apply( null, tokens[i].matches );
```

从上面代码可见，根据分词器类型 type 的不同，会适配两组不同的处理方案。

第一种是位置词素，之前就讲过；第二种是用 Expr.filter 工厂方法来生成匹配器，每条选择器规则最小的几个单元可以划分为 ATTR、CHILD、CLASS、ID、PSEUDO、TAG，代码框架如下：

```
// 过滤函数
filter: {
    // 标签过滤函数
    "TAG": function (nodeNameSelector) {
        …
    },
    // 类过滤函数
    "CLASS": function (className) {
        …
    },
    // 属性预过滤
    "ATTR": function (name, operator, check) {
        …
    },
    // 子元素选择器过滤
    "CHILD": function (type, what, argument, first, last) {
        …
    },
    // 伪类过滤
    "PSEUDO": function (pseudo, argument) {
        …
    }
}
```

位置伪元素的源代码如下：

```
// 在结果集的位置
// 使用 createPositionalPseudo 创建位置过滤函数，fn 返回匹配的 index 就可以了
"first": createPositionalPseudo(function () {
    return [0];
}),
"last": createPositionalPseudo(function (matchIndexes, length) {
return [length - 1];
}),
"eq": createPositionalPseudo(function (matchIndexes, length, argument) {
    return [argument < 0 ? argument + length : argument];
}),
"even": createPositionalPseudo(function (matchIndexes, length) {
    var i = 0;
    for (; i < length; i += 2) {
        matchIndexes.push(i);
    }
    return matchIndexes;
}),
"odd": createPositionalPseudo(function (matchIndexes, length) {
    var i = 1;
    for (; i < length; i += 2) {
        matchIndexes.push(i);
    }
    return matchIndexes;
```

```
}),
"lt": createPositionalPseudo(function (matchIndexes, length, argument) {
    var i = argument < 0 ? argument + length : argument;
    for (; --i >= 0;) {
        matchIndexes.push(i);
    }
    return matchIndexes;
}),
"gt": createPositionalPseudo(function (matchIndexes, length, argument) {
    var i = argument < 0 ? argument + length : argument;
    for (; ++i < length;) {
        matchIndexes.push(i);
    }
    return matchIndexes;
})
```

每个子规则都有对应的匹配器，同样道理，位置伪类也有特殊的匹配器，它由 setMatcher 工厂生成。为了区分其他规则与位置伪类，需要对位置伪类的选择器、匹配器等打个标记。Sizzle 源码中用到的打标记方法如下：

```
function markFunction( fn ) {
    fn[ expando ] = true;
    return fn;
}
```

位置伪元素的共同特点是被 createPositionalPseudo Curry 一次，代码如下：

```
// 返回一个函数，用于位置伪类
// 传入参数 fn，返回一个函数，调用这个函数（argument）又返回一个函数（seed，matches），
// 这个函数为 fn 传入参数 [],seed.length,argument
//fn 返回 matchIndexes，seed 中匹配 matchIndexes 的项取反，matches 得到匹配项
function createPositionalPseudo(fn) {
    // 返回标记的函数
    return markFunction(function (argument) {
        argument = +argument;
        return markFunction(function (seed, matches) {
            var j,
                matchIndexes = fn([], seed.length, argument),
                i = matchIndexes.length;
            // 在指定索引处找到匹配元素
            while (i--) {
                if (seed[(j = matchIndexes[i])]) {
                    // 如果 seed[j] 存在，seed[j] 取非
                    seed[j] = !(matches[j] = seed[j]);
                }
            }
        });
    });
}
```

Curry 化是一种通过把多个参数填充到函数体中，实现将函数转换成一个新的经过简化的（使之接收的

Note

参数更少）函数技术，也会形成闭包，保存私有值。所以这里很好理解，最终返回的函数如下：

```
function(argument) {
        argument = +argument;
        return markFunction(function(seed, matches) {
            var j,
                matchIndexes = fn([], seed.length, argument),
                i = matchIndexes.length;
            while (i--) {
                if (seed[(j = matchIndexes[i])]) {
                    seed[j] = !(matches[j] = seed[j]);
                }
            }
        });
    });
```

所以，针对位置型的伪筛选，如 :first、:last、:eq、:even、:odd、:lt、:gt，都是做了单独的处理。对于其他选择器，如 :not、:has、:contains 等，其实基础的流程处理都差不多，只是针对不同的情况分别进行差异化处理。

在初始化的时候，返回新的 Curry 函数，打上标记 markFunction。

下面再来看一下 Expr.filter.PSEUDO，源代码如下：

```
// 伪类过滤
"PSEUDO": function (pseudo, argument) {
    // 伪类名称不区分大小写
    // 用自定义 pseudos 来区分大小写
    // 优先考虑大小写，避免自定义伪类添加了大写字母
    // 记住，setFilters 继承自 pseudos
    var args,
        // 优先考虑 pseudos，其次考虑 [pseudo.toLowerCase()
        fn = Expr.pseudos[pseudo] || Expr.setFilters[pseudo.toLowerCase()] ||
            Sizzle.error("unsupported pseudo: " + pseudo);
    // 用户可能使用 createPseudo 指明需要参数来创建过滤函数，就像 Sizzle 一样
    if (fn[expando]) {
        // 原来这个标记这样用
        return fn(argument);
    }
    // 维护旧的签名
    if (fn.length > 1) {
        args = [pseudo, pseudo, "", argument];
        //setFilters 有自己的属性 pseudo
        return Expr.setFilters.hasOwnProperty(pseudo.toLowerCase()) ?
            // 候选集 seed，匹配的结果 matches
            markFunction(function (seed, matches) {
                var idx,
                    matched = fn(seed, argument),
                    i = matched.length;
                while (i--) {
                    idx = indexOf(seed, matched[i]);
                    //seed 被匹配的项置 false
```

```
                    seed[idx] = !(matches[idx] = matched[i]);
                }
            }) :
            function (elem) {
                return fn(elem, 0, args);
            };
    }
    // 返回过滤函数
    return fn;
}
```

显而易见，fn 执行的正是上面代码：

```
"even": createPositionalPseudo(function( matchIndexes, length ) {
    var i = 0;
    for ( ; i < length; i += 2 ) {
        matchIndexes.push( i );
    }
    return matchIndexes;
}),
```

执行继续嵌套形成的 Curry 函数，返回一个 Curry 方法，并打上一个标记。

```
function( seed, matches ) {
    var j,
        matchIndexes = fn( [], seed.length, argument ),
        i = matchIndexes.length;
    while ( i-- ) {
        if ( seed[ (j = matchIndexes[i]) ] ) {
            seed[j] = !(matches[j] = seed[j]);
        }
    }
}
```

所以最终的匹配器方法嵌套了 4、5 层作用域。为什么要写这么复杂？因为可以合并不同的参数传递。其实 Sizzle 核心处理机制是不变的，只是针对不同的分支做了不同的处理，因此整合在一起就显得很复杂。

4.4　属性选择器

视频讲解

属性选择器主要根据元素的属性及其属性值作为过滤的条件，来匹配对应的 DOM 元素。属性选择器都是以中括号作为起止分界符。jQuery 定义了 7 类属性选择器，说明如表 4.6 所示。

表 4.6　属性选择器

选　择　器	说　　明
[attribute]	匹配包含给定属性的元素 注意，在 jQuery 1.3 中，前导的 @ 符号已经被废除，如果想要兼容最新版本，只需要简单去掉 @ 符号即可。例如，$("div[id]") 表示查找所有含有 id 属性的 div 元素

Note

续表

选 择 器	说 明
[attribute=value]	匹配属性等于特定值的元素。属性值的引号在大多数情况下是可选的，如果属性值中包含“]”时，需要加引号用以避免冲突 例如，$("input[name='text']") 表示查找所有 name 属性值是 'text' 的 input 元素
[attribute!=value]	匹配所有不含有指定的属性，或者属性不等于特定值的元素。该选择器等价于 :not([attr=value]) 要匹配含有特定属性但不等于特定值的元素，可以使用 [attr]:not([attr=value]) 例如，$("input[name!=text]") 表示查找所有 name 属性值不是 'text' 的 input 元素
[attribute^=value]	匹配给定的属性是以某些值开始的元素 例如，$("input[name^='text']") 表示所有 name 属性值是以 'text' 开始的 input 元素
[attribute$=value]	匹配给定的属性是以某些值结尾的元素 例如，$("input[name$='text']") 表示所有 name 属性值是以 'text' 结束的 input 元素
[attribute*=value]	匹配给定的属性是包含某些值的元素 例如，$("input[name*='text']") 表示所有 name 属性值是包含 'text' 字符串的 input 元素
[selector1][selector2][selectorN]	复合属性选择器，需要同时满足多个条件时使用 例如，$("input[name*='text'] [id]") 表示所有 name 属性值包含 'text' 字符串，且包含了 id 属性的 input 元素

【示例】使用 jQuery 属性选择器根据超链接文件的类型，分别为不同类型的文件添加类型文件图标。页面初始化前的效果如图 4.9 所示。执行脚本之后的显示效果如图 4.10 所示。

```
<script>
$(function(){
    var a1 = $("a[href$='.pdf']");
    a1.html(function(){
        return "<img src='images/pdf.gif' />    " + $(this).attr("href");
    });
    var a2 = $("a[href$='.rar']");
    a2.html(function(){
        return "<img src='images/rar.gif' />    " + $(this).attr("href");
    });
    var a3 = $("a[href$='.jpg'],a[href$='.bmp'],a[href$='.gif'],a[href$='.png']");
    a3.html(function(){
        return "<img src='images/jpg.gif' />    " + $(this).attr("href") ;
    });
    var a4 = $("a[href^='http:']");
    a4.html(function(){
        return "<img src='images/html.gif' />    " + $(this).attr("href") ;
    });
})
</script>
<a href="1.pdf"> 参考手册 .pdf</a><br />
<a href="2.pdf"> 权威指南 .pdf</a><br />
<a href="3.rar"> 压缩包 .rar</a><br />
<a href="4.jpg"> 图片文件 1</a><br />
```

```
<a href="5.bmp"> 图片文件 2</a><br />
<a href="6.gif"> 图片文件 3</a><br />
<a href="7.png"> 图片文件 4</a><br />
<a href="http://www.baidu.com/"> 百度 </a><br />
<a href="http://www.sohu.com/"> 搜狐 </a><br />
```

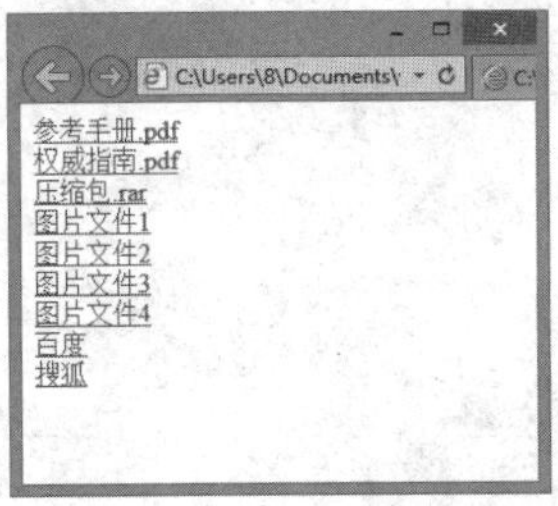

图 4.9　处理前超链接效果

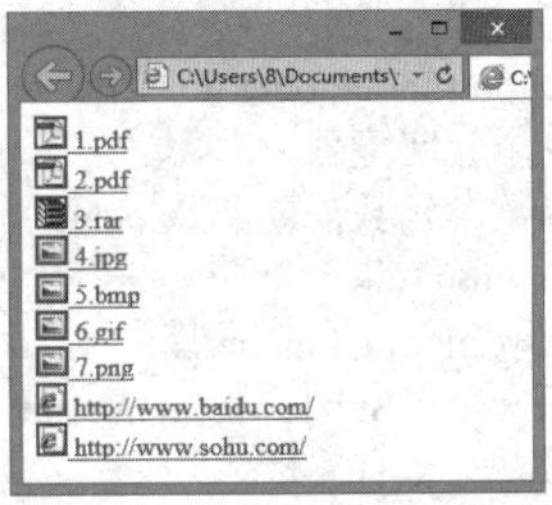

图 4.10　处理后超链接效果

【源码分析】

首先，设计属性选择器正则表达式：

```
// 属性选择器
attributes = "\\[" + whitespace + "*(" + identifier + ")(?:" + whitespace +
    // 操作符（捕获 2）
    "*([*^$|!~]?=)" + whitespace +
    // 属性值必须是 CSS 标识符 [capture 5] 或字符串 [capture 3 或 capture 4]
    "*(?:'((?:\\\\.|[^\\\\'])*)'|\"((?:\\\\.|[^\\\\\"])*)\"|(" + identifier + "))|)" + whitespace +
    "*\\]",
```

上面这个正则表达式比较复杂，先转换为非字符串的正则表达式，方便分析。

```
attributes = "\\[" + whitespace + "*(" + identifier + ")(?:" + whitespace + "*([*^$|!~]?=)" + whitespace + "*(?:'((?:\\\\.|[^\\\\'])*)'|
    \"((?:\\\\.|[^\\\\\"])*)\"|(" + identifier + "))|)" + whitespace + "*\\]"
```

☑ \[" + whitespace + "*

“\[”加上 whitespace，就是“[”后面接任意个空白符。

☑ (" + identifier + ")

“(”加上 identifier，匹配符合标识符规范的字符串，在这里表示属性名，匹配内容放到捕获组 1 中。

☑ (?:" + whitespace + "*

“(?:”加上 whitespace，这里接任意个空白符。

☑ ([*^$|!~]?=)

匹配一个操作符，操作符包括 *=、^=、$=、|=、!=、~=、=。匹配内容放到捕获组 2。

☑ " + whitespace + "*

可以匹配任意个空白符。

☑ (?:'((?:\\\\.|[^\\\\'])*)'|\"((?:\\\\.|[^\\\\\"])*)\"|(" + identifier + "))

这里匹配单引号、双引号或符合 identifier 的值，捕获内容分别放到捕获组 3、4、5。

☑ |)"

或者从属性名以后，后面都是空值，也就是只有属性名的属性选择器。

☑ + whitespace + "*\\]"

任意个空白符，再接上“]”结尾。

总之，attributes 将匹配 CSS 选择器的属性选择器，如 [title='haha'] 或 [multiple] 等。

属性选择器主要通过过滤函数实现匹配，代码如下：

```
// 属性预过滤
// name 是属性名，operator 是操作符，check 是检查值
// 例如选择器 [type="checkbox"] 中，name="type"，operator="="，check="checkbox
// 返回布尔值
"ATTR": function (name, operator, check) {
    // 返回一个元匹配器
    // 返回函数，函数需要参数 elem
    return function (elem) {
        // 获取 elem 的 name 属性
        var result = Sizzle.attr(elem, name);
        // 看看是否有属性值
        if (result == null) {
            // 如果操作符是不等号，返回真，因为当前属性为空，是不等于任何值的
            return operator === "!=";
        }
        if (!operator) {                              // 如果没有操作符，那就直接通过规则
            // 如果没有操作符，result 不为空，那么属性存在，返回 true
            return true;
        }
        // 有操作符，result 不为空
        // 加上空格，check 后面会加上空格，方便比较
        result += "";
        return operator === "=" ? result === check : // 如果是等号，判断目标值跟当前属性值相等是否为真
            operator === "!=" ? result !== check :// 如果是不等号，判断目标值跟当前属性值不相等是否为真
                operator === "^=" ? check && result.indexOf(check) === 0 :// 如果是起始相等，判断目标值是否在
                                                                          // 当前属性值的头部
                    operator === "*=" ? check && result.indexOf(check) > -1 ://这样解释：lang*=en 匹配 <html lang=
                                                                              //"xxxxenxxx"> 这样的节点
                        //slice（-xxx.length）检测结尾
                        operator === "$=" ? check && result.slice(-check.length) === check :// 如果是末尾相等，判
                                                                                    // 断目标值是否在当前
                                                                                    // 属性值的末尾
                            //check 后面有空格，所以匹配会正确工作
                            operator === "~=" ? (" " + result.replace(rwhitespace, " ") + " ").indexOf(check) > -1 ://
                                这样解释：lang~=en 匹配 <html lang="zh_CN en"> 这样的节点
                                operator === "|=" ? result === check || result.slice(0, check.length + 1) === check +
                                    "-" : // 这样解释：lang=|en 匹配 <html lang="en-US"> 这样的节点
                                    false;
    };
},
```

视频讲解

4.5 表单选择器

jQuery 专门定义了表单选择器，使用表单选择器可以方便地获取表单中某类表单域对象。

4.5.1　类型选择器

jQuery 定义了一组伪类选择器，利用它们可以获取页面中的表单类型元素，说明如表 4.7 所示。

表 4.7　表单类型选择器

选　择　器	说　　明
:input	匹配所有 input、textarea、select 和 button 元素
:text	匹配所有单行文本框
:password	匹配所有密码框
:radio	匹配所有单选按钮
:checkbox	匹配所有复选框
:submit	匹配所有提交按钮
:image	匹配所有图像域
:reset	匹配所有重置按钮
:button	匹配所有按钮
:file	匹配所有文件域
:hidden	匹配所有不可见元素，或者 type 为 hidden 的元素

【示例】下面是一个表单页面，本例演示如何使用表单选择器控制实现交互操作。表单的 HTML 结构代码如下：

```
<form id="test" action="" method="get">
    <input name="" type="text" value=" 文本域 "><br />
    <input name="" type="password" value=" 密码域 "><br />
    <input name="" type="checkbox" value=" 复选框 "> 复选框 <br />
    <input name="" type="radio" value=" 单选按钮 "> 单选按钮 <br />
    <input name="" type="image" value=" 图像域 " src="images/btn.png"S><br />
    <input name="" type="file" value=" 文件域 "><br />
    <input name="" type="hidden" value=" 隐藏域 "><br />
    <input name="" type="button" value=" 普通按钮 "><br />
    <input name="" type="submit" value=" 提交按钮 "><br />
    <input name="" type="reset" value=" 重置按钮 "><br />
</form>
```

执行该 HTML 结构代码，生成的页面效果如图 4.11 所示。

然后，使用表单选择器快速选择这些表单域，并修改它们的 value 属性值，如图 4.12 所示。

```
<script>
$(function(){
    $("#test :text").val(" 修改后的文本域 ");
    $("#test :password").val(" 修改后的密码域 ");
    $("#test :checkbox").val(" 修改后的复选框 ");
    $("#test :radio").val(" 修改后的单选按钮 ");
    $("#test :image").val(" 修改后的图像域 ");
```

Note

```
        $("#test :file").val(" 修改后的文件域 ");
        $("#test :hidden").val(" 修改后的隐藏域 ");
        $("#test :button").val(" 修改后的普通按钮 ");
        $("#test :submit").val(" 修改后的提交按钮 ");
        $("#test :reset").val(" 修改后的重置按钮 ");
})
</script>
```

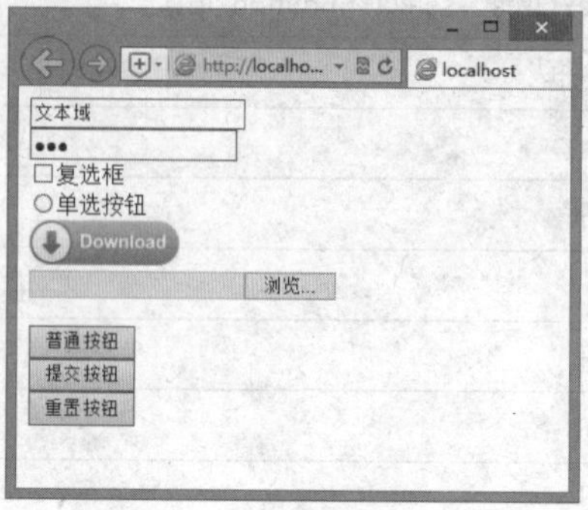

图 4.11　设计初的表单效果

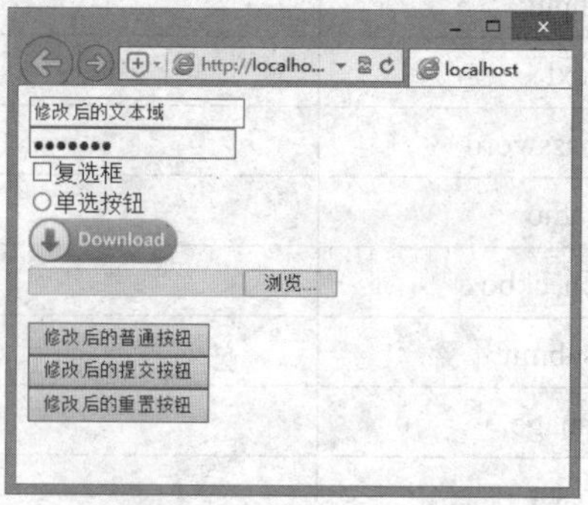

图 4.12　修改后的表单效果

4.5.2　状态选择器

jQuery 根据表单域状态定义了 4 个专用选择器，说明如表 4.8 所示。

表 4.8　状态选择器

选　择　器	说　　明
:enabled	匹配所有可用元素
:disabled	匹配所有不可用元素
:checked	匹配所有被选中的元素（复选框、单选按钮等，不包括 select 中的 option）
:selected	匹配所有选中的 option 元素

【示例】使用表单的属性选择器实现交互操作。表单的 HTML 结构代码如下：

```
<form id="test" action="" method="get">
    <input name="" type="text" disabled="disabled" value=" 文本域 "><br />
    <input name="" type="text" disabled="disabled" value=" 文本域 "><br />
    <input name="" type="text" value=" 文本域 "><br />
    <input name="" type="checkbox" checked="checked" value=" 复选框 "> 复选框 <br />
    <input name="" type="radio" value=" 单选按钮 "> 单选按钮 <br />
    <select name="">
        <option value="1">1</option>
        <option value="1">2</option>
        <option value="1" selected="selected">3</option>
    </select>
</form>
```

Note

执行该 HTML 结构代码，生成的页面效果如图 4.13 所示。

使用表单状态选择器快速选择这些表单域，并对表单域实施控制，效果如图 4.14 所示。

```
<script>
$(function(){
    $("#test :disabled").val(" 不可用 ");
    $("#test :enabled").val(" 可用 ");
    $("#test :checked").removeAttr("checked");
    $("#test :selected").removeAttr("selected");
})
</script>
```

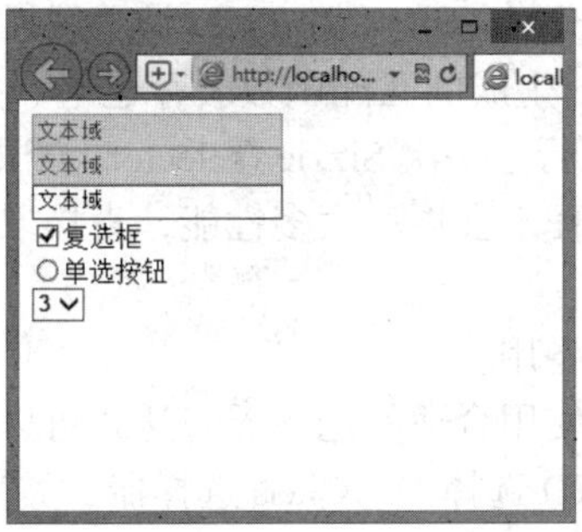

图 4.13　设计初的表单效果

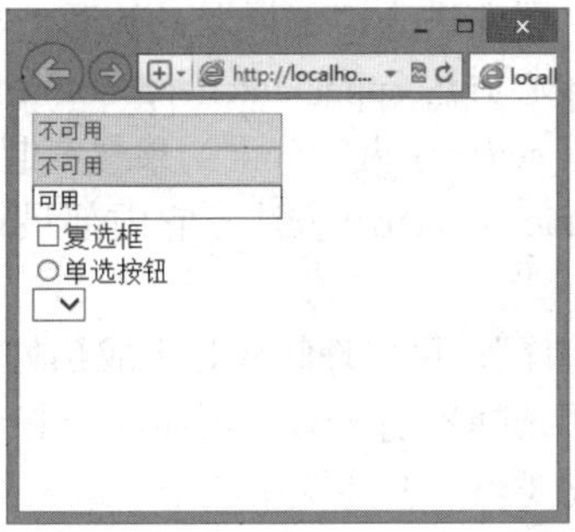

图 4.14　修改后的表单效果

4.6　jQuery 选择器优化

经过代码优化和缓存处理，Sizzle 选择器引擎是非常高效的。

从处理流程上分析，Sizzle 选择器引擎总是优先使用最高效的原生方法来进行处理，HTML DOM 提供了 5 个 API。

☑ getElementById：上下文只能是 HTML 文档，浏览器支持情况：IE 6+、Firefox 3+、Safari 3+、Chrome 4+、Opera 10+。

☑ getElementsByName：上下文只能是 HTML 文档，浏览器支持情况：IE 6+、Firefox 3+、Safari 3+、Chrome 4+、Opera 10+。

☑ getElementsByClassName：浏览器支持情况：IE 9+、Firefox 3+、Safari 4+、Chrome 4+、Opera 10+。

☑ getElementsByTagName：上下文可以是 HTML 文档，XML 文档及元素节点。

☑ 高级 API

➢ querySelector：收一个 CSS 选择器字符串参数，将返回匹配的第一个元素，如果没有匹配的元素则返回 Null。

➢ querySelectorAll：收一个 CSS 选择器字符串参数，将返回一个包含匹配的元素的数组，如果没有匹配的元素则返回的数组为空。

浏览器支持情况：IE 8+、Firefox 3.5+、Safari 3+、Chrome 4+、Opera 10+。

浏览器内置的 CSS 选择符查询元素的方法，比 getElementsByTagName 和 getElementsByClassName 效

率要高很多。

相对而言，上面原生方法中，document.getElementById 的查询速度最快。

Sizzle 在设计和使用选择器时，遵循下面设计原理。

第 1 步，浏览器原生支持的方法，效率肯定比 Sizzle 使用 JavaScript 写的方法要高，优先使用也能保证 Sizzle 更高的工作效率，在不支持 querySelectorAll 方法的情况下，Sizzle 也是优先判断是不是可以直接使用 getElementById、getElementsByTag、getElementsByClassName 等方法解决问题。

第 2 步，在相对复杂的环境下，Sizzle 总是尽可能利用原生方法来查询选择，以缩小待选范围，然后才会利用前面介绍的“编译原理”来对待选范围的元素逐个匹配筛选。进入“编译”这个环节的工作流程有些复杂，效率相比前面的方法肯定会稍低一些，但 Sizzle 在尽量少用这些方法，同时也让这些方法处理的结果集尽量小和简单，以便获得更高的效率。

第 3 步，即便进入“编译”的流程，Sizzle 还设计了缓存机制。Sizzle.compile 是“编译”入口，它会调用第三个核心方法 superMatcher，compile 方法将根据 selector 生成的匹配函数缓存起来。另外，tokenize 方法也将根据 selector 做的分词结果缓存起来。也就是说，当执行过一次 Sizzle (selector) 方法以后，下次再直接调用 Sizzle (selector) 方法，它内部最耗性能的“编译”过程不会再耗太多性能，直接取之前缓存的方法就可以了。

所谓“编译”，可以理解成是生成预处理的函数并存储起来备用。

正确使用选择器引擎对于页面性能起到至关重要的作用。使用合适的选择器表达式可以提高性能、增强语义并简化逻辑。在传统用法中，最常用的简单选择器包括 ID 选择器、Class 选择器、类型标签选择器，其中 ID 选择器是速度最快的。这主要是因为 JavaScript 内置函数 getElementById()。其次是标签选择器，因为使用 JavaScript 内置函数 getElementsByTag()。速度最慢的是 Class 选择器，其需要通过解析 HTML 文档树，并且需要在浏览器内核外递归，这种递归遍历是无法被优化的。

从需求方面分析，CSS 的选择器是为了通过语义来渲染样式，而 jQuery 的选择器只是为了选出一类 DOMElement，执行逻辑操作。但是，在实际开发中，Class 选择器是使用频率最高的类型之一，如表 4.9 所示。

表 4.9　jQuery 选择器使用频率列表

选　择　器	统 计 频 率 / %	选　择　器	统 计 频 率 / %
#id	51.290	*	0.968
.class	13.082	#id tag.class	0.932
tag	6.416	#id:hidden	0.789
tag.class	3.978	tag[name=value]	0.645
#id tag	18.151	.class tag	0.573
tag#id	1.935	[name=value]	0.538
#id:visible	1.577	tag tag	0.502
#id .class	1.434	#id #id	0.430
.class .class	1.183	#id tag tag	0.358

Class 选择器在文档中使用频率靠前，这无疑会增加系统的负担，因为每次使用 Class 选择器，整个文档就会被解析一遍，并遍历每个节点。因此，建议读者在使用 jQuery 选择器时，应该注意以下几个问题。

第一，多用 ID 选择器。

多用 ID 选择器，这是一个明智的选择，即使不存 ID 选择器，也可以从父级元素中添加一个 ID 选择器，这样就会缩短节点访问的路径。

第二，少直接使用 Class 选择器。

可以使用复合选择器，例如，使用 tag.class 代替 .class。文档的标签是有限的，但是类可以拓展标签的语义，那么大部分情况下使用同一个类的标签也是相同的。

当然，应该摒除表达式中的冗余部分，对于不必要的复合表达式就应该进行简化。例如，#id2 #id1 或者 tag#id1 表达式，不妨直接使用 #id1，因为 ID 选择器是唯一的，执行速度最快，使用复合选择器会增加负担。

第三，多用父子关系，少用嵌套关系。

例如，使用 parent>child 代替 parent child。因为“>”是 child 选择器，只从子节点里匹配，不递归。而“ ”是后代选择器，递归匹配所有子节点及子节点的子节点，即后代节点。

第四，缓存 jQuery 对象。

如果选出结果不发生变化，不妨缓存 jQuery 对象，这样可以提高系统性能。养成缓存 jQuery 对象的习惯可以在不经意间就能够完成主要的性能优化。

【示例】下面的用法是低效的。

```
for (i = 0 ; i < 100 ; i ++ ) ... {
        var myList = $( ' .myList ' );
    myList.append(i);
}
```

而使用下面方法先缓存 jQuery 对象，执行效率就会大大提高。

```
var myList = $( ' .myList ' );
for (i = 0 ; i < 100 ; i ++ ) ... {
    myList.append(i);
}
```

第5章

过滤 jQuery 对象

（视频讲解：53 分钟）

jQuery 过滤器是一系列简单、实用的 jQuery 对象方法，建立在选择器基础上对 jQuery 对象进行二次过滤。在 jQuery 框架中，过滤器主要包含过滤、查找和串联三类操作行为。

【学习重点】

- 使用过滤方法。
- 使用查找方法。
- 使用串联方法。

视频讲解

5.1　筛选对象

筛选是对 jQuery 匹配的 DOM 元素进行再选择，主要包括 8 种方法，详细说明如下。

5.1.1　包含类

jQuery 使用 hasClass() 方法检查当前元素是否包含特定的类。用法如下：

```
hasClass(className)
```

参数 className 是一个字符串，表示类名。该方法适合条件检测，判断 jQuery 对象中的每个元素是否包含了指定类名，如果包含则返回 true，否则返回 false。

提示： 使用 is("." + className) 可以执行相同的判断操作。

【示例】 在 click 事件处理函数中使用 hasClass() 方法，对 jQuery 对象包含的每个元素进行类型过滤，设置当 <div> 标签包含 class 属性值为 red 的元素时，为其绑定一组动画，实现当鼠标单击类名为 red 的 <div> 标签时让它左右摆动两下，演示效果如图 5.1 所示。

```
<script>
$(function(){
   $("div").click(function(){                          // 为所有 div 元素绑定单击事件
      if ( $(this).hasClass("red") )                   // 只有类名为 red 的 div 元素才绑定系列动画
          $(this)
             .animate({ left: 120 })
             .animate({ left: 240 })
             .animate({ left: 0 })
             .animate({ left: 240 })
             .animate({ left: 120 });
   });
})
</script>
<div class="blue"></div>
<div class="red"> </div>
<div class="green"></div>
<div class="red pos"> </div>
```

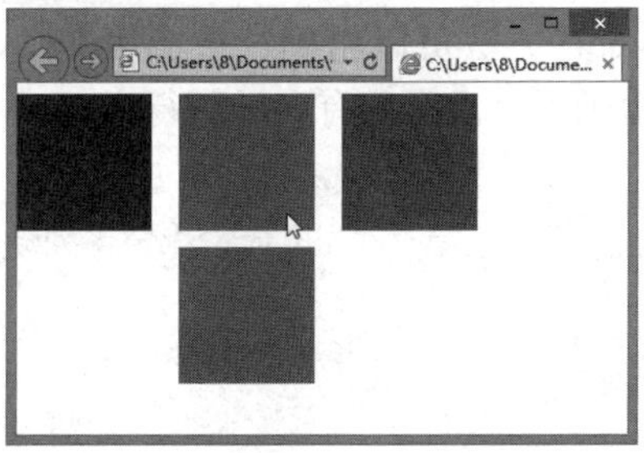

图 5.1　过滤指定类元素并为其绑定动画

在上面代码中，文档包含 4 个 <div> 标签，其中有两个 <div> 标签设置了 red 类名，在设置 red 类名的 <div> 标签中有一个是复合类，包含 red 和 pos 类。在页面初始化事件处理函数中，使用 jQuery 函数匹配文档中所有的 div 元素，然后为它们绑定 click 事件。在事件处理函数中检测每个元素是否包含 red 类。如果包含，则为它绑定系列动画，实现当用户单击红色盒子时，它能够左右摇摆显示。

Note

【源码解析】

jQuery 通过 jQuery.fn.extend() 方法为 jQuery 对象扩展了 hasClass() 方法，代码如下：

```
// 检查当前的元素是否含有某个特定的类，如果有，则返回 true
hasClass: function (selector) {
    var className, elem,                          // 将要检查的类名 selector 赋值给 className
        i = 0;                                    // i 为选择器选择的当前要检查的 jQuery 对象数组的长度
    className = " " + selector + " ";
    while ((elem = this[i++])) {                  // 循环检查每个 DOM 元素的类名
        //elem.nodeType === 1，判断当前 DOM 节点的节点类型，1 表示元素节点
        //getClass(elem)，获取当前 DOM 节点已经存在的类名
        //stripAndCollapse(getClass(elem))，表示移除当前 DOM 节点类名里的制表符、换行符、回车符等
        //indexOf(className)，开始在当前 DOM 节点的类名里检索是否有要检查的类名 className，如果大于等
        // 于 0，表示存在，返回 true，跳出函数
        if (elem.nodeType === 1 &&
            (" " + stripAndCollapse(getClass(elem)) + " ").indexOf(className) > -1) {
            return true;
        }
    }
    return false;
}
```

5.1.2 定位对象

使用 eq() 方法可以获取当前 jQuery 对象中指定下标位置的 DOM 元素，返回 jQuery 对象，当参数大于等于 0 时为正向选取，如 0 代表第一个，1 代表第二个。当参数为负数时为反向选取，如 –1 为倒数第一个。eq() 方法的用法如下：

```
eq(index)
```

参数 index 是一个整数值，从 0 开始，用来指定元素在 jQuery 对象中的下标位置。

提示：get(index) 方法也可以获取指定下标位置的元素，不过该方法返回的是 DOM 元素。

【示例】针对 5.1.1 节示例，使用 eq() 方法可以精确选取出第 2 个 <div> 标签，并为其绑定一组动画，此时第 4 个 <div> 标签（第 2 个红色盒子）就没有拥有该动画行为。

```
$(function(){
  $("div").eq(1).click(function(){               // 为第 2 个 div 元素绑定系列动画
        $(this)
          .animate({ left: 120 })
          .animate({ left: 240 })
          .animate({ left: 0 })
```

```
                .animate({ left: 240 })
                .animate({ left: 120 });
    });
})
```

【源码解析】

jQuery 通过 jQuery.fn = jQuery.prototype= {} 方式直接为 jQuery 对象扩展 eq() 方法，代码如下：

```
// 获取当前 jQuery 中第 i 个位置的元素，然后把它转换为 jQuery 对象返回
eq: function (i) {
    var len = this.length,             // 获取 jQuery 对象长度
        j = +i + (i < 0 ? len : 0);  // 如果 i 为负数，则从右向左定位取值，如果为正数，则从左向右定位取值
    return this.pushStack(j >= 0 && j < len ? [this[j]] : []);// 如果经过处理后的 j 介于 length 内，则取得 DOM 元素，
                                                              // 并封装为数组，否则设为空数组
    // 最后使用 pushStack() 方法把数组中的元素合并到 this 对象上，即 jQuery 对象
}
```

5.1.3　超级过滤

使用 filter() 方法可以筛选出与指定表达式匹配的元素集合。用法如下：

```
filter(expr|obj|ele|fn)
```

参数说明如下：

☑ expr：选择器表达式。

☑ obj：jQuery 对象，以匹配当前的元素。

☑ ele：用于匹配元素的 DOM 元素。

☑ fn：函数 function(index)，用来作为测试元素的集合。它接收一个参数 index，这是元素在 jQuery 集合的索引。在函数内，this 指的是当前的 DOM 元素。

【示例 1】使用 filter() 方法从 $("div") 所匹配的 div 元素集合中过滤出包含 red 类的元素，然后为这些元素定义红色背景，演示效果如图 5.2 所示。

```
<script>
$(function(){
    $("div").filter(".red").css("background-color","red");
})
</script>
<div class="blue">class="blue"</div>
<div class="red">class="red"</div>
<div class="green">class="green"</div>
<div class="red pos">class="red pos"</div>
```

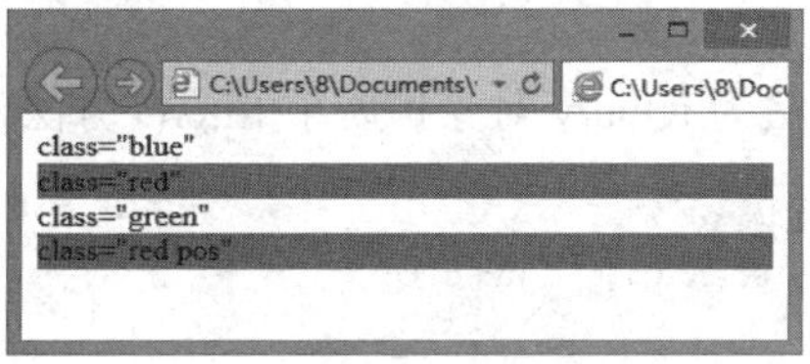

图 5.2　使用 filter() 方法过滤元素 1

提示：filter() 方法还可以有多个表达式，表达式之间通过逗号进行分隔，这样可以过滤更多符合不同条件的元素。例如，下面代码将匹配文档中的 <div class="blue"><div class="red"> 和 <div class="red pos"> 三个标签，并设置它们的背景色为红色。

```
$(function(){
    $("div").filter(".red,.blue").css("background-color","red");
})
```

【示例 2】使用 filter() 方法从 $("p") 所匹配的 p 元素集合中过滤出包含两个 span 子元素的标签，然后为这些元素定义红色背景，演示效果如图 5.3 所示。

```
<script>
$(function(){
    $("p").filter(function(index) {
        return $("span", this).length == 2;
    }).css("background-color","red");
})
</script>
<p><span class="red"> 床前明月光，疑是地上霜。</span></p>
<p><span> 举头望明月，</span><span> 低头思故乡。</span></p>
<p> 独在异乡为异客，每逢佳节倍思亲。</p>
<p> 遥知兄弟登高处，遍插茱萸少一人。</p>
```

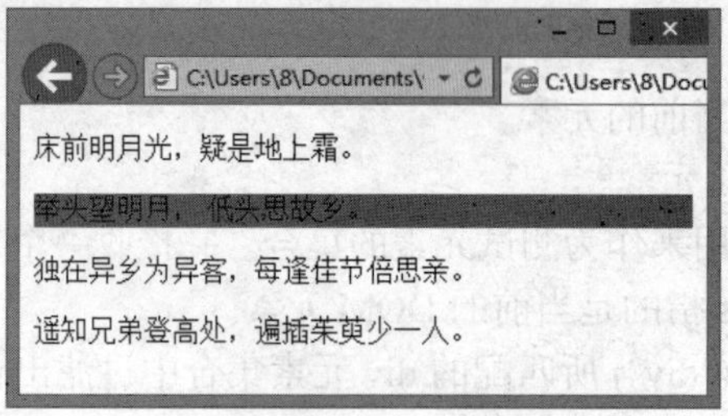

图 5.3　使用 filter() 方法过滤元素 2

filter() 方法包含的参数函数能够返回一个布尔值，在这个函数内部将对每个元素计算一次，工作原理类似 $.each() 方法，如果调用的这个参数函数返回 false，则这个元素被删除，否则就会保留。

在示例 2 中，$("span", this) 将匹配当前元素内部的所有 span 元素，然后计算它的长度，如果当前元素包含了两个 sapn 元素，则返回 true，否则返回 false。filter() 方法将根据参数返回值决定是否保留每个匹配元素。

由于参数函数可以实现各种复杂的计算和处理，所以使用 filter(fn) 比 filter(expr) 更为灵活。用户可以在参数函数中完成各种额外的任务，或者为每个元素执行添加附加行为和操作。

【源码解析】

jQuery 通过 jQuery.fn.extend() 方法为 jQuery 对象扩展了 filter() 方法，代码如下：

```
filter: function (selector) {
    return this.pushStack(winnow(this, selector || [], false));
}
```

上面代码通过调用私有函数 winnow() 处理参数，然后把返回的匹配集合传递给 pushStack() 方法，由 pushStack() 方法把匹配集合转换为 jQuery 对象返回。

pushStack() 是 jQuery 的工具方法，通过 jQuery.fn = jQuery.prototype = {} 方式直接添加到原型对象中，其源码如下：

```
// 把传入的对象和默认的 jQuery 对象合并，返回合并后的新的 jQuery 对象
pushStack: function (elems) {
    // 构建一个新的 jQuery 对象
    // 使用合并函数，把两个参数数组连接起来
    var ret = jQuery.merge(this.constructor(), elems);
    // 将旧 jQuery 对象添加到堆栈（作为参考），可以使用 end() 返回这个 jQuery 对象
    ret.prevObject = this;
    // 返回新的 jQuery 对象（元素集合）
    return ret;
}
```

可以看到，首先新建一个 ret 对象，使用工具 jQuery.merge() 把参数数组 elems 合并到新建立的 jQuery 对象中，然后设置 ret 对象的上级元素为 this，返回 ret。

winnow() 是一个私有函数，用来过滤数据集，代码如下：

```
// 根据不同的 selector 类型，调用 grep() 方法
//grep() 方法是在一个类数组中，根据 selector 找到符合要求的 elems，并把结果返回
// 接收的 selector 可以是函数、条件选择器、DOM 元素或 jQuery 对象
function winnow(elements, qualifier, not) {
    if (jQuery.isFunction(qualifier)) {                    // 这里定义了 selector 可以是函数
        // 使用 grep() 在 elements 中找到符合 selector 的元素
        return jQuery.grep(elements, function (elem, i) {
            // 筛选中调用 qualifier，"!!"用于强制类型转换为 boolean
            return !!qualifier.call(elem, i, elem) !== not;
        });
    }
    // 单个元素
    if (qualifier.nodeType) {
        //elements 中遍历每个元素，是不是等于传来的 node
        return jQuery.grep(elements, function (elem) {
            return (elem === qualifier) !== not;
        });
    }
    // 类数组，如 jQuery 对象、参数对象、数组等
    if (typeof qualifier !== "string") {
        return jQuery.grep(elements, function (elem) {
            return (indexOf.call(qualifier, elem) > -1) !== not;
        });
    }
    //elements 是 qualifier，筛选条件变成了 filtered（qualifier.nodetype），删除重复的结果
    if (risSimple.test(qualifier)) {
        return jQuery.filter(qualifier, elements, not);
    }
```

```
        qualifier = jQuery.filter(qualifier, elements);
        return jQuery.grep(elements, function (elem) {
            // 如果 qualifier 是 jQuery 元素，则看每个 elem 是否在 qualifier 中
            return (indexOf.call(qualifier, elem) > -1) !== not && elem.nodeType === 1;
        });
}
```

5.1.4 包含过滤

使用 has() 方法可以保留包含特定后代的元素，删除那些不含有指定后代的元素。用法如下：

```
has(expr)
```

参数 expr 可以是一个 jQuery 选择器表达式，也可以是一个元素或者一组元素，将会从给定的 jQuery 对象中重新创建一组匹配的 jQuery 对象。提供的选择器会一一测试每个元素的后代，如果元素包含了与 expr 表达式相匹配的子元素，则将保留该元素，否则就会删除该元素。

【示例】 以 5.1.3 节示例 2 为基础，使用 has() 方法从 $("p") 所匹配的 p 元素集合中过滤出包含类名为 red 的 span 子元素的标签，然后为这些元素定义红色背景，效果如图 5.4 所示。

```
$(function(){
    $("p").has("span.red").css("background-color","red");
})
```

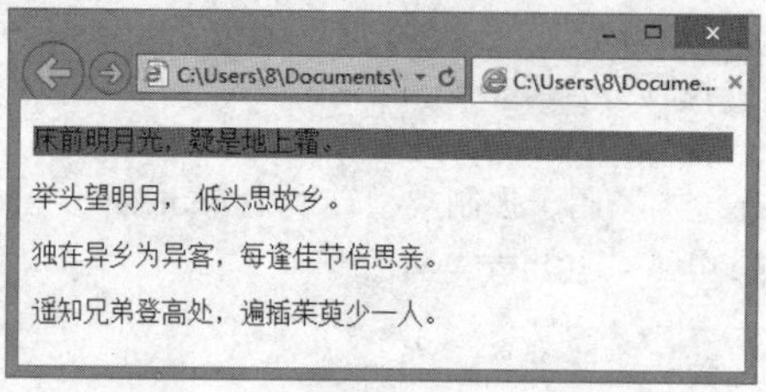

图 5.4　使用 has() 方法过滤元素

【源码解析】

jQuery 通过 jQuery.fn.extend() 方法为 jQuery 对象扩展了 has() 方法，代码如下：

```
jQuery.fn.extend({
    // 保留包含特定后代的元素，删除那些不含有指定后代的元素
    has: function (target) {
        // 根据参数选择器在当前对象下查找所有目标元素，并返回一个 jQuery
        var targets = jQuery(target, this),
            l = targets.length;
        // 使用 filter() 方法进行过滤，返回过滤后的元素集合
        return this.filter(function () {
            var i = 0;
            for (; i < l; i++) {// 逐个迭代找到的包含元素
                // 使用 jQuery.contains() 函数检测当前元素是否包含了迭代元素，如果包含，返回 true，保留，
                // 否则删除
```

```
                if (jQuery.contains(this, targets[i])) {
                    return true;
                }
            }
        });
    }
}
```

5.1.5　是否包含

is() 方法可以根据选择器、DOM 元素或 jQuery 对象来检测匹配元素集合，如果其中至少有一个元素符合给定的表达式就返回 true；如果没有元素符合，或者表达式无效，都返回 false。用法如下：

```
is(expr|obj|ele|fn)
```

参数说明如下：

☑ expr：供匹配当前元素集合的选择器表达式。

☑ obj：jQuery 对象，以匹配当前的元素。

☑ ele：用于匹配元素的 DOM 元素。

☑ fn：函数 function(index)，用来作为测试元素的集合。它接收一个参数 index，这是元素在 jQuery 集合的索引。在函数内，this 指的是当前的 DOM 元素。

【示例】使用 is() 方法检测 $("p") 所匹配的 p 元素集合中是否包含 span 元素，如果包含则进行提示，否则提示错误信息。

```
<script>
$(function () {
    if ($("p").is(function () {
            return $(this).has("span").length > 0;
        }))
        alert(" 当前 jQuery 对象中包含有 span 子元素 ");
    else
        alert(" 没有找到 ");
})
</script>
<p><span class="red"> 床前明月光，疑是地上霜。</span></p>
<p><span> 举头望明月，</span><span> 低头思故乡。</span></p>
<p> 独在异乡为异客，每逢佳节倍思亲。</p>
<p> 遥知兄弟登高处，遍插茱萸少一人。</p>
```

当然，不管 jQuery 对象中哪个元素包含 span 子元素，或者是否包含多个 span 子元素，都适用于该方法。

【源码解析】

jQuery 通过 jQuery.fn.extend() 方法为 jQuery 对象扩展了 hasClass() 方法，代码如下：

```
is: function (selector) {
    // 使用 winnow() 方法检测 this 是否包含有符合条件的元素
    // 如果包含有元素，转换为 true，否则长度为 0 的 jQuery 转换为布尔值为 false
    return !!winnow(
        this,
        // 如果是位置 / 相对选择器，要检查返回的集合中的成员资格
```

Note

```
        // 如 $("p:first").is("p:last")，如果文档中包含两个 p，则不能返回 true
        typeof selector === "string" && rneedsContext.test(selector) ?
            jQuery(selector) :
            selector || [],
        false
    ).length;
}
```

5.1.6 映射函数

map() 方法能够将一组元素转换成其他数组，不论是否为元素数组，如值、属性或者 CSS 样式，都可以用这个方法来建立一个列表。用法如下：

```
map(callback)
```

参数 callback 表示回调函数，将在每个元素上调用，根据每次回调函数的返回值新建一个 jQuery 并返回。返回的 jQuery 对象可以包含元素，也可以是其他值，主要根据回调函数返回值确定。

【示例】 通过 map() 方法把所有匹配的 input 元素的 value 属性值映射为一个新 jQuery 对象，然后调用 get() 方法把 jQuery 对象包含值转换为数组，再调用数组的 join() 方法把集合元素连接为字符串，最后调用 jQuery 的 append() 方法把这个字符串附加到 <p> 标签中的末尾，演示效果如图 5.5 所示。

```
<script>
$(function(){
    $("#submit").click(function(){
        $("p").html("<h2> 提交信息 <h2>").append( $("input").map(function(){
            return $(this).val();
        }).get().join("、") );
        return false;
    })
})
</script>
<form action="#">
    用户名 <input type="text" name="name" value="zhangsan"/><br><br>
    密码 <input type="password" name="password" value="12345678"/><br><br>
    网址 <input type="text" name="url" value="http://www.baidu.com/"/><br><br>
    <button id="submit"> 提交 </button>
</form>
<p></p>
```

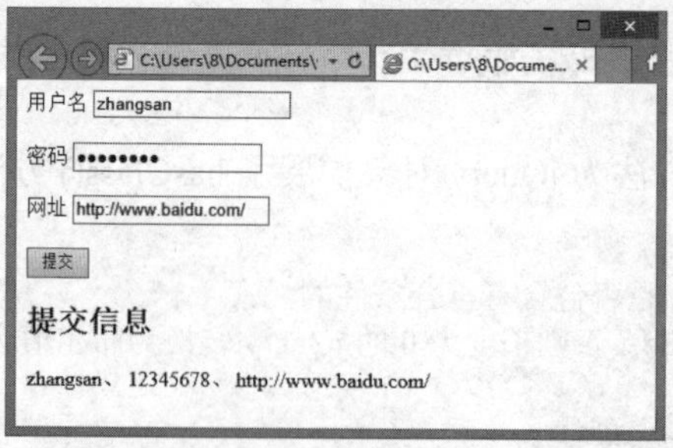

图 5.5　映射效果

Note

【源码解析】

jQuery 通过 jQuery.fn = jQuery.prototype= {} 方式为 jQuery 对象扩展 map() 方法，代码如下：

```
// 数据映射
// 原型方法 map() 跟 each 类似调用的是同名静态方法，只不过返回的数据必须经过另一个原型方法 pushStack() 方
  // 法处理之后才返回
map: function (callback) {
    // 使用上面定义的 pushStack() 方法，合并 jQuery.map 返回的结果集，转换为 jQuery 对象
    return this.pushStack(jQuery.map(this, function (elem, i) {
        return callback.call(elem, i, elem);
    }));
}
```

jQuery.map() 是一个工具函数，使用 jQuery.extend({}) 方法，把它添加到 jQuery 类型上。具体代码如下：

```
//arg 仅供内部使用
// 将一个数组中的元素转换到另一个数组中
map: function (elems, callback, arg) {
    var length, value,
        i = 0,
        ret = [];
    if (isArrayLike(elems)) {                          // 通过数组，将每个项目转换为其新值
        length = elems.length;
        for (; i < length; i++) {
            value = callback(elems[i], i, arg);
            if (value != null) {
                ret.push(value);
            }
        }
    } else {                                            // 通过对象上的每个键
        for (i in elems) {
            value = callback(elems[i], i, arg);
            if (value != null) {
                ret.push(value);
            }
        }
    }
    // 平铺任何嵌套数组
    return concat.apply([], ret);
}
```

5.1.7　排除对象

使用 not() 方法能够从匹配元素的集合中删除与指定表达式匹配的元素，并返回清除后的 jQuery 对象，用法如下：

```
not(expr|ele|fn)
```

参数说明如下：

☑ expr：选择器字符串。

☑ ele：DOM 元素。

☑ fn：用来检查集合中每个元素的函数。在函数内，this 指的是当前的元素。

【示例】通过 not() 方法排除首页导航菜单，然后为其他菜单项定义统一的样式，效果如图 5.6 所示。

```
<script>
$(function(){
    $("#menu li").not(".home").css("color","red");    // 清除 home 类菜单项
})
</script>
<ul id="menu">
    <li class="home"> 首页 </li>
    <li> 论坛 </li>
    <li> 微博 </li>
    <li> 团购 </li>
    <li> 博客 </li>
</ul>
```

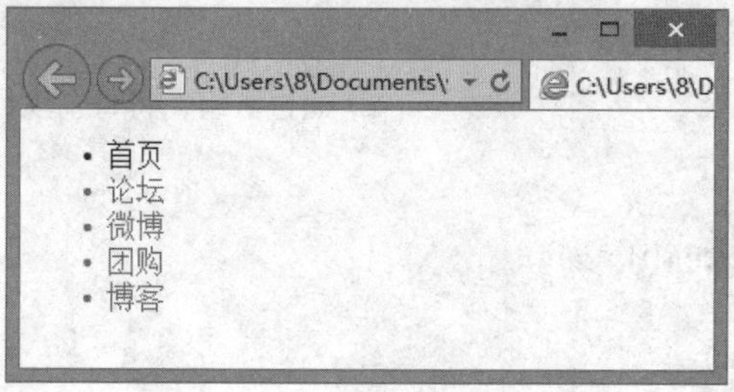

图 5.6　删除被匹配的部分元素

【源码解析】

jQuery 通过 jQuery.fn.extend() 方法为 jQuery 对象扩展了 not() 方法，代码如下：

```
not: function (selector) {
    return this.pushStack(winnow(this, selector || [], true));
}
```

源码与 filter() 方法的源码相似，不过在调用 winnow() 函数时，第三个参数设置为 true，它表示排除的意思。

5.1.8　截取片段

slice() 方法能够从 jQuery 对象中截取部分元素，并把这个被截取的元素集合装在一个新的 jQuery 对象中返回，用法如下：

```
slice(start,[end])
```

参数 start 和 end 都是一个整数，其中 start 表示开始选取子集的位置，第一个元素是 0，如果该参数为负数，则表示从集合的尾部开始选取。end 是一个可选参数，表示结束选取的位置，如果不指定，则表示到

集合的结尾，但是被截取的元素中不包含 end 所指定位置的元素。

【示例】 通过 slice() 方法截取第三、四个菜单项，然后为其定义样式，演示效果如图 5.7 所示。

```
<script>
$(function(){
    $("#menu li").slice(2,4).css("color","red");  // 截取第三、四个菜单项
})
</script>
<ul id="menu">
    <li class="home"> 首页 </li>
    <li> 论坛 </li>
    <li> 微博 </li>
    <li> 团购 </li>
    <li> 博客 </li>
</ul>
```

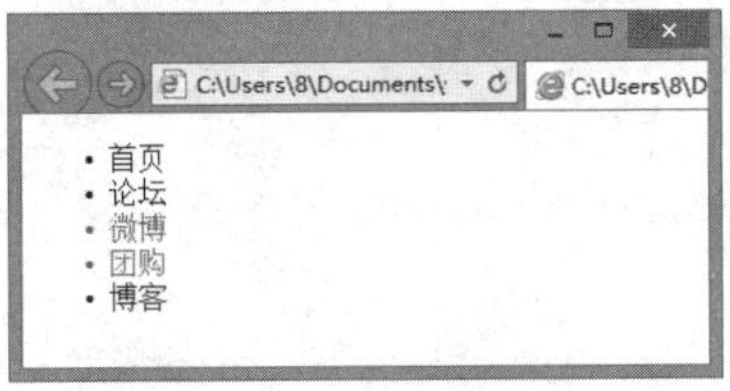

图 5.7　截取片段

【源码解析】

jQuery 通过 jQuery.fn = jQuery.prototype= {} 方式直接为 jQuery 对象扩展 slice() 方法，代码如下，实际上它是 JavaScript 数组的原生方法 slice() 的包装。

```
// 选取一个匹配的子集
// 调用 JavaScript 原生方法 slice()，再与 jQuery 默认对象合并，返回一个包含结果的 jQuery 对象
slice: function () {
    return this.pushStack(slice.apply(this, arguments));
}
```

视频讲解

5.2　结构过滤

结构过滤是指以 jQuery 对象为基础，查找父级、同级或者下级元素，增强对文档的控制力。

5.2.1　查找后代节点

DOM 提供了三个访问后代节点的方法。

☑　childNodes：通过该属性可以遍历当前元素的所有子节点。

☑　firstChild 和 lastChild：可以找到当前元素的第一个和最后一个子节点。

☑　getElementsByTagName() 和 getElementByID()：通过这两个方法可以准确获取后代元素。

HTML5 新添如下属性。

Note

☑ childElementCount：返回子元素的个数，不包括文本节点和注释。
☑ firstElementChild：指向第一个子元素。
☑ lastElementChild：指向最后一个子元素。

jQuery 在这些方法基础上封装了多个操作方法，简单介绍如下。

1. children()

children() 方法能够取得一个包含匹配的元素集合中每个元素的所有子元素的元素集合。用法如下：

```
children([expr])
```

参数 expr 表示 jQuery 选择器表达式字符串，用以过滤子元素。该参数为可选，如果省略，则将匹配所有的子元素。

注意：parents() 方法将查找所有祖辈元素；children() 方法只考虑子元素，而不考虑所有后代元素。

【示例 1】为当前列表框中所有列表项定义一个下画线样式，如图 5.8 所示。

```
<script>
$(function(){
    $("#menu").children().css("text-decoration","underline");
})
</script>
<ul id="menu">
    <li class="home"> 首页 </li>
    <li> 论坛 </li>
    <li> 微博 </li>
    <li> 团购 </li>
    <li> 博客 </li>
</ul>
```

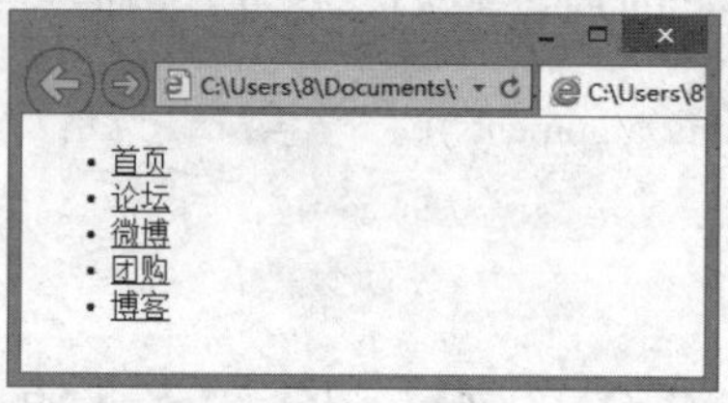

图 5.8　查找所有子元素

【示例 2】为 children() 方法传递一个表达式，仅获取包含 home 类的子元素。

```
$(function(){
    $("#menu").children(".home").css("text-decoration","underline");
})
```

【源码解析】

jQuery 通过 jQuery.each() 方法，把结构过滤函数全部添加到 jQuery.fn 原型对象上面。框架代码如下：

```
// 迭代结构过滤函数，然后把它们添加到 jQuery.fn 原型对象上面
jQuery.each({
    parent: function (elem) { },
```

```
        parents: function (elem) { },
        parentsUntil: function (elem, i, until) { },
        next: function (elem) { },
        prev: function (elem) { },
        nextAll: function (elem) { },
        prevAll: function (elem) { },
        nextUntil: function (elem, i, until) { },
        prevUntil: function (elem, i, until) { },
        siblings: function (elem) { },
        children: function (elem) { },
        contents: function (elem) { }
}, function (name, fn) {                                    // 封装函数
        // 在 jQuery 原型对象上添加对应方法
        jQuery.fn[name] = function (until, selector) {
            var matched = jQuery.map(this, fn, until);
            // 针对 prevUntil、nextUntil、parentsUntil 方法，设置范围限制选择器
            if (name.slice(-5) !== "Until") {
                selector = until;
            }
            if (selector && typeof selector === "string") {    // 如果是 CSS 选择器字符串
                matched = jQuery.filter(selector, matched);// 则直接使用 jQuery.filter() 进行过滤
            }
            if (this.length > 1) {                          // 处理结果集
                if (!guaranteedUnique[name]) {              // 删除重复项
                    jQuery.uniqueSort(matched);             // 去重
                }
                // 如果是父母或者前面兄弟元素，则反向排序
                if (rparentsprev.test(name)) {
                    matched.reverse();                      // 翻转集合顺序
                }
            }
            return this.pushStack(matched);                 // 合并结果并返回
        };
});
```

下面再来看 children() 方法，代码如下：

```
// 取得一个包含匹配的元素集合中每个元素的所有子元素的元素集合
children: function (elem) {
    return siblings(elem.firstChild);
}
```

其中 siblings() 是内部私有函数，用来查找相邻元素，源码如下：

```
// 向下查找所有相邻元素
// 参数 n 表示当前节点，elem 表示截止的节点
var siblings = function (n, elem) {
    var matched = [];
    // 迭代查找下一个相邻元素
    for (; n; n = n.nextSibling) {
        // 如果节点类型为元素，且不等于截止元素，则推入临时数组
```

```
            if (n.nodeType === 1 && n !== elem) {
                matched.push(n);
            }
        }
        // 返回结果集数组
        return matched;
};
```

2. contents()

使用 contents() 方法可以查找匹配元素内部所有的子节点，包括文本节点。如果元素是一个 iframe，则查找文档内容。

该方法没有参数，功能等同于 DOM 的 childNodes。

【源码解析】

```
// 查找匹配元素内部所有的子节点（包括文本节点）
contents: function (elem) {
    // 如果元素是一个 iframe，则查找文档内容
    if (nodeName(elem, "iframe")) {
        return elem.contentDocument;
    }
    // 支持：仅限 IE 9 - 11、iOS 7、Android Browser <= 4.3
    // 将模板元素视为浏览器中不支持的元素
    if (nodeName(elem, "template")) {
        elem = elem.content || elem;
    }
    // 合并所有子节点，并返回
    return jQuery.merge([], elem.childNodes);
}
```

3. find()

使用 find() 方法能够查找所有后代元素中，所有与指定表达式匹配的元素。这是一个找出正在处理的元素的后代元素的好方法，而 children() 方法仅能够查找子元素。用法如下：

```
find(expr|obj|ele)
```

参数说明如下：

☑ expr：用于查找的表达式。

☑ obj：用于匹配元素的 jQuery 对象。

☑ ele：DOM 元素。

【示例 3】使用 jQuery 函数获取页面中 body 的子元素 div，然后分别调用 children() 和 find() 方法获取其包含的所有 div 元素，同时使用 contents() 方法获取其包含的节点。在浏览器中预览，可以看到 children("div") 包含 3 个元素，find("div") 返回 5 个元素。而 contents() 返回 7 个元素，其中包含两个文本节点。

```
<script>
$(function () {
    var div = $("body > div");
    console.log(div.children("div").length); // 返回 3 个 div 元素
    console.log(div.find("div").length);        // 返回 5 个 div 元素
```

Note

```
    console.log(div.contents().length); // 返回 7，包括 5 个 div 元素，2 个文本节点（空格）
})
</script>
<div>
    <div>
        <div> 春眠不觉晓，</div>
        <div> 处处闻啼鸟。</div>
    </div>
    <div> 夜来风雨声，</div>
    <div> 花落知多少。</div>
</div>
```

【源码解析】

jQuery 通过 jQuery.fn.extend() 方法为 jQuery 对象扩展了 find() 方法，代码如下：

```
find: function (selector) {                    // 在已生成的 DOM 中按照 selector 查找对应元素
    var i, ret,
        len = this.length,
        self = this;
    // 如果 selector 不是 string，调用 jQuery 的 filter() 方法，过滤的条件是一个 function，其中调用了 contains() 方法
    if (typeof selector !== "string") {
        //jQuery(selector) = jQuery.init(selector) 调用 filter() 方法，得到符合条件的新 jQuery 对象
        return this.pushStack(jQuery(selector).filter(function () {
            for (i = 0; i < len; i++) {
                // 遍历 self 中的每个元素，查看是否有 this，如果有则返回 true。self[i] 是祖先，this 是被检测的元素
                if (jQuery.contains(self[i], this)) {
                    return true;
                }
            }
        }));
    }
    ret = this.pushStack([]);                  //selector 拼接一下，然后添加的 elem 是空
    for (i = 0; i < len; i++) {                //this 是调用 find 的 jQuery 对象，ret 是全局 jQuery 对象
        jQuery.find(selector, self[i], ret);// 调用 Sizzle，把结果放到 ret 里。根据 selector，把 self[i] 中符合 selector
                                               // 的结果放到 ret 里面
    }
    // 每次 find 之后，如果匹配多个元素，则调用 jQuery.uniqueSort 去一下重复项目，最后返回最终结果 rect
    return len > 1 ? jQuery.uniqueSort(ret) : ret;
}
```

5.2.2 查找祖先元素

DOM 使用 parentNode 属性可以访问父元素。不过 jQuery 提供了更多方法，方便用户访问不同层级的祖先元素。

1. parents()

parents() 方法能够查找所有匹配元素的祖先元素，不包含根元素。用法如下：

```
parents([expr])
```

参数 expr 表示 jQuery 选择器表达式字符串，用以过滤祖先元素。该参数为可选，如果省略，则将匹配所有元素的祖先元素。

【示例 1】 查找所有匹配 img 元素的祖先元素，并为它们定义统一的边框样式，效果如图 5.9 所示。

```
<script>
$(function(){
    $("img").parents().css({"border":"solid 1px red","margin":"10px"}) ;
    alert($("img").parents().length);          // 返回 4，分别是 span、div、body 和 html
})
</script>
<div>
    <span>
        <img src="images/bg.jpg" />
    </span>
    <img src="images/bg.jpg" />
</div>
```

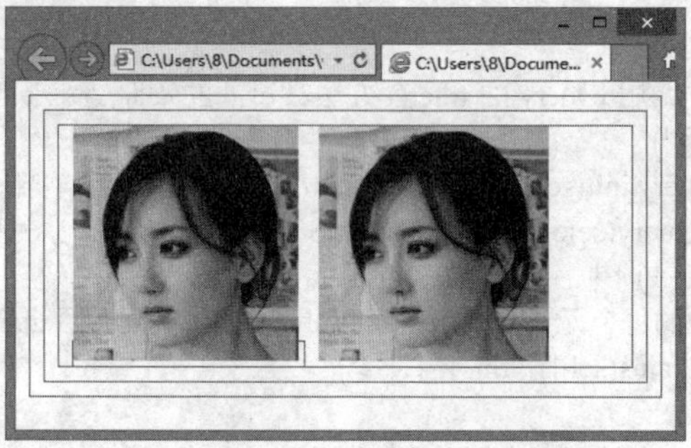

图 5.9　查找所有祖先元素

> **提示：** parents() 方法将查找所有匹配元素的祖先元素，如果存在重合的祖先元素，则仅记录一次。可以在 parents() 参数中定义一个过滤表达式，过滤出符合条件的祖先元素。

【源码解析】

parents() 方法与 children() 方法的源码位置相同，具体源码如下：

```
parents: function (elem) {
    return dir(elem, "parentNode");
}
```

其中 dir() 是一个私有函数，被 parents() 以及下面多个结构过滤方法使用，具体源码如下：

```
// 查找 DOM 树上当前元素在某个方向上的同级或祖先节点
var dir = function (elem, dir, until) {
    var matched = [],
        truncate = until !== undefined;
    // 迭代
    while ((elem = elem[dir]) && elem.nodeType !== 9) { // 禁止迭代根节点
        if (elem.nodeType === 1) {                      // 仅限元素节点
            if (truncate && jQuery(elem).is(until)) {   // 如果迭代到截止的节点，则停止迭代
```

```
                    break;
                }
                matched.push(elem);           // 推入临时数组
            }
        }
    return matched;                           // 返回匹配的结果集
}
```

2. parent()

使用 parent() 方法可以取得一个包含所有匹配元素的唯一父元素的元素集合。用法如下：

```
parents([expr])
```

参数 expr 表示 jQuery 选择器表达式字符串，用以过滤父元素。该参数为可选，如果省略，则将匹配所有元素的唯一父元素。

【示例 2】针对示例 1，将 parents() 方法替换为 parent() 方法，将查找所有匹配的 img 元素的父元素，并为它们定义统一的边框样式，演示效果如图 5.10 所示。

```
$(function(){
    $("img").parent().css({"border":"solid 1px red","margin":"10px"}) ;
     $("img").parent().each(function(){alert(this.nodeName)}); // 提示 SPAN 和 DIV 元素
})
```

图 5.10　查找所有父元素

【源码解析】

parent() 方法与 children() 方法的源码位置相同，具体源码如下：

```
parent: function (elem) {
    var parent = elem.parentNode;// 获取父元素
    // 如果存在且不为根节点，则返回，否则返回 null
    return parent && parent.nodeType !== 11 ? parent : null;
}
```

3. parentsUntil()

使用 parentsUntil() 方法可以查找当前元素的所有父辈元素，直到遇到匹配的那个元素为止。用法如下：

```
parentsUntil([expr|element][,filter])
```

参数说明如下：

- ☑ expr：用于筛选祖先元素的表达式。
- ☑ element：用于筛选祖先元素的 DOM 元素。
- ☑ filter：字符串，其中包含一个选择表达式匹配元素。

如果省略参数，则将匹配所有祖先元素。

Note

提示： 如果提供的 jQuery 代表了一组 DOM 元素，.parentsUntil() 方法也能找遍所有元素的祖先元素，直到遇到一个跟提供的参数匹配的元素时才会停下来。这个返回的 jQuery 对象里包含了所有找到的父辈元素，但不包括那个选择器匹配到的元素。

【示例 3】 $('li.l31') 将匹配三级菜单下的第一个列表项，然后使用 parentsUntil('.u1') 方法获取它的所有祖先元素，但是只包含 <ul class="u1"> 标签范围内的元素，最后为查找的祖先元素定义边框样式，演示效果如图 5.11 所示。

```
<script>
$(function(){
    $('li.l31').parentsUntil('.u1').css({"border":"solid 1px red","margin":"10px"}) ;
})
</script>
<ul class="u1"> 一级菜单
    <li class="l1">1</li>
    <li class="l2">2
        <ul class="u2"> 二级菜单
            <li class="l21">21</li>
            <li class="l22">22
                <ul class="u3"> 三级菜单
                    <li class="l31">31</li>
                    <li class="l32">32</li>
                    <li class="l33">33</li>
                </ul>
            </li>
            <li class="item-c">C</li>
        </ul>
    </li>
    <li class="l3">3</li>
</ul>
```

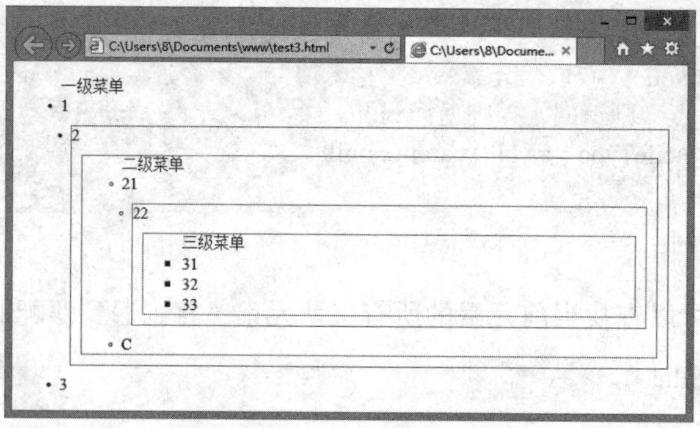

图 5.11　查找指定范围的祖先元素

【源码解析】

parentsUntil() 方法与 children() 方法的源码位置相同，具体源码如下：

```
parentsUntil: function (elem, i, until) {
    return dir(elem, "parentNode", until);
}
```

其中 parentNode 表示 DOM 元素属性，访问父元素，这里以字符串形式传递。

4. offsetParent()

使用 offsetParent() 方法能够获取第一个匹配的元素，且用于定位的父节点。用法如下：

```
offsetParent()
```

该方法没有参数。offsetParent() 方法仅对可见元素有效。

提示：定位元素就是设置 position 属性值为 relative 或 absolute 的祖先元素。

【源码解析】

offsetParent() 方法的源码位于 CSS 定位代码段部分，通过 jQuery.fn.extend() 方法扩展，具体源码如下：

```
offsetParent: function () {
    // 调用映射函数
    return this.map(function () {
        var offsetParent = this.offsetParent;// 获取当前元素的定位父元素
        // 循环查找祖先元素中被定义了相对定位、绝对定位或固定定位的元素
        while (offsetParent && jQuery.css(offsetParent, "position") === "static") {
            offsetParent = offsetParent.offsetParent;
        }
        // 返回定位元素，如果不存在，则返回根节点
        return offsetParent || documentElement;
    });
}
```

注意：在以下情况下，offsetParent() 方法将返回 documentElement。

☑ iframe 中的元素，此方法将返回父窗口的 documentElement。

☑ 隐藏元素。

☑ body 或 html 元素。

5. closest()

使用 closest() 方法可以从元素本身开始，逐级向上级元素匹配，并返回最先匹配的元素。用法如下：

```
closest(expr|object|element)
```

参数说明如下：

☑ expr：用于过滤元素的表达式。从 jQuery 1.4 开始，也可以传递字符串数组，用于查找多个元素。

☑ object：用于匹配元素的 jQuery 对象。

☑ element：用于匹配元素的 DOM 元素。

Closest() 方法会首先检查当前元素是否匹配，如果匹配则直接返回元素本身。如果不匹配则向上查找

父元素，一层一层往上，直到找到匹配选择器的元素。如果没找到，则返回一个空 jQuery 对象。

closest() 方法与 parents() 方法的主要区别如下：

☑ 前者从当前元素开始匹配寻找，后者从父元素开始匹配寻找。

☑ 前者逐级向上查找，直到发现匹配的元素后就停止了，后者一直向上查找直到根元素，然后把这些元素放进一个临时集合中，再用给定的选择器表达式去过滤。

☑ 前者返回 0 或 1 个元素，后者可能包含 0 个、1 个，或者多个元素。

【示例 4】以示例 3 为基础，在下面示例中 $('li.l31') 将匹配三级菜单下的第一个列表项，然后使用 closest("ul") 方法获取祖先元素中最靠近当前元素的父元素，最后为这个元素定义边框样式，演示效果如图 5.12 所示。

```
$(function(){
    $('li.l31').closest("ul").css({"border":"solid 1px red","margin":"10px"});
})
```

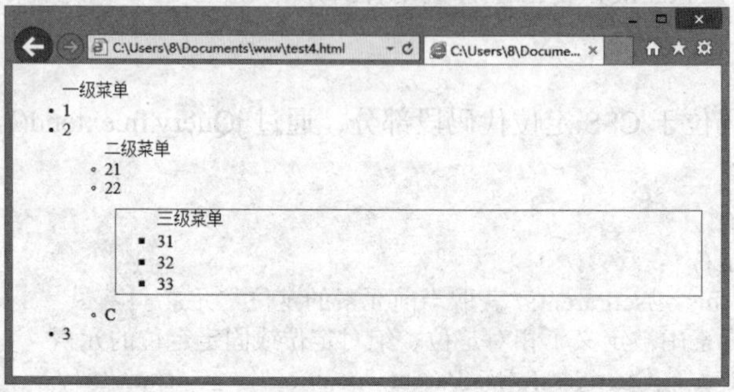

图 5.12　查找指定的父元素

【源码解析】

closest() 方法的源码位于 jQuery 过滤器代码段部分，通过 jQuery.fn.extend() 方法扩展，具体源码如下：

```
closest: function (selectors, context) {
    var cur,
        i = 0,
        l = this.length,
        matched = [],
        targets = typeof selectors !== "string" && jQuery(selectors);    // 根据选择器查询目标
    // 位置选择器永远不会匹配，因为没有 _selection_ 上下文
    if (!rneedsContext.test(selectors)) {
        for (; i < l; i++) {                                              // 迭代 jQuery 对象中每个 DOM 元素
            // 遍历当前元素所有父节点
            for (cur = this[i]; cur && cur !== context; cur = cur.parentNode) {
                // 总是跳过文档片段
                if (cur.nodeType < 11 && (targets ?
                    targets.index(cur) > -1 :                              // 存在结果集，且包含当前元素，则返回 true
                    // 不要将非元素传递给 Sizzle
                    cur.nodeType === 1 &&                                  // 确定 DOM 元素，然后根据选择器进行匹配
                    jQuery.find.matchesSelector(cur, selectors))) {
                    matched.push(cur);                                     // 把匹配到的元素推入数组
                    break;                                                 // 发现目标后，即跳出循环
                }
```

```
            }
        }
    }
    // 对匹配结果进行处理，如果存在，且把结果集中重复项去除，最后返回
    return this.pushStack(matched.length > 1 ? jQuery.uniqueSort(matched) : matched);
}
```

5.2.3 查找前面兄弟元素

DOM 使用 previousSibling 属性访问前一个兄弟节点，HTML 5 新增 previousElementSibling 属性访问前一个相邻兄弟元素。jQuery 提供多个方法向前访问不同类型的兄弟元素。

1. prev()

使用 prev() 方法可以获取一个包含匹配的元素集合中每个元素紧邻的前一个同辈元素的元素集合。用法如下：

```
prev([expr])
```

参数 expr 表示 jQuery 选择器表达式字符串，用以过滤匹配元素。该参数为可选，如果省略，则将匹配所有上一个相邻的元素。

【示例 1】 先查找类名为 red 的 p 元素，然后使用 prev() 方法查找前一个相邻的 p 元素，并为它定义边框样式，演示效果如图 5.13 所示。

```
<script>
$(function(){
    $(".red").prev().css("border","solid 1px red");
})
</script>
<p> 少小离家老大回，</p>
<p> 乡音无改鬓毛衰。</p>
<p class="red"> 儿童相见不相识，</p>
<p> 笑问客从何处来。</p>
```

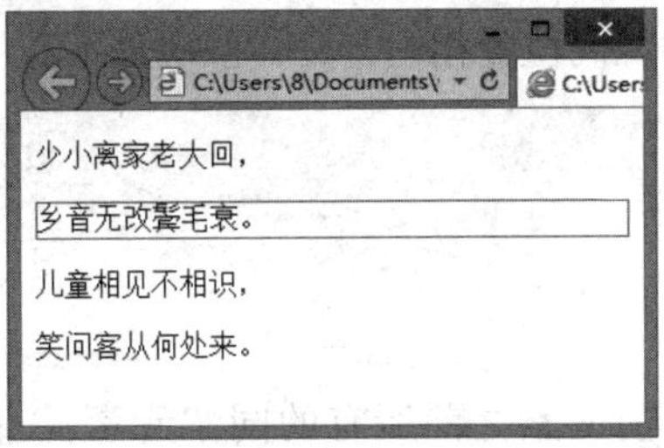

图 5.13　查找相邻的前一个元素

【源码解析】

prev() 方法与 children() 方法的源码位置相同，具体源码如下：

```
prev: function (elem) {
    return sibling(elem, "previousSibling");
}
```

sibling()是一个私有函数，用来查找相邻的元素，具体源码如下：

```
function sibling(cur, dir) {
    // 获取相邻节点，如果相邻节点不为元素，则循环查找，直到节点类型为元素
    while ((cur = cur[dir]) && cur.nodeType !== 1) { }
    return cur;// 返回找到的相邻元素
}
```

参数 cur 为当前元素，dir 表示遍历的方向属性。

2. prevAll()

使用 prevAll() 方法可以查找当前元素之前所有的同辈元素。用法如下：

```
prevAll [expr])
```

参数 expr 表示 jQuery 选择器表达式字符串，用以过滤匹配元素。该参数为可选，如果省略，则将匹配所有上面同辈元素。

【示例 2】 以示例 1 为基础，先查找类名为 red 的 p 元素，然后使用 prevAll() 方法查找它的上面同辈的所有 p 元素，并为它定义边框样式，演示效果如图 5.14 所示。

```
$(function(){
    $(".red").prevAll("p").css("border","solid 1px red");
})
```

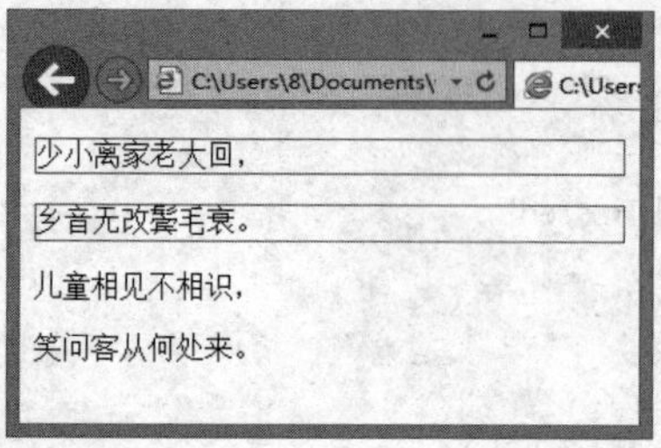

图 5.14　向前查找所有同辈元素

【源码解析】

prevAll() 方法与 children() 方法的源码位置相同，具体源码如下：

```
prevAll: function (elem) {
    return dir(elem, "previousSibling");
}
```

3. prevUntil()

使用 prevUntil() 方法能够查找当前元素之前所有的同辈元素，直到遇到匹配的那个元素为止。用法如下：

```
prevUntil([expr|ele][,fil])
```

参数说明如下：

☑　expr：用于筛选祖先元素的表达式。

☑　ele：用于筛选祖先元素的 DOM 元素。

☑　fil：字符串，其中包含一个选择表达式匹配元素。

参数为可选，如果省略，则将匹配所有上面同辈元素。

【示例 3】 以示例 1 为基础，先查找类名为 red 的 p 元素，然后使用 prevUntil("h1") 方法查找 h1 元素前面的所有同辈元素，并为它定义边框样式，效果如图 5.15 所示。

```
<script>
$(function () {
    $(".red").prevUntil("h1").css("border", "solid 1px red");
})
</script>
<h1> 回乡偶书 </h1>
<h2> 贺知章 </h2>
<p> 少小离家老大回，</p>
<p> 乡音无改鬓毛衰。</p>
<p class="red"> 儿童相见不相识，</p>
<p> 笑问客从何处来。</p>
```

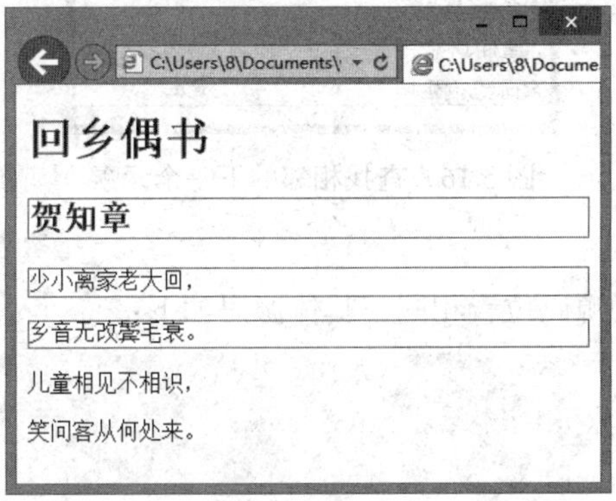

图 5.15　向前查找指定范围的同辈元素

【源码解析】

prevUntil() 方法与 children() 方法的源码位置相同，具体源码如下：

```
prevUntil: function (elem, i, until) {
    return dir(elem, "previousSibling", until);
}
```

5.2.4　查找后面兄弟元素

DOM 使用 nextSibling 属性访问后一个兄弟节点，HTML 5 新增 nextElementSibling 属性访问后一个相邻兄弟元素。jQuery 提供 3 个向后查找的方法，实现查找后一个、所有和指定范围的同辈元素。

1. next()

使用 next() 方法可以获取一个包含匹配的元素集合中每个元素紧邻的后面同辈元素的元素集合。用法如下：

```
next([expr])
```

参数 expr 表示 jQuery 选择器表达式字符串，用以过滤匹配元素。该参数为可选，如果省略，则将匹配所有下一个相邻的元素。

Note

【示例 1】 先查找类名为 red 的 p 元素，然后使用 next() 方法查找它的下一个相邻的 p 元素，并为它定义边框样式，演示效果如图 5.16 所示。

```
<script>
$(function(){
    $(".red").next("p").css("border","solid 1px red");
})
</script>
<p class="blue"> 少小离家老大回，</p>
<p> 乡音无改鬓毛衰。</p>
<p class="red"> 儿童相见不相识，</p>
<p> 笑问客从何处来。</p>
```

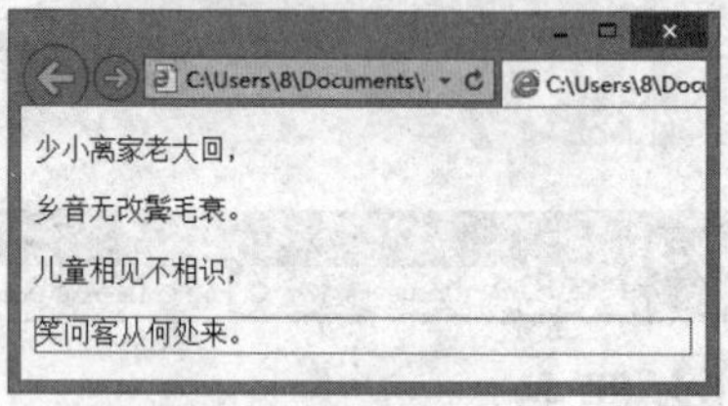

图 5.16　查找相邻的下一个元素

【源码解析】

next() 方法与 children() 方法的源码位置相同，具体源码如下：

```
next: function (elem) {
    return sibling(elem, "nextSibling");
}
```

2. nextAll()

使用 nextAll() 方法能够查找当前元素之后所有的同辈元素。用法如下：

```
nextAll [expr])
```

参数 expr 表示 jQuery 选择器表达式字符串，用以过滤匹配元素。该参数为可选，如果省略，则将匹配所有下面的同辈元素。

【示例 2】 以示例 1 为基础，先查找类名为 blue 的 p 元素，然后使用 nextAll() 方法查找它的上面同辈的所有 p 元素，并为它们定义边框样式，演示效果如图 5.17 所示。

```
$(function(){
    $(".blue").nextAll("p").css("border","solid 1px red");
})
```

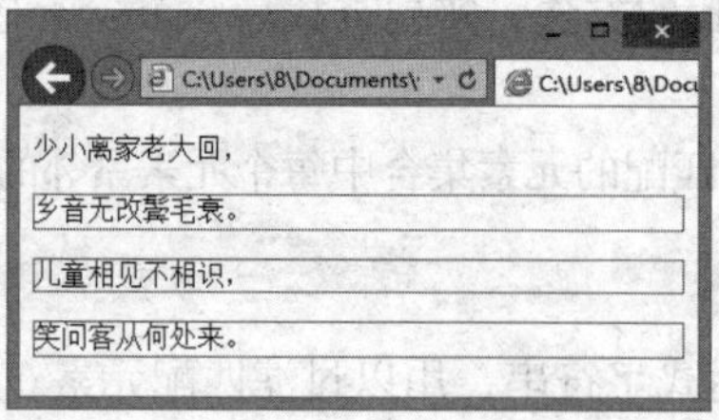

图 5.17　查找上面所有同辈的 p 元素

Note

【源码解析】

nextAll() 方法与 children() 方法的源码位置相同，具体源码如下：

```
nextAll: function (elem) {
    return dir(elem, "nextSibling");
}
```

3. nextUntil()

nextUntil() 方法能够查找当前元素之后所有的同辈元素，直到遇到匹配的那个元素为止。用法如下：

```
nextUntil([exp|ele][,fil])
```

参数说明如下：

☑ expr：用于筛选祖先元素的表达式。

☑ ele：用于筛选祖先元素的 DOM 元素。

☑ fil：字符串，其中包含一个选择表达式匹配元素。

> **提示：** 如果提供的 jQuery 代表了一组 DOM 元素，nextUntil() 方法也能找遍所有元素所在的 DOM 树，直到遇到了一个跟提供的参数匹配的元素才会停下来。这个新 jQuery 对象里包含了所有找到的同辈元素，但不包括选择器匹配到的元素。
>
> 如果没有选择器匹配，或者没有提供参数，那么跟在后面的所有同辈元素都会被选中。这就跟用没有提供参数的 nextAll() 效果一样。

【示例 3】 以示例 1 为基础，先查找类名为 blue 的 p 元素，然后使用 nextUntil(".red") 方法查找类名为 red 的元素前面的所有同辈元素，并为它定义边框样式，演示效果如图 5.18 所示。

```
$(function(){
    $(".blue").nextUntil(".red").css("border","solid 1px red");
})
```

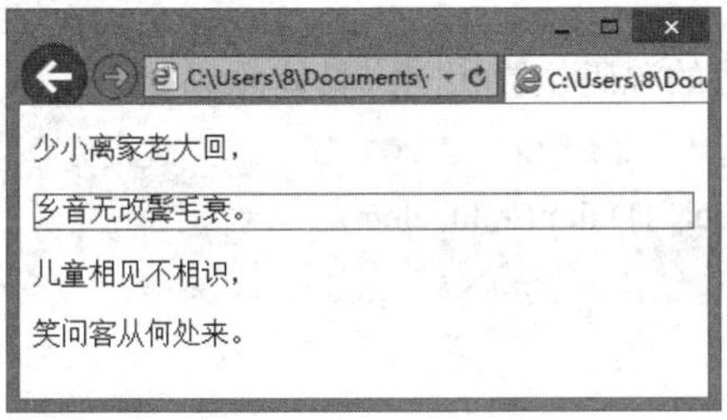

图 5.18 向后查找指定范围的同辈元素

【源码解析】

nextUntil() 方法与 children() 方法的源码位置相同，具体源码如下：

```
nextUntil: function (elem, i, until) {
    return dir(elem, "nextSibling", until);
}
```

5.2.5 查找同辈元素

使用 siblings() 方法可以获取一个包含匹配的元素集合中每个元素的所有唯一同辈元素的元素集合。用法如下：

```
siblings([expr])
```

参数 expr 表示 jQuery 选择器表达式字符串，用以过滤匹配元素。该参数为可选，如果省略，则将匹配所有同辈兄弟元素。

【示例】 先查找类名为 red 的 p 元素，然后使用 siblings("p") 方法查找所有同辈的 p 元素，并为它定义边框样式，演示效果如图 5.19 所示。

```
<script>
$(function(){
    $(".red").siblings("p").css("border","solid 1px red");
})
</script>
<p class="blue"> 少小离家老大回，</p>
<p> 乡音无改鬓毛衰。</p>
<p class="red"> 儿童相见不相识，</p>
<p> 笑问客从何处来。</p>
```

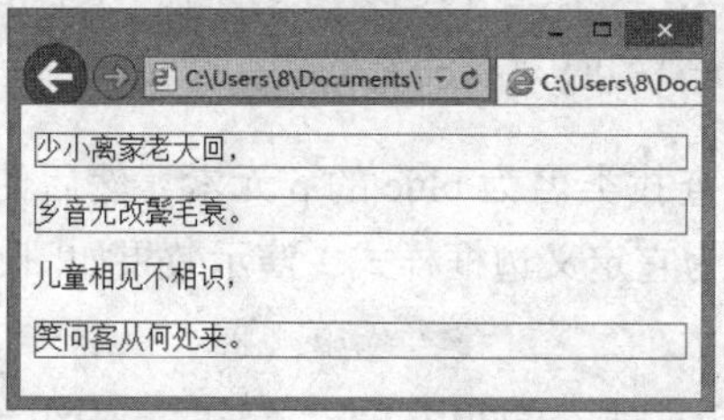

图 5.19 查找所有同辈的 p 元素

【源码解析】

siblings() 方法与 children() 方法的源码位置相同，具体源码如下：

```
siblings: function (elem) {
    return siblings((elem.parentNode || {}).firstChild, elem);
}
```

视频讲解

5.3 特殊操作

jQuery 提供了多个对 jQuery 对象进行特殊操作的方法，以完成特定匹配任务。

5.3.1 添加对象

使用 add() 方法可以把与表达式匹配的元素添加到 jQuery 对象中。这个方法可以用于连接分别与两个表达式匹配的元素结果集。用法如下：

```
add(expr|ele|html|obj[,con])
```

参数说明如下：

☑ ele：DOM 元素。

☑ html：HTML 片段添加到匹配的元素。

☑ obj：一个 jQeruy 对象增加到匹配的元素。

☑ expr：用于匹配元素并添加的表达式字符串，或者用于动态生成的 HTML 代码，如果是一个字符串数组，则返回多个元素。

☑ con：作为待查找的 DOM 元素集、文档或 jQuery 对象。

【示例】 先查找类名为 red 的 p 元素，然后使用 siblings("p") 方法查找所有同辈的 p 元素，再使用 add("h1,h2") 方法把一级标题和二级标题也添加到当前 jQuery 对象中，最后为新的 jQuery 内所有元素定义边框样式，演示效果如图 5.20 所示。

```
<script>
$(function(){
    $(".red").siblings("p").add("h1,h2").css("border","solid 1px red");
})
</script>
<h1> 回乡偶书 </h1>
<h2> 贺知章 </h2>
<p class="blue"> 少小离家老大回，</p>
<p> 乡音无改鬓毛衰。</p>
<p class="red"> 儿童相见不相识，</p>
<p> 笑问客从何处来。</p>
```

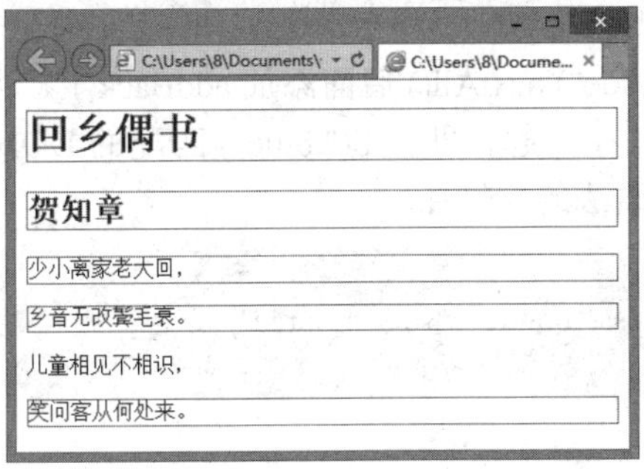

图 5.20　为 jQuery 对象添加新元素

【源码解析】

在 jQuery 对象过滤器方法代码段，使用 jQuery.fn.extend() 方法添加一个原型方法 add()，详细源码如下：

```
// 把与表达式匹配的元素添加到 jQuery 对象中。这个方法可以用于连接分别与两个表达式匹配的元素结果集
add: function (selector, context) {
    // 把合并后的集合推入当前 jQuery 对象，并返回
    return this.pushStack(
        jQuery.uniqueSort(                              // 去重
            // 把 add() 方法匹配的元素与当前 jQuery 包含的元素合并
```

```
            jQuery.merge(this.get(), jQuery(selector, context))
        )
    );
}
```

Note

5.3.2 合并对象

使用 addBack() 方法可以将堆栈中的元素集合添加到当前集合中。该方法没有参数，直接调用。

提示：jQuery 对象通过闭包体定义了一个堆栈变量，该变量可以跟踪匹配的元素集合的变化。当一个 DOM 遍历方法被调用时，新的元素集合推入堆栈中。

下面结合一个示例说明 addBack() 方法的设计思路和使用方法。

【示例】首先，使用 $(".blue") 获取第一段文本，然后使用 $(".blue").nextAll() 获取同级段落文本，分别为它们设计 CSS 样式。

```
<script>
$(function(){
    $(".blue").css("border","solid 1px red");
    $(".blue").nextAll().css("border","solid 1px red");
})
</script>
<p class="blue"> 少小离家老大回，</p>
<p> 乡音无改鬓毛衰。</p>
<p class="red"> 儿童相见不相识，</p>
<p> 笑问客从何处来。</p>
```

针对上面示例，实际上在 $(".blue").nextAll() 后面添加 addBack() 方法，就可以把 $(".blue") 和 $(".blue").nextAll() 两个不同 jQuery 对象合并在一起，即把 $(".blue") 匹配的 DOM 集合添加到 $(".blue").nextAll() 匹配的 DOM 集合中，从而保证链式语法的连贯性。

```
$(function () {
    $(".blue").nextAll().addBack().css("border", "solid 1px red");
})
```

【源码解析】

在 jQuery 对象过滤器方法代码段，使用 jQuery.fn.extend() 方法添加一个原型方法 addBack()，详细源码如下：

```
// 将堆栈中元素集合添加到当前集合中
addBack: function (selector) {
    return this.add(selector == null ?
        // 如果没有传递选择器，则直接把前面的匹配集合添加到当前对象中
        // 如果传递了选择器，则先对前面匹配的集合进行过滤，然后添加到当前对象中
        this.prevObject : this.prevObject.filter(selector)
    );
}
```

5.3.3 返回前面对象

使用 end() 方法能够回到最近的一个“破坏性”操作之前，即将匹配的元素列表变为前一次的状态。如果之前没有破坏性操作，则返回一个空集。

> **提示：** 所谓破坏性就是指任何改变 jQuery 对象所匹配的 DOM 元素的操作，如 jQuery 对象的 add()、andSelf()、children()、filter()、find()、map()、next()、nextAll()、not()、parent()、parents()、prev()、prevAll()、siblings()、slice()、clone() 方法。当调用这些方法之后，将会改变 jQuery 对象所匹配的 DOM 元素。

【示例】 设计为 <p> 标签定义边框样式，然后再为 <div> 标签定义背景色。

简单的做法就是：重新换一行为 <div> 标签定义样式。不过现在利用 jQuery 定义的 end() 方法，可以保持在一行内完成两行任务，即当调用 find("p").css() 后，再调用 end() 方法返回 $("div") 方法匹配的 jQuery 对象，而不是 find() 方法所查找的 jQuery。

```
<script>
$(function () {
    $("div").find("p").css({ "border": "solid 1px red", "margin": "4px" })
    .end().css({ "background": "#ddd", "color": "#222", "padding": "4px" });
})
</script>
<div>
    <p> 少小离家老大回，乡音无改鬓毛衰。</p>
    <p> 儿童相见不相识，笑问客从何处来。</p>
</div>
```

在上面代码中，首先为 $("div").find("p") 定义的 jQuery 所包含的元素定义边框样式，然后调用 end() 方法，返回上一次匹配的 jQuery 对象，即 $("div") 定义的 jQuery 对象，再为该对象调用 css() 方法定义背景样式，最后显示效果如图 5.21 所示。

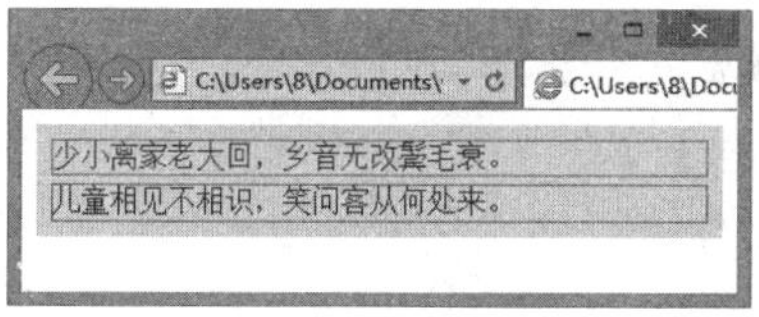

图 5.21 end() 方法应用

【源码解析】

在 jQuery 核心代码部分，使用 jQuery.fn = jQuery.prototype = {} 方式添加一个原型方法 end()，详细源码如下：

```
end: function () {
    return this.prevObject || this.constructor();
}
```

this.prevObject 表示 jQuery 维护的一个元素集合，用来保护在破坏性操作之前的 jQuery 匹配集合，如果不存在，则返回一个空 jQuery 对象。

第6章

解析DOM模块

jQuery最核心的功能就是DOM操作。DOM是由W3C制定的，为HTML和XML文档编写的应用程序接口。但是DOM标准在各个浏览器中的实现是不一样的，同时DOM发展也是循序渐进的，不断地增加新的API。因此，各个浏览器乃至各个版本对于DOM实现的也是不一样的。

jQuery能够将各个主流浏览器的DOM处理方法统一起来，让开发人员不必去了解各个浏览器对于DOM处理的细节与差异，写一次代码就能在各个浏览器中运行，并且取得相同的效果。本章主要讲解jQuery是如何封装DOM操作的，为用户提供一致的用法。

【学习重点】

- 了解domManip()函数。
- 了解buildFragment()函数。
- 了解access()函数。
- 熟悉DOM操作接口。

6.1 DOM 操作引擎概述

jQuery 封装的 DOM 大致可以分为 3 大类：DOM 操作、DOM 遍历和 DOM 事件，本节重点分析 DOM 操作相关的 jQuery 的源码。

6.1.1 DOM 操作设计原理

jQuery 的核心思想是简化 DOM 的概念，去除 Element 以外其他 Node 接口的概念，重点关注元素节点 Element 的操作。原始的 DOM 操作包括 Element、Attr、Text、Comment、Document 等对象的操作，而在开发中基本上只会处理 Element。

Element 相关的节点，如 Attr、Text，都可以以字符串的形式操作，所以将 DOM 的操作简化为对 Element 的操作是可行的。jQuery 使用 jQuery 对象的形式将 Element 对象进行封装，把复杂的 DOM 定义简化为对 jQuery 对象，使不熟悉 DOM 概念的用户也可以轻松操作 DOM 对象。

将 Element 对象封装为 jQuery 对象，在 jQuery 对象的原型上定义统一的接口。用户不用考虑不同浏览器下 Element 处理的差异，jQuery 内部使用策略模式或者判断树，将各个主流浏览器的差异性屏蔽掉，且做好了持续升级的准备，以应对浏览器不断更新换代带来新的功能，淘汰旧的功能后，基于 jQuery 开发的功能依旧可以不受影响地正常运行。

jQuery 对于 DOM 封装的另一个核心就是其缓存功能。jQuery 将 jQuery 对象的变量，如事件、动画、第三方扩展的属性，都保存到缓存中，而缓存又保存在实际 Element 对象中，所以当这个 Element 对象被再一次封装为 jQuery 对象时，是可以继承之前的缓存，进而可以继续之前的操作。这个特性使得用户不用特意去缓存 jQuery 对象的引用，需要的时候可以再一次将 Element 对象封装为 jQuery 对象，而不用担心两个 jQuery 对象操作上会产生数据上的差异。即 jQuery 对象不保存任何 Element 元素相关信息，所有的相关信息都保存在 DOM 本身中。开发 jQuery 插件的时候，也要保证这一原则，否则插件在使用过程中可能会出现问题。

此外，jQuery 优化了 DOM 处理过程，让 DOM 处理效率更高，因为它封装了一些 DOM 处理的技巧。当然，jQuery 在统一浏览器操作时也会牺牲一部分性能，很多受兼容性限制的底层高效的 API 会被用更耗时，但兼容性更好的方法取代掉。因为 jQuery 优化是技巧层面的技术，不及 DOM 原生方法的渲染算法上优化明显。

最重要的是，jQuery 对象支持集合操作、链式操作，这极大地简化了 DOM 处理，使得 DOM 操作变得简单、优雅、轻松、快速，可以异步处理、易于扩展。

6.1.2 DOM 操作 API 组成

jQuery 定义的 DOM 操作 API 很多，大致可以分为 5 大类，简单说明如下：

1. DOM 元素创建

- ☑ jQuery(html,[ownerDoc])
- ☑ jQuery.fn.clone([Even[,deepEven]])
- ☑ jQuery.parseHTML(html,[ownerDoc])

Note

- ☑ jQuery.fn.html([val|fn])

2. DOM 元素插入

- ☑ jQuery.fn.append(content|fn)
- ☑ jQuery.fn.appendTo(content)
- ☑ jQuery.fn.prepend(content|fn)
- ☑ jQuery.fn.prependTo(content)
- ☑ jQuery.fn.replaceWith(content|fn)
- ☑ jQuery.fn.after(content|fn)
- ☑ jQuery.fn.before(content|fn)
- ☑ jQuery.fn.insertAfter(content)
- ☑ jQuery.fn.insertBefore(content)
- ☑ jQuery.fn.replaceAll(selector)
- ☑ jQuery.fn.wrap(html|ele|fn)
- ☑ jQuery.fn.unwrap()
- ☑ jQuery.fn.wrapAll(html|ele)
- ☑ jQuery.fn.wrapInner(html|ele|fn)

3. DOM 元素修改

- ☑ jQuery.fn.attr(name|pro|key,val|fn)
- ☑ jQuery.fn.removeAttr(name)
- ☑ jQuery.fn.prop(n|p|k,v|f)
- ☑ jQuery.fn.removeProp(name)
- ☑ jQuery.fn.html([val|fn])
- ☑ jQuery.fn.text([val|fn])
- ☑ jQuery.fn.val([val|fn|arr])

4. DOM 元素删除

- ☑ jQuery.fn.empty()
- ☑ jQuery.fn.remove([expr])
- ☑ jQuery.fn.detach([expr])
- ☑ jQuery.fn.html([val|fn])
- ☑ jQuery.fn.replaceAll(selector)
- ☑ jQuery.fn.wrap(html|ele|fn)
- ☑ jQuery.fn.unwrap()
- ☑ jQuery.fn.wrapAll(html|ele)
- ☑ jQuery.fn.wrapInner(html|ele|fn)

5. DOM 的 ready

- ☑ jQuery(callback)
- ☑ jQuery.holdReady(hold)
- ☑ jQuery.ready(hold)

虽然 DOM 操作的 API 非常多，但是很多 API 都是对底层 API 的封装，真正核心的 API 不多，可以归纳为以下几个，包括私有 API。

Note

1. DOM 元素创建

☑ jQuery.fn.clone([Even[,deepEven]])

☑ buildFragment

2. DOM 元素插入

☑ domManip

☑ buildFragment

3. DOM 元素修改

☑ access

4. DOM 元素删除

☑ jQuery.fn.cleanData(elems)

☑ remove(elem, selector, keepData)

5. DOM 的 ready

☑ jQuery.ready

在下面小节中会重点解析其中几个重要函数。

6.1.3 创建元素设计思路

在创建元素的时候，DOM 使用 document.createElement 来创建 Element，但是更高效的一个方法是用 innerHTML，将 HTML 文本转变为其对应的元素对象。jQuery 函数是对外暴露的混合接口，这些函数使用起来非常方便。

```
jQuery(html)
jQuery(html,ownerDocument)
jQuery(html,attributes)
```

其中通过 HTML 文本生成元素对象工作就由 jQuery.parseHTML 来执行的，但是它还不是最底层的实现方法，真正的底层方法是 buildFragment。

buildFragment 的主要作用是创建一个 DocumentFragment 对象，将不同种类的参数统一地封装为 DocumentFragment 子元素的形式。之所以要封装为 DocumentFragment，是为了插入时效率更高效，因为 buildFragment 实际上是为元素节点的插入而准备的。buildFragment 的流程如图 6.1 所示。

设计思路说明如下：

第 1 点，该函数支持多参数，如支持 Node 对象、jQuery 对象、普通文本、HTML 文本等 4 种参数类型。

第 2 点，对于 HTML 文本，会调用 innerHTML 来生成对应的 Element 对象。

第 3 点，调用 innerHTML，通过 HTML 文本生成 DOM 对象时，jQuery 会对 td、tr、option 等只能在特定父元素上面创建的元素，将指定的父元素套在 HTML 文本外面，确保这些元素是可以创建的，并在 innerHTML 执行之后移除多生成的父元素。

第 4 点，最后所有元素会被统一套在一个 DocumentFragment 中返回。

第 5 点，对于封装到 DocumentFragment 里面的 script 标签，jQuery 会判断它是否已经插入 Document 里面。如果是，则表示已经执行过了，jQuery 会调用内部缓存接口 dataPriv 为其添加标记，下次再插入 Document 时不会再执行这些 script 标签。

以上就是 buildFragment 的全部逻辑，buildFragment 生成的是 DocumentFragment 对象，而 jQuery.

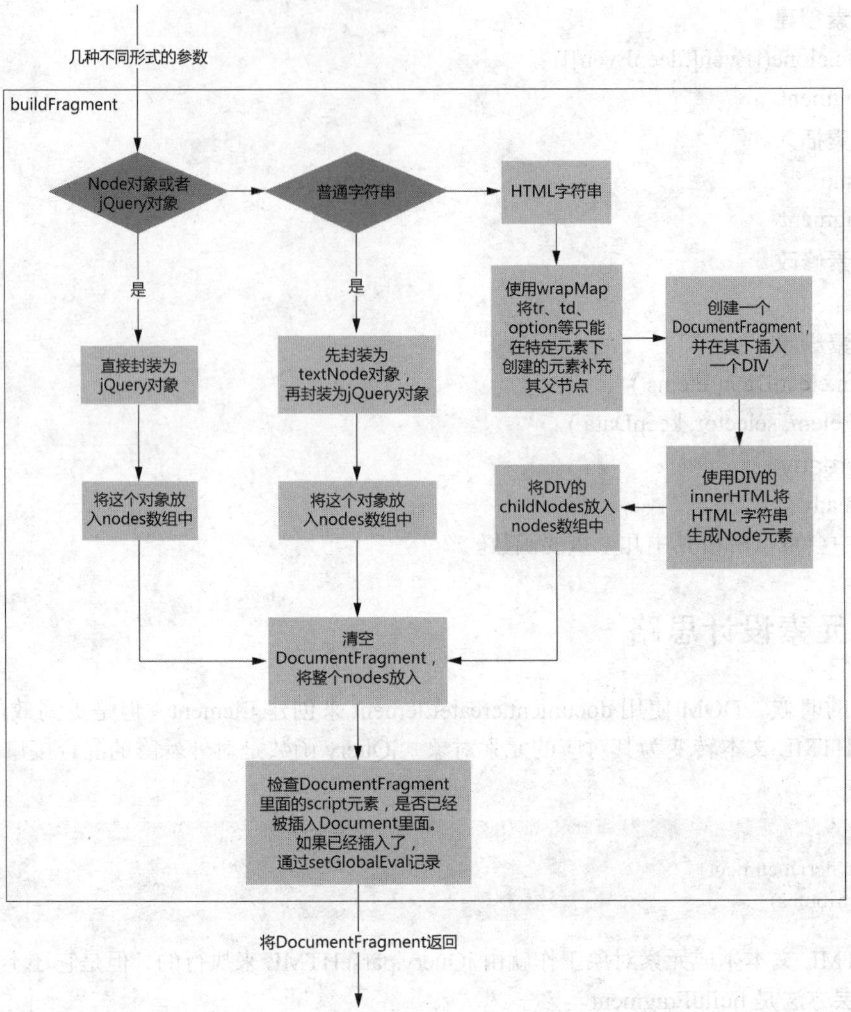

图 6.1　buildFragment 的流程

parseHTML 却不是。在 jQuery.parseHTML 中，jQuery 把生成的元素从 DocumentFragment 对象中取出来。通过调用 buildFragment() 函数实现了整个通过 HTML 字符串创建元素对象这个复杂逻辑的复用。

提示：关于 buildFragment() 函数的源码解析请参考 6.3 节内容。

6.1.4 克隆元素设计思路

Element.prototype.cloneNode 是克隆元素的 DOM API，jQuery 底层也使用它。但是，无法保证克隆事件、缓存、动画、子元素的内容，所以 jQuery 将这些内容都通过 dataPriv 缓存起来，这样克隆时可以让新克隆好的对象也引用 dataPriv 缓存的事件等系统对象，就完成了对事件、缓存、动画等内容的克隆。注意，这个过程是浅复制。

对于 script 元素的克隆，与 buildFragment 一样，判断它是否已经被插入 Document 里面，同样会给已经执行过的 script 元素添加标记。这样被克隆的新 script 标签，在插入 Document 时会和原标签有相同的表现行为。

在克隆时，还要注意早期的 WebKit 浏览器中是不会克隆表单元素的 defaultValue、checked 和当前用户输入的 value。也就是说，用户输入的值和表单元素的默认值是不会被克隆的。

jQuery 会先实验性地调用 cloneNode 克隆一个 input 元素对象，通过新克隆的 input 元素是否存在 defaultValue 和 checked 来判断当前浏览器是否会存在不能克隆 defaultValue 和 checked 的问题。如果有这样的问题，就调用原对象的 defaultValue 和 checked 覆盖掉新克隆对象的 defaultValue 和 checked。

有关 jQuery 的克隆操作的源码解析请参考 7.4 节内容。

6.1.5 插入元素设计思路

jQuery 在执行插入操作的时候，都会调用 domManip 做准备工作。jQuery 有多种插入 API，但是无论哪个 API 都要调用 domManip() 函数，其设计流程如图 6.2 所示。

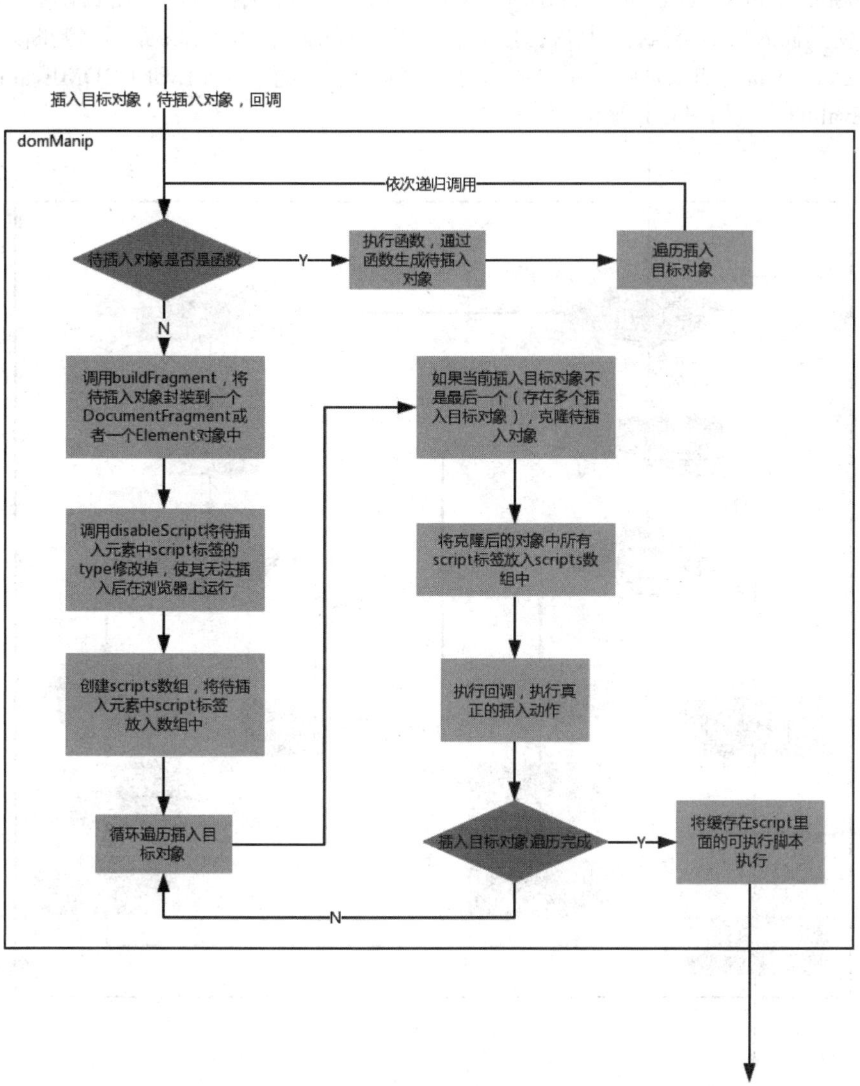

图 6.2　domManip 的流程

设计思路说明如下：

第 1 点，通过调用 buildFragment，将所有待插入的参数统一封装为一个 DocumentFragment 对象，因为 buildFragment() 函数不支持通过函数作为参数来创建元素对象。如果传入参数是函数，应先调用一次，生成元素对象后，再递归调用 domManip 重新执行一遍插入逻辑。

第 2 点，jQuery 修改了待插入元素中 script 元素的 type 属性，使其被插入 Document 时不会执行里面的 JavaScript 代码。

第 3 点，回调真正的插入函数时，如果插入目标有多个，就将被插入对象克隆，确保每个插入目标对象都能获得待插入对象或者是其克隆对象。

第 4 点，最后阶段，统一处理 script 元素，将需要执行的 script 通过调用 globalEval() 函数执行。

提示：关于 domManip() 函数的源码解析请参考 6.2 节内容。

在插入时，domManip 对 script 元素的处理思路：首先，为已经执行过的 script 元素添加标记，再修改它的 type 属性，使其插入后不会执行；其次，插入后再将 type 属性修改回来；最后，判断未标记的 script 标签是否已经插入 Document，如果是则表示应该运行，jQuery 会通过 globalEval（DOMEval 的封装）执行这些 script。DOMEval 的流程如图 6.3 所示。

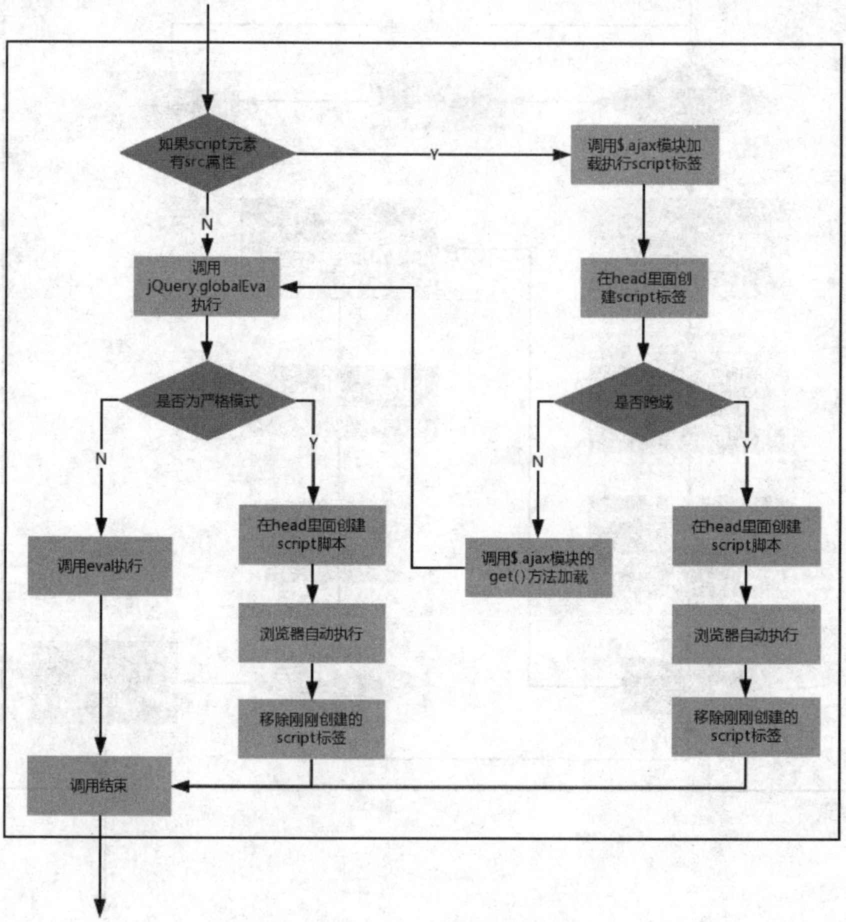

图 6.3　DOMEval 的流程

运行脚本包括两种方式：动态创建 script 标签和使用 eval。domManip 设计思路说明如下：

第 1 点，对于有 src 属性的 script 元素，jQuery 使用 $.ajax 模块执行。这样会受到 $.ajaxSettings 配置的影响。

第 2 点，对于有 src 属性的 script 元素，会根据跨域和不跨域使用两种不同的运行方式，这将在 jQuery.ajax 解析中再分析。

第 3 点，eval 在严格模式下和非严格模式下使用方法不同：eval 执行的时候，可以使用不同的作用域。但是在严格模式下是不允许这样调用的，所以 jQuery 使用了创建 script 标签的形式来实现 javaScript 代码在全局作用域运行的效果。

6.1.6 移除元素设计思路

在删除元素时，jQuery 要将 jQuery 对象对一个 Element 的所有扩展移除。对于 jQuery 1.x 版本来说，这个过程是必需的，否则会出现内存泄露；而在 jQuery 2.x 版本中，这个过程依旧保留。所以，jQuery 的所有扩展信息都缓存在 Element 对象中，想要将一个 jQuery 封装过的 Element 对象还原，只要将这些信息删除即可。

此外，jQuery 对用户事件使用了 addEventListener（IE 是 attachEvent）注册到元素对象上，所以删除完缓存信息还要调用 removeEventListener 解除 jQuery 为元素对象增加的事件监听。这一过程将在后面事件章节中进行解析，这里不再深究。满足以上两点，就可以去除 jQuery 对 Element 对象的所有扩展。

jQuery.cleanData 就是实现这个功能的，而 jQuery 在所有涉及 DOM 移除的操作时都会调用这个函数。

6.2 domManip() 函数

domManip 是 DOM+Manipulate 的缩写，表示 DOM 操作的意思。domManip() 是 jQuery DOM 操作的核心函数，对 jQuery 封装的 DOM 节点操作接口提供底层支持，如 append、prepend、before、after、replaceWith、appendTo、prependTo、insertBefore、insertAfter、replaceAll。

6.2.1 版本演变

domManip() 函数的历史由来已久，从 jQuery 1.0 版本开始便已经存在，一直到最新的 jQuery 版本，是内部核心的工具函数。

在 jQuery 1.3.0 之前版本中，domManip() 函数被挂在 jQuery 对象上面（jQuery.fn.domManip），用户可以通过 $().domManip() 进行访问；在 jQuery 3.0 之后，domManip() 是一个私有函数，外部无权访问。

在 jQuery 1.3～jQuery 1.9 中，domManip() 函数仅提供 3 个参数；在 jQuery 2.1.2 之前，domManip() 函数有 4 个参数；在 jQuery 2.x 中，domManip() 函数只有 2 个参数；在 jQuery 3.x 中，domManip() 函数提供了 4 个参数。

在 jQuery 3.1.9 之前，jQuery 对象的 replaceWith() 方法不使用 domManip() 函数，之后统一作为底层处理函数使用。

6.2.2 为什么使用 domManip() 函数

针对节点操作，DOM 标准提供的接口有限，简单说明如下：

☑ appendChild()：通过把一个节点增加到当前节点的 childNodes[] 组，给文档树增加节点。

☑ cloneNode()：复制当前节点，或者复制当前节点以及它的所有子孙节点。

☑ hasChildNodes()：判断当前节点是否拥有子节点，如果拥有则返回 true。

☑ insertBefore()：在文档树中插入一个节点，位置在当前节点内指定子节点之前。如果该节点已经存在，则删除之后再插入指定位置。

☑ removeChild()：从文档树中删除并返回指定的子节点。

☑ replaceChild()：从文档树中删除并返回指定的子节点，使用另一个节点替换它。

以上接口都有一个共同特性：传入的参数只能是一个节点类型，如果传入字符串、函数或者其他内容，将会抛出异常。

所以，针对所有 DOM 操作接口，jQuery 抽象出一种参数处理方案，这就是 domManip() 函数存在的意义。jQuery 内部定义了很多这样的函数，如属性操作中的 access()。

6.2.3 domManip 主要功能

在 DOM 操作中，大家常用 innerHTML 方法插入 HTML 字符串，实际上还有 3 个非标准的方法可以更精准地完成相关操作。

☑ insertAdjacentElement：在指定的位置插入 DOM 元素。

☑ insertAdjacentHTML：在指定的位置插入 HTML 字符串。

☑ insertAdjacentText：在指定的位置插入文本。

用法如下：

```
element.insertAdjacentElement(position, element);
element.insertAdjacentHTML(position, HTMLString);
element.insertAdjacentText(position, text);
```

参数说明如下：

☑ position：定义位置，取值为 4 个字符型常量值，具体说明如下。
  - 'beforebegin'：在元素前面。
  - 'afterbegin'：在元素内第一个子元素前面。
  - 'beforeend'：在元素内最后一个子元素后面。
  - 'afterend'：在元素后面。

☑ element：表示要插入的元素。

☑ HTMLString：表示要插入的 HTML 代码字符串。

☑ text：表示文本节点或文本字符串。

浏览器支持状态：Chrome、Firefox 48+、IE 8+、Opera、Safari，可以看到目前主流浏览器都支持这 3 个方法。

位置参数 position 的可视化展示如下：

```
<!-- beforebegin -->
<p>
<!-- afterbegin -->
foo
<!-- beforeend -->
```

```
</p>
<!-- afterend -->
```

这些功能在 jQuery 中都有对应的接口。具体说明如下：

☑ beforeBegin：与之对应的是 jQuery().before()。
☑ afterBegin：与之对应的是 jQuery().prepend()。
☑ beforeEnd：与之对应的是 jQuery().append()。
☑ afterEnd：与之对应的是 jQuery().after()。

实现类似的接口并不复杂，在 jQuery 中通过 domManip() 函数可以快速封装。

domManip() 函数的主要功能是实现 DOM 的插入和替换，主要包括 5 个服务。

☑ 内部后插入：append。
☑ 内部前插入：prepend。
☑ 外部前插入：before。
☑ 外部后插入：after。
☑ 替换元素：replaceWith。提示，在 1.9.x 之前的版本没有使用 domManip() 函数。

根据位置不同提供了 4 个公开方法：append()、prepend()、before() 和 after()，此外还有 replaceWith() 方法。简单地说，domManip() 函数仅做了两件事。

☑ 先完成 DOM 节点添加。
☑ 如果添加的 DOM 节点内有 <script> 标签，需要额外处理。对于可执行的 <script>，通过 type 属性判断，则执行其内的脚本代码，其他情况则不执行。

另外 5 个方法：appendTo()、prependTo()、insertBefore()、insertAfter() 和 replaceAll()，通过 each 迭代器快速生成，它们之间的关系是操作与被操作之间的位置关系，即颠倒调用位置。源码如下：

```
jQuery.each({                                             // 为下面项目绑定功能函数
    appendTo: "append",
    prependTo: "prepend",
    insertBefore: "before",
    insertAfter: "after",
    replaceAll: "replaceWith"
}, function (name, original) {
    jQuery.fn[name] = function (selector) {
        var elems,
            ret = [],                                     // 操作集合
            insert = jQuery(selector),                    // 插入 DOM 集合
            last = insert.length - 1,                     // 最后一个
            i = 0;
        for (; i <= last; i++) {
            elems = i === last ? this : this.clone(true);
            jQuery(insert[i])[original](elems);           // 使用原方法，反向操作
            // 支持：仅 Android <= 4.0，仅限 PhantomJS 1
            //.get()，因为在旧版本的 WebKit 中，push.apply(_, arraylike) 会抛出异常
            push.apply(ret, elems.get());
        }
        return this.pushStack(ret);                       // 转换为 jQuery 对象，并返回
    };
});
```

【示例】使用 append() 方法在段落文本尾部添加一个标题文本，效果如图 6.4 所示。

```
<script>
    $(function () {
        $("p").append("<h1> 标题文本 </h1>");
    })
</script>
<p style="border:solid 1px red"> 段落文本 </p>
```

图 6.4　附加标题文本

如果使用 appendTo() 方法实现相同的效果，只需颠倒一下位置关系即可，代码如下：

```
$(function () {
    $("<h1> 标题文本 </h1>").appendTo($("p"));
})
```

下面来看下 append()、prepend()、before()、after() 四个方法的源码，这些源码通过 jQuery.fn.extend() 方法直接挂在 jQuery 原型对象上面。

```
jQuery.fn.extend({
    append: function () {
        return domManip(this, arguments, function (elem) {
            if (this.nodeType === 1 || this.nodeType === 11 || this.nodeType === 9) {
                var target = manipulationTarget(this, elem);
                target.appendChild(elem);
            }
        });
    },
    prepend: function () {
        return domManip(this, arguments, function (elem) {
            if (this.nodeType === 1 || this.nodeType === 11 || this.nodeType === 9) {
                var target = manipulationTarget(this, elem);
                target.insertBefore(elem, target.firstChild);
            }
        });
    },
    before: function () {
        return domManip(this, arguments, function (elem) {
            if (this.parentNode) {
                this.parentNode.insertBefore(elem, this);
            }
        });
    },
```

```
    after: function () {
        return domManip(this, arguments, function (elem) {
            if (this.parentNode) {
                this.parentNode.insertBefore(elem, this.nextSibling);
            }
        });
    }
}
```

通过比较可以看到，这些方法都是直接返回 domManip() 函数的调用，通过第 3 个参数（回调函数）来设计不同的功能。在这里，domManip() 函数主要对接口的参数进行处理，以实现快速、标准化的操作流程。

6.2.4 源码解析

domManip() 函数依赖一个重要函数——buildFragment()，通过它构建文档片段，为 DOM 插入提高性能。

domManip() 函数对 script 元素做了如下特殊处理。

- ☑ script 无 type 属性，默认会执行其内 JavaScript 脚本。
- ☑ script 的 type="text/javascript" 或 type="text/ecmascript"，会执行其内的 JavaScript 脚本。
- ☑ script 如果有 src 属性，会执行 $._evalUrl，请求远程的 JavaScript 脚本文件并执行。
- ☑ 其他情况下不会执行 JavaScript 脚本，有时会用 script 来设计 HTML 模板，如 underscore.js，type="text/template" 或 type="text/plain" 等，其中的 JavaScript 脚本都不会被执行。

domManip() 函数内部主要依赖 buildFragment()、restoreScript()、disableScript()、jQuery._evalUrl()、DOMEval() 函数，而 restoreScript()、jQuery._evalUrl() 函数也仅在 domManip 函数中使用。

domManip() 函数源码解析如下：

```
//DOM 节点操作底层函数，实现 DOM 的插入和替换
// 参数说明：
//collection：被插入的 DOM 元素集合，如 jQuery 对象
//args：待插入的 DOM 元素或 HTML 代码等参数
//callback：回调函数，执行格式为 callback.call( 目标元素 , 待插入文档片段 / 单个 DOM 元素 )
//ignored: 备用标识参量，是否忽略回调
function domManip(collection, args, callback, ignored) {
    // 展开嵌套数组，把多维数组转换为一维数组
    args = concat.apply([], args);
    // 局部变量
    var fragment, first, scripts, hasScripts, node, doc,
        i = 0,
        l = collection.length,                          // 操作元素个数
        iNoClone = l - 1,// 是否为克隆节点，如果当前 jQuery 对象是一个合集对象，那么通过文档片段
                        // 构建出来的 DOM，只能是副本，克隆到每个合集对象中
        value = args[0],// 第一个元素，后边只针对 args[0] 进行检测，意味着 args 中的元素必须是同一类型
        isFunction = jQuery.isFunction(value);          // 判断是否为函数
    // 在 WebKit 中无法克隆包含已检查的节点片段
    // 如果是回调函数，或者跳过 WebKit checked 属性
    if (isFunction ||
        (l > 1 && typeof value === "string" &&
            !support.checkClone && rchecked.test(value))) {
```

Note

```
            return collection.each(function (index) {
                var self = collection.eq(index);
                if (isFunction) {
                    args[0] = value.call(this, index, self.html());
                }
                domManip(self, args, callback, ignored);
            });
        }
        // 将 HTML 转化成 DOM
        if (l) {                                                      // 如果 jQuery 对象不为空
            // 创建文档片段
            fragment = buildFragment(args, collection[0].ownerDocument, false, collection, ignored);
            first = fragment.firstChild;                               // 获取文档片段第一个子元素
            if (fragment.childNodes.length === 1) {                    // 如果仅有一个节点，则直接使用它
                fragment = first;
            }
            // 要求必须有新的内容，或忽略对元素的回调
            if (first || ignored) {                                    // 如果传递了有效参数，或者忽略功能绑定
                // 处理 script 标签
                scripts = jQuery.map(getAll(fragment, "script"), disableScript);// 禁用
                hasScripts = scripts.length;
                // 使用最后一个项目，而不是第一个项目的原始片段，因为在某些情况下，它可能会被错误清空（#8070）
                for (; i < l; i++) {                                   // 迭代操作 jQuery 集合
                    node = fragment;                                   // 引用文档片段
                    if (i !== iNoClone) {                              // 克隆节点
                        node = jQuery.clone(node, true, true);// 执行克隆操作
                        // 保留对克隆脚本的引用，以便以后恢复
                        if (hasScripts) {
                            // 支持：仅 Android 4.0-，仅限 PhantomJS 1
                            // 在旧版本的 WebKit 上，push.apply(_, arraylike) 将抛出异常
                            jQuery.merge(scripts, getAll(node, "script"));
                        }
                    }
                    // 调用回调函数，执行 DOM 操作
                    callback.call(collection[i], node, i);
                }
                // 处理 script 标签
                if (hasScripts) {
                    doc = scripts[scripts.length - 1].ownerDocument;// 获取根节点
                    jQuery.map(scripts, restoreScript);                // 重新启用脚本
                    // 在首次插入文档时评估可执行脚本
                    for (i = 0; i < hasScripts; i++) {
                        node = scripts[i];                             // 获取当前 script 元素
                        if (rscriptType.test(node.type || "") &&       // 检测 script 的 type 类型
                            !dataPriv.access(node, "globalEval") &&
                            jQuery.contains(doc, node)) {              // 是否包含在文档中
                            if (node.src) {                            // 如果存在远程脚本
                                // 可选的 AJAX 依赖，但是如果不存在，不会运行脚本
                                if (jQuery._evalUrl) {
```

```
                                jQuery._evalUrl(node.src);      // 执行远程脚本
                            }
                        } else {                                // 执行脚本
                            DOMEval(node.textContent.replace(rcleanScript, ""), doc);
                        }
                    }
                }
            }
        }
    }
    return collection;                                          // 返回处理后的 jQuery 集合
}
```

在完全理解 domManip() 函数的内部结构和逻辑之前，读者应该知道 jQuery 对 DOM 节点操作封装了一系列的接口。这些接口可以接收 HTML 字符串、DOM 元素、元素数组，或 jQuery 对象，用来插在集合中每个匹配元素的不同位置。例如：

☑ HTML 结构

```
$('.inner').after('<p>Test</p>');
```

☑ jQuery 对象

```
$('.container').after($('h2'));
```

☑ 回调函数

一个返回 HTML 字符串、DOM 元素、jQuery 对象的函数。回调函数接收元素在集合中的索引位置作为参数。在回调函数体内，this 指向元素集合中的当前元素。

```
$('p').after(function() {
    return '<div>' + this.className + '</div>';
});
```

清楚了这些接口的调用，就能够更好地理解 domManip() 的逻辑设计，实际上它主要用来处理不同类型的参数，以实现 DOM 插入和替换操作。

针对 DOM 节点的操作有以下几个重点的细节。

☑ 保证最终操作的永远是 DOM 元素，浏览器只认识前面的几个接口，所以如果传递的是字符串或者其他类型的参数，需要借用 domManip() 或其他工具进行转换和处理。

☑ 针对 DOM 节点的大量操作，要引入文档片段做优化，以提升执行效率。

具体来说，domManip() 做了以下两部分工作。

☑ 将参数 args 转换为 DOM 元素，并放在一个文档片段中，调用 jQuery.buildFragment() 实现。

☑ 执行参数 callback，将 DOM 元素作为参数传入，由 callback 执行实际的插入操作。

重点代码解析如下：

第 1 步，分析局部变量初始化代码行。scripts 变量在 jQuery.buildFragment() 中会用到，脚本的执行在 domManip() 函数的最后一行。如果标签名为 script，且未指定 type 或 type 为 text/javascript，即支持插入 script 标签并执行；外部脚本将通过 jQuery.ajax 以同步阻塞的方式请求，然后执行，内联脚本通过 DOMEval() 执行。

第 2 步，规避 WebKit checked 属性。看下面这段代码：

Note

```
if (isFunction ||
        (l > 1 && typeof value === "string" &&
            !support.checkClone && rchecked.test(value))) {
        return collection.each(function (index) {
            var self = collection.eq(index);
            if (isFunction) {
                args[0] = value.call(this, index, self.html());
            }
            domManip(self, args, callback, ignored);
        });
}
```

在 WebKit 中，不能克隆包含了已选中复选框的文档片段。在 if 代码块中，需要满足的条件为“不能正确复制选中状态 + value 是字符串 + 已选中的多选 / 单选按钮”。

Chrome 浏览器和 Safari 浏览器用的都是 WebKit 引擎，在 Chrome 浏览器下 jQuery.support.checkClone 是 true，那么问题就在 Safari 浏览器中；在 each 的回调函数中再次调用 domManip()。

第 3 步，支持参数为函数。如果 value 是函数，则执行函数，并用返回的结果再次调用 domManip()；用 value 的返回值替换 args[0]，最后用修正过的 args 迭代调用 domManip()。

```
if (isFunction) {
    args[0] = value.call(this, index, self.html());
}
```

第 4 步，在 if (l) { } 条件语句段，转换 HTML 代码为 DOM 元素。

首先，调用 jQuery.buildFragment 创建一个包含 args 的文档片段，jQuery.buildFragment() 用到了缓存，重复的创建会被缓存下来，jQuery.buildFragment() 返回的结构是 {fragment: fragment, cacheable: cacheable }。

```
fragment = buildFragment(args, collection[0].ownerDocument, false, collection, ignored);
```

然后，获取第一个子元素 first，如果只有一个子元素，那么可以省略文档片段，这么做可以更快地插入元素。

```
first = fragment.firstChild;                        // 获取文档片段第一个子元素
if (fragment.childNodes.length === 1) {       // 如果仅有一个节点，则直接使用它
    fragment = first;
}
```

到这里准备工作完成了，即把 args 转换为 DOM 元素，准确地说是创建包含 args 的文档片段，后边开始执行回调函数，开始实际地插入操作。

第 5 步，在 if (first || ignored) {} 条件语句段，执行回调函数插入 DOM 元素。如果成功创建了 DOM 元素，才有必要开始插入操作。

第 6 步，使用 for (; i < l; i++) {} 循环语句段遍历当前 jQuery 对象中的匹配元素。

第 7 步，执行回调函数 callback()，格式为 callback.call(目标元素上下文，待插入文档片段 / 单个 DOM 元素)。

```
callback.call(collection[i], node, i);
```

第 8 步，克隆文档片段 / 单个 DOM 元素，在遍历到最后一个元素之前一直对 fragment 进行克隆，最后

一个元素使用创建的 fragment。

```
if (i !== iNoClone) {// 克隆节点
    node = jQuery.clone(node, true, true);
}
```

第 9 步，在 if (hasScripts) {} 条件语句段执行脚本元素。如果脚本数组 scripts 的长度大于 0，则执行其中的脚本。

if (rscriptType.test(node.type || "")){} 条件语句段负责执行 script 元素，如果是外部脚本，即通过 src 引入，用 jQuery.ajax 同步请求 src 指定的地址并自动执行；如果是内部脚本，即写在 script 标签内，用 DOMEval() 执行。

6.3　buildFragment() 函数

在 jQuery 中，DOM 操作需要调用两个核心函数，分别是 domManip() 和 buildFragment()。buildFragment() 接收 domManip() 传入的 HTML 代码，创建一个文档片段 DocumentFragment，在这个文档片段上将 HTML 代码转换为 DOM 元素。buildFragment() 的实现有两个方面值得借鉴。

如果要插入多个 DOM 元素，可以先将这些 DOM 元素插入一个文档片段，然后将文档片段插入文档中，这时插入的不是文档片段，而是它的子孙节点。相比于逐步插入 DOM 元素，使用文档片段可以获得 2～3 倍的性能提升。

如果将重复的 HTML 代码转换为 DOM 元素，可以将转换后的 DOM 元素缓存起来，下次（实际是第 3 次）转换同样的 HTML 代码时，可以直接将缓存的 DOM 元素克隆返回。

6.3.1　文档片段节点

DocumentFragment 是一个轻量级的文档对象，能够提取部分文档的树或创建一个新的文档片段。DocumentFragment 类型节点在文档树中没有对应的标记。DOM 允许用户使用 JavaScript 操作文档片段中的节点，但不会把文档片段添加到文档树中显示出来，避免浏览器渲染和占用资源，起到文档缓存的作用。

DocumentFragmert 节点具有下列特征：

☑ nodeType 值为 11。

☑ nodeName 值为 "#document-fragment"。

☑ nodeValue 值为 null。

☑ parentNode 值为 null。

☑ 子节点可以是 Element、ProcessingInstruction、Comment、Text、CDATASection 或 EntityReference。

文档片段作用：将文档片段作为节点“仓库”来使用，保存将来可能会添加到文档中的节点。

创建文档片段的方法如下：

```
var fragment = document.createDocumentFragment();
```

注意： 如果将文档树中的节点添加到文档片段中，就会从文档树中移除该节点，在浏览器中也不会再看到该节点。添加到文档片段中的新节点同样也不属于文档树。

使用 appendChild() 或 insertBefore() 方法可以将文档片段添加到文档树中。在将文档片段作为参数传递给这两个方法时，实际上只会将文档片段的所有节点添加到相应位置上，文档片段本身永远不会成为文档树的一部分，可以把文档片段视为一个节点的临时容器。

【示例】每次使用 JavaScript 操作 DOM 都会改变页面呈现，并触发整个页面重新渲染，从而消耗系统资源。为解决这个问题，可以先创建一个文档片段，把所有的新节点附加到文档片段上，最后再把文档片段一次性添加到文档中，减少页面重绘的次数。

```
<input type="button" value=" 添加项目 " onclick="addItems()">
<ul id="myList"></ul>
<script>
function addItems(){
    var fragment = document.createDocumentFragment();
    var ul = document.getElementById("myList");
    var li = null;
    for (var i=0; i < 12; i++){
    li = document.createElement("li");
    li.appendChild(document.createTextNode(" 项目 " + (i+1)));
    fragment.appendChild(li);
    }
    ul.appendChild(fragment);
}
</script>
```

上面代码准备为 ul 元素添加 12 个列表项。如果逐个添加列表项，将会导致浏览器反复渲染页面。为避免这个问题，可以使用一个文档片段来保存创建的列表项，然后一次性将它们添加到文档中，这样能够提升系统的执行效率。

6.3.2 源码解析

buildFragment() 函数源码如下：

```
var rhtml = /<|&#?\w+;/;//HTML 标签正则表达式
// 创建文档片段
// 参数说明如下：
//elems：元素集合
//context：上下文环境
//scripts：scripts 标签集
//selection：跳过的标签集合
//ignored: 是否忽略 selection 中的元素
function buildFragment(elems, context, scripts, selection, ignored) {
    var elem, tmp, tag, wrap, contains, j,
        fragment = context.createDocumentFragment(),// 创建文档片段
        nodes = [],
        i = 0,
        l = elems.length;
    for (; i < l; i++) {                            // 迭代元素集合
        elem = elems[i];
        if (elem || elem === 0) {                   // 检测是否存在，包括 0
```

```
            // 直接添加节点
            if (jQuery.type(elem) === "object") {                 // 如果是 jQuery 对象
                // 合并到节点集中
                jQuery.merge(nodes, elem.nodeType ? [elem] : elem);// 如果是元素，则装入数组，再合并到 nodes 集
                // 将非 HTML 字符串转换为文本节点
            } else if (!rhtml.test(elem)) {
                nodes.push(context.createTextNode(elem));          // 创建文本节点，然后推入节点集合中
                // 将 HTML 字符串转换成 DOM 节点
            } else {
                tmp = tmp || fragment.appendChild(context.createElement("div"));// 创建根节点 div，然后添加到文
                                                                                 // 档片段中
                // 反序列化一个标准表示
                tag = (rtagName.exec(elem) || ["", ""])[1].toLowerCase();      // 获取标签
                wrap = wrapMap[tag] || wrapMap._default;                        // 获取包含框容器
                tmp.innerHTML = wrap[1] + jQuery.htmlPrefilter(elem) + wrap[2];// 构建节点片段，外面包裹包含框容器
                // 通过包装下载到正确的内容
                j = wrap[0];
                while (j--) {                                       // 迭代外包含框，获取节点片段的根标签
                    tmp = tmp.lastChild;
                }
                // 合并节点
                jQuery.merge(nodes, tmp.childNodes);
                // 记住最顶层容器
                tmp = fragment.firstChild;
                // 确保创建的节点是孤立的（# 12392）
                tmp.textContent = "";
            }
        }
    }
    fragment.textContent = "";                                      // 清除片段
    i = 0;
    while ((elem = nodes[i++])) {                                   // 迭代所有转换的 DOM 节点
        // 跳过 selection 中的元素（trac-4087）
        if (selection && jQuery.inArray(elem, selection) > -1) {
            if (ignored) {                                          // 如果参数 ignored 为 true，则忽略指定元素
                ignored.push(elem);                                 // 把元素推入 ignored
            }
            continue;
        }
        // 判断当前元素是否包含在文档根节点下
        contains = jQuery.contains(elem.ownerDocument, elem);
        // 把当前元素追加到片段
        tmp = getAll(fragment.appendChild(elem), "script");         // 在元素中查找所有 script 标签
        // 保留脚本评估历史
        if (contains) {                                             // 如果包含在文档根节点下，则标记保存
            setGlobalEval(tmp);
        }
        if (scripts) {                                              // 捕获可执行文件
            j = 0;
```

```
            while ((elem = tmp[j++])) {                      // 迭代所有 script 标签
                if (rscriptType.test(elem.type || "")) {// 处理 script 标签
                    scripts.push(elem);
                }
            }
        }
    }
    return fragment;                                         // 返回处理后的 DOM 片段
}
```

使用文档片段，首先要创建文档片段，代码如下：

```
fragment = context.createDocumentFragment(),
```

然后，把所有需要处理的 DOM 节点 appendChild 放进去。

buildFragment() 对于文档片段的创建步骤如下：

第 1 步，收集节点元素。buildFragment() 需要针对传入的 elems 参数分解为三部分操作，引入一个 nodes 变量缓存起来。

☑ jQuery 对象

```
if (jQuery.type(elem) === "object") {
    jQuery.merge(nodes, elem.nodeType ? [elem] : elem);
}
```

☑ 文本

```
else if (!rhtml.test(elem)) {
    nodes.push(context.createTextNode(elem));
}
```

☑ HTML 字符串

将 HTML 代码赋值给一个 DIV 元素的 innerHTML 属性，然后取 DIV 元素的子元素，即可得到转换后的 DOM 元素。

```
else {
    tmp = tmp || fragment.appendChild(context.createElement("div")); // 创建根节点 div，然后添加到文档片段中
    tag = (rtagName.exec(elem) || ["", ""])[1].toLowerCase();         // 获取标签
    wrap = wrapMap[tag] || wrapMap._default;                          // 获取包含框容器
    tmp.innerHTML = wrap[1] + jQuery.htmlPrefilter(elem) + wrap[2];// 构建节点片段，外面包裹包含框容器
    j = wrap[0];
    while (j--) {                                                     // 迭代外包含框，获取节点片段的根标签
        tmp = tmp.lastChild;
    }
    jQuery.merge(nodes, tmp.childNodes);
    tmp = fragment.firstChild;
    tmp.textContent = "";
}
```

第 2 步，创建一个临时的 tmp 元素（div），这样调用 innerHTML() 方法，用来存储创建的节点的内容，fragment 本身只是起到一个容器的作用。

第 3 步，jQuery 引入一个 wrapMap，一个反序列化表示。

jQuery 创建元素类型可以是任意的，可以是 a、scrpit、tr、th、option 等。

```
inner.after('<tr></tr>');
inner.after('<div></div>');
```

但是，并不是所有元素的创建都是标准的，在不同浏览器下还是有区别的，如表格，在 table 中插入一行一列。

```
var table = document.getElementsByTagName('table')[0];
            var tr = document.createElement('tr');
            var td = document.createElement('td');
            var txt = document.createTextNode('haha');
            td.appendChild(txt);
            tr.appendChild(td);
            table.appendChild(tr);
```

上面代码在 IE 6 中是不能成功执行的，在 IE 8 以上的浏览器都是可以的。IE 6 失败的原因就是 IE 6 认为 tr 标签必须在 tbody 下面。也就是说，代码写成下面形式，所有浏览器才能够兼容。

```
var table = document.getElementsByTagName('table')[0];
            var tbody = document.createElement('tbody');
            var tr = document.createElement('tr');
            var td = document.createElement('td');
            var txt = document.createTextNode('haha');
            td.appendChild(txt);
            tr.appendChild(td);
            tbody.appendChild(tr);
            table.appendChild(tbody)
```

第 4 步，如果使用 jQuery 插入一个 tr 标签，就需要在内部做以下处理工作。

```
inner.after('<tr><tr>');
```

wrapMap 就是用来做适配的：

```
tmp.innerHTML = wrap[ 1 ] + elem.replace( rxhtmlTag, "<$1></$2>" ) + wrap[ 2 ];
```

拼写出来的规则就是：

```
innerHTML: "<table><tbody><tr></tr><tr></tr></tbody></table>"
```

第 5 步，因为 wrapMap 容器打破了原来的排列组合，所以 tr 节点位置需要重新定位。需要根据 wrap[0] 找到嵌套的层数：

```
j = wrap[ 0 ];
while ( j-- ) {
    tmp = tmp.lastChild;
}
```

第 6 步，fragment 还不确定是最终结果，因为 node 可能还有其他的节点，所以需要进一步处理：

```
fragment.textContent = "";
```

第 7 步，构建文档片段。

```
while ((elem = nodes[i++])) {                                  // 迭代所有转换的 DOM 节点
    // 跳过 selection 中的元素
    if (selection && jQuery.inArray(elem, selection) > -1) {
        if (ignored) {                                         // 如果参数 ignored 为 true，则忽略指定元素
            ignored.push(elem);                                // 把元素推入 ignored
        }
        continue;
    }
    // 判断当前元素是否包含在文档根节点下
    contains = jQuery.contains(elem.ownerDocument, elem);
    // 把当前元素追加到片段
    tmp = getAll(fragment.appendChild(elem), "script"); // 在元素中查找所有 script 标签
    // 保留脚本评估历史
    if (contains) {                                            // 如果包含在文档根节点下，则标记保存
        setGlobalEval(tmp);
    }
    if (scripts) {                                             // 捕获可执行文件
        j = 0;
        while ((elem = tmp[j++])) {                            // 迭代所有 script 标签
            if (rscriptType.test(elem.type || "")) {           // 处理 script 标签
                scripts.push(elem);
            }
        }
    }
}
```

如果元素和目标元素相同的，则执行特殊操作。

```
if (selection && jQuery.inArray(elem, selection) > -1) {
    if (ignored) {                    // 如果参数 ignored 为 true，则忽略指定元素
        ignored.push(elem);           // 把元素推入 ignored
    }
    continue;
}
```

然后，遍历每个元素，并把它们放入文档片段中。

```
fragment.appendChild( elem )
```

同时针对 script 标签进行处理。

最后，返回 fragment。

6.4 access() 与 DOM 操作

access() 也是 DOM 操作的一个底层函数，在 attr、prop、text、html、css、data 等接口中都调用了 access() 函数。例如：

Note

```
attr: function(name, value) {
    return jQuery.access(this, jQuery.attr, name, value, arguments.length > 1);
}
prop: function(name, value) {
    return jQuery.access(this, jQuery.prop, name, value, arguments.length > 1);
}
text: function(value) {
    return jQuery.access(this, function (value) {
        // 功能代码段
    }, null, value, arguments.length);
}
html: function(value) {
    return jQuery.access(this, function (value) {
        // 功能代码段
    }, null, value, arguments.length);
}
css: function(name, value) {
    return jQuery.access(this, function (elem, name, value) {
        // 功能代码段
    }, name, value, arguments.length > 1);
}
data: function(key, value) {
    //code
    return jQuery.access(this, function (value) {
        // 功能代码段
    }, null, value, arguments.length > 1, null, true);
}
```

access() 是一个多功能值操作的私有工具函数。access 可以使用 getter/setter 方法在一个函数中体现。例如，css() 方法的使用方法如下：

```
$(selector).css(key)                          //getter
$(selector).css(key,valye)                    //setter
$(selector).css({key1:valye1,key2:value2})    //setter
$(selector).css(function(){ … })              //setter
```

源码如下：

```
// 获取和设置集合值的多功能方法
// 参数说明如下：
//elems：元素集合
//fn：回调
//key：键
//value：值
//chainable：0 为读取；1 为设置
//emptyGet：一般不提供该参数，当没有元素时返回 undefined
//raw：字符串为真，函数为假
var access = function (elems, fn, key, value, chainable, emptyGet, raw) {
    var i = 0,
        len = elems.length,
```

Note

```
        bulk = key == null;
    if (jQuery.type(key) === "object") {                    // 如果是 jQuery 对象
        chainable = true;
        for (i in key) {                                    // 迭代集合内元素
            access(elems, fn, i, key[i], true, emptyGet, raw);// 使用当前元素递归调用
        }
        // 设置一个值
    } else if (value !== undefined) {                       // 如果传递参数 value
        chainable = true;                                   // 链式标识
        // 赋值，如 .attr( attributeName, function(index, attr) ) 传入的 value 就是一个函数
        if (!jQuery.isFunction(value)) {                    // 如果参数 value 不是函数，则设置标识变量 raw
            raw = true;
        }
        //key 不为 null 或者 undefined 时
        if (bulk) {
            // 批量操作，针对整个集合运行
            if (raw) {
                fn.call(elems, value);
                fn = null;
                // 除非执行函数值
            } else {
                bulk = fn;
                fn = function (elem, key, value) {
                    return bulk.call(jQuery(elem), value);
                };
            }
        }
        // 如果第二个参数函数存在
        if (fn) {
            for (; i < len; i++) {                          // 对 jQuery 中的每个元素调用回调函数
                // 如果 raw 不是函数 fn(elems[i], key,value);
                // 如果 raw 是函数：fn(elems[i], key,value.call( elems[i], i, fn( elems[i], key )));
                fn(
                    elems[i], key, raw ?
                        value :
                        value.call(elems[i], i, fn(elems[i], key))
                );
            }
        }
    }
    // 如果是链式，返回 jQuery 对象
    if (chainable) {
        return elems;
    }
    // 获取值
    if (bulk) {                                             //key 为 undefined 或者 null
        return fn.call(elems);
    }
    // 如果 jQuery 对象有长度，获取对象第一个元素的键值，否则返回 emptyGet
```

```
        return len ? fn(elems[0], key) : emptyGet;
    };
```

access() 函数包含的功能比较繁杂，读者可以先大致了解各个参数的语义，然后查看源码最下面部分，可以发现当 chainable 为 1 时，表示设置，直接返回元素集合，方便链式调用，而为 0 时，表示获取。

```
// 如果是链式，返回 jQuery 对象
if (chainable) {
    return elems;
}
// 获取值
if (bulk) {                                //key 为 undefined 或者 null
    return fn.call(elems);
}
```

在获取的部分又做了判断，因为 bulk = key == null，当没有 key 的时候,bulk 为真，所以会执行 fn.call(elems)，否则执行下面代码：

```
return len ? fn(elems[0], key) : emptyGet;
```

当 bulk 为假时，先判断元素是否有长度，如果有，则执行回调，否则返回 undefined。

了解 getter 方法后，继续看 setter 方法。setter 方法有以下 3 种形式：

☑ 键值对：如 $(selector).css(key,valye)。

☑ key 为对象：如 $(selector).css({key1:valye1,key2:value2}) 。

☑ key 为函数：如 $(selector).css(function(){ … }) 。

返回 access() 函数源码开头部分，会发现除了最底部是处理 getter 方法外，其余的部分都在处理 setter 方法。从下面代码段可以看出，if 处理键为对象，else if 处理非对象，在 else if 中又分别处理当参数为键值对和 key 为函数的两种形式。

```
if ( key && typeof key === "object" ) {
    // 省略部分代码
} else if ( value !== undefined ) {
    // 省略部分代码
}
```

当键为对象时，它的处理方式是利用递归再执行一次 access() 函数。

```
if ( key && typeof key === "object" ) {
    for ( i in key ) {
        jQuery.access( elems, fn, i, key[i], 1, emptyGet, value );
    }
    chainable = 1;
} else if ( value !== undefined ) {
    // 省略部分代码
}
```

当键为非对象时，先判断值不为空，进入后做了以下 4 件事情。

（1）如果值是函数，则 exec 为真。

（2）如果键为空，则值为函数时做了相应的处理；值为字符串时执行回调。

（3）循环元素集合执行回调。

Note

（4）把 chainable 设置为 1，方便在 return 中进行处理。

```
if (jQuery.type(key) === "object") {
    chainable = true;
    for (i in key) {
        access(elems, fn, i, key[i], true, emptyGet, raw);
    }
} else if (value !== undefined) {
    chainable = true;
    if (!jQuery.isFunction(value)) {
        raw = true;
    }
    if (bulk) {
        if (raw) {
            fn.call(elems, value);
            fn = null;
        } else {
            bulk = fn;
            fn = function (elem, key, value) {
                return bulk.call(jQuery(elem), value);
            };
        }
    }
    if (fn) {
        for (; i < len; i++) {
            fn(
                elems[i], key, raw ?
                    value :
                    value.call(elems[i], i, fn(elems[i], key))
            );
        }
    }
}
```

以上代码比较烦琐，其实一般情况是直接进入第（3）步，因为在设置 css() 的时候，key 都是字符串，而第（2）步主要就是针对 key 为函数的情形。

6.5 DOM 操作接口

jQuery 针对 DOM 操作的插入方法有 10 种：append、prepend、before、after、replaceWith、appendTo、prependTo、insertBefore、insertAfter、replaceAll。

分 2 组，前 5 种方法与后 5 种方法对照，实现同样的功能。主要的区别是语法，特别是内容和目标的位置，这些方法依赖 domManip 和 buildFragment 模块。

在匹配元素集合中的每个元素后面插入参数所指定的内容，例如，对于 after() 方法，选择表达式在函数的前面，参数是将要插入的内容；而对于 insertAfter() 方法刚好相反，内容在方法前面，它将被放在参数里元素的后面。

6.5.1 after

源码如下：

```
after: function () {
    return domManip(this, arguments, function (elem) {
        if (this.parentNode) {
            this.parentNode.insertBefore(elem, this.nextSibling);
        }
    });
}
```

DOM 操作的所有方法依靠 domManip 合并参数处理，内部通过 buildFragment 模块构建文档片段。然后把每个方法的具体执行，通过回调函数的方式提供出来并进行处理。

DOM 操作并未提供一个直接可以在当前节点后插入一个兄弟节点的方法，但是提供了一个类似的方法：insertBefore()，使用它可以在已有的子节点前插入一个新的子节点。用法如下：

```
insertBefore(newchild,refchild)
```

例如：

```
inner.after('<p>Test</p>');
```

内部就把 '<p>Test</p>' 通过 buildFragment 构建出文档 elem。然后，通过下面代码完成操作：

```
this.parentNode.insertBefore( elem, this.nextSibling );
```

这里的 this 就是对应的 inner，elem 就是 <p>Test</p>。

用原生方法简单模拟，代码如下：

```
var inner = document.getElementsByClassName('inner')
for(var i =0 ; i<inner.length;i++){
    var elem = inner[i]
    var p = document.createElement('p')
    p.innerHTML = 'Test'
    elem.parentNode.insertBefore(p, elem.nextSibling)
}
```

6.5.2 insertAfter

jQuery 的代码设计得很巧妙，会尽可能地合并相似的功能，让代码更加精练、优雅。

```
jQuery.each({
    appendTo: "append",
    prependTo: "prepend",
    insertBefore: "before",
    insertAfter: "after",
    replaceAll: "replaceWith"
}, function( name, original ) {
    jQuery.fn[ name ] = function( selector ) {
```

```
        // 功能代码
    };
});
```

例如：

```
$('<p>Test</p>').insertAfter('.inner');
```

通过 $('<p>Test</p>') 构建一个文档片段，通过 insertAfter() 方法插入所有 class 等于 inner 的节点。表达的意思与 after 是一样的，不同点是语法，即内容和目标的位置。

```
jQuery.fn[name] = function (selector) {
    var elems,
        ret = [],                           // 操作集合
        insert = jQuery(selector),          // 插入 DOM 集合
        last = insert.length - 1,           // 最后一个
        i = 0;
    for (; i <= last; i++) {
        elems = i === last ? this : this.clone(true);
        jQuery(insert[i])[original](elems);  // 使用原方法，反向操作
        push.apply(ret, elems.get());
    }
    return this.pushStack(ret);             // 转换为 jQuery 对象，并返回
};
```

在具体的实现方法（insertAfter('.inner')）中，inner 其实就被当作 selector 传入进来了，selector 可能只是字符串选择器，内部需要转化：insert = jQuery(selector)。

$('<p>Test</p>') 就是构建出来的文档片段节点，如果有多个 insert，就需要完全克隆一份副本，所以就直接赋给

```
elems = i === last ? this : this.clone( true );
jQuery( insert[ i ] )[ original ]( elems );
```

依旧是执行 after() 方法。

```
jQuery( insert[ i ] )[ original ]( elems );
```

最终还需要返回这个构建的新节点，收集构建的节点，代码如下：

```
push.apply( ret, elems.get() );
```

构建一个新 jQuery 对象，以便实现链式语法，代码如下：

```
this.pushStack( ret );
```

由此可见，after() 方法与 insertAfter() 方法本质其实都是一样的，只是通过不同的方式调用。

6.5.3 before

根据参数设定，在匹配元素的前面插入内容，源码如下：

```
before: function () {
    return domManip(this, arguments, function (elem) {
        if (this.parentNode) {
            this.parentNode.insertBefore(elem, this);
        }
    });
}
```

设计思路类似于 after，只是替换了第二个参数，改变插入的位置。

6.5.4　append

在每个匹配元素的末尾处插入参数内容，源码如下：

```
append: function () {
    return domManip(this, arguments, function (elem) {
        if (this.nodeType === 1 || this.nodeType === 11 || this.nodeType === 9) {
            var target = manipulationTarget(this, elem);
            target.appendChild(elem);
        }
    });
}
```

在内部增加节点，可以直接调用 appendChild() 方法。

6.5.5　prepend

将参数内容插入每个匹配元素的前面（元素内部），源码如下：

```
prepend: function () {
    return domManip(this, arguments, function (elem) {
        if (this.nodeType === 1 || this.nodeType === 11 || this.nodeType === 9) {
            var target = manipulationTarget(this, elem);
            target.insertBefore(elem, target.firstChild);
        }
    });
}
```

设计思路类似于 after，只是替换了第二个参数，改变插入的位置。

6.5.6　replaceWith

使用提供的内容替换集合中所有匹配的元素，并且返回被删除元素的集合。

【示例】使用 replaceWith() 方法可以从 DOM 中移除内容，然后在这个地方插入新的内容。

```
<div class="container">
    <div class="inner first">Hello</div>
    <div class="inner second">And</div>
```

```
        <div class="inner third">Goodbye</div>
</div>
```

可以使用指定的 HTML 替换第二个 <div class="inner second">，代码如下：

```
$('div.second').replaceWith('<h2>New heading</h2>');
```

结果如下：

```
<div class="container">
        <div class="inner first">Hello</div>
        <h2>New heading</h2>
        <div class="inner third">Goodbye</div>
</div>
```

或者可以选择一个元素，替换为新的内容，代码如下：

```
$('div.third').replaceWith($('.first'));
```

结果如下：

```
<div class="container">
        <div class="inner second">And</div>
        <div class="inner first">Hello</div>
</div>
```

从上面示例可以看出，用来替换的元素从原位置移到新位置，而不是复制。

replaceWith() 与其他大部分 jQuery 方法一样，返回 jQuery 对象，所以可以和其他方法链接使用，但是要注意：replaceWith() 方法返回的对象指向已经从 DOM 中被移除的对象，而不是指向替换用的对象。

replaceWith() 方法源码如下：

```
replaceWith: function () {
        var ignored = [];
        // 进行更改，用新内容替换每个不被忽略的上下文元素
        return domManip(this, arguments, function (elem) {
                var parent = this.parentNode;
                if (jQuery.inArray(this, ignored) < 0) {     // 如果没有忽略
                        jQuery.cleanData(getAll(this));        // 清除附加数据
                        if (parent) {
                                parent.replaceChild(elem, this); // 执行替换操作
                        }
                }
                // 强制回调
        }, ignored);
}
```

6.5.7 html

jQuery.fn.html 这个 API 同时具有三个功能：创建元素、插入元素和移除元素。jQuery.fn.html 本身是对 Element.prototype.innerHTML 的封装，对于元素的创建，jQuery 也使用这个方法，所以 jQuery.fn.html 并没有调用

buildFragment，而是直接调用innerHTML。不过对于tr、td、option等只能在特定父元素下创建的元素，jQuery不会直接用innerHTML，而是会通过append来实现，这样就会调用buildFragment生成这种对象。例如：

```
$("<div>").html("<tr>")
$("<div>")[0].innerHTML = "<tr></tr>"
```

Note

第二行代码是无法创建出tr对象的，而第一行代码是可以的。因为jQuery会调用buildFragment来创建，补充table和tbody两个父元素套在tr的外边，等创建成功后再移除掉。

jQuery.fn.html这样做，使其可以在不同情况下优先使用在保证功能实现的情况下效率最高的方法。

同时jQuery.fn.html还是个setter和getter的重载函数，jQuery使用模板模式加函数柯里化实现setter和getter重载的方法access()，这个jQuery.fn.html就是access()方法的一个应用。

jQuery.fn.html是一个非常典型的DOM API的实现，支持setter和getter，对浏览器兼容做了调整，对应innerHTML却未必直接调用它，还有很多API使用了这样的封装形式，这里不再一一分析。

html()方法的源码如下：

```
html: function(value) {
    return access(this, function(value) {
        var elem = this[0] || {},                              // 获取第一个元素
            i = 0,
            l = this.length;
        // 如果没有参数，直接返回第一个元素的 HTML 字符串
        if (value === undefined && elem.nodeType === 1) {
            return elem.innerHTML;
        }
        // 判断是否可以采取快捷方式，只使用 innerHTML 设置值
        if (typeof value === "string" && !rnoInnerhtml.test(value) &&
            !wrapMap[(rtagName.exec(value) || ["", ""])[1].toLowerCase()]) {
            value = jQuery.htmlPrefilter(value);
            try {
                for (; i < l; i++) {                           // 迭代集合元素
                    elem = this[i] || {};                      // 获取当前元素
                    // 删除元素节点并防止内存泄露
                    if (elem.nodeType === 1) {
                        jQuery.cleanData(getAll(elem, false)); // 删除附加事件属性或数据
                        elem.innerHTML = value;                // 插入 HTML 字符串
                    }
                }
                elem = 0;                                      // 恢复为 0，避免后面再操作
                // 如果使用 innerHTML 引发异常，请使用回退方法，避免抛出异常
            } catch(e) { }
        }
        if (elem) {// 如果不支持 innerHTML，则使用 append() 方法添加值
            this.empty().append(value);
        }
    }, null, value, arguments.length);
}
```

使用html()方法可以获取任意一个元素的内容。如果选择器匹配多个元素，那么只有第一个匹配元素的HTML内容会被获取。

在上面源码中，主要使用jQuery的access()私有函数实现读、写操作，针对nodeType === 1的节点是通过浏览器接口innerHTML返回需要的值。

有些浏览器返回的结果可能不是原始文档的HTML源代码。例如，如果属性值只包含字母数字字符，IE有时会丢弃包裹属性值的引号，因此使用“!wrapMap[(rtagName.exec(value) || ["", ""])[1].toLowerCase()]”对其进行适当处理。

使用html()方法来设置元素的内容时，这些元素中的任何内容会被新的内容完全取代。此外，用新的内容替换这些元素前，jQuery通过“jQuery.cleanData(getAll(elem, false));”从子元素删除其他结构，如数据和事件处理程序，防止内存溢出。

对插入的值还要做一下过滤处理：必须是字符串，而且不能包含script、style、link，并且不是tr等表格元素。

```
rnoInnerhtml = /<script|<style|<link/i
htmlPrefilter: function (html) {
    return html.replace(rxhtmlTag, "<$1></$2>");
}
if (typeof value === "string" && !rnoInnerhtml.test(value) &&
                        !wrapMap[(rtagName.exec(value) || ["", ""])[1].toLowerCase()]) {
        value = jQuery.htmlPrefilter(value);
    // 省略部分代码
}
```

6.5.8 text

text()方法能够获取匹配元素集合中每个元素的文本内容组合，包括后代元素的内容，或设置匹配元素集合中每个元素的文本内容为指定的文本内容。

提示：与html()方法不同，text()在XML和HTML文档中都能使用。

text()方法的源码如下：

```
text: function(value) {
    return access(this, function (value) {
        return value === undefined ?
            jQuery.text(this) :                              // 取值
            this.empty().each(function () {                  // 如果没有参数，则迭代每个元素
                if (this.nodeType === 1 || this.nodeType === 11 || this.nodeType === 9) {
                    this.textContent = value;                // 设置值
                }
            });
    }, null, value, arguments.length);
}
```

在取值时，jQuery.text(this)实际调用Sizzle.getText()。

```
jQuery.text = Sizzle.getText;
```

getText()函数的源码如下：

```
// 工具方法，获取DOM元素集合的文本内容
// 一个用来检测DOM节点（数组）的文本值的通用函数
```

Note

```
getText = Sizzle.getText = function (elem) {
    var node,
        ret = "",
        i = 0,
        nodeType = elem.nodeType;
    if (!nodeType) {
         // 没有 nodeType，可能是 node 数组
        while ((node = elem[i++])) {
            // 遍历数组节点，把结果连接起来
            ret += getText(node);
        }
    } else if (nodeType === 1 || nodeType === 9 || nodeType === 11) {
        // 如果是元素节点 /Document 类型 /DocumentFragment 类型
        // 使用 textContent 属性
        // 移除了 innerText 来保证一致性
        if (typeof elem.textContent === "string") {
            // 是字符串类型
            return elem.textContent;
        } else {
            // 否则遍历孩子节点
            for (elem = elem.firstChild; elem; elem = elem.nextSibling) {
                // 递归调用
                ret += getText(elem);
            }
        }
    } else if (nodeType === 3 || nodeType === 4) {
        // 如果是文本节点，或 CDATA Section，返回 nodeValue
        return elem.nodeValue;
    }
    // 上面的判断保证了不会包含注释或处理命令节点
    // 返回结果
    return ret;
}
```

jQuery 没有采用 innerText 获取文本的值，是因为在 IE 8 中新节点插入会保留所有回车，所以 jQuery 采用了 textContent 获取文本值，textContent 是 DOM 3 规范的，可以兼容 Firefox 的 innerText 问题。

由于不同浏览器的 HTML 解析变化，返回的文本中换行和其他空白可能会有所不同。text() 方法不能用在 input 或 scripts 元素上，需要使用 val() 方法获取或设置 input 的值，使用 html() 方法获取或设置 script 元素的值。

6.5.9 val

val() 方法可以获取匹配元素集合中第一个元素的当前值，或者设置匹配的元素集合中每个元素的值。主要用于获取表单元素的值，如 input、select 和 textarea。

Val() 方法的源码如下：

```
var rreturn = /\r/g;                        // 回车换行符
jQuery.fn.extend({
    val: function(value) {
```

Note

```
var hooks, ret, isFunction,
    elem = this[0];
// 如果是获取操作，也就是参数为 0 时
if (!arguments.length) {                                    // 如果没有传递参数
    if (elem) {
        hooks = jQuery.valHooks[elem.type] ||
            jQuery.valHooks[elem.nodeName.toLowerCase()];
        //valHooks 有以下几个属性对象：option（下拉框的子选项）、select（下拉框）、radio（单选按钮）、
        //checkbox（复选框）
        // 也就意味着需要对这四种元素进行兼容性处理
        // 其中 radio 的 type=radio，checkbox 的 type=checkbox，select 的 type 默认为 select-one（单选）
        // 还可以设置成 select-multiple（<select multiple><option></option></select>，多选）
        if (hooks &&
            "get" in hooks &&
            (ret = hooks.get(elem, "value")) !== undefined
        ) {
            return ret;
        }
        ret = elem.value;
        // 处理最常见的字符串例子
        if (typeof ret === "string") {
            return ret.replace(rreturn, "");
        }
        // 处理 value 为 null/undefined 或数字的情况
        return ret == null ? "" : ret;
    }
    return;
}
isFunction = jQuery.isFunction(value);        // 判断值是否为函数
return this.each(function (i) {               // 设置操作，针对每个元素
    var val;
    if (this.nodeType !== 1) {                // 必须是元素节点
        return;
    }
    if (isFunction) {
        val = value.call(this, i, jQuery(this).val());
    } else {
        val = value;
    }
    // 将 null/undefined 视为 "", 将数字转换为字符串
    if (val == null) {                        // 针对这种情况：$("input").val(null);
        val = "";
    } else if (typeof val === "number") {     // 如果传入的是数字类型，就转换成字符串
        val += "";
        // 这里是针对 checkbox 和 radio 元素的，如 $("#input2").val(["hello"]); 如果传入的是字符串，则
        // 对 checkbox 的 value 属性赋值，但是传入数组，就需判断 checkbox 的 value 是否等于 hello，如
        // 果等于，就被选择上，否则不被选择上
    } else if (Array.isArray(val)) {
        val = jQuery.map(val, function (value) {
            return value == null ? "" : value + "";
```

```
                });
            }
            hooks = jQuery.valHooks[this.type] || jQuery.valHooks[this.nodeName.toLowerCase()];
            // 如果设置返回未定义，则回到正常设置
            if (!hooks || !("set" in hooks) || hooks.set(this, val, "value") === undefined) {
                this.value = val;
            }
        });
    }
});
```

下面结合一个示例说明 val() 方法是获取元素值的。

```
<script>
$(function () {
    var p = $("#multipleselect")
    p.change(function () {
        console.log(p.val());
    });
})
</script>
<select size="10" multiple="multiple" id="multipleselect" name="multipleselect">
<option>HTML</option>
<option>CSS</option>
<option>JavaScript</option>
<option>PHP</option>
<option>PERL</option>
</select>
```

对于 <select multiple="multiple"> 元素来说，val() 方法返回一个包含每个被选择的选项数组，如果没有选项被选中，它返回 null，如图 6.5 所示。

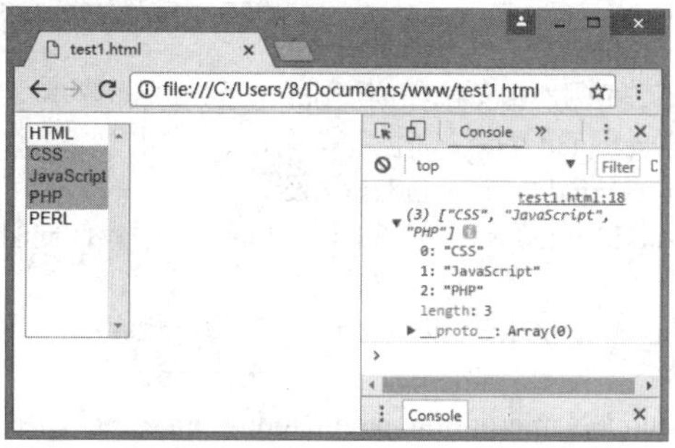

图 6.5　val() 方法的返回值

如果单选，简单使用 element.value 即可。针对多选的情况，jQuery 对 value 属性的兼容性处理，主要通过 valHooks 来实现。引入 jQuery.valHooks，修正了在不同情况下表单取值的 bug，其中就有针对 select 的 setter 与 getter 的处理。

提示： 兼容处理，在 jQuery 中称为 hooks。针对不同的兼容处理有不同的 hooks 来处理。例如，对于 value 值，就有 valHooks；对于属性值，就有 attrHooks 和 propHooks 等。

Note

valHooks 的具体源码如下：

```
jQuery.extend({
    valHooks: {                                                    // 兼容 val() 方法处理
        // 当获取 option 元素的 value 属性值时，如果没有对此 option 显式设置 value 值，获取到的值是 option 的
        // text，也就是 option 的文本，但是 IE 6、IE 7 下获取到的值是 ""
        option: {
            get: function (elem) {
                var val = jQuery.find.attr(elem, "value"); // 在 IE 6、IE 7 下，val 是一个 object
                // 如果 val != null 为 true，就代表 value 被显式设置了，因此直接返回 val
                // 如果为 false，就代表没有显式设置，因此返回 elem.text
                return val != null ?
                    val : stripAndCollapse(jQuery.text(elem));
            }
        },
        select: {
            // 当 select 是单选时，获取的 value 值，就是选择的那个 option 的值
            // 如果是多选，获取值时，就是选择的所有 option 的值的数组形式
            get: function (elem) {
                var value, option, i,
                    options = elem.options,              //select 的所有 option 的集合
                    index = elem.selectedIndex,          // 当前选择的 option 的索引值
                        one = elem.type === "select-one",
                    values = one ? null : [],            // 如果是单选，values=null；如果是多选，values=[]
                    max = one ? index + 1 : options.length;
                if (index < 0) {
                    i = max;
                } else {
                    i = one ? index : 0;
                }
                // 遍历所有选择的选项
                for (; i < max; i++) {                   // 单选，循环一次；多选，循环多次
                    option = options[i];
                    //IE 6~9 下，单击 reset 按钮时，option 的 selected 不会恢复默认值，其他浏览器会恢复所有
                    //option 的 selected 的默认值
                    if ((option.selected || i === index) &&
                        !option.disabled &&   // 如果 option 被设置了 disabled，那么获取 option 的值时，是获
                                              // 取不到的
                        (!option.parentNode.disabled || // 如果 option 的父元素被设置了 disabled，并且父元素是
                                                        // optgroup，那么也获取不到
                            !nodeName(option.parentNode, "optgroup"))) {
                        value = jQuery(option).val();  // 针对 option，获取选项的具体值
                        if (one) {                     // 如果是单选，不需要一个选择数组
                            return value;
                        }
                        // 如果是多重选择，返回一个数组
                        values.push(value);
                    }
                }
                return values;
```

```
            },
            set: function (elem, value) {
                var optionSet, option,
                    options = elem.options,
                    values = jQuery.makeArray(value),// 把 value 转换成数组
                        i = options.length;
                while (i--) {
                    option = options[i];
                     // 判断 select 的子元素 option 的 value 是否在 values 数组中，如果在，就会把这个 option 选中
                    if (option.selected =
                        jQuery.inArray(jQuery.valHooks.option.get(option), values) > -1
                    ) {
                        optionSet = true;
                    }
                }
                // 如果 select 下的 option 的 value 值没有一个等于 value 的，那么就让 select 的选择索引值赋为 -1，
                // 让 select 框中没有任何值
                if (!optionSet) {
                    elem.selectedIndex = -1;
                }
                return values;
            }
        }
    }
});
// 单选按钮和复选框的 getter/setter 处理
jQuery.each(["radio", "checkbox"], function () {
    jQuery.valHooks[this] = {
        set: function (elem, value) {
            /* 当 value 是数组时，判断此元素的 value 值是否在数组 value 中，如果在，就让元素被选择上。此
             元素只有 radio 和 checkbox 这两种 */
            if (Array.isArray(value)) {
                return (elem.checked = jQuery.inArray(jQuery(elem).val(), value) > -1);
            }
        }
    };
    /* 如果元素是 radio 或者 checkbox，去获取它的默认 value 值时，旧版本 WebKit 得到的值是 ""，而其他浏览
     器是 on，因此当没有对此元素显式设置它的 value 值（通过 getAttribute 获取的 value 的是 null）时，可以
     通过 input.value 获取它的默认值，所有浏览器都返回 on*/
    if (!support.checkOn) {
        jQuery.valHooks[this].get = function (elem) {
            return elem.getAttribute("value") === null ? "on" : elem.value;
        };
    }
});
```

从上面源码可以看到，jQuery 针对不同的表单选择控件，以及 setter 和 getter 行为分别进行定制，以兼容不同的浏览器。

那么，对于设置值也是一样的，通过 jQuery.valHooks 找到对应的处理 hack，否则直接使用“this.value = val;”。

第7章

操作DOM

（视频讲解：**1** 小时 **24** 分钟）

第6章讲解了jQuery关于DOM操作的代码封装方式和思路，作为JavaScript库，jQuery继承并优化了JavaScript访问DOM的特性，使开发人员更加方便地操作DOM。本章将具体介绍jQuery操作DOM的方法，以及部分方法的源码解析。

【学习重点】

- 操作节点。
- 插入、编辑和删除文本字符串。
- 操作属性和类。
- 读写文本和值。

7.1　创建节点

视频讲解

在 Web 开发中，要创建动态网页内容，主要操作的节点包括元素、属性和文本，下面分别进行说明。

7.1.1　创建元素

使用 DOM 的 createElement() 方法能够根据参数指定的标签名称创建一个新的元素，并返回新建元素的引用。用法如下：

```
var element = document.createElement("tagName");
```

其中 element 表示新建元素的引用，createElement() 是 document 对象的一个方法，该方法只有一个参数，用来指定创建元素的标签名称。

如果要把创建的元素添加到文档中，还需要调用 appendChild() 方法来实现。

【示例 1】创建 div 元素对象，并添加到文档中。

```
window.onload = function(){                    // 页面初始化函数
    var div = document.createElement("div");// 创建 div 元素
    document.body.appendChild(div);           // 把创建的 div 元素添加到 DOM 文档树中
}
```

jQuery 简化 DOM 操作，直接使用 jQuery 构造函数 $() 创建元素对象。用法如下：

```
$(html)
```

该函数能够根据参数 html 所传递的 HTML 字符串创建一个 DOM 对象，并将该对象包装为 jQuery 对象返回。

注意：字符串参数必须符合严谨型 XHTML 结构要求，标记应该包含起始标签和结束标签。如果没有结束标签，则应添加闭合标记，即在起始标签中添加斜线。例如，下面字符串参数都是合法的：

```
"<h1></h1>"                              // 合法的字符串参数
"<h1 />"                                 // 合法的字符串参数
```

而下面的字符串参数都是非法的：

```
"<h1>"                                   // 非法的字符串参数
"</h1>"                                  // 非法的字符串参数
```

【示例 2】动态创建的元素不会自动添加到文档中，需要使用其他方法把它添加到文档中。可以使用 jQuery 的 append() 方法把创建的 div 元素添加到文档 body 元素节点下。

```
$(function(){                                  // 页面初始化函数
    var $div = $("<div></div>");               // 创建 div 对象
    $("body").append($div);                    // 把创建的 div 对象添加到文档中
})
```

在浏览器中运行代码后，新创建的 div 元素被添加到文档中，由于该元素没有包含任何文本，所以看不到任何显示效果。

Note

提示：jQuery 和 JavaScript 都可以快速创建元素，但 jQuery 的用法稍显简便。从执行效率角度分析，两者差距明显，JavaScript 要比 jQuery 快 10 倍以上，在 IE 8 中差距会拉大到 30 倍以上，其他主流浏览器的执行效率差距更大。

7.1.2 创建文本

使用 DOM 的 createTextNode() 方法可以创建文本节点。用法如下：

```
document.createTextNode(data)
```

参数 data 表示字符串。参数中不能包含任何 HTML 标签，否则 JavaScript 会把这些标签作为字符串进行显示。最后返回新创建的文本节点。

新创建的文本节点不会自动增加到 DOM 文档树中，需要使用 appendChild() 方法实现。

【示例 1】为 div 元素创建一行文本，并在文档中显示。

```
window.onload = function(){
    var div = document.createElement("div");
    var txt = document.createTextNode("DOM");
    div.appendChild(txt);
    document.body.appendChild(div);
}
```

jQuery 创建文本节点比较简单，直接把文本字符串添加到元素标记字符串中，然后使用 append() 等方法把它们添加到 DOM 文档树中。

【示例 2】在文档中插入一个 div 元素，并在 <div> 标签中包含“DOM”的文本信息。

```
$(function(){
    var $div = $("<div>DOM</div>");
    $("body").append($div);
})
```

从代码输入的角度分析，JavaScript 实现相对麻烦，用户需要分别创建元素节点和文本节点，然后把文本节点添加到元素节点中，再把元素添加到 DOM 文档树中。而 jQuery 经过包装之后，与 jQuery 创建元素节点操作相同，仅需要两步操作即可快速实现。

从执行效率角度分析，JavaScript 直接实现要比 jQuery 实现快 8 倍以上，在执行速度最慢的 IE 浏览器中，两者差距也在 10 倍以上。

7.1.3 创建属性

使用 DOM 的 setAttribute () 方法可以创建属性节点，并设置属性节点包含的值。用法如下：

```
setAttribute(name,value)
```

参数 name 和 value 分别表示属性名和属性值。属性名和属性值必须以字符串的形式进行传递。如果元素中存在指定的属性，它的值将被刷新；如果不存在，则 setAttribute() 方法将为元素创建该属性并赋值。

【示例 1】以 7.1.2 节示例 1 为例，调用 setAttribute() 方法为 div 元素设置一个 title 属性，实现代码如下：

```
window.onload = function(){
    var div = document.createElement("div");
    var txt = document.createTextNode("DOM");
    div.appendChild(txt);
    document.body.appendChild(div);
    div.setAttribute("title"," 盒子 ");          // 为 div 元素定义 title 属性
}
```

jQuery 创建属性节点与创建文本节点类似，简单而又方便。

【示例 2】针对上面示例，在 jQuery 构造函数中以字符串形式简单设置。使用 jQuery 实现的代码如下：

```
$(function(){
    var $div = $("<div   title=' 盒子 ' >DOM</div>");
    $("body").append($div);
})
```

从代码编写的角度分析，直接使用 JavaScript 实现需要单独为元素设置属性，而 jQuery 能够直接把元素、文本和属性混在一起以 HTML 字符串的形式进行传递。

从执行效率角度分析，JavaScript 实现与 jQuery 实现的效率差距很大。在 JavaScript 执行速度最快的 Safari 浏览器中循环执行 1000 次，则 JavaScript 实现耗时为十几毫秒，而 jQuery 实现耗时为 500 多毫秒。不同环境、版本和每次执行时间可能略有误差，但是差距基本保持在几十倍。在执行速度最慢的 IE 浏览器中进行同比测试，JavaScript 实现耗时为 300～400 毫秒，而 jQuery 实现耗时为 3500 多毫秒，可见两者差距也在 10 倍左右。

由此可见，jQuery 以一种简易的方法代替烦琐的操作，简化了 Web 开发的难度和门槛，但是由于 jQuery 是对 JavaScript 进行封装，所以执行速度并没有得到优化，相反却影响了代码的执行效率。因此，在可能的情况下，建议混合使用 JavaScript 和 jQuery 方法，以提高代码执行效率。

7.2　插入节点

视频讲解

jQuery 提供了众多在文档中插入节点的方法，极大地方便了用户操作。

7.2.1　内部插入

在 DOM 中，使用 appendChild() 方法和 insertBefore() 方法可以在元素内插入节点内容。

appendChild() 方法能够把参数指定的元素插入到指定节点内的尾部。用法如下：

```
nodeObject.appendChild(newchild)
```

其中 nodeObject 表示节点对象，参数 newchild 表示要添加的子节点。插入成功之后，返回插入节点。

【示例 1】把一个 h1 元素添加到 div 元素的后面，动态插入的结构如图 7.1 所示。

```
<script>
window.onload = function(){
    var div = document.getElementsByTagName("div")[0];
    var h1 = document.createElement("h1");
    div.appendChild(h1);
}
</script>
<div>
    <p> 段落文本 </p>
</div>
```

insertBefore() 方法可以在指定子节点前面插入元素。用法如下：

```
insertBefore(newchild,refchild)
```

其中参数 newchild 表示插入新的节点，refchild 表示在节点前插入新节点。返回新的子节点。

【**示例 2**】在 div 元素的第一个子元素前面插入一个 h1 元素，动态插入的结构如图 7.2 所示。

```
<script>
window.onload = function(){
    var div = document.getElementsByTagName("div")[0];
    var h1 = document.createElement("h1");
    var o = div.insertBefore(h1,div.firstChild);
}
</script>
<div>
    <p> 段落文本 </p>
</div>
```

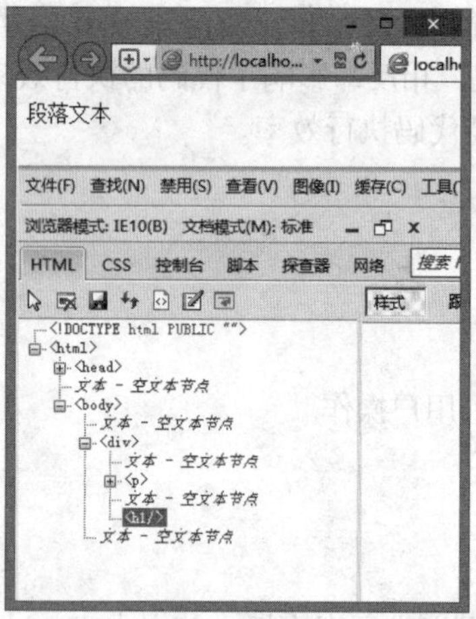

图 7.1　appendChild() 方法应用

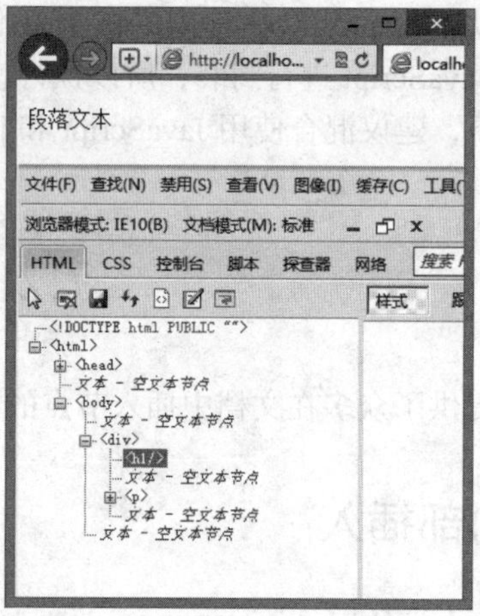

图 7.2　insertBefore() 方法应用

jQuery 定义了 4 个方法用来在元素内部插入内容，说明如表 7.1 所示。

1. append()

append() 方法能够把参数指定的内容插入指定的节点中，并返回一个 jQuery 对象。指定的内容被插入每个匹配元素的最后面，作为它的最后一个子元素（last child）。用法如下：

表 7.1 在节点内部插入内容的方法

方　法	说　明
append()	向每个匹配的元素内部追加内容
appendTo()	把所有匹配的元素追加到另一个指定的元素集合中。实际上，该方法颠倒了 append() 的用法。例如，$(A).append(B) 与 $(B).appendTo(A) 是等价的
prepend()	向每个匹配的元素内部前置内容
prependTo()	把所有匹配的元素前置到另一个指定的元素集合中。实际上，该方法颠倒了 prepend() 的用法。例如，$(A).prepend (B) 与 $(B). prependTo (A) 是等价的

1. append()

append() 方法能够把参数指定的内容插入到指定的节点中，并返回一个 jQuery 对象。指定的内容被插入到每个匹配元素里面的最后面，作为它的最后一个子元素（last child）。用法如下：

```
append(content)
append(function(index,html))
```

参数 content 可以是一个元素、HTML 字符串，或者 jQuery 对象，用来插入每个匹配元素的末尾。参数 function(index,html) 是一个返回 HTML 字符串的函数，该字符串用来插入匹配元素的末尾。

【示例 3】调用 jQuery 的 append() 方法把一个列表项字符串添加到当前列表的末尾，演示效果如图 7.3 所示。

```
<script>
$(function(){
    $(".container").append('<li><img src="images/3.png" /></li>');
})
</script>
<h2> 浏览器图标 </h2>
<ul class="container">
    <li><img src="images/1.png" /></li>
    <li><img src="images/2.png" /></li>
</ul>
```

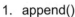

图 7.3 在列表项末尾添加新项

append() 方法不仅接收 HTML 字符串，还接收 jQuery 对象或者 DOM 对象。如果把 jQuery 对象追加到当前元素尾部，则将删除原来位置的 jQuery 匹配对象，此操作相当于移动，而不是复制。

【示例 4】 调用 jQuery 的 append() 方法把标题移动到列表结构的尾部，显示效果如图 7.4 所示。

```
$(function(){
    $(".container").append($("h2"));
})
```

图 7.4　在文档中移动元素位置

2. appendTo()

appendTo() 方法将匹配的元素插入目标元素的最后面。用法如下：

```
appendTo(target)
```

参数 target 表示一个选择符、元素、HTML 字符串或者 jQuery 对象；匹配的元素会被插入由参数指定的目标的末尾。

appendTo() 与 append() 方法操作相反，但是实现效果相同。例如，对于下面一行语句：

```
$(".container").append($("h2"));
```

可以改写为：

```
$("h2").appendTo($(".container"));
```

3. prepend()

prepend() 方法能够把参数指定的内容插入指定的节点中，并返回一个 jQuery 对象。指定的内容被插入每个匹配元素的最前面，作为它的第一个子元素（first child）。用法如下：

```
prepend(content)
prepend(function(index,html))
```

参数 content 可以是一个元素、HTML 字符串，或者 jQuery 对象，用来插入到每个匹配元素的末尾。参数 function(index,html) 是一个返回 HTML 字符串的函数，该字符串用来插入到匹配元素的末尾。

【示例 5】 以示例 4 为基础，调用 jQuery 的 prepend() 方法把一个列表项字符串添加到当前列表的首位，演示效果如图 7.5 所示。

```
$(function(){
    $(".container").prepend('<li><img src="images/3.png" /></li>');
})
```

图 7.5　在列表项首位添加新项

另外，jQuery 定义了 prependTo() 方法，该方法与 appendTo() 方法相对应，即把指定的 jQuery 对象包含的内容插入参数匹配的元素中。

7.2.2　外部插入

DOM 没有提供外部插入的一般方法，如果要实现在匹配元素外面插入或者包裹元素，则需要间接方式实现。jQuery 提供了多个外部插入内容的方法，详细说明如表 7.2 所示。

表 7.2　在节点外部插入内容

方　　法	说　　明
after()	在每个匹配的元素之后插入内容
before()	在每个匹配的元素之前插入内容
insertAfter()	把所有匹配的元素插入另一个指定的元素集合的后面
insertBefore()	把所有匹配的元素插入另一个指定的元素集合的前面

1. after()

after() 方法能够根据设置参数在每个匹配的元素之后插入内容。用法如下：

```
after(content)
after(function(index))
```

参数 content 表示一个元素、HTML 字符串，或者 jQuery 对象，用来插在每个匹配元素的后面。参数 function(index) 表示一个返回 HTML 字符串的函数，这个字符串会被插入每个匹配元素的后面。

【示例 1】调用 jQuery 的 after() 方法在每个列表项后面添加一行字符串，该字符串是通过 $("li img").attr("src") 方法从列表结构中获取图片中的 src 属性值，演示效果如图 7.6 所示。

```
<script>
$(function(){
    $("li img").after($("li img").attr("src"));
```

```
})
</script>
<ul class="container">
    <li><img src="images/1.jpg" /></li>
    <li><img src="images/2.jpg" /></li>
</ul>
```

图 7.6　在列表项后面添加注释行文本

2. insertAfter() 方法

insertAfter() 方法与 after() 方法功能相同，但用法相反。用法如下：

```
insertAfter(target)
```

参数 target 表示一个选择器、元素、HTML 字符串或者 jQuery 对象，匹配的元素将会被插入到由参数指定的目标后面。例如，针对下面这行代码：

```
$("li img").after($("<span> 注释文本 </span>"));
```

则可以改写为：

```
$("<span> 注释文本 </span>").insertAfter($("li img"));
```

3. before()

before() 方法为每个匹配的元素之前插入内容。用法如下：

```
before (content)
before (function(index))
```

参数 content 表示一个元素、HTML 字符串，或者 jQuery 对象，用来插在每个匹配元素的前面。参数 function(index) 表示一个返回 HTML 字符串的函数，这个字符串会被插入到每个匹配元素的前面。

【示例 2】以示例 1 为基础，调用 jQuery 的 before() 方法在每个列表项前面添加图片中的 src 字符串信息，演示效果如图 7.7 所示。

```
$(function(){
    $("li img").before($("li img").attr("src"));
})
```

4. insertBefore() 方法

insertBefore() 方法与 before() 方法功能相同，操作相反。用法如下：

```
insertBefore(target)
```

图 7.7　在列表项前面添加注释行文本

参数 target 表示一个选择器、元素、HTML 字符串或者 jQuery 对象，匹配的元素将会被插入在由参数指定的目标前面。例如，针对下面这行代码：

```
$("li img").brfore($("<span> 注释文本 </span>"));
```

则可以改写为：

```
$("<span> 注释文本 </span>").beforetAfter($("li img"));
```

提示： appendTo()、prependTo()、insertBefore() 和 insertAfter() 方法具有破坏性操作特性。也就是说，如果选择已存在内容，并把它们插入指定对象中时，原位置的内容将被删除。

视频讲解

7.3　删除节点

使用 DOM 的 removeChild() 方法可以删除指定的节点及其包含的所有子节点，并返回这些删除的内容。用法如下：

```
nodeObject.removeChild(node)
```

其中 nodeObject 表示父节点对象，参数 node 表示要删除的子节点。

【示例】 先使用 document.getElementsByTagName() 方法获取页面中的 div 和 p 元素，然后移出 p 元素，把移出的 p 元素附加到 div 元素后面。

```
<script>
window.onload = function(){
    var div = document.getElementsByTagName("div")[0];
    var p = document.getElementsByTagName("p")[0];
    var p1 = div.removeChild(p);
    div.parentNode.insertBefore(p1,div.nextSibling);
}
</script>
<div>
    <p> 段落文本 </p>
</div>
```

由于 DOM 的 insertBefore() 与 appendChild() 方法都具有破坏性，当使用文档中现有元素进行操作时，会先删除原位置上的元素。因此对于下面两行代码：

```
var p1 = div.removeChild(p);                              // 移出 p 元素
div.parentNode.insertBefore(p1,div.nextSibling);          // 把移出的 p 元素附加到 div 元素后面
```

可以合并为：

```
div.parentNode.insertBefore(p,div.nextSibling);           // 直接使用 insertBefore() 移动 p 元素
```

jQuery 定义了 3 个删除内容的方法：remove()、empty() 和 detach()。其中 remove() 方法对应 DOM 的 removeChild() 方法，详细说明如表 7.3 所示。

表 7.3　jQuery 删除内容的方法

方　法	说　明
remove()	从 DOM 中删除所有匹配的元素
empty()	删除匹配的元素集合中所有的子节点
detach()	从 DOM 中删除所有匹配的元素

7.3.1　移出

remove() 方法能够将匹配元素从 DOM 中删除。用法如下：

```
remove( [ selector ] )
```

参数 selector 表示一个选择表达式用来过滤匹配的将被移出的元素。该方法还将同时移出元素内部的一切，包括绑定的事件及与该元素相关的 jQuery 数据。

【示例 1】为 <button> 标签绑定 click 事件，当用户单击按钮时将调用 jQuery 的 remove() 方法移出所有的段落文本，演示效果如图 7.8 所示。

```
<script>
$(function(){
    $("button").click(function () {
        $("p").remove();
    });
})
</script>
<p> 段落文本 1</p>
<div> 布局文本 </div>
<p> 段落文本 2</p>
<button> 清除段落文本 </button>
```

提示：由于 remove() 方法能够删除匹配的元素，并返回这个被删除的元素，因此在特定条件下该方法的功能可以使用 jQuery 的 appendTo()、prependTo()、insertBefore() 或 insertAfter() 方法进行模拟。

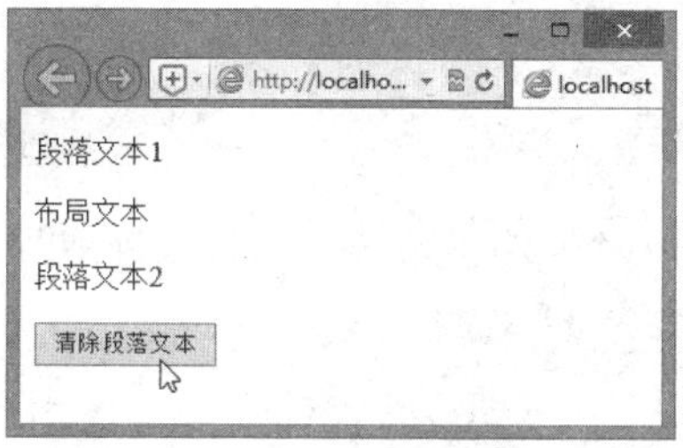

图 7.8　单击移出段落文本

【示例 2】先将父元素 div 的子元素 p 移出，然后插入到父元素 div 的后面，执行之后的 HTML 结构如图 7.9 所示。

```
<script>
$(function(){
	var $p = $("p").remove();
	$p.insertAfter("div");
})
</script>
<div>
	<p> 段落文本 </p>
</div>
```

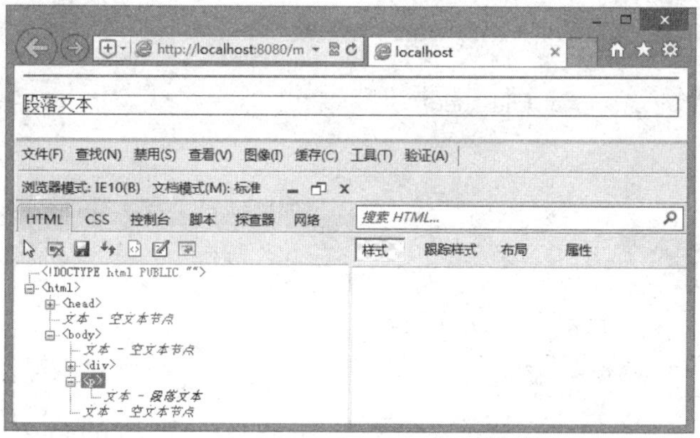

图 7.9　使用 jQuery 移动 HTML 结构

如果使用 insertAfter() 方法，则可以把上面的两步操作合并为一步，代码如下：

```
<script>
$(function(){
	$("p").insertAfter("div");                    // 直接把段落文本移动到 div 元素后面
})
</script>
```

不过 remove() 方法的主要功能是删除指定节点以及包含的子节点。

【源码解析】

jQuery 通过 jQuery.fn.extend({}) 方式添加了 remove() 方法，源码如下：

Note

```
remove: function (selector) {// 从 DOM 中删除所有匹配的元素
    return remove(this, selector);
}
```

在上面代码中，调用了 jQuery 的一个私有函数 remove() 来处理节点移出操作，源码如下：

```
// 从 DOM 中删除所有匹配的元素
// 参数说明：
//elem：jQuery 对象
//selector：用于筛选元素的 jQuery 表达式
//keepData：是否保存属性信息
function remove(elem, selector, keepData) {
    var node,
        // 如果存在 CSS 表达式，则调用 jQuery.filter() 过滤 DOM 元素集合，如果不存在，则直接操作所有 DOM 元素
        nodes = selector ? jQuery.filter(selector, elem) : elem,
        i = 0;
    for (;                                          // 使用 for 迭代所有 DOM 元素
        (node = nodes[i]) != null; i++) {
        if (!keepData && node.nodeType === 1) { // 如果不保留附加属性信息
            jQuery.cleanData(getAll(node));         // 则清除节点的附加信息
        }
        if (node.parentNode) {                      // 如果存在父节点
            if (keepData && jQuery.contains(node.ownerDocument, node)) {// 如果保留附加属性信息，且位于当前
                                                                        // 文档节点下
                setGlobalEval(getAll(node, "script")); // 设置 script 属性
            }
            node.parentNode.removeChild(node);      // 移出节点
        }
    }
    return elem;                                    // 返回 jQuery 对象，保证链式语法连贯性
}
```

7.3.2 清空

empty() 方法可以清空元素包含的内容。在用法上，empty() 方法和 remove() 方法相似，但是执行结果略有区别。用法如下：

```
empty()
```

该方法没有参数，表示将直接删除匹配元素包含的所有内容。

【示例】 为 <button> 标签绑定 click 事件，当用户单击按钮时将调用 jQuery 的 empty() 方法清空段落文本内的所有内容，但没有删除 p 元素。

```
<script>
$(function(){
    $("button").click(function () {
        $("p").empty();
    });
})
```

```
</script>
<p> 段落文本 1</p>
<div> 布局文本 </div>
<p> 段落文本 2</p>
<button> 清除段落文本 </button>
```

提示：移出和清空是两个不同的操作概念，移出将删除指定的 jQuery 对象所匹配的所有元素，以及其包含的所有内容，而清空仅删除指定的 jQuery 对象所匹配的所有元素包含的内容，但是不删除当前匹配元素。

另外，remove() 方法能够根据传递的参数进行有选择的移出操作，而 empty() 方法将对所有匹配的元素执行清空操作，没有可以选择的参数。

【源码解析】

jQuery 通过 jQuery.fn.extend({}) 方式添加了 empty() 方法，源码如下：

```
// 删除匹配元素集合中的所有子节点
empty: function () {
    var elem,
        i = 0;
    for (;                                              // 如果节点存在
        (elem = this[i]) != null; i++) {
        if (elem.nodeType === 1) {                     // 如果是元素节点
            // 防止内存泄露
            jQuery.cleanData(getAll(elem, false)); // 清除所有属性信息
            // 删除任何剩余的节点
            elem.textContent = "";
        }
    }
    return this;                                        // 返回 jQuery
}
```

7.3.3　分离

detach() 方法能够将匹配元素从 DOM 中分离出来。用法如下：

```
detach([expr])
```

参数 expr 是一个选择表达式，将需要移出的元素从匹配的元素中过滤出来。该参数可以省略，如果省略则将移出所有匹配的元素。

【示例 1】 为 <button> 标签绑定 click 事件，当用户单击按钮时将调用 jQuery 的 detch() 方法分离段落文本，演示效果如图 7.10 所示。

```
<script>
$(function(){
    $("p").click(function(){
        $(this).toggleClass("off");
    });
```

```
        var p;
        $("button").click(function(){
            if ( p ) {
                p.appendTo("body");
                p = null;
            } else {
                p = $("p").detach();
            }
        });
    })
    </script>
    <p> 段落文本 1</p>
    <div> 布局文本 </div>
    <p> 段落文本 2</p>
    <button> 分离段落文本 </button>
```

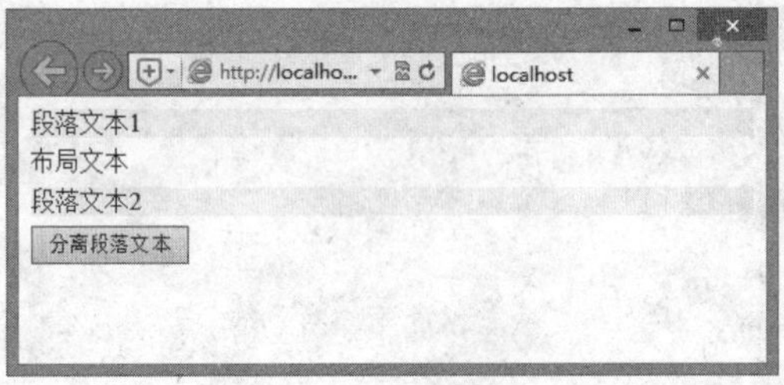

图 7.10　分离段落文本

在上面示例中，文档中包含两段文本，通过 $("p").click() 方法为段落文本绑定一个单击事件，即单击段落文本时，将设置或者移出样式类 off，这样 p 元素就拥有了一个事件属性，单击段落文本可以切换 off 样式类。在内部样式表中，定义段落文本默认背景色为浅黄色，单击后应用 off 样式类，恢复默认的白色背景，通过 toggleClass() 类切换方法实现再次单击段落文本后将再次显示浅黄色背景。

然后在按钮的 click 事件处理函数中，将根据一个临时变量 p 的值来判断是否分离文档中的段落文本，或者把分离的段落文本重新附加到文档尾部。此时，会发现当再次恢复被删除的段落文本时，它依然保留着上面定义的事件属性。

注意： 与 remove() 方法不同的是，detach() 方法能够保存所有 jQuery 数据与被移走的元素相关联，所有绑定在元素上的事件、附加的数据等都会保留下来。当需要移走一个元素，不久又将该元素插入 DOM 时，这种方法很有用。

【示例 2】 以示例 1 为例，如果使用 remove() 方法代替 detach() 方法，则当再次恢复被删除的段落文本时，段落文本的 click 事件属性将失效，主要代码如下：

```
    $(function(){
        $("p").click(function(){
            $(this).toggleClass("off");
        });
        var p;
        $("button").click(function(){
            if ( p ) {
```

```
                p.appendTo("body");
                p = null;
            } else {
                p = $("p").remove();
            }
        });
})
```

【源码解析】

jQuery 通过 jQuery.fn.extend({}) 方式添加了 detach() 方法，源码如下：

```
detach: function (selector) {
    return remove(this, selector, true);
}
```

调用 remove() 方法，设置第 3 个参数为 true，保留属性信息。

视频讲解

7.4 克隆节点

在 DOM 操作过程中，如果直接使用节点会出现节点随操作而变动的情况。比如，对节点使用 .after/.before/.append 等方法后，节点被添加到新的地方，原来位置上的节点被移出了。有时需要保留原来位置上的节点，仅仅需要一个副本添加到对应位置，这时克隆就有了使用场景。

jQuery.fn.clone 克隆当前匹配元素集合的一个副本，并以 jQuery 对象的形式返回。

还可以指定是否复制这些匹配元素（甚至它们的子元素）的附加数据（data() 函数）和绑定事件。

7.4.1 使用 clone()

使用 DOM 的 cloneNode() 方法可以克隆节点。用法如下：

```
nodeObject.cloneNode(include_all)
```

参数 include_all 为布尔值，如果为 true，那么将会克隆原节点，以及所有子节点；如果为 false，则仅复制节点本身。复制后返回的节点副本属于文档所有，但并没有为它指定父节点，需要通过 appendChild()、insertBefore() 或 replaceChild() 方法将它添加到文档中。

【示例】使用 cloneNode() 方法复制 div 元素及其所有属性和子节点，当单击段落文本时，将复制段落文本，并追加到文档的尾部。

```
<script>
window.onload = function(){
    var div = document.getElementsByTagName("div")[0];
    div.onclick = function(){
        var div1 = div.cloneNode(true);
        div.parentNode.insertBefore(div1,div.nextSibling);
    }
}
```

```
</script>
<div class="red" title="no" ondblclick="alert('ok')">
    <p> 段落文本 </p>
</div>
```

Note

注意：复制的 div 元素不拥有事件处理函数，但是拥有 div 标签包含的事件属性。如果为 clone() 方法传递 true 参数，则可以使复制的 div 元素也拥有单击事件。也就是说，当单击复制的 div 元素时，会继续进行复制操作，连续单击会使复制的 div 元素成倍增加。

jQuery 使用 clone() 方法复制节点，用法如下：

```
clone([Even[,deepEven]])
```

参数说明如下：

☑ Even：一个布尔值（true 或者 false），设置事件处理函数是否会被复制。默认值是 false。

☑ deepEven：一个布尔值，设置是否对事件处理程序和克隆的元素的所有子元素的数据应该被复制。默认值是 false。

【示例 2】通过 clone(true) 方法复制 <b> 标签，并把它复制到 <p> 标签的后面，同时保留该标签默认的事件处理函数，演示效果如图 7.11 所示。

```
<script>
$(function(){
    $("b").click(function(){
        $(this).toggleClass("off");
    });
    $("b").clone(true).insertAfter("p");
})
</script>
<b> 加粗文本 </b>
<p> 段落文本 </p>
```

图 7.11 克隆内容

7.4.2 源码解析

jQuery 通过 jQuery.fn.extend({}) 方式添加了 clone() 方法，源码如下：

```
// 克隆匹配的 DOM 元素并且选中这些克隆的副本
// 参数说明如下：
//dataAndEvents：一个布尔值（true 或者 false），设置事件处理函数是否会被复制。默认值是 false
```

Note

```
//deepDataAndEvents：一个布尔值，设置是否对事件处理程序和克隆的元素的所有子元素的数据应该被复制。默
//认值是 false
clone: function (dataAndEvents, deepDataAndEvents) {
    //初始化参数值
    dataAndEvents = dataAndEvents == null ? false : dataAndEvents;
    deepDataAndEvents = deepDataAndEvents == null ? dataAndEvents : deepDataAndEvents;
    //映射 jQuery 中的所有元素，并调用 jQuery.clone() 工具函数对每个元素执行克隆操作
    return this.map(function () {
        return jQuery.clone(this, dataAndEvents, deepDataAndEvents);// 克隆节点
    });
}
```

下面再来解析一下 jQuery.clone() 工具函数，jQuery 通过 jQuery.extend() 方法直接把 clone() 方法挂在 jQuery 类对象上，源码如下：

```
//参数说明如下：
//elem：被克隆的元素
//dataAndEvents：是否复制附加数据和事件属性
//deepDataAndEvents：是否深度克隆
clone: function (elem, dataAndEvents, deepDataAndEvents) {
    var i, l, srcElements, destElements,
        //先克隆出 DOM 节点。对支持正确的节点克隆（即支持 elem.cloneNode 并保证克隆无误）的 DOM 节点
        //直接使用 cloneNode（true），否则自建一个节点来保存被克隆数据后获取该节点
        clone = elem.cloneNode(true),
        inPage = jQuery.contains(elem.ownerDocument, elem);
    //修复 IE 克隆问题
    //IE 8- 不能正确克隆已分离、未知的节点
    //直接新建一个相同的节点，然后获取
    //检查复制 checkbox 时是否连选中状态也一同复制，若复制则为 false，否则为 true
    //确定是元素或文档片段节点，不是 XML 文档
    if (!support.noCloneChecked && (elem.nodeType === 1 || elem.nodeType === 11) &&
        !jQuery.isXMLDoc(elem)) {                    //针对 IE 克隆问题修正
        //在这里不使用 Sizzle 的原因请参考网址为 http://jsperf.com/getall-vs-sizzle/2 上的内容
        destElements = getAll(clone);
        srcElements = getAll(elem);
        for (i = 0, l = srcElements.length; i < l; i++) { //修正所有 IE 克隆问题
            //如果是IE浏览器下，则需要通过"fixInput(srcElements[i], destElements[i]);"来逐个修正 IE 克隆问题。
            //IE 克隆解决方案全部包含在 fixInput() 中
            fixInput(srcElements[i], destElements[i]);
        }
    }
    //如果要克隆缓存数据（包括普通数据和绑定事件），则克隆绑定的事件
    if (dataAndEvents) {
        if (deepDataAndEvents) {                    //如果是深度克隆，则迭代所有后代元素
            srcElements = srcElements || getAll(elem);
            destElements = destElements || getAll(clone);
            for (i = 0, l = srcElements.length; i < l; i++) {
                //cloneCopyEvent 函数会将原节点的数据保存到克隆节点中
                //然后将原节点的事件绑定到新的克隆节点上
                cloneCopyEvent(srcElements[i], destElements[i]);
```

```
            }
        } else {                                    // 否则仅克隆当前元素
            cloneCopyEvent(elem, clone);
        }
    }
    // 保护 script 计算历史（全局性地标记 scripts 代码段已经被执行过了），并回收内存，返回克隆节点
    destElements = getAll(clone, "script");
    if (destElements.length > 0) {
        setGlobalEval(destElements, !inPage && getAll(elem, "script"));
    }
    return clone;                                   // 返回克隆的集合
}
```

视频讲解

7.5　替 换 节 点

使用 DOM 的 replaceChild() 方法可以替换节点。用法如下：

```
nodeObject.replaceChild(new_node,old_node)
```

其中参数 new_node 为指定新的节点，old_node 为被替换的节点。如果替换成功，则返回被替换的节点；如果替换失败，则返回 null。

【示例 1】使用 document.createElement("div") 方法创建一个 div 元素，然后在循环结构体内逐一使用克隆的 div 元素替换段落文本内容，演示效果如图 7.12 所示。

```
<script>
window.onload = function(){
    var p = document.getElementsByTagName("p");
    var div = document.createElement("div");
    div.innerHTML = " 盒子 ";
    for(var i=0,l = p.length;i< l;i++){
        var div1 = div.cloneNode(true);
        p[0].parentNode.replaceChild(div1,p[0]);
    }
}
</script>
<p> 段落 1</p>
<p> 段落 2</p>
<p> 段落 3</p>
```

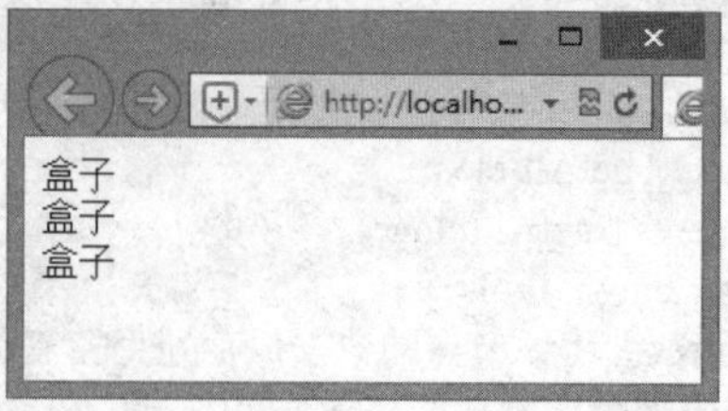

图 7.12　替换段落文本节点

jQuery 定义了 replaceWith() 和 replaceAll() 方法用来替换节点。

replaceWith() 方法能够将所有匹配的元素替换成指定的 HTML 或 DOM 元素。用法如下：

```
replaceWith(newContent)
replaceWith(function)
```

参数 newContent 表示插入的内容，可以是 HTML 字符串、DOM 元素，或者 jQuery 对象。

参数 function 返回 HTML 字符串，用来替换的内容。

【示例 2】为按钮绑定 click 事件处理函数，当单击按钮时将调用 replaceWith() 方法把当前按钮替换为 div 元素，并把按钮显示的文本装入 div 元素中，效果如图 7.13 所示。

```
<script>
$(function(){
    $("button").click(function () {
        $(this).replaceWith("<div>" + $(this).text() + "</div>");
    });
})
</script>
<button> 按钮 1</button>
<button> 按钮 2</button>
<button> 按钮 3</button>
```

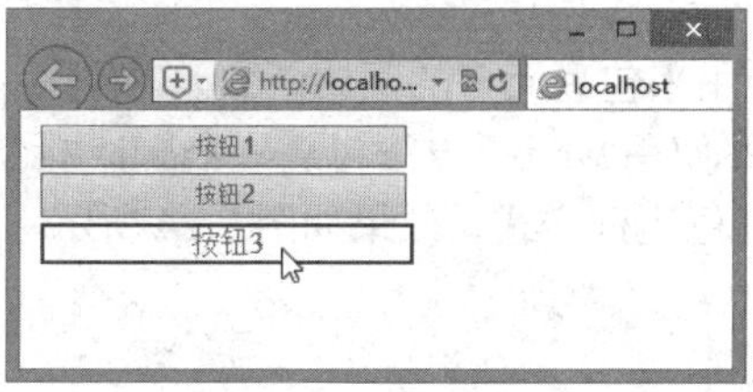

图 7.13　替换按钮

> **提示：**replaceWith() 方法将会用选中的元素替换目标元素，此操作是移动，而不是复制。与大部分其他 jQuery 方法一样，replaceWith() 方法返回 jQuery 对象，所以可以通过链式语法与其他方法链接使用。需要注意的是，replaceWith() 方法返回的 jQuery 对象是与被移出的元素相关联的，而不是新插入的元素。

replaceAll() 方法能够用匹配的元素替换掉所有指定参数匹配到的元素。用法如下：

```
replaceAll(selector)
```

参数 selector 表示 jQuery 选择器字符串，用于查找被替换的元素。

replaceAll() 方法与 replaceWith() 方法的实现结果是一致的，但是操作方式相反，类似于 $A.replaceAll($B) 和 $B.replaceWith($A)。

【示例 3】使用 replaceAll() 方法替换示例 2 中的 replacecWith() 方法，所实现的结果都是一样的。即为按钮绑定 click 事件处理函数，当单击按钮时调用 replaceAll() 方法把当前按钮替换为 div 元素，并把按钮显示的文本装入 div 元素中。

```
$(function(){
```

```
    $("button").click(function () {
        $("<div>" + $(this).text() + "</div>").replaceAll(this);
    });
})
```

Note

视频讲解

7.6 包裹元素

DOM 没有提供包裹元素的方法，jQuery 定义了 3 种包裹元素的方法：wrap()、wrapInner() 和 wrapAll()。这些方法的区别主要在于包裹的形式不同，下面分别进行介绍。

7.6.1 外包

wrap() 方法能够在每个匹配的元素外层包上一个 HTML 元素。用法如下：

```
wrap(wrappingElement)
wrap(wrappingFunction)
```

参数 wrappingElement 表示 HTML 片段、选择表达式、jQuery 对象，或者 DOM 元素，用来包在匹配元素的外层。

参数 wrappingFunction 表示一个用来包裹元素的回调函数。

【示例 1】为每个匹配的 <a> 标签使用 wrap() 方法包裹一个 <li> 标签，为了方便观察，在文档头部定义一个内部样式表，定义 li 元素显示红色边框样式，效果如图 7.14 所示。

```
<script>
$(function(){
    $("a").wrap("<li></li>");
})
</script>
<a href="#"> 首页 </a>
<a href="#"> 社区 </a>
<a href="#"> 新闻 </a>
```

图 7.14　为超链接包裹项目列表

提示：wrap() 方法的参数可以是字符串或者对象，只要该参数能够生成 DOM 结构即可，且 jQuery 允许参数可以是嵌套的，但是结构只包含一个最里层元素，这个结构会包在每个匹配元素外层。wrap() 方法返回没被包裹过的元素的 jQuery 对象用来链接其他函数。

【示例 2】针对示例 1，使用下面代码为每个超链接包裹 DOM 结构。

```
$(function(){
    $("a").wrap("<ul><li></li></ul>");
})
```

在内部样式表中添加 ul{border:solid 2px blue;} 样式，在浏览器中的效果如图 7.15 所示。

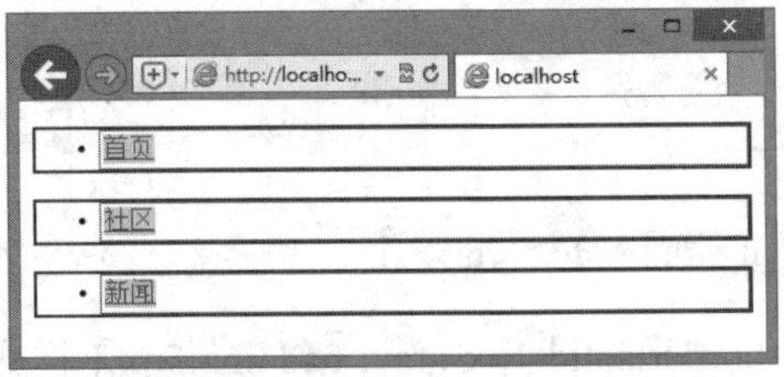

图 7.15　为超链接包裹多层的结构

7.6.2　内包

wrapInner() 方法能够在匹配元素的内容外包裹一层结构。用法如下：

```
wrapInner(wrappingElement)
wrapInner (wrappingFunction)
```

参数 wrappingElement 表示 HTML 片段、选择表达式、jQuery 对象，或者 DOM 元素，用来包在匹配元素内的内容外层。

参数 wrappingFunction 表示一个用来包裹元素的回调函数。

【示例 1】先为每个匹配的 <a> 标签使用 wrap() 方法包裹一个 <li> 标签，然后在 body 元素内使用 wrapInner() 方法为所有列表项包裹一个 ul 元素。为了方便观察，在文档头部定义一个内部样式表，定义 li 元素显示红色边框样式，同时定义 ul 元素显示为蓝色粗边框线，演示效果如图 7.16 所示。

```
<script>
$(function(){
    $("a").wrap("<li></li>");
    $("body").wrapInner("<ul></ul>");
})
</script>
<a href="#"> 首页 </a>
<a href="#"> 社区 </a>
<a href="#"> 新闻 </a>
```

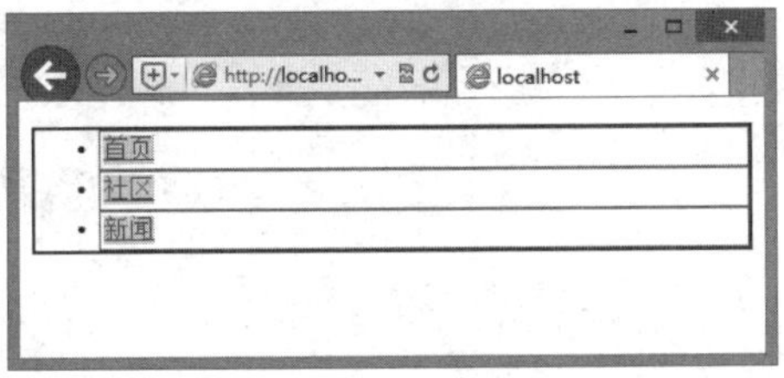

图 7.16　为网页内容包裹列表框

提示：与 wrap() 方法一样，wrapInner() 方法的参数可以是字符串或者对象，只要该参数能够形成 DOM 结构即可，且 jQuery 允许参数可以是嵌套的，但是结构只包含一个最里层元素。这个结构会包在每个匹配元素外层。wrapInner() 方法返回没被包裹过的元素的 jQuery 对象用来链接其他函数。

【示例 2】 针对示例 1，把其中的代码行：

```
$("body").wrapInner("<ul></ul>");
```

替换为：

```
$("body").wrapInner("<div><div><ul></ul></div></div>");
```

然后在内部样式表中添加 div{border:solid 1px gray; padding:5px;} 样式，在浏览器中预览演示效果，如图 7.17 所示。

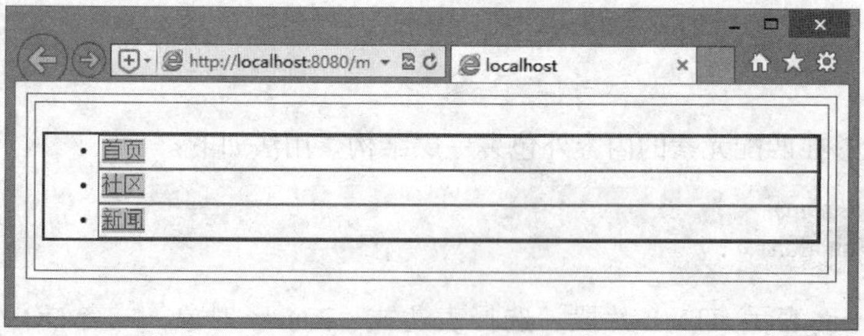

图 7.17　为网页内容包裹多层结构

7.6.3　总包

wrapAll() 方法能够在所有匹配元素外包一层结构。用法如下：

```
wrapAll(wrappingElement)
```

参数 wrappingElement 表示包在外面的 HTML 片段、表达式、jQuery 对象或者 DOM 元素。

【示例】 先为每个匹配的 <a> 标签使用 wrap() 方法包裹一个 <li> 标签，然后使用 wrapAll() 方法为所有列表项包裹一个 ul 元素。为了方便观察，在文档头部定义一个内部样式表，定义 li 元素显示红色边框样式，同时定义 ul 元素显示为蓝色粗边框线，动态结构如图 7.18 所示。

```
<script>
$(function(){
    $("a").wrap("<li></li>");
    $("li").wrapAll("<ul></ul>");
})
</script>
<a href="#"> 首页 </a>
<a href="#"> 社区 </a>
<a href="#"> 新闻 </a>
```

图 7.18　为列表项包裹一个列表结构

本示例演示效果与 7.6.2 节示例效果一样，虽然两个示例使用的方法不同，但是结果一致。也就是说，“$("li").wrapAll("<ul></ul>");”等效于“$("body").wrapInner("<ul></ul>");”。

7.6.4　卸包

unwrap() 方法与 wrap() 方法的功能相反，能够将匹配元素的父级元素删除，保留自身在原来的位置。用法如下：

```
unwrap ()
```

该方法没有参数。

【示例】 为按钮绑定一个开关事件，当单击按钮时可以为 <a> 标签包裹或者卸包 <li> 标签，在浏览器中预览效果，如图 7.19 所示。

```
<script>
$(function(){
    var i = 0, $a =$("a") ;
    $("button").click(function(){
        if(i==0){
            $a.wrap("<li></li>");
            i = 1;
        }else{
            $a.unwrap();
            i=0;
        }
    });
})
</script>
<a href="#"> 首页 </a>
<a href="#"> 社区 </a>
<a href="#"> 新闻 </a>
<button> 包装 / 卸包 </button>
```

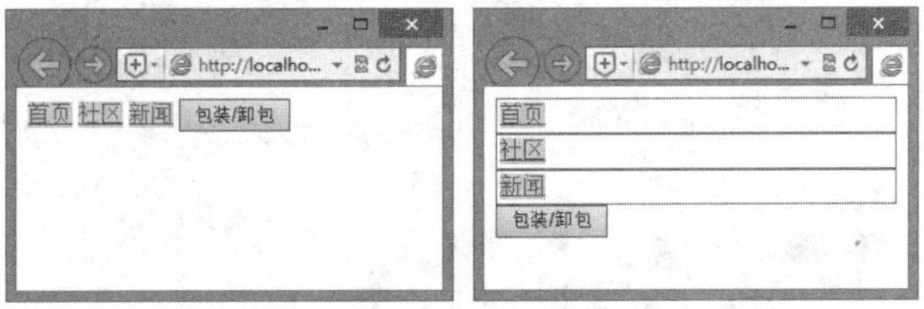

图 7.19　包裹或者卸包 <a> 标签

视频讲解

Note

7.7 操作属性

jQuery 和 DOM 都提供了属性的基本操作方法。属性操作包括设置属性、访问属性、删除属性等。

7.7.1 设置属性

在 DOM 中使用 setAttribute() 方法可以设置元素属性。用法如下：

```
elementNode.setAttribute(name,value)
```

其中 elementNode 表示元素节点；参数 name 表示设置的属性名，value 表示要设置的属性值。

【示例 1】为页面中的段落标签 <p> 定义一个 title 属性，设置属性值为"段落文本"。

```
<script>
window.onload = function(){
    var p = document.getElementsByTagName("p")[0];
    p.setAttribute("title"," 段落文本 ");
}
</script>
<p> 段落文本 </p>
```

jQuery 定义了两个用来设置属性值的方法：prop() 和 attr()。

1. prop()

prop() 方法能够为匹配的元素设置一个或更多的属性。用法如下：

```
prop(propertyName, value)
prop(map)
prop(propertyName, function(index, oldPropertyValue))
```

参数 propertyName 表示要设置的属性的名称；value 表示一个值，用来设置属性值。如果为元素设置多个属性值，可以使用 map 参数，该参数是一个用于设置属性的对象，以 { 属性 : 值 } 对形式进行定义。

参数 function(index, oldPropertyValue) 表示用来设置返回值的函数。使用接收到集合中的元素和属性的值作为参数旧的索引位置。在函数中，关键字 this 指的是当前元素。

【示例 2】先为所有被选中的复选框设置只读属性，当 input 元素的 checked 属性值为 checked 时，调用 prop() 方法设置该元素的 disabled 属性值为 true，在浏览器中预览效果，如图 7.20 所示。

```
<script>
$(function(){
    $("input[checked='checked']").prop({
        disabled: true
    });
})
</script>
<input type="checkbox" checked="checked" />
<input type="checkbox" />
<input type="checkbox" />
<input type="checkbox"    checked="checked" />
```

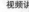

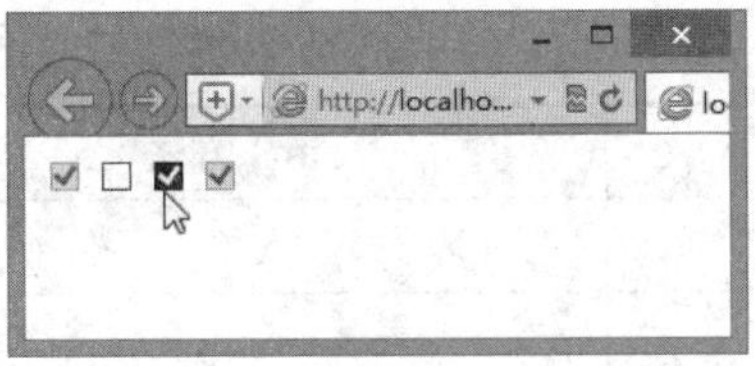

图 7.20　为复选框设置只读属性

2. attr()

attr() 方法也能够为匹配的元素设置一个或更多的属性。用法如下：

```
attr(attributeName, value)
attr(map)
attr(attributeName, function(index, attr))
```

参数 attributeName 表示要设置的属性的名称；value 表示一个值，用来设置属性值。如果为元素设置多个属性值，可以使用 map 参数，该参数是一个用于设置属性的对象，以 { 属性 : 值 } 对形式进行定义。

参数 function(index, attr) 表示用来设置返回值的函数。使用接收到集合中的元素和属性的值作为参数旧的索引位置。在函数中，关键字 this 指的是当前元素。

【示例 3】使用 attr() 方法为所有 img 元素动态设置 src 属性值，实现图像占位符自动显示序列图标图像效果，在浏览器中预览效果，如图 7.21 所示。

```
<script>
$(function(){
    $("img").attr("src",function(index){
        return "images/"+(index+1)+".jpg";
    });
})
</script>
<img /><img /><img />
```

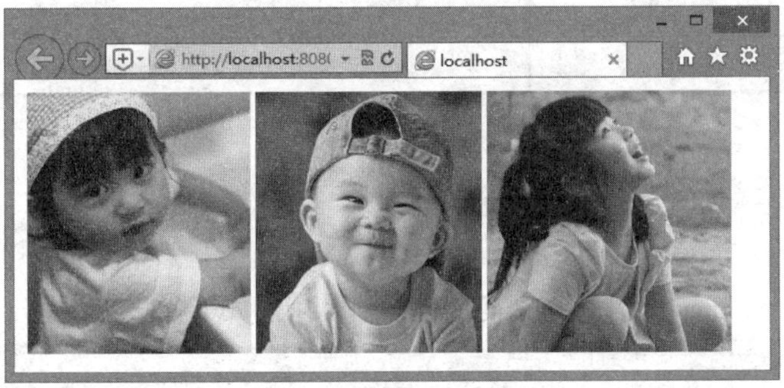

图 7.21　动态设置 img 元素的 src 属性值

提示：attr() 方法和 prop() 方法都可以用来设置元素属性，但是它们在用法上还是有细微区别的。一般使用 prop() 方法获取表单属性值。使用 prop() 方法时，返回值是标准属性，如 $('#checkbox').prop('disabled')，不会返回 disabled 或者空字符串，只会是 true 或 false。哪些属性应该用 attr() 方法访问，哪些属性应该用 prop() 方法访问，详细说明如表 7.4 所示。

表 7.4　attr() 方法和 prop() 方法用法比较

属　　性	attr() 方法	prop() 方法
accesskey	√	
align	√	
async		√
autofocus		√
checked		√
class	√	
contenteditable	√	
draggable	√	
href	√	
id	√	
label	√	
location (IE window.location)		√
multiple		√
readOnly		√
rel	√	
selected		√
src	√	
tabindex	√	
title	√	
type	√	
width (if needed over width())	√	

7.7.2　访问属性

在 DOM 中使用 getAttribute() 方法可以访问属性的值。用法如下：

```
elementNode.getAttribute(name)
```

其中 elementNode 表示元素节点对象；参数 name 表示属性的名称，以字符串形式传递。该方法的返回值为指定属性的值。

【示例 1】 直接使用 JavaScript 读取段落文本中的 title 属性值，然后以提示对话框的形式显示出来。

```
<script>
window.onload = function(){
    var p = document.getElementsByTagName("p")[0];
```

```
        alert(p.getAttribute("title"));
    }
    </script>
    <p title=" 段落文本 "> 段落文本 </p>
```

与设置属性的方法一样，jQuery 定义了两个用来访问元素属性值的方法：prop() 和 attr()，这两个方法的用法在 7.7.1 节中已经详细讲解。

当为 prop() 方法和 attr() 方法传递两个参数时，一般用来为指定的属性设置值，而当为这两个方法传递一个参数时，则表示读取指定属性的值。

1. prop()

prop() 方法的用法如下：

```
prop(propertyName)
```

参数 propertyName 表示要读取属性的名称。

提示： prop() 方法只获得 jQuery 对象中第一个匹配元素的属性值。如果元素的一个属性没有设置，或者如果没有匹配的元素，则该方法返回 undefined 值。为了获取每个元素，不妨使用循环结构的 jQuery.each() 或 .map() 方法来逐一读取。

attributes 和 properties 之间的差异在特定情况下是很重要的。例如，针对下面 HTML 片段结构：

```
<input type="checkbox" checked="checked" />
```

使用不同的方法访问该对象的 checked 属性时返回值是不同的。

```
$(elem).prop("checked")              // 返回布尔值 true
elem.getAttribute("checked")         // 返回字符串 "checked"
$(elem).attr("checked")(1.6+)        // 返回字符串 "checked"
$(elem).attr("checked")(pre-1.6)     // 返回布尔值 true
```

但是，根据 W3C 的表单规范，checked 属性是一个布尔属性，这意味着该属性值为布尔值。如果属性没有值，或者为空字符串值，这就给在脚本中进行逻辑判断带来了麻烦。考虑到不同浏览器对其处理结果不同，用户可以采用下面方式之一进行检测。

```
if ( elem.checked )
if ( $(elem).prop("checked") )
if ( $(elem).is(":checked") )
```

如果使用 attr() 进行检测，就容易出现问题，因为 attr("checked") 将获取该属性值，即只是用来存储默认或选中属性的初始值，无法直观地检测复选框的选中状态。因此，使用下面代码检测复选框选中状态将是错误的。

```
if ( $(elem).attr("checked") )
```

【示例 2】 为复选框绑定 change() 事件，当复选框状态发生变化时再次调用 change() 方法，在该方法内通过参数函数动态获取当前复选框的状态值，以及 checked 属性值，并分别使用 attr()、prop() 和 is() 方法来进行检测，以比较使用这三种方法所获取的值差异，演示效果如图 7.22 所示。

Note

```
<script>
$(function(){
    $("input").change(function() {
        var $input = $(this);
        $("p").html(".attr('checked') = <b>" + $input.attr('checked') + "</b><br>"
            + ".prop('checked') = <b>" + $input.prop('checked') + "</b><br>"
            + ".is(':checked') = <b>" + $input.is(':checked') ) ;
    }).change();
})
</script>
<input id="check" type="checkbox" checked="checked">
<label for="check"> 复选框 </label>
<p></p>
```

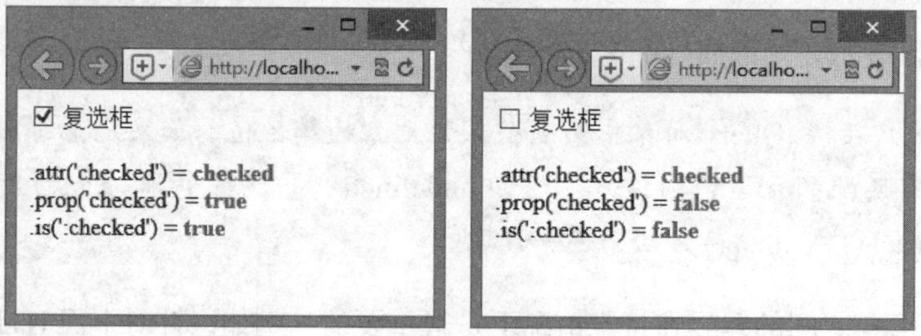

图 7.22　检测复选框的 checked 属性

2. attr ()

attr() 方法的用法如下：

```
attr(attributeName)
```

参数 attributeName 表示要读取属性的名称。

提示： 与 prop() 方法一样，attr() 方法只获取 jQuery 第一个匹配元素的属性值。如果要获取每个单独元素的属性值，需要使用 jQuery 的 each() 方法或者 map() 方法做一个循环。

【示例 3】 调用 jQuery 的 each() 方法遍历所有匹配的 img 元素，然后在每个 img 元素的回调函数中分别使用 attr() 获取该 img 元素的 title 属性值，并把它放在 <p> 标签中，最后把该段落文本追加到 img 元素的后面，演示效果如图 7.23 所示。

```
<script>
$(function(){
    $("img").each(function(){
        $(this).after("<span>" + $(this).attr("title") + "</span>");
    })
})
</script>
<img src="images/1.jpg" title=" 淘气包 "  />
<img src="images/2.jpg" title=" 得意忘形 "  />
<img src="images/3.jpg" title=" 快乐宝贝 "  />
```

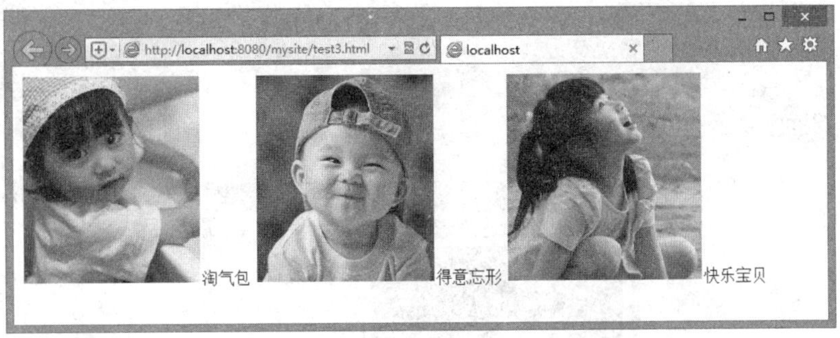

图 7.23　attr() 方法在 jQuery 对象集合中的应用

7.7.3　删除属性

在 DOM 中使用 removeAttribute() 方法可以删除指定的属性。用法如下：

```
elementNode.removeAttribute(name)
```

其中 elementNode 表示元素节点对象，参数 name 表示属性的名称，以字符串形式传递。删除不存在的属性，或者删除没有设置但具有默认值属性时，删除操作将被忽略。如果文档类型声明（DTD）为指定的属性设置了默认值，那么再次调用 getAttribute() 方法将返回那个默认值。

【示例 1】 使用 removeAttribute() 方法删除段落文本中的 title 属性。

```
<script>
window.onload = function(){
    var p = document.getElementsByTagName("p")[0];
    p.removeAttribute("title");
}
</script>
<p title=" 段落文本 "> 段落文本 </p>
```

jQuery 定义的 removeProp() 方法和 removeAttr() 方法都可以删除指定的元素属性。

1. removeProp()

removeProp() 方法主要用来删除由 prop() 方法设置的属性集。对于一些内置属性的 DOM 元素或 window 对象，如果试图删除部分属性，浏览器可能会产生错误。因此，jQuery 为可能产生错误的删除属性，第 1 次给它分配一个 undefined 值，这样就避免了浏览器生成的任何错误。removeProp() 的用法如下：

```
removeProp(propertyName)
```

参数 propertyName 表示要删除的属性名称。

【示例 2】 先使用 prop() 方法为 img 元素添加一个 code 属性，然后访问该属性值，接着调用 removeProp() 方法删除 code 属性值，再次使用 prop() 方法访问属性，则显示值为 undefined，演示效果如图 7.24 所示。

```
<script>
$(function(){
    var $img = $("img");
    $img.prop("code", 1234);
    $img.after("<div> 图像密码初设置 : " + String($img.prop("code")) +    "</div>");
    $img.removeProp("code");
```

```
        $img.after("<div> 图像密码现在是 : " + String($img.prop("code")) +   "</div>");
})
</script>
<img src="images/2.jpg" />
```

图 7.24　removeProp() 方法应用

2. removeAttr()

removeAttr() 方法使用 DOM 原生的 removeAttribute() 方法，该方法的优点是能够直接被 jQuery 对象访问调用，而且具有良好的浏览器兼容性。对于特殊的属性，建议使用 removeProp() 方法。removeAttr() 方法的用法如下：

```
removeAttr(attributeName)
```

参数 attributeName 表示要删除的属性名称。

【示例 3】为按钮绑定 click 事件处理函数，当单击按钮时调用 removeAttr() 方法移出文本框的 disabled 属性，再调用 focus() 方法激活文本框的焦点，并设置文本框的默认值为“可编辑文本框”，演示效果如图 7.25 所示。

```
<script>
$(function(){
    $("button").click(function () {
        $(this).next().removeAttr("disabled")
                .focus()
                .val(" 可编辑文本框 ");
    });
})
</script>
<button> 激活文本框 </button>
<input type="text" disabled="disabled" value=" 只读文本框 " />
```

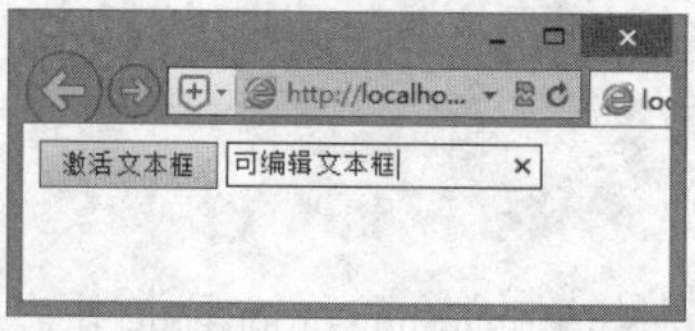

图 7.25　removeAttr() 方法应用

Note

7.8 操 作 类

视频讲解

为了方便控制类样式，jQuery 定义了几个与类样式相关的操作方法。

7.8.1 添加类样式

jQuery 使用 addClass() 方法专门负责为元素追加样式。用法如下：

```
addClass(className)
addClass(function(index, class))
```

参数 className 表示为每个匹配元素所要增加的一个或多个样式名。

参数 function(index, class) 函数返回一个或多个用空格隔开的要增加的样式名，这个参数函数接收元素的索引位置和元素旧的样式名作为参数。

【示例】使用 addClass() 方法分别为文档中第二、三段添加不同的类样式，其中第二段添加类名 highlight，设计高亮背景显示，第三段添加类名 selected，设计文本加粗显示，演示效果如图 7.26 所示。

```
<script>
$(function(){
    $("p:last").addClass("selected");
    $("p").eq(1).addClass("highlight");
})
</script>
<p> 温暖一生的故事，寄托一生的梦想。</p>
<p> 感动一生的情怀，执着一生的信念。</p>
<p> 成就一生的辉煌，炮烙一生的记忆。</p>
```

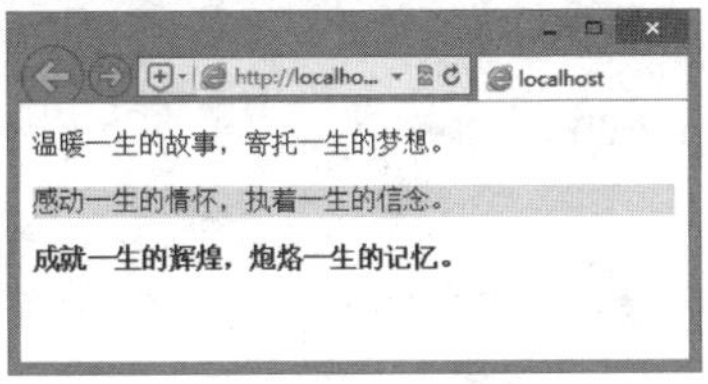

图 7.26　addClass() 方法应用

> **提示：**addClass() 方法不会替换一个样式类名，它只是简单地添加一个样式类名到可能已经指定的元素上。对所有匹配的元素可以同时添加多个样式类名。样式类名通过空格分隔，例如：
>
> ```
> $('p').addClass('class1 class2');
> ```
>
> 一般 addClass() 方法与 removeClass() 方法一起使用来切换元素的样式，例如：
>
> ```
> $('p').removeClass('class1 class2').addClass(' class3');
> ```

7.8.2 删除类样式

jQuery 使用 removeClass() 方法删除类样式。用法如下：

Note

```
removeClass([ className ])
removeClass(function(index, class))
```

参数 className 为每个匹配元素移除的样式属性名；参数函数 function(index, class) 返回一个或更多用空格隔开的被移除样式名，该参数函数接收元素的索引位置和元素旧的样式名作为参数。

【示例】使用 removeClass() 方法分别删除偶数行段落文本的 blue 和 under 类样式，演示效果如图 7.27 所示。

```
<script>
$(function(){
    $("p:odd").removeClass("blue under");
})
</script>
<p class="blue under"> 床前明月光，</p>
<p class="blue under highlight"> 疑是地上霜。</p>
<p class="blue under"> 举头望明月，</p>
<p class="blue under"> 低头思故乡。</p>
```

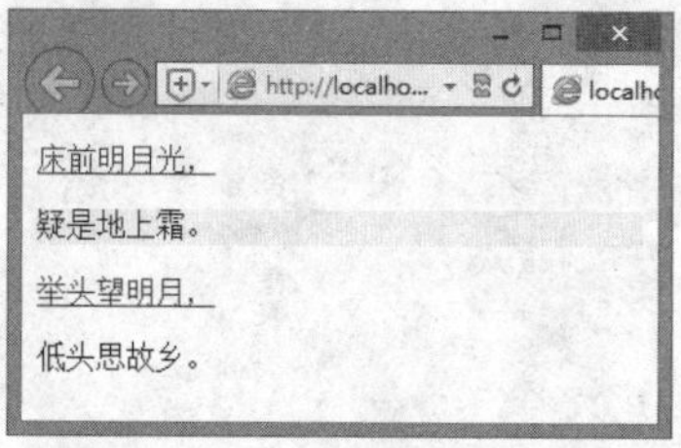

图 7.27　removeClass() 方法应用

提示：如果没有样式类名作为参数，那么所有的样式类将被移除。从所有匹配的每个元素中同时移除多个用空格隔开的样式类，例如：

```
$('p').removeClass('class1 class2')
```

7.8.3　切换类样式

样式切换在 Web 开发中比较常用，如折叠、开关、伸缩、Tab 切换等动态效果。jQuery 使用 toggleClass() 方法开 / 关定义类样式。用法如下：

```
toggleClass(className)
toggleClass(className, switch)
toggleClass(function(index, class), [ switch ])
```

参数 className 表示在匹配的元素集合中的每个元素上用来切换的一个或多个（用空格隔开）样式类名；switch 表示一个用来判断样式类添加还是移除的布尔值。

参数函数 function(index, class) 用来返回在匹配的元素集合中的每个元素上用来切换的样式类名，该参数函数接收元素的索引位置和元素旧的样式类作为参数。

【示例】为文档中的按钮绑定 click 事件处理函数，当单击该按钮时为 p 元素调用 toggleClass() 方法，并传递 hidden 类样式，实现段落包含的图像隐藏或者显示，演示效果如图 7.28 所示。

```
<script>
$(function(){
    $("input").eq(0).click(function(){
        $("p").toggleClass("hidden");
    })
})
</script>
<p> 红豆生南国，春来发几枝。愿君多采撷，此物最相思。</p>
<input type="button" value=" 切换样式 "   />
```

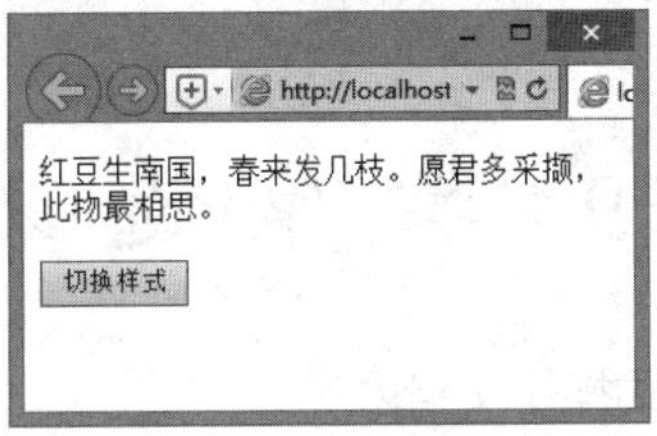

图 7.28　toggleClass() 方法应用

提示： toggleClass() 方法以一个或多个样式类名作为参数。如果在匹配的元素集合中的每个元素上存在该样式类就会被移除；如果某个元素没有这个样式类就会加上这个样式类。如果该方法包含第二个参数，则使用第二个参数判断样式类是否应该被添加或移除。如果这个参数的值是 true，那么这个样式类将被添加；如果这个参数的值是 false，那么这个样式类将被移除。也可以通过函数来传递切换的样式类名。例如：

```
$("p").toggleClass(function() {
    if ($(this).parent().is('.bar')) {
        return 'happy';
    } else {
        return 'sad';
    }
});
```

上面代码表示如果匹配元素的父级元素有 bar 样式类名，则为 p 元素切换 happy 样式类，否则将切换 sad 样式类。

7.8.4　判断样式

在 DOM 中使用 hasAttribute() 方法可以判断指定属性是否被设置。用法如下：

```
hasAttribute(name)
```

参数 name 表示属性名，但是在复合类样式中，该方法无法判断 class 属性中是否包含了特定的类样式。jQuery 使用 hasClass() 方法判断元素是否包含指定的类样式。

```
hasClass(className)
```

参数 className 表示要查询的样式名。

【示例】使用 hasClass() 方法判断 p 元素是否包含 red 类样式。

```
<script>
$(function(){
    alert($("p").hasClass("red"));                    // 返回 true
})
</script>
<p class="red"> 段落文本 </p>
```

hasClass() 方法实际上是 is() 方法的再包装。jQuery 为了方便用户使用，重新定义了 hasClass() 专门用来判断指定类样式是否存在。其中，$("p").hasClass("red") 可以改写为 $("p").is(".red")。

视频讲解

7.9 操作内容

jQuery 提供多个方法以字符串的形式操作文档内容。

7.9.1 读写 HTML 字符串

DOM 为元素定义了 innerHTML 属性，该属性以字符串形式读写元素包含的 HTML 结构。

【示例 1】使用 innerHTML 属性访问 div 元素包含的所有内容，然后把这些内容通过 innerHTML 属性传递给 p 元素，并覆盖掉 p 元素包含的文本，演示效果如图 7.29 所示。

```
<script>
window.onload = function(){
    var p = document.getElementsByTagName("p")[0];
    var div = document.getElementsByTagName("div")[0];
    p.innerHTML = div.innerHTML;
}
</script>
<div>
    <h1> 标题 </h1>
    <p> 段落文本 </p>
</div>
```

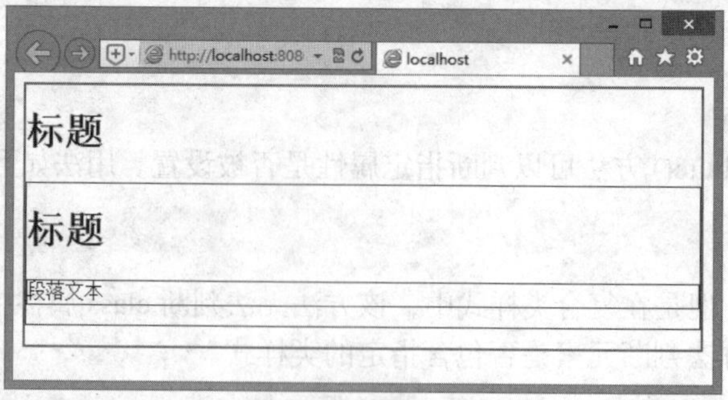

图 7.29　innerHTML 属性应用

jQuery 使用 html() 方法以字符串形式读写 HTML 文档结构。用法如下：

```
html()
html(htmlString)
html(function(index, html))
```

参数 htmlString 用来设置每个匹配元素的一个 HTML 字符串；参数函数 function(index, html) 用来返回设置 HTML 内容的一个函数，该参数函数可以接收元素的索引位置和元素旧的 HTML 作为参数。

当 html() 方法不包含参数时，表示以字符串形式读取指定节点下的所有 HTML 结构。当 html() 方法包含参数时，表示向指定节点下写入 HTML 结构字符串，同时会覆盖该节点原来包含的所有内容。

【示例 2】 针对示例 1 使用 jQuery 的 html() 方法实现的代码如下：

```
$(function(){
    var s = $("div").html();
    $("p").html(s);
})
```

注意： html() 方法实际上是对 DOM 的 innerHTML 属性包装，因此它不支持 XML 文档。

7.9.2 读写文本

jQuery 使用 text() 方法读写指定元素下包含的文本内容，这些文本内容主要是指文本节点包含的数据。用法如下：

```
text(textString)
text(function(index, text))
```

参数 textString 用于设置匹配元素内容的文本；参数函数 function(index, text) 用来返回设置文本内容的一个函数，该参数函数可以接收元素的索引位置和元素旧的文本值作为参数。

当 text() 方法不包含参数时，表示以字符串形式读取指定节点下的所有文本内容。当 text() 方法包含参数时，表示向指定节点下写入文本字符串，同时覆盖该节点原来包含的所有文本内容。

【示例】 使用 text() 方法访问 div 元素包含的所有内容，然后把这些内容通过 text() 方法传递给 p 元素，并覆盖掉 p 元素包含的文本，演示效果如图 7.30 所示。

```
<script>
$(function(){
    var s = $("div").text();
    $("p").text(s);
})
</script>
<div>
    <h1> 标题 </h1>
    <p> 段落文本 </p>
</div>
```

图 7.30　text() 方法应用

7.9.3　读写值

jQuery 使用 val() 方法读写指定表单对象包含的值。当 val() 方法不包含参数并调用时，表示将读取指定表单元素的值；当 val () 方法包含参数时，表示向指定表单元素写入值。用法如下：

```
val()
val( value )
val( function(index, value) )
```

参数 value 表示一个文本字符串或一个以字符串形式的数组来设定每个匹配元素的值；参数函数 function (index, value) 表示一个用来返回设置值的函数。

【示例 1】当文本框获取焦点时，清空默认的提示文本信息，准备用户输入值，而当离开文本框后，如果文本框没有输入信息，则重新显示默认的值，演示效果如图 7.31 所示。

```
<script>
$(function(){
    $("input").focus(function(){
        if($(this).val() == " 请输入文本 ") $(this).val("");
    })
    $("input").blur(function(){
        if($(this).val() == "") $(this).val(" 请输入文本 ");
    })
})
</script>
<form action="" method="get">
    <input type="text" value=" 请输入文本 " />
</form>
```

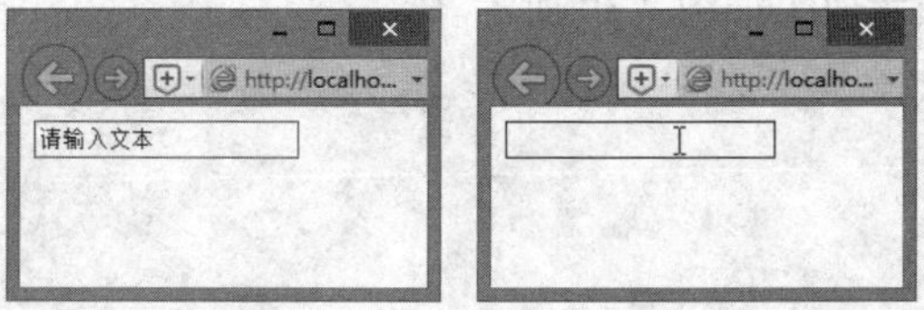

图 7.31　val() 方法应用

提示：val() 方法在读写单选按钮、复选框、下拉菜单和列表框的值时，比较实用且操作速度比较快。对于 val() 方法来说，可以传递一个参数设置表单的显示值。由于下拉菜单和列表框，显示为每个选项的文本，而不是 value 属性值，故通过设置选项的显示值，可以决定应显示的项目。不过对于其他表单元素来说，必须指定 value 属性值，方才有效。如果为元素指定多个值，则可以以数组的形式进行参数传递。

【示例 2】单击第一个按钮可以使用 val() 方法读取各个表单的值，单击第二个按钮可以设置表格表单的值，演示效果如图 7.32 所示。

```
<script>
$(function(){
    $("button").eq(0).click(function(){
        alert($("#s1").val() + $("#s2").val() +$("input").val()+ $(":radio").val());
    })
    $("button").eq(1).click(function(){
        $("#s1").val(" 单选 2");
        $("#s2").val([" 多选 2", " 多选 3"]);
        $("input").val(["6", "8"]);
    })
})
</script>
<form action="" method="get">
    <select id="s1">
      <option value="1" selected="selected"> 单选 1</option>
      <option value="2"> 单选 2</option>
    </select>
    <select id="s2" size="3" multiple="multiple">
      <option value="3" selected="selected"> 多选 1</option>
      <option value="4"> 多选 2</option>
      <option value="5" selected="selected"> 多选 3</option>
    </select>
    <input type="checkbox" value="6"/> 复选框 1
    <input type="checkbox" value="7" checked="checked"/> 复选框 2<br />
    <input type="radio" value="8"/> 单选按钮 1
    <input type="radio" value="9" checked="checked"/> 单选按钮 2<br /><br />
    <button> 显示各个表单对象的值 </button>
    <button> 设置各个表单对象的值 </button>
</form>
```

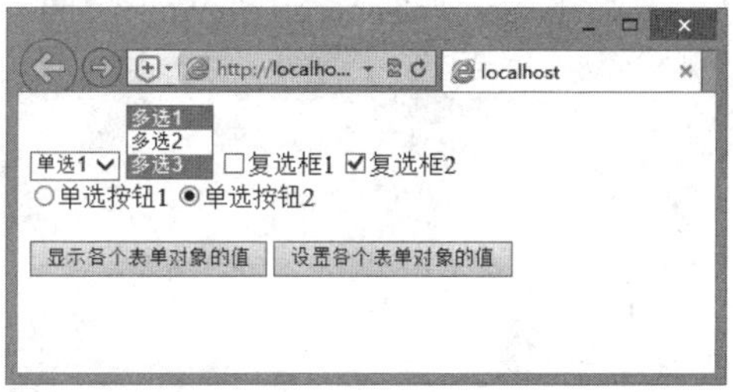

图 7.32　val() 方法应用

7.10　案例实战

下面通过多个示例练习 jQuery 操作 DOM 的技巧。

Note

7.10.1 设计复选框的全选、反选、取消、选中输出功能

如何选中所有复选框，实现页面快速操作的功能是十分有用的。例如，在购物网站上选择购物车内的商品时，如果想买下自己选好的全部商品，会有一个“选择全部”的按钮供用户使用，既方便又快捷。本例设计类似的功能，效果如图 7.33 所示。

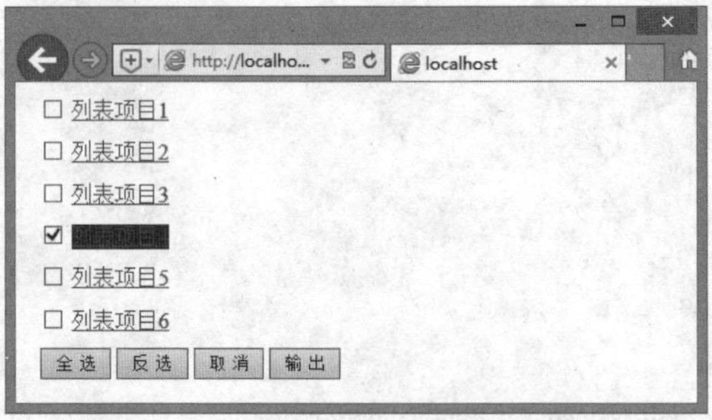

图 7.33　复选框的批操作

设计的列表项目结构如下：

```
<div class="mar20">
    <input name="newslist-1" id="newslist-1" type="checkbox" value="1"/>
    <label for="newslist-1"><a href="#"> 列表项目 1</a></label>
</div>
```

设计的 jQuery 脚本如下：

```
$(function(){
    // 全选
    $("#allselect").click(function(){
        $(":checkbox").each(function(){
            $(this).prop("checked",true);
            $(this).next().css({"background-color":"blue","color":"White" });
        });
    });
    // 反选
    $("#invert").click(function(){
        $(":checkbox").each(function(){
            if($(this).prop("checked")){
                $(this).prop("checked",false);
                $(this).next().css({"background-color": "White","color":"black" });
            }else{
                $(this).prop("checked",true);
                $(this).next().css({"background-color": "blue","color":"White" });
            }
        });
    });
    // 取消
    $("#cancel").click(function(){
```

```
            $(":checkbox").each(function(){
                $(this).prop("checked",false);
                $(this).next().css({"background-color": "White","color":"black" });
            });
        });
        // 所有复选框 (:checkbox) 单击事件
        $(":checkbox").click(function(){
            if($(this).prop("checked")){
                $(this).next().css({"background-color": "blue","color":"White" });
            }else{
                $(this).next().css({"background-color": "White","color":"black" });
            }
        });
        // 输出
        $("#output").click(function(){
            $(":checkbox").each(function(){
                if($(this).prop("checked")){
                    alert($(this).val());
                }
            });
        });
    });
```

本例关键代码如下：

```
$(":checkbox").each(function(){
    $(this).prop("checked",true);
});
```

其中，prop(propertyName) 函数获取匹配的元素集中第一个元素的属性值，参数 propertyName 表示要得到的属性的名称。prop(propertyName,value) 函数为匹配的元素设置一个或更多的属性。参数 value 是要为属性设置的值。

如果 prop() 函数中元素的一个属性都没有设置，或者如果没有匹配的元素，则返回 undefined 值。为了能为每个元素设置单独的值，可使用循环结构来实现，如 each() 函数或 map() 函数。

7.10.2　链式操作 DOM

jQuery 的代码是非常优雅的，也是非常灵巧的。它允许用户连续编写各种行为，从而实现按惯性思维进行快速开发，这种代码形式被称为链式语法。

在下面这个示例中使用了两段脚本，即实现了复杂的页面交互效果，如图 7.34 所示。第一段代码使用 jQuery 构造器函数（$()）创建四个按钮，并把它们附加到文档中。第二段代码通过链式语法添加连续的行为，分别选中这四个按钮并为它们绑定不同的事件处理函数。

```
<script type="text/javascript" >
$(function(){
    // 第一段代码，在文档中添加四个按钮
    $('<input type="button" value=" 第一个按钮 "/><input type="button" value=" 第二个按钮 "/><input type="button"
        value=" 删除按钮事件处理函数 "/><input type="button" value=" 隐藏或显示文本 "/>').appendTo($('body'));
```

Note

```
        // 第二段代码，分别选中四个按钮，并为它们绑定不同的事件处理函数
        $('input[type="button"]')
        .eq(0).click(function(){                    // 匹配第一个按钮，并绑定 click 事件处理函数
            alert(' 是第一个按钮的事件处理函数 ');
        }).end().eq(1)                              // 返回所有按钮，再匹配第二个按钮
        .click(function(){                          // 为第二个按钮绑定 click 事件处理函数
            $('input[type="button"]:eq(0)').trigger('click');
        }).end().eq(2)                              // 返回所有按钮，再匹配第三个按钮
        .click(function(){                          // 为第三个按钮绑定 click 事件处理函数
            $('input[type="button"]:eq(0)').unbind('click');
        }).end().eq(3)                              // 返回所有按钮，再匹配第四个按钮
        .toggle(function(){                         // 为第四个按钮绑定 toggle 事件处理函数
            $('.panel').hide('slow');
        }, function(){
            $('.panel').show('slow');
        });
    });
    </script>
    <div class="panel">jQuery 链式操作 DOM</div>
```

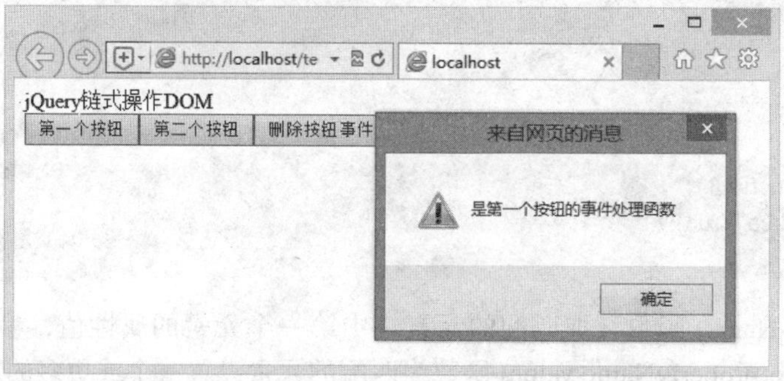

图 7.34　jQuery 链式操作

在上面代码中，通过 end() 方法取消当前的 jQuery 对象，返回前面的 jQuery 对象。这样当匹配某个按钮时，为其绑定事件处理函数，然后调用 end() 方法，则又返回前面前一个 jQuery 对象，即按钮集合。

注意： jQuery 中有几个方法并不返回 jQuery 对象，所以链式操作就不能继续下去，如 get() 方法就不能像 eq() 方法那样使用。

链式语法是一种比较时尚的编程方法，但是在使用这种方法时，为了方便阅读，读者应该注意几个问题。

☑ 如果在同一个 jQuery 对象上执行不超过三个方法，则可以在同一行内书写。例如，下面一行代码选择第一个按钮，修改它的名称，并为其附加一个类。

```
$('input[type="button"]').eq(0).val(" 修改按钮名称 ").addClass("red");
```

☑ 如果在同一个 jQuery 对象上执行很多操作，则应该分行书写，以方便阅读和修改。

☑ 对于多个对象执行少量的操作，可以为每个对象书写一行代码。如果涉及子元素操作，可以考虑使用缩进进行设计，这样就能够区分层次。例如，针对上面示例，可以进行如下缩进显示。

```
$('input[type="button"]')
    .eq(0).click(function(){
        alert('you clicked me!');
    })
```

如果对于多个对象执行很多连续的操作，则可以考虑结合上面几种方法同时进行设计。

7.10.3 简单求和

本节示例利用 jQuery 快速匹配文档中的按钮，并为按钮绑定事件，演示如何快速获取用户输入值，并求出输出值的和，效果如图 7.35 所示。

```
<script type="text/javascript" >
$(function(){
    $("input[type='button']").click(function(){  // 匹配提交按钮，并绑定事件处理函数
        var i = 0;                               // 初始化临时变量
        $("input[type='text']").each(function(){// 枚举每个文本框并获取值，然后相加
            i += parseInt($(this).val());
        });
        $('label').text(i);                      // 显示结果
    });
    $('input:lt(2)')                             // 匹配非提交按钮，以及 <label> 标签，通过链式语法定义样式
        .add('label')
        .css('border','none')
        .css('borderBottom','solid 1px navy')
        .css('textAlign','center')
        .css('width','3em')
        .css({'width':'30px'});
});
</script>

<input type="text" value="" /> +
<input type="text" value="" />
<input type="button" value="=" />
<label></label>
```

图 7.35 jQuery 求和操作

在上面代码中，$("input[type='button']") 选择器可以匹配文档中 type 属性值为 button 的 input 元素，这个表达式模仿了 CSS 表达式，然后为 button 添加 click 事件处理函数。

在 click 事件处理函数中，$("input[type='text']") 选择器能够匹配文档中所有输入框，然后调用 each() 方法遍历所有匹配的文本框，利用 $(this) 选择器获取当前文本框，使用 val() 方法读取当前文本框的值，再使

用 JavaScript 函数 parseInt() 把获取的字符串类型的值转换为数值类型，相加之后作为文本信息添加到 label 元素中显示出来。

$('input:lt(2)') 选择器能够匹配文档中的所有 input 元素，然后筛选出排在前面的两个 input 元素，其中的伪类“:lt”表示序号小于某个值的意思。匹配到 input 元素之后，再添加 label 对象，合并成一个 jQuery 对象。然后通过链式语法连续调用三个 css() 方法为文本框设置样式。

7.11 在线练习

本节提供多个小示例，主要为初学者提供实践的机会，感兴趣的读者可以扫码操作。

在线练习

第8章

使用CSS

（视频讲解：30分钟）

CSS与JavaScript有着明确的分工，前者负责页面的视觉效果，后者负责与用户的行为互动。但是，它们毕竟同属网页开发的前端，因此不可避免有着交叉和互相配合。本章将介绍如何使用JavaScript脚本和jQuery驱动CSS样式，完成各种交互式行为的设计。

【学习重点】

- 使用JavaScript操作样式。
- 使用jQuery操作样式表。
- 设计简单的页面交互行为或特效。

视频讲解

Note

8.1 CSS 脚本化基础

操作 CSS 样式最简单的方法，就是使用网页元素节点的 getAttribute() 方法、setAttribute() 方法和 removeAttribute() 方法，直接读写或删除网页元素的 style 属性。例如：

```
div.setAttribute(
    'style',
    'background-color:red;' + 'border:1px solid black;'
);
```

上面的代码相当于下面的 HTML 代码。

```
<div style="background-color:red; border:1px solid black;" />
```

DOM 2 级规范为 CSS 样式的脚本化定义了一套 API，详细说明可以扫码了解。

本节将简单介绍如何正确访问脚本样式，不涉及各个模块的系统介绍。

线上阅读

8.1.1 访问行内样式

CSS 样式包括三种形式：外部样式、内部样式和行内样式。在早期 DOM 中，任何支持 style 属性的 HTML 标签在 JavaScript 中都有一个映射的 style 属性。

HTMLElement 的 style 属性是一个可读可写的 CSS2Properties 对象。CSS2Properties 对象表示一组 CSS 样式属性及其值，它为每个 CSS 属性都定义了一个 JavaScript 脚本属性。

这个 style 对象包含了通过 HTML 的 style 属性设置的所有 CSS 样式信息，但不包含 CSS 样式表包含的样式。因此，使用元素的 style 属性只能访问行内样式，不能访问样式表中的样式信息。

style 对象可以通过 cssText 属性返回行内样式的字符串表示。字符串中去掉了包围属性和值的花括号，以及元素选择器名称。

除了 cssText 属性外，style 对象还包含每个与 CSS 属性一一映射的脚本属性（需要浏览器支持）。这些脚本属性的名称与 CSS 属性的名称紧密对应，但是为了避免 JavaScript 语法错误而进行了一些改变。含有连字符的多词属性（如 font-family）在 JavaScript 中会删除这些连字符，以驼峰式命名法重新命名 CSS 的脚本属性名称（如 fontFamily）。

【示例】对于 border-right-color 属性来说，在脚本中应该使用 borderRightColor。所以下面页面脚本中的用法都是错误的。

```
<div id="box" > 盒子 </div>
<script>
var box = document.getElementById("box");
box.style.border-right-color = "red";
box.style.border-right-style = "solid";
</script>
```

针对上面页面脚本，可以修改为：

```
<script>
```

Note

```
var box = document.getElementById("box");
box.style.borderRightColor = "red";
box.style.borderRightStyle = "solid";
</script>
```

提示：使用 CSS 脚本属性时，应该注意以下几个问题。

- ☑ 由于 float 是 JavaScript 保留字，禁止使用，因此使用 cssFloat 表示 float 属性的脚本名称。
- ☑ 在 JavaScript 中，所有 CSS 属性值都是字符串，必须加上引号，以表示字符串数据类型。

```
elementNode.style.fontFamily = "Arial, Helvetica, sans-serif";
elementNode.style.cssFloat = "left";
elementNode.style.color = "#ff0000";
```

- ☑ CSS 样式声明结尾的分号不能够作为属性值的一部分被引用，JavaScript 脚本中的分号只是 JavaScript 语法规则的一部分，不是 CSS 声明中分号的引用。
- ☑ 声明中属性值和单位都必须作为值的一部分，完整地传递给 CSS 脚本属性，省略单位则所设置的脚本样式无效。

```
elementNode.style.width = "100px";
```

- ☑ 在脚本中可以动态设置属性值，但最终赋值给属性的值应是一个字符串。

```
elementNode.style.top = top + "px";
elementNode.style.right = right + "px";
elementNode.style.bottom = bottom + "px";
elementNode.style.left = left + "px";
```

- ☑ 如果没有为 HTML 标签设置 style 属性，那么 style 对象中可能会包含一些属性的默认值，但这些值并不能准确地反映该元素的样式信息。

8.1.2 使用 style

DOM 2 级样式规范为 style 对象定义了一些属性和方法，简单说明如下：

- ☑ cssText：访问 HTML 标签中 style 属性的 CSS 代码。
- ☑ length：元素定义的 CSS 属性的数量。
- ☑ parentRule：表示 CSS 的 CSSRule 对象。
- ☑ getPropertyCSSValue()：返回包含给定属性值的 CSSValue 对象。
- ☑ getPropertyPriority()：返回指定 CSS 属性中是否附加了 !important 命令。
- ☑ item()：返回给定位置的 CSS 属性的名称。
- ☑ getPropertyValue()：返回给定属性的字符串值。
- ☑ removeProperty()：从样式中删除给定属性。
- ☑ setProperty()：将给定属性设置为相应的值，并加上优先权标志。

下面重点介绍 style 对象方法的使用。

1. getPropertyValue() 方法

getPropertyValue() 方法能够获取指定元素样式属性的值。用法如下：

```
var value = e.style.getPropertyValue(propertyName)
```

参数 propertyName 表示 CSS 属性名，不是 CSS 脚本属性名，对于复合名应该使用连字符进行连接。

【示例 1】 使用 getPropertyValue() 方法获取行内样式中的 width 属性值，然后输出到盒子内显示，效果如图 8.1 所示。

```
<script>
window.onload = function(){
    var box = document.getElementById("box");       // 获取 <div id="box">
    var width = box.style.getPropertyValue("width"); // 读取 div 元素的 width 属性值
    box.innerHTML =   " 盒子宽度：" + width;        // 输出显示 width 值
}
</script>
<div id="box" style="width:300px; height:200px;border:solid 1px red" > 盒子 </div>
```

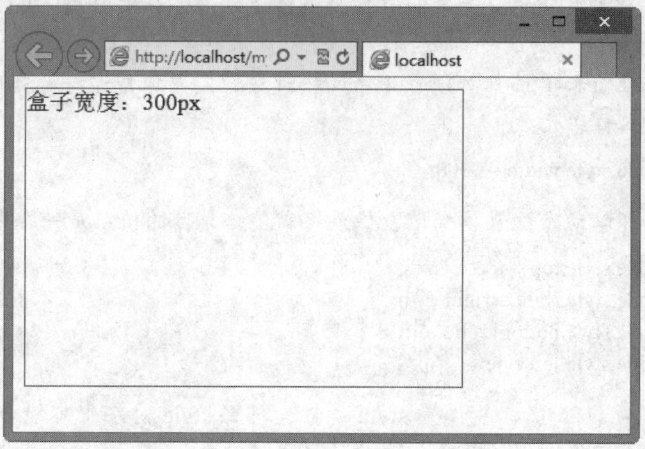

图 8.1　使用 getPropertyValue() 方法读取行内样式

早期 IE 浏览器不支持 getPropertyValue() 方法，但是可以通过 style 对象直接访问样式属性来获取指定样式的属性值。

【示例 2】 针对示例 1 代码，可以使用如下方式读取 width 属性值。

```
window.onload = function(){
    var box = document.getElementById("box");
    var width = box.style.width;
    box.innerHTML =   " 盒子宽度：" + width;
}
```

2. setProperty() 方法

setProperty() 方法为指定元素设置样式。用法如下：

```
e.style.setProperty(propertyName, value, priority)
```

参数说明如下：

☑ propertyName：设置 CSS 属性名。

☑ value：设置 CSS 属性值，包含属性值的单位。

☑ priority：表示是否设置 !important 优先级命令，如果不设置则可以用空字符串表示。

【示例 3】 使用 setProperty() 方法定义盒子的显示宽度和高度分别为 400 像素和 200 像素。

```
<script>
window.onload = function(){
    var box = document.getElementById("box");       // 获取 <div id="box">
    box.style.setProperty("width","400px","");       // 定义盒子宽度为 400 像素
    box.style.setProperty("height","200px","");      // 定义盒子宽度为 200 像素
}
</script>
<div id="box" style="border:solid 1px red" > 盒子 </div>
```

如果兼容早期 IE 浏览器，可以使用如下方式设置。

```
window.onload = function(){
    var box = document.getElementById("box");
    box.style.width = "400px";
    box.style.height = "200px";
}
```

3. removeProperty() 方法

removeProperty() 方法可以移出指定 CSS 属性的样式声明。用法如下：

```
e.style. removeProperty (propertyName)
```

4. item() 方法

item() 方法返回 style 对象中指定索引位置的 CSS 属性名称。用法如下：

```
var name = e.style.item(index)
```

参数 index 表示 CSS 样式的索引号。

5. getPropertyPriority() 方法

getPropertyPriority() 方法可以获取指定 CSS 属性中是否附加了 !important 优先级命令，如果存在则返回 "important" 字符串，否则返回空字符串。

【示例 4】定义鼠标经过盒子时，设置盒子的背景色为蓝色，而边框颜色为红色，当移出盒子时，又恢复到盒子默认设置的样式；而单击盒子时则在盒子内输出动态信息，显示当前盒子的宽度和高度，演示效果如图 8.2 所示。

```
<script>
window.onload = function(){
    var box = document.getElementById("box");                    // 获取盒子的引用
    box.onmouseover = function(){                                // 定义鼠标经过时的事件处理函数
        box.style.setProperty("background-color", "blue", ""); // 设置背景色为蓝色
        box.style.setProperty("border", "solid 50px red", "");  // 设置边框为 50 像素的红色实线
    }
    box.onclick = function(){                                    // 定义鼠标单击时的事件处理函数
        box .innerHTML = (box.style.item(0) + ":" + box.style.getPropertyValue("width"));
                                                                 // 显示盒子的宽度
        box .innerHTML = box .innerHTML + "<br>" +   (box.style.item(1) + ":" + box.style.getPropertyValue("height"));
                                                                 // 显示盒子的高度
    }
    box.onmouseout = function(){                                 // 定义鼠标移出时的事件处理函数
```

```
            box.style.setProperty("background-color", "red", "");   // 设置背景色为红色
            box.style.setProperty("border", "solid 50px blue", ""); // 设置 50 像素的蓝色实边框
        }
    }
</script>
<div id="box" style="width:100px; height:100px; background-color:red; border:solid 50px blue;"></div>
```

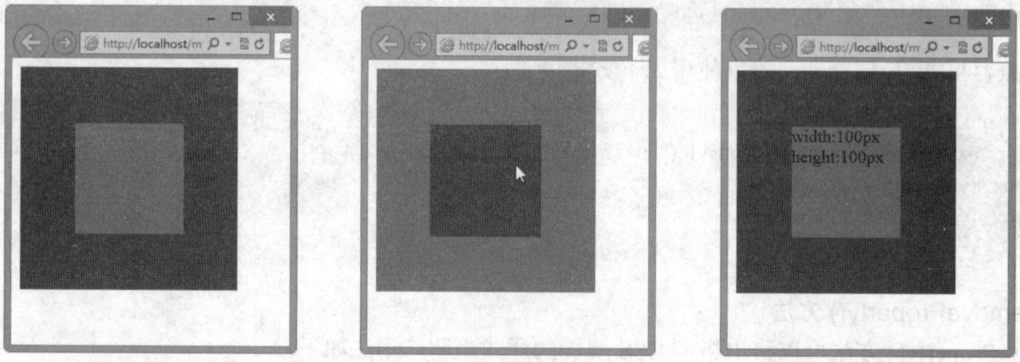

默认显示效果　　　　鼠标经过效果　　　　鼠标单击效果

图 8.2　设计动态交互样式效果

【示例 5】针对示例 4，使用快捷方法设计相同的交互效果，这样能够兼容早期 IE 浏览器，页面代码如下：

```
<script>
window.onload = function(){
    var box = document.getElementById("box");        // 获取盒子的引用
    box.onmouseover = function(){
        box.style.backgroundColor = "blue";          // 设置背景样式
        box.style.border = "solid 50px red";          // 设置边框样式
    }
    box.onclick = function(){                         // 读取并输出行内样式
        box .innerHTML = "width:" + box.style.width;
        box .innerHTML = box .innerHTML + "<br>" +   "height:" + box.style.height;
    }
    box.onmouseout = function(){                      // 设计鼠标移出之后，恢复默认样式
        box.style.backgroundColor = "red";
        box.style.border = "solid 50px blue";
    }
}
</script>
<div id="box" style="width:100px; height:100px; background-color:red; border:solid 50px blue;"></div>
```

【拓展】

非 IE 浏览器也支持 style 快捷访问方式，但是它无法获取 style 对象中指定序号位置的属性名称，此时可以使用 cssText 属性读取全部 style 属性值，借助 JavaScript 方法把返回字符串劈开为数组。详细内容请扫码阅读。

线上阅读

8.1.3　使用 styleSheets

在 DOM 2 级样式规范中，CSSStyleSheet 表示样式表，包括通过 <link> 标签包含的外部样式表和在 <style> 标签中定义的内部样式表。虽然这两个元素分别由 HTMLLinkElement 和 HTMLStyleElement 类型表示，但是样式表接口是一致的。

CSSStyleSheet 继承自 StyleSheet。StyleSheet 作为基础接口还可以定义非 CSS 样式表。CSSStyleRule 类型表示样式表中的每条规则，CSSRule 对象是它的实例。

使用 document 对象的 styleSheets 属性可以访问样式表，包括适应 <style> 标签定义的内部样式表，以及使用 <link> 标签或 @import 命令导入的外部样式表。

styleSheets 对象为每个样式表定义了一个 cssRules 对象，用来包含指定样式表中所有的规则（样式）。但是 IE 浏览器不支持 cssRules 对象，而支持 rules 对象表示样式表中的规则。

兼容主流浏览器的方法如下：

```
var cssRules = document.styleSheets[0].cssRules || document.styleSheets[0].rules;
```

在上面代码中，先判断浏览器是否支持 cssRules 对象，如果支持则使用 cssRules（非 IE 浏览器），否则使用 rules（IE 浏览器）。

【示例 1】 通过 <style> 标签定义一个内部样式表，为页面中的 <div id="box"> 标签定义四个属性：宽度、高度、背景色和边框。然后在脚本中使用 styleSheets 访问这个内部样式表，把样式表中的第一个样式的所有规则读取出来，在盒子中输出显示，如图 8.3 所示。

```
<style type="text/css">
#box {
    width: 400px;
    height: 200px;
    background-color:#BFFB8F;
    border: solid 1px blue;
}
</style>
<script>
window.onload = function(){
    var box = document.getElementById("box");
    // 判断浏览器类型
    var cssRules = document.styleSheets[0].cssRules || document.styleSheets[0].rules;
    box.innerHTML =  "<h3> 盒子样式 </h3>"
    // 读取 cssRules 的 border 属性
    box.innerHTML +=  "<br> 边框：" + cssRules[0].style.border;
    // 读取 cssRules 的 backgroundColor 属性
    box.innerHTML +=  "<br> 背景：" + cssRules[0].style.backgroundColor;
    // 读取 cssRules 的 height 属性
    box.innerHTML +=  "<br> 高度：" + cssRules[0].style.height;
    // 读取 cssRules 的 width 属性
    box.innerHTML +=  "<br> 宽度：" + cssRules[0].style.width;
  }
</script>
<div id="box"></div>
```

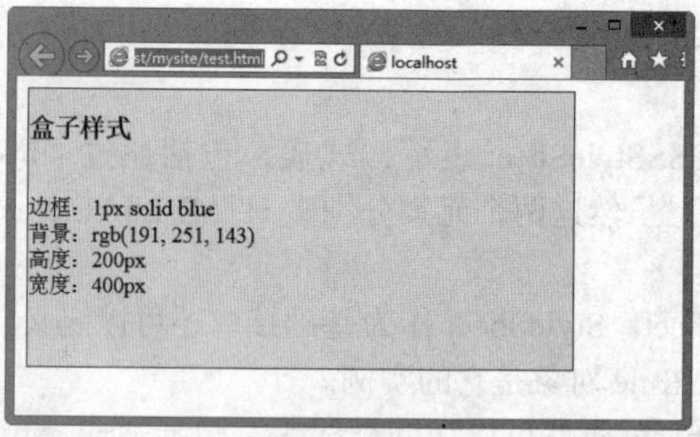

图 8.3　使用 styleSheets 访问内部样式表

提示：cssRules（或 rules）的 style 对象在访问 CSS 属性时，使用的是 CSS 脚本属性名，因此所有属性名称中不能使用连字符。例如：

```
cssRules[0].style.backgroundColor;
```

这与行内样式中的 style 对象的 setProperty() 方法不同。setProperty() 方法使用的是 CSS 属性名。例如：

```
box.style.setProperty("background-color", "blue", "");
```

styleSheets 包含文档中所有样式表，每个数组元素代表一个样式表，数组的索引位置是根据样式表在文档中的位置决定的。每个 <style> 标签包含的所有样式表示一个内部样式表，每个独立的 CSS 文件表示一个外部样式表。

【示例 2】演示如何准确找到指定样式表中的样式属性。

第 1 步，启动 Dreamweaver，新建 CSS 文件，保存为 style1.css，存放在根目录下。

第 2 步，在 style1.css 中输入下面样式代码，定义一个外部样式表。

```
@charset "utf-8";
body { color:black; }
p { color:gray; }
div { color:white; }
```

第 3 步，新建 HTML 文档，保存为 test.html，保存在根目录下。

第 4 步，使用 <style> 标签定义一个内部样式表，设计如下样式。

```
<style type="text/css">
#box { color:green; }
.red { color:red; }
.blue { color:blue; }
</style>
```

第 5 步，使用 <link> 标签导入外部样式表文件 style1.css。

```
<link href="style1.css" rel="stylesheet" type="text/css" media="all" />
```

第 6 步，在文档中插入一个 <div id="box"> 标签。

```
<div id="box"></div>
```

第 7 步，使用 <script> 标签在头部位置插入一段脚本。设计在页面初始化完毕后，使用 styleSheets 访问文档中第二个样式表，然后访问该样式表的第一个样式中的 color 属性。

```
<script>
window.onload = function(){
    var cssRules = document.styleSheets[1].cssRules || document.styleSheets[1].rules;
    var box = document.getElementById("box");
    box.innerHTML =  "第二个样式表中第一个样式的 color 属性值 = " + cssRules[0].style.color;
}
</script>
```

第 8 步，保存页面，整个文档的代码请参考本节示例源代码。最后，在浏览器中预览页面，可以看到访问的 color 属性值为 black，如图 8.4 所示。

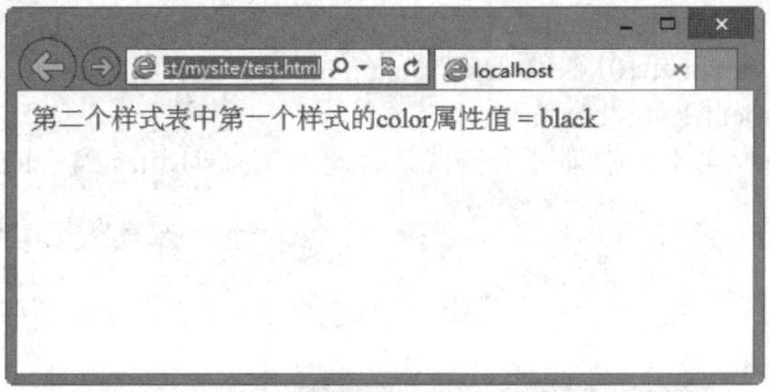

图 8.4　使用 styleSheets 访问外部样式表

提示：在示例 2 中，styleSheets[1] 表示外部样式表文件（style1.css），cssRules[0] 表示外部样式表文件中的第一个样式。cssRules[0].style.color 可以获取外部样式表文件中第一个样式中的 color 属性的声明值。反之，如果把 <link> 标签放置在内部样式表的上面，即代码如下：

```
<head>
<link href="style1.css" rel="stylesheet" type="text/css" media="all" />
<style type="text/css">
#box { color:green; }
.red { color:red; }
.blue { color:blue; }
</style>
</head>
```

上面脚本将返回内部样式表中第一个样式中的 color 属性值，即为 green。如果把外部样式表转换为内部样式表，或者把内部样式表转换为外部样式表文件，不会影响 styleSheets 的访问。因此，样式表和样式的索引位置是不受样式表类型，以及样式的选择符限制的。任何类型的样式表（不管是内部的，还是外部的）都在同一个平台上按在文档中解析位置进行索引。同理，不同类型选择符的样式在同一个样式表中也是根据先后位置进行索引。

【拓展】

StyleSheets 对象代表网页的一张样式表，它包括 <link> 节点加载的样式表和 <style> 节点内嵌的样式表。document 对象的 styleSheets 属性，可以返回当前页面的所有 StyleSheets 对象（所有样式表）。详细说明请扫码阅读。

线上阅读

8.1.4　使用 selectorText

每个 CSS 样式都包含 selectorText 属性，使用该属性可以获取样式的选择符。

【示例】使用 selectorText 属性获取第一个样式表（styleSheets[0]）中的第三个样式（cssRules[2]）的选择符，输出显示为“.blue”，如图 8.5 所示。

```
<style type="text/css">
#box { color:green; }
.red { color:red; }
.blue { color:blue; }
</style>
<link href="style1.css" rel="stylesheet" type="text/css" media="all" />
<script>
window.onload = function(){
    var cssRules = document.styleSheets[0].cssRules || document.styleSheets[0].rules;
    var box = document.getElementById("box");
    box.innerHTML =  " 第一个样式表中第三个样式选择符 = " + cssRules[2].selectorText;
}
</script>
<div id="box"></div>
```

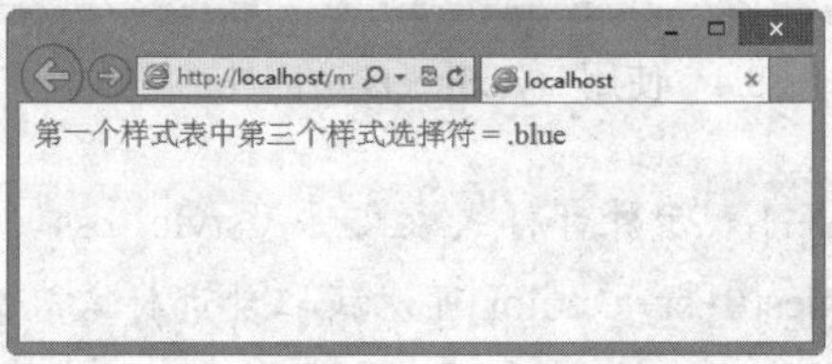

图 8.5　使用 selectorText 访问样式选择符

【拓展】

每条 CSS 规则的样式声明部分（大括号内部的部分），都是一个 CSSStyleDeclaration 对象，每条 CSS 属性都是 CSSStyleDeclaration 对象的属性。关于该对象的详细说明请扫码阅读。

线上阅读

8.1.5　修改样式

cssRules 的 style 对象不仅可以访问属性，还可以设置属性值。

【示例】样式表中包含三个样式，其中蓝色样式类（.blue）定义字体显示为蓝色。然后利用脚本修改该样式类（.blue 规则）字体颜色显示为浅灰色（#999），最后显示效果如图 8.6 所示。

```
<style type="text/css">
#box { color:green; }
.red { color:red; }
.blue { color:blue; }
</style>
<script>
window.onload = function(){
    var cssRules = document.styleSheets[0].cssRules || document.styleSheets[0].rules;
```

```
    cssRules[2].style.color="#999";                //修改样式表中指定属性的值
}
</script>
<p class="blue"> 原为蓝色字体，现在显示为浅灰色。</p>
```

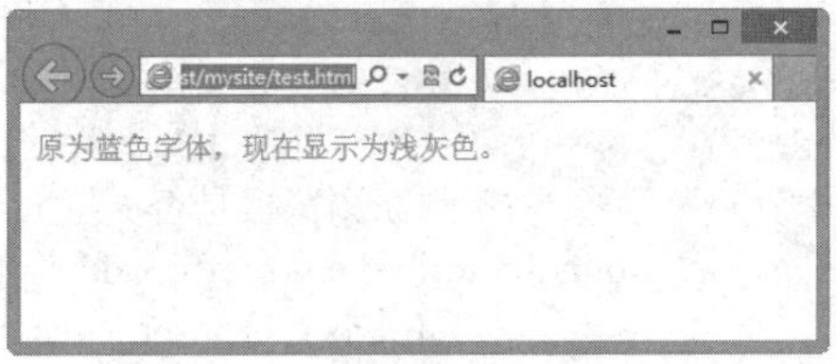

图 8.6　修改样式表中的样式

> **提示：** 使用上述方法修改样式表中的类样式，会影响其他对象或其他文档对当前样式表的引用，因此在使用时请务必谨慎。

【拓展】

一条 CSS 规则包括两个部分：CSS 选择器和样式声明。CSS 规则部署了三个接口：CSSRule 接口、CSSStyleRule 接口和 CSSMediaRule 接口。详细说明请扫码阅读。

线上阅读

8.1.6　添加样式

使用 addRule() 方法可以为样式表增加一个样式。用法如下：

```
styleSheet.addRule(selector,style,[index])
```

styleSheet 表示样式表引用，参数说明如下：

☑ selector：表示样式选择符，以字符串的形式传递。

☑ style：表示具体的声明，以字符串的形式传递。

☑ index：表示一个索引号，即添加样式在样式表中的索引位置，默认为 -1，表示位于样式表的末尾，该参数可以不设置。

Firefox 浏览器不支持 addRule() 方法，但是支持使用 insertRule() 方法添加样式。insertRule() 方法的用法如下：

```
styleSheet.insertRule(rule,[index])
```

参数说明如下：

☑ rule：表示一个完整的样式字符串。

☑ index：与 addRule() 方法中的 index 参数作用相同，但默认为 0，放置在样式表的末尾。

【示例】先在文档中定义一个内部样式表，然后使用 styleSheets 集合获取当前样式表，利用数组默认属性 length 获取样式表中包含的样式个数。最后在脚本中使用 addRule()（或 insertRule()）方法增加一个新样式，样式选择符为 p，样式声明为背景色为红色，字体颜色为白色，段落内部补白为一个字体大小。保存页面，在浏览器中预览，显示效果如图 8.7 所示。

```
<style type="text/css">
```

```
#box { color:green; }
.red { color:red; }
.blue { color:blue; }
</style>
<script>
window.onload = function(){
        var styleSheets = document.styleSheets[0];    // 获取样式表引用
        var index = styleSheets.length;               // 获取样式表中包含样式的个数
        if(styleSheets.insertRule){                   // 判断浏览器是否支持 insertRule() 方法
            styleSheets.insertRule("p{background-color:red;color:#fff;padding:1em;}", index);
        }else{                                        // 如果不支持 insertRule() 方法
            styleSheets.addRule("P", "background-color:red;color:#fff;padding:1em;", index);
        }
}
</script>
<p> 在样式表中增加样式操作 </p>
```

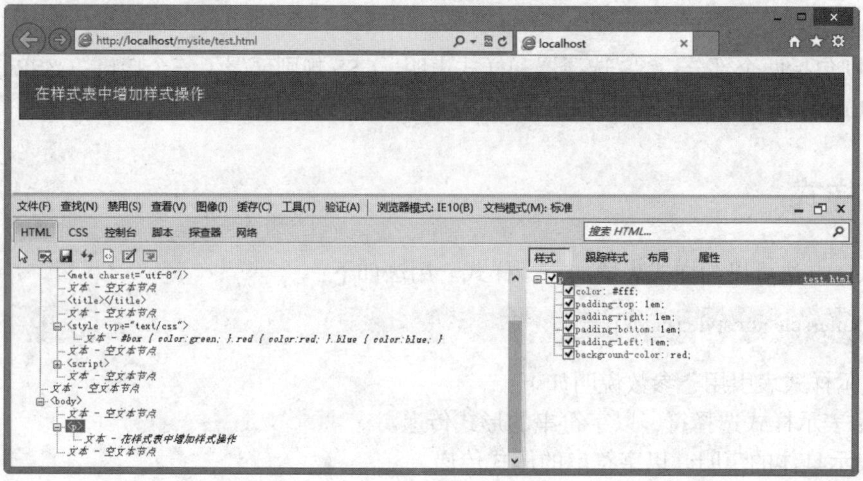

图 8.7　为段落文本增加样式

在上面代码中，使用 insertRule() 方法在内部样式表中增加一个 p 标签选择符的样式，插入位置在样式表的末尾。设置段落背景色为红色，字体颜色为白色，补白为一个字体大小。

【拓展】

添加样式表有两种方式：一种是添加一张内置样式表，即在文档中添加一个 <style> 节点；另一种是添加外部样式表，即在文档中添加一个 <link> 节点，然后将 href 属性指向外部样式表的 URL。详细说明请扫码阅读。

线上阅读

8.1.7　访问渲染样式

行内样式（inline style）具有最高的优先级，改变行内样式，通常会立即反映出来。但是，网页元素最终的样式是综合各种规则计算出来的。因此，如果想得到元素现有的样式，只读取行内样式是不够的，需要得到浏览器最终计算出来的那个样式规则。window.getComputedStyle() 方法，就用来返回这个规则。该方法接收一个 DOM 节点对象作为参数，返回一个包含该节点最终样式信息的对象。所谓“最终样式信息”，指的是各种 CSS 规则叠加后的结果。

DOM 定义了一个方法帮助用户快速检测当前对象的最后显示样式，不过 IE 游览器和非 IE 游览器实现的方法不同。分别说明如下：

1. IE 浏览器

IE 浏览器定义了一个 currentStyle 对象，该对象是一个只读对象。currentStyle 对象包含了文档内所有元素的 style 对象定义的属性，以及任何未被覆盖的 CSS 规则的 style 属性。

【示例 1】针对 8.1.6 节示例，为类样式 blue 增加一个背景色为白色的声明，然后把该类样式应用到段落文本中。

```
<style type="text/css">
#box { color:green; }
.red { color:red; }
.blue {color:blue; background-color:#FFFFFF;}
</style>
<script>
window.onload = function(){
    var styleSheets = document.styleSheets[0];    // 获取样式表引用
    var index = styleSheets.length;               // 获取样式表中包含样式的个数
    if(styleSheets.insertRule){                   // 判断浏览器是否支持 insertRule() 方法
        styleSheets.insertRule("p{background-color:red;color:#fff;padding:1em;}", index);
    }else{                                        // 如果浏览器不支持 insertRule() 方法
        styleSheets.addRule("P", "background-color:red;color:#fff;padding:1em;", index);
    }
}
</script>
<p class="blue"> 在样式表中增加样式操作 </p>
```

在浏览器中预览，会发现脚本中使用 insertRule()（或 addRule()）方法添加的样式无效，效果如图 8.8 所示。

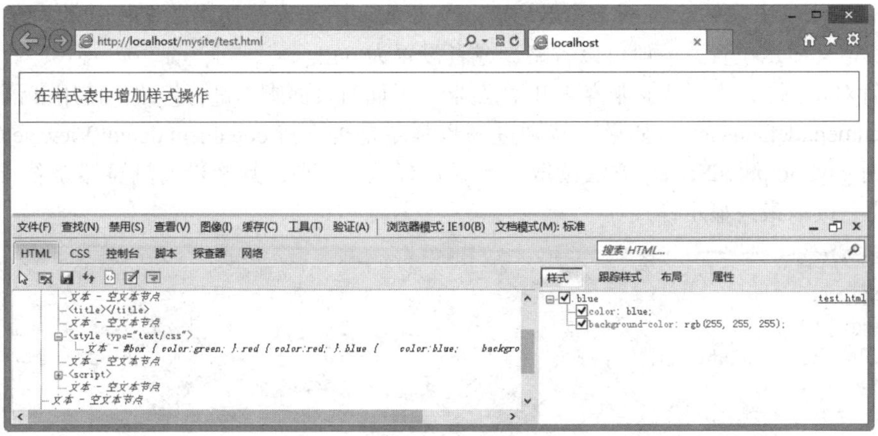

图 8.8　背景样式重叠后的效果

使用 currentStyle 对象获取当前 p 元素最终显示样式，这样就可以找到添加样式失效的原因。

Note

【示例 2】把示例 1 另存为 test1.html，然后在脚本中添加代码，使用 currentStyle 获取当前段落标签 <p> 的最终显示样式，效果如图 8.9 所示。

```
<script>
window.onload = function(){
    var styleSheets = document.styleSheets[0];                          // 获取样式表引用
    var index = styleSheets.length;                                     // 获取样式表中包含样式的个数
    if(styleSheets.insertRule){                                         // 判断是否支持 insertRule()，支持则调用，否则调用 addRule
        styleSheets.insertRule("p{background-color:red;color:#fff;padding:1em;}", index);
    }else{
        styleSheets.addRule("P", "background-color:red;color:#fff;padding:1em;", index);
    }
    var p = document.getElementsByTagName("p")[0];
    p.innerHTML = " 背景色："+p.currentStyle.backgroundColor+"<br> 字体颜色："+p.currentStyle.color;
}
</script>
```

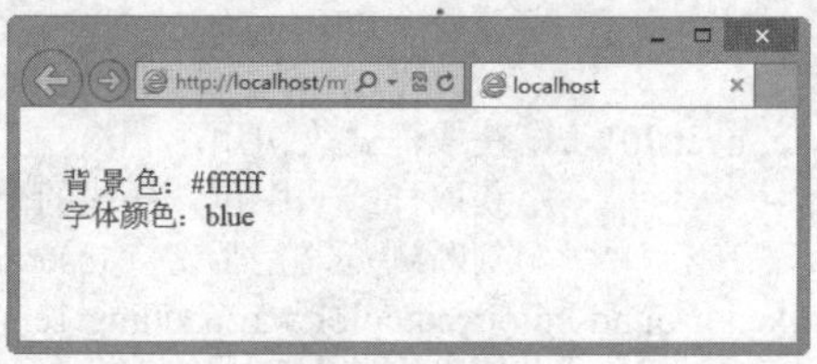

图 8.9　在 IE 浏览器中获取 p 元素的显示样式

在上面代码中，先使用 getElementsByTagName() 方法获取段落文本的引用。然后调用该对象的 currentStyle 子对象，并获取指定属性的对应值。通过这种方式，会发现添加的样式被 blue 类样式覆盖，这是因为类选择符的优先级大于标签选择符的样式。

2. 非 IE 浏览器

DOM 定义了一个 getComputedStyle() 方法，该方法可以获取目标对象的最终显示样式，但是它需要使用 document.defaultView 对象进行访问。

getComputedStyle() 方法包含了两个参数：第一个参数表示元素，用来获取样式的对象；第二个参数表示伪类字符串，定义显示位置，一般可以省略，或者设置为 null。

【示例 3】针对示例 2，为了能够兼容非 IE 浏览器，下面对页面脚本进行修改。使用 if 语句判断当前浏览器是否支持 document.defaultView，如果支持则进一步判断是否支持 document.defaultView.getComputedStyle()，如果支持则使用 getComputedStyle() 方法读取最终显示样式；否则，判断当前浏览器是否支持 currentStyle，如果支持则使用它读取最终显示样式。

```
<style type="text/css">
#box { color:green; }
.red { color:red; }
.blue {color:blue; background-color:#FFFFFF;}
</style>
<script>
window.onload = function(){
    var styleSheets = document.styleSheets[0];                          // 获取样式表引用指针
    var index = styleSheets.length;                                     // 获取样式表中包含样式的个数
```

```
        if(styleSheets.insertRule){                              //判断浏览器是否支持
                styleSheets.insertRule("p{background-color:red;color:#fff;padding:1em;}", index);
        }else{
                styleSheets.addRule("P", "background-color:red;color:#fff;padding:1em;", index);
        }
        var p = document.getElementsByTagName("p")[0];
        if( document.defaultView && document.defaultView.getComputedStyle)
                p.innerHTML = " 背景色："+document.defaultView.getComputedStyle(p,null).backgroundColor+"<br> 字
                  体颜色："+document.defaultView.getComputedStyle(p,null).color;
        else if( p.currentStyle)
                p.innerHTML = " 背景色："+p.currentStyle.backgroundColor+"<br> 字体颜色："+p.currentStyle.color;
        else
             p.innerHTML =   " 当前浏览器无法获取最终显示样式 ";
}
</script>
<p class="blue"> 在样式表中增加样式操作 </p>
```

保存页面，在 Firefox 浏览器中预览，则显示效果如图 8.10 所示。

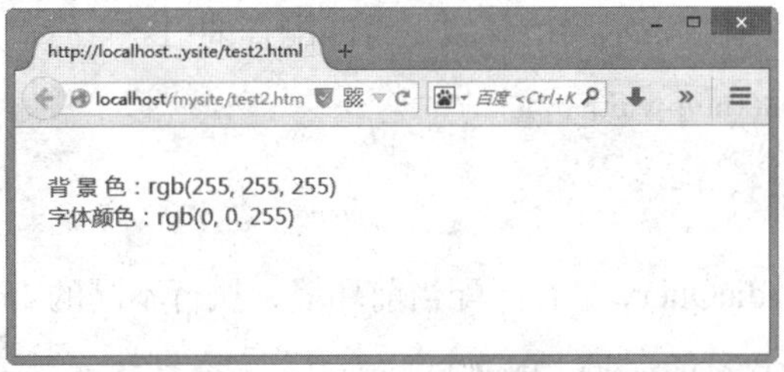

图 8.10　在 Firefox 浏览器中获取 p 元素的显示样式

【拓展】

DOM 节点的 style 对象无法读写伪元素的样式，这时就要用到 window 对象的 getComputedStyle() 方法。详细说明请扫码阅读。

线上阅读

8.1.8　访问媒体查询

使用 window.matchMedia() 方法可以检查 CSS 的 MediaQuery 语句。各种浏览器的最新版本（包括 IE 10+）都支持该方法，对于不支持该方法的旧版浏览器，可以使用第三方函数库 matchMedia.js。

CSS 的 MediaQuery 语句有点像 if 语句，只要显示媒介（包括浏览器和屏幕等）满足媒体查询语句设定的条件，就会执行区块内部的语句。

【示例 1】下面是 MediaQuery 语句的一个例子。

```
@media all and (max-width: 700px) {
    body {
        background: #FF0;
    }
}
```

上面的 CSS 代码表示，该区块对所有媒介（media）有效，且视口的最大宽度不得超过 700 像素。如

果条件满足，则 body 元素的背景设为 #FF0。

注意：MediaQuery 接收两种宽度 / 高度的度量，一种是上例的“视口”的宽度 / 高度，还有一种是“设备”的宽度 / 高度。例如：

```
@media all and (max-device-width: 700px) {
    body {
        background: #FF0;
    }
}
```

视口的宽度 / 高度（width/height）使用 documentElement.clientWidth/clientHeight 来衡量，单位是 CSS 像素；设备的宽度 / 高度（device-width/device-height）使用 screen.width/height 来衡量，单位是设备硬件的像素。

window.matchMedia() 方法接收一个 MediaQuery 语句的字符串作为参数，返回一个 MediaQueryList 对象。该对象有以下两个属性。

☑ media：返回所查询的 MediaQuery 语句字符串。

☑ matches：返回一个布尔值，表示当前环境是否匹配查询语句。

```
var result = window.matchMedia('(min-width: 600px)');
result.media      //(min-width: 600px)
result.matches   //true
```

【示例 2】 下面示例根据 MediaQuery 是否匹配当前环境，执行不同的 JavaScript 代码。

```
var result = window.matchMedia('(max-width: 700px)');
if (result.matches) {
    console.log(' 页面宽度小于等于 700px');
} else {
    console.log(' 页面宽度大于 700px');
}
```

【示例 3】 下面示例根据 MediaQuery 是否匹配当前环境，加载相应的 CSS 样式表。

```
var result = window.matchMedia("(max-width: 700px)");
if (result.matches){
    var linkElm = document.createElement('link');
    linkElm.setAttribute('rel', 'stylesheet');
    linkElm.setAttribute('type', 'text/css');
    linkElm.setAttribute('href', 'small.css');
    document.head.appendChild(linkElm);
}
```

注意：如果 window.matchMedia() 无法解析 MediaQuery 参数，返回的总是 false，而不是报错。例如：

```
window.matchMedia('bad string').matches          //false
```

window.matchMedia() 方法返回的 MediaQueryList 对象有两个方法：addListener() 方法和 removeListener() 方法，用来监听事件。如果 MediaQuery 查询结果发生变化，就调用指定的回调函数。

Note

例如：

```
var mql = window.matchMedia("(max-width: 700px)");
// 指定回调函数
mql.addListener(mqCallback);
// 撤销回调函数
mql.removeListener(mqCallback);
function mqCallback(mql) {
    if (mql.matches) {
        // 宽度小于等于 700 像素
    } else {
        // 宽度大于 700 像素
    }
}
```

上面代码中，回调函数的参数是 MediaQueryList 对象。回调函数的调用可能存在两种情况：一种是显示宽度从 700 像素以上变为以下；另一种是从 700 像素以下变为以上。因此，在回调函数内部要判断一下当前的屏幕宽度。

8.1.9　CSS 事件

1. transitionend 事件

CSS 的过渡效果（transition）结束后，触发 transitionend 事件。例如：

```
el.addEventListener('transitionend', onTransitionEnd, false);
function onTransitionEnd() {
    console.log('Transition end');
}
```

transitionend 事件的对象具有以下属性。

- ☑ propertyName：发生 transition 效果的 CSS 属性名。
- ☑ elapsedTime：transition 效果持续的秒数，不含 transition-delay 的时间。
- ☑ pseudoElement：如果 transition 效果发生在伪元素，会返回该伪元素的名称，以“::”开头。如果不发生在伪元素上，则返回一个空字符串。

实际使用 transitionend 事件时，可能需要添加浏览器前缀。

```
el.addEventListener('webkitTransitionEnd', function () {
    el.style.transition = 'none';
});
```

2. animationstart、animationend 和 animationiteration 事件

CSS 动画有以下三个事件。

- ☑ animationstart 事件：动画开始时触发。
- ☑ animationend 事件：动画结束时触发。
- ☑ animationiteration 事件：开始新一轮动画循环时触发。如果 animation-iteration-count 属性等于 1，该事件不触发，即只播放一轮的 CSS 动画，不会触发 animationiteration 事件。

例如：

```
div.addEventListener('animationiteration', function() {
    console.log(' 完成一次动画 ');
});
```

这三个事件的事件对象，都有 animationName 属性（返回产生过渡效果的 CSS 属性名）和 elapsedTime 属性（动画已经运行的秒数）。对于 animationstart 事件，elapsedTime 属性等于 0，除非 animation-delay 属性等于负值。例如：

```
var el = document.getElementById("animation");
el.addEventListener("animationstart", listener, false);
el.addEventListener("animationend", listener, false);
el.addEventListener("animationiteration", listener, false);
function listener(e) {
  var li = document.createElement("li");
  switch(e.type) {
    case "animationstart":
      li.innerHTML = "Started: elapsed time is " + e.elapsedTime;
      break;
    case "animationend":
      li.innerHTML = "Ended: elapsed time is " + e.elapsedTime;
      break;
    case "animationiteration":
      li.innerHTML = "New loop started at time " + e.elapsedTime;
      break;
  }
  document.getElementById("output").appendChild(li);
}
```

上面代码的运行结果如下：

```
Started: elapsed time is 0
New loop started at time 3.01200008392334
New loop started at time 6.00600004196167
Ended: elapsed time is 9.234000205993652
```

animation-play-state 属性可以控制动画的状态（暂停 / 播放），该属性需要加上浏览器前缀。

```
element.style.webkitAnimationPlayState = "paused";
element.style.webkitAnimationPlayState = "running";
```

【拓展】

CSS 的规格发展太快，新的模块层出不穷。如何知道当前浏览器是否支持某个模块，详细说明请扫码阅读。

线上阅读

8.2　jQuery 实现

CSS 属性值可以支持数字、百分比或关键字等，还需要处理不同的取值单位；在读取属性当前值时，不同的浏览器可能返回不同的单位值，用户无法简单地处理；在能否读取高、宽等位置信息上，还会受到

display 状态的影响；不同浏览器，相同功能对应的属性名不同，可能带有私有前缀等。

在 jQuery 框架中，CSS 模块的主要功能是解决上述各种问题，除了常规的 CSS 样式读写之外，主要是服务 animation 模块。本节将具体介绍 jQuery 操作 CSS 的方法，以及基本源码设计思路。

jQuery 实现了一套简单统一的样式读取与设置的机制。

☑ 读取：$(selector).css(prop)。

☑ 写入：$(selector).css(prop, value)。

也支持对象参数、映射写入方式。同时这种简单、高效的用法完全不用考虑兼容性的问题，甚至包括那些需要加上前缀的 CSS3 属性。例如：

```
/* 读取 */
$('#div1').css('lineHeight')
/* 写入 */
$('#div1').css('lineHeight', '30px')
// 映射（这种写法其实容易产生 bug，不如下面一种，后文会讲到）
$('#div1').css('lineHeight', function(index, value) {
    return (+value || 0) + '30px';
})
// 增量（只支持 +、-，能够自动进行单位换算，正确累加）
$('#div1').css('lineHeight', '+=30px')
// 对象写法
$('#div1').css({
    'lineHeight': '+=30px' ,
    'fontSize': '24px'
})1
```

如何统一一个具有众多兼容问题的系统呢？

jQuery 的思路是抽象一个标准化的流程，然后对每个可能存在例外的地方安放钩子，对于需要例外的情形，只需外部定义对应的钩子即可调整执行过程，即“标准化流程 + 钩子”。

8.2.1 access() 函数

jQuery.fn.css(name, value) 可读取和写入样式，属于对外开放的高级方法。内部的核心方法是 jQuery.css(elem, name, extra, styles)、jQuery.style(elem, name, value, extra)。

jQuery 链式调用、对象写法、映射、无 value 则查询等特点套用在很多 API 上，这些 API 分为两类。

☑ jQuery.fn.css(name, value)

☑ jQuery.fn.html(value)

jQuery.fn.html(value) 不支持对象参数写法。jQuery 抽离了不变的逻辑，抽象为 access(elems, fn, key, value, chainable, emptyGet, raw) 接口。

access 是一个多功能值操作的内部函数。它可以使 set/get 方法在一个函数中体现。例如，常用的 css、attr 都是调用了 access 方法。例如，css 的使用方法。

```
$(selector).css(key)                          //get
$(selector).css(key,valye)                    //set
$(selector).css({key1:valye1,key2:value2})    //set
$(selector).css(function(){ … })              //set
```

Note

access 的参数如下：

```
var access = function (elems, fn, key, value, chainable, emptyGet, raw) {}
```

参数说明如下：

☑ elems：元素集合。

☑ fn：回调函数。

☑ key：键。

☑ value：值。

☑ chainable：0 表示读取，1 表示设置。

☑ emptyGet：一般不提供该参数，当没有元素时返回 undefined。

☑ raw：如果是字符串，则为真；如果是函数，则为假。

大致了解各参数后，再看它的返回值。当 chainable 为 1 时，表示设置，直接返回元素集合，方便链式调用，为 0 时表示获取。

```
// 如果是链式，返回 jQuery 对象
if (chainable) {
    return elems;
}
// 获取值
if (bulk) {//key 为 undefined 或者 null
    return fn.call(elems);
}
// 如果 jQuery 对象有长度，获取对象第一个元素的键值，否则返回 emptyGet
return len ? fn(elems[0], key) : emptyGet;
```

在获取的部分又做了判断，bulk 是什么，回到 access 开头部分就知道了：

```
bulk = key == null
```

当没有 key 的时候，bulk 为真，所以会执行 fn.call(elems)，否则执行“length ? fn(elems[0], key) : emptyGet;”；当 bulk 为假时，先判断元素是否有长度，如果有，则执行回调，否则返回 undefined。

了解 get 后，继续看 set。set 有以下 3 种形式：

☑ 键值对：$(selector).css(key,valye)。

☑ key 为对象：$(selector).css({key1:valye1,key2:value2})。

☑ key 为函数：$(selector).css(function(){ … })。

在 access 整个代码块，除了最底部是处理 get 外，其余的部分都在处理 set。从下面的代码片段可以看出，if 处理键为对象，else if 处理非对象，在 else if 中又分别处理当参数为键值对和 key 为函数的两种形式。

```
if ( key && typeof key === "object" ) {
    // 省略部分代码
} else if ( value !== undefined ) {
    // 省略部分代码
}
```

当键为对象时，它的处理方式是利用递归再执行一次 access。

```
if ( key && typeof key === "object" ) {
```

```
        for ( i in key ) {
            jQuery.access( elems, fn, i, key[i], 1, emptyGet, value );
        }
        chainable = 1;
    } else if ( value !== undefined ) {
      // 省略部分代码
    }
```

当键为非对象时，先判断值不为空，进入后做了以下 4 件事情。

（1）如果值是函数，则 exec 为真。

（2）如果键为空，则值为函数时做了相应的处理；值为字符串时执行回调。

（3）循环元素集合执行回调。

（4）把 chainable 设置为 1，方便在 return 中进行处理。

```
if ( key && typeof key === "object" ) {
    // 省略部分代码
} else if ( value !== undefined ) {
    exec = pass === undefined && jQuery.isFunction( value );
    if ( bulk ) {
        if ( exec ) {
            exec = fn;
            fn = function( elem, key, value ) {
                return exec.call( jQuery( elem ), value );
            };
        } else {
            fn.call( elems, value );
            fn = null;
        }
    }
    if ( fn ) {
        for (; i < length; i++ ) {
            fn( elems[i], key, exec ? value.call( elems[i], i, fn( elems[i], key ) ) : value, pass );
        }
    }
    chainable = 1;
}
```

以上代码比较烦琐，其实一般情况是直接进入第（3）步，因为在设置 CSS 的时候，key 都是字符串，而第（2）步主要就是针对 key 为函数的情形。

提示：access 完整的代码请参考 jQuery 源码注解文件。

8.2.2 jQuery.fn.css

jQuery 节点样式读取以及设置都是通过 .css() 方法来实现的。定义 HTML 样式有以下三种方式。

☑ <link/> 外部引入，也就是定义 CSS 样式表文件。

☑ <style/> 嵌入式内部样式。

☑ 使用 style 特性定义。

给一个 HTML 元素设置 CSS 属性：

```
var head= document.getElementById("head");
head.style.width = "20px";
head.style.height = "10px";
head.style.display = "block";
```

这是 DOM 2 级样式提供的 API，这里涉及三个问题，也是 jQuery 内部需要解决的兼容问题。

问题 1，单一的设置太麻烦，而且每次 style 一次就等于浏览器要绘制一次，不过高级的浏览器可能会合并 style 的次数。

问题 2，style 只能针对行类样式，对于 link 引入的样式，无法获取。

问题 3，样式属性名的兼容问题，如驼峰、保留字等。

任何支持 style 特性的 HTML 元素在 JavaScript 中都有一个对象的 style 属性，其实也是一个实例，但是内部属性命名采用的都是驼峰形式，如 background-image 要写成 backgroundImage。其中一个比较特殊的就是 float，作为保留字，所以就换成 cssFloat。

jQuery 需要处理的问题包括：参数传递、命名规范、访问规则、性能优化。

jQuery.fn.css(name, value) 为什么会有两个核心方法呢？因为样式的读取和写入不是同一个方式，而写入的方式有时也会用来读取。

☑ 读取：依赖 window 的 getComputedStyle() 方法，IE 6～8 依赖元素的 currentStyle() 方法。内联外嵌的样式都可查到。

☑ 写入：依赖 elem.style 的方式。elem.style 方式也可以用来查询，但是只能查到内联的样式。

因此，jQuery 封装了两个方法：

☑ jQuery.css(elem, name, extra, styles)

☑ jQuery.style(elem, name, value, extra)

前者只读，后者可读可写，但是后者的读比较原始，返回值可能出现各种单位，而且无法查到外嵌样式，因此 jQuery.fn.css 方法中使用前者读取，使用后者写入。

```
jQuery.extend({
        css: function (elem, name, extra, styles) {
        var val, num, hooks,
            origName = jQuery.camelCase(name),
            isCustomProp = rcustomProp.test(name);
        if (!isCustomProp) {
            name = finalPropName(origName);
        }
        hooks = jQuery.cssHooks[name] || jQuery.cssHooks[origName];
        if (hooks && "get" in hooks) {
            val = hooks.get(elem, true, extra);
        }
        if (val === undefined) {
            val = curCSS(elem, name, styles);
        }
        if (val === "normal" && name in cssNormalTransform) {
            val = cssNormalTransform[name];
        }
```

```
            if (extra === "" || extra) {
                num = parseFloat(val);
                return extra === true || isFinite(num) ? num || 0 : val;
            }
            return val;
        }
})
```

jQuery 的处理流程如下：

第 1 步，分解参数。

第 2 步，转换为驼峰式，修正属性名。

第 3 步，如果有钩子，则调用钩子的 set、get 方法。

第 4 步，最终实现都是依靠浏览器本身的 API。

8.3　案例实战

很多大型的网站都使用标签，标签可以简单地理解为分类，但是它和分类所用的表述又不大一样。标签是一种更加随意的分类形式，任何单词、任何有意义或者无意义的语句都可以被作为一个标签来保存。

目前，比较流行的一种标签管理方案就是使用标签云（Tag Cloud）。顾名思义，标签云就是让标签像云朵一样显示。也就是说，根据标签被使用的个数组织标签的显示，被使用次数多的标签显示的字体较大或者更加清晰，被使用次数较少的标签则显示得较小或者更加模糊，以此形成一种错落有致的标签云效果。本例演示效果如图 8.11 所示。

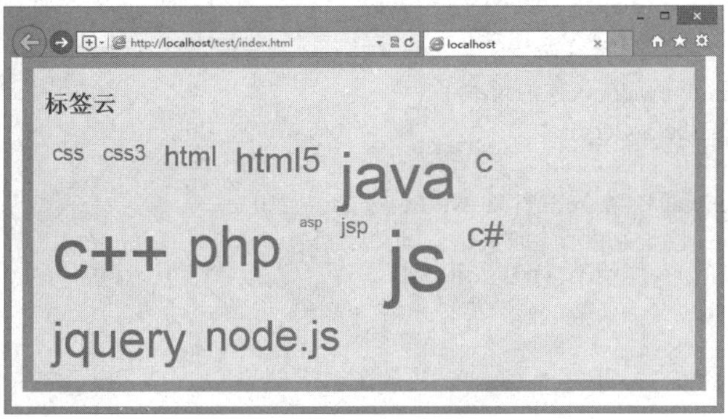

图 8.11　设计标签云

【操作步骤】

第 1 步，设计数据表，用来保存标签信息。本例使用 PHP+MySQL 来实现后台技术支持。使用 phpMyAdmin 新建数据库 db_tags 和数据表 tb_tags。数据表结构如下：

```
CREATE TABLE IF NOT EXISTS 'tb_tags' (
    'id' int(10) NOT NULL,
    'tag' varchar(45) NOT NULL,
    'frequency' int(10) NOT NULL
) ENGINE=MyISAM AUTO_INCREMENT=16 DEFAULT CHARSET=utf8;
```

Note

提示：读者可以通过本节示例源码提供的数据包或 db_tags.sql 快速安装数据库，并导入试验数据。

方法 1：复制 Data 目录中的 MySQL 数据库包，然后复制到本地 MySQL 数据库安装路径下。注意，是数据存放路径，如 C:\ProgramData\MySQL\MySQL Server 5.7\Data，具体路径根据个人系统和安装路径而定。

方法 2：使用 phpMyAdmin 在本地 MySQL 中新建数据库，数据库名称为 db_tags。再使用 phpMyAdmin 把数据表 db_tags.sql 导入 db_tags 数据库。

提示：设计数据表的方法是在 phpMyAdmin 中选择数据库 db_tags，在顶部导航菜单中选择“导入”命令，按要求操作即可。

第 2 步，新建后台处理文件 tagcloud.php，从数据库中读取所有的标签云记录，产生 JSON 格式的数据并返回客户端。

```
<?php
// 数据库连接信息，读者需要根据本地 MySQL 的配置进行重新设置
$host = "localhost";          // 服务器
$user = "root";               // 用户名
$password = "11111111"; // 用户登录 MySQL 密码
$database = "db_tags";    // 连接数据库的名称
// 建立连接
$server = mysqli_connect($host, $user, $password);
$connection = mysqli_select_db($server, $database);
// 查询数据库，获取所有记录
$query = mysqli_query($server, "SELECT * FROM tb_tags");
// 生成 json 对象
$json = "({ tags:[";
// 通过循环迭代，对返回的记录集进行解析
for ($x = 0; $x < mysqli_num_rows($query); $x ++) {
    $row = mysqli_fetch_assoc($query);
    // 连接 json 对象
    $json .= "{tag:'" . $row["tag"] . "',freq:'" . $row["frequency"] . "'}";
    // 如果不是最后一行，则添加逗号，如果是，则关闭括号
    if ($x < mysqli_num_rows($query) - 1)
        $json .= ",";
    else
        $json .= "]})";
}
// 使用 JSOP 回调获取 JSON JSON
$response = $_GET["callback"] . $json;
echo $response;
// 关闭数据库连接
mysqli_close($server);
?>
```

第 3 步，在客户端页面接收服务器返回的 JSON 数据。首先设计如下简单结构：

```
<div id="wrapper">
```

Note

```
    <h1> 标签云 </h1>
    <div id="content">
        <div id="tagCloud"> </div>
    </div>
</div>
```

第 4 步，使用 jQuery 脚本接收数据并显示出来。

```
$(function() {
    // 获取反馈的标签
    $.getJSON("tagcloud.php?callback=?", function(data) {
        // 为标签链接创建列表
        $("<ul>").attr("id", "tagList").appendTo("#tagCloud");
        // 创建标签云
        $.each(data.tags, function(i, val) {
            // 创建标签列表项目
            var li = $("<li>");
            // 创建链接
            $("<a>").text(val.tag).attr({title:"See all pages tagged with " + val.tag, href:"http://localhost/tags/" + val.tag +
                ".html"}).appendTo(li);
            // 设置标签的大小
            var fontSize = val.freq / 2 + "em";
            li.children().css("fontSize", fontSize);
            // 添加到列表中
            li.appendTo("#tagList");
        });
    });
});
```

8.4　在线练习

本节提供多个 CSS 操作案例，感兴趣的读者可以扫码阅读。

在线练习

第 9 章

jQuery 动画

（视频讲解：**56** 分钟）

JavaScript 语言没有提供动画功能，需要借助 CSS 技术来实现。在 Web 设计中，动画主要包括三种形式：位置变化、形状变化和显隐变化。位置变化主要通过 CSS 定位来控制，形状变化主要通过 CSS 尺寸来控制，显隐变化主要通过 CSS 显示来控制。jQuery 封装了 CSS 动画，提供系列 Web 效果的操作方法，帮助用户轻松创建精致、复杂的动画。

【学习重点】

⏭ 使用 jQuery 简单动画方法。

⏭ 设计复杂的 jQuery 动画。

⏭ 控制动画序列。

⏭ 设计各种网页特效。

视频讲解

Note

9.1 jQuery 动画基础

在第 4 章中曾经详细介绍过 css() 方法的使用，jQuery 在该方法基础上封装了系列动画控制的方法，以方便用户控制页面对象。

9.1.1 显隐效果

最简单的动画效果就是元素的显示和隐藏了。在 jQuery 中，使用 show() 方法可以显示元素，使用 hide() 方法可以隐藏元素。如果把 show() 和 hide() 方法配合起来，就可以设计最基本的显隐动画。

show() 方法用法如下：

```
show()
show(duration, [callback])
show([duration], [easing], [callback])
```

参数说明如下：

☑ duration：一个字符串，或者数字，决定动画将运行多久。

☑ callback：在动画完成时执行的函数。

☑ easing：用来表示使用哪个缓冲函数来过渡的字符串。

hide() 方法与 show() 方法相同，就不再重复介绍。

基本的 hide() 和 show() 方法不带任何参数。可以把它们想象成类似 css('display', 'string') 方法的简写方式。这两个方法的作用就是立即隐藏或显示匹配的元素集合，不带任何动画效果。

其中，hide() 方法会将匹配的元素集合的内联 style 属性设置为 display:none，也能够在把 display 的值变成 none 之前，记住原先的 display 值，通常是 block 或 inline。相反，show() 方法会将匹配的元素集合的 display 属性恢复为应用 display:none 之前的可见属性。

show() 和 hide() 的这种特性，使得它们非常适合隐藏那些默认的 display 属性在样式表中被修改的元素。例如，在默认情况下，li 元素具有 display:block 属性，但是，为了构建水平的导航菜单，它们可能会被修改成 display:inline。而在类似这样的 li 元素上面使用 show() 方法，不会简单地把它重置为默认的 display:block，因为那样会把 li 元素放到单独的一行中；相反，show() 方法会把它恢复为先前的 display:inline 状态，从而维持水平的菜单设计。

【示例 1】演示 jQuery 的 show() 和 hide() 方法的应用。

```
<!doctype html>
<html>
<head>
<meta charset="utf-8">
<script src="jquery/jquery-3.1.1.js" type="text/javascript"></script>
<script type="text/javascript" >
$(function(){
    $("p").hide().hide();
    $("div").hide().show();
    $("span").eq(0).hide();
```

Note

```
        $("span")[1].style.display = "none";
        $("span").show();
    })
    </script>
    </head>
    <body>
    <p>P 元素 </p>
    <div>DIV 元素 </div>
    <span>SPAN 元素 1</span>
    <span>SPAN 元素 2</span>
    <span style="display:none;">SPAN 元素 3</span>
    </body>
    </html>
```

【示例 2】使用 for 循环语句动态添加 6 个 div 元素，并在内部样式表中定义盒子的尺寸、背景色、浮动显示，实现并列显示。然后为所有 div 元素绑定 click 事件，设计当单击 div 元素时，调用 hide() 方法隐藏该元素。演示效果如图 9.1 所示。

```
<script type="text/javascript" >
$(function(){
    for (var i = 0; i < 5; i++) {
        $("<div>").appendTo(document.body);
    }
    $("div").click(function () {
        $(this).hide();
    });
})
</script>
<style>
div { background:red; width:100px; height:100px; margin:2px; float:left; }
</style>

<div></div>
```

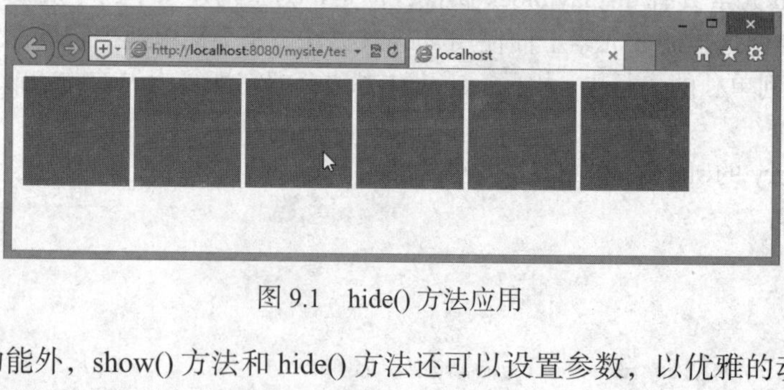

图 9.1　hide() 方法应用

除了显示和隐藏功能外，show() 方法和 hide() 方法还可以设置参数，以优雅的动画显示所有匹配的元素，并在显示完成后可选地触发一个回调函数。

【示例 3】调用 show() 方法和 hide() 方法，并设置显隐过程为 1000 毫秒，同时在显隐动画播放完毕之后，调用第二个参数回调函数，弹出一个提示对话框，如图 9.2 所示。

```
<script type="text/javascript" >
```

Note

```
$(function(){
    var t = false;
    $("input").click( function(){
        if( t ){
            $( "div" ).show(1000,function(){
                alert(" 显示 DIV 元素 ");
            });
            $( "input" ).val(" 隐藏元素 ");
            t = false;
        }
        else{
            $( "div" ).hide(1000,function(){
                alert(" 隐藏 DIV 元素 ");
            });
            $( "input" ).val(" 显示元素 ");
            t = true;
        }
    });
})
</script>

<input type="button" value=" 隐藏元素 " />
<div><img src="images/1.jpg" height="200" /></div>
```

图 9.2　设计显隐动画效果

show() 和 hide() 这两个方法的第一个参数都表示动画时长的毫秒数值，也可以设置预定义的字符串（slow、normal、fast），用来表示动画的缓慢、正常和快速效果。使用 show('slow') 会在 0.6 秒内完成效果，show('normal') 是 0.4 秒，而 show('fast') 则是 0.2 秒。要指定更精确的速度，可以使用毫秒数值。例如，show(850)。注意，与字符串表示的速度参数名称不同，数值不需要使用引号。

提示： 当在 show() 方法或 hide() 方法中指定一个速度参数时，就会产生动画效果，即效果会在一个特定的时间段内发生。例如，hide('speed') 方法，会同时减少元素的高度、宽度和不透明度，直至这三个属性的值都为 0，与此同时会为该元素应用 CSS 规则 display:none。而 show('speed') 方法则会从上到下增大元素的高度，从左到右增大元素的宽度，同时从 0～1 增加元素的不透明度，直至其内容完全可见。

Note

【示例 4】以示例 2 为基础，在 hide() 方法中设置隐藏显示的速度，并定义在隐藏该 div 元素之后，把当前元素移出文档。演示效果如图 9.4 所示。

```
<script type="text/javascript" >
$(function(){
    for (var i = 0; i < 5; i++) {
        $("<div>").appendTo(document.body);
    }
    $("div").click(function () {
        $(this).hide(2000, function () {
            $(this).remove();
        });
    });
})
</script>
<style>
div { background:red; width:100px; height:100px; margin:2px; float:left; }
</style>

<div></div>
```

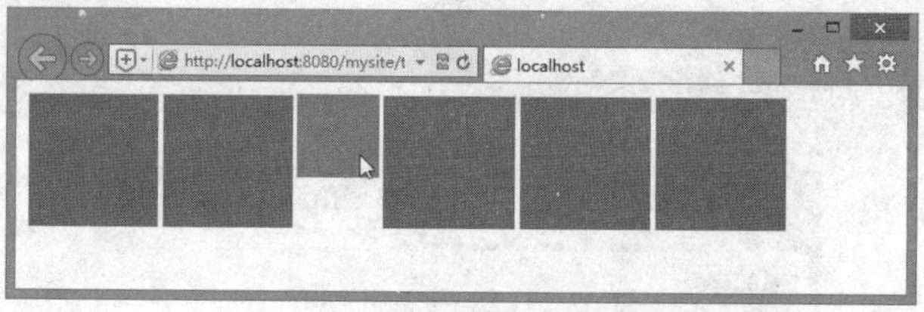

图 9.3　设计渐隐效果

9.1.2　显隐切换

使用 jQuery 的 toggle() 方法能够切换元素的可见状态。如果元素是可见的，将会把它切换为隐藏状态；如果元素是隐藏的，则把它切换为可见状态。用法如下：

```
toggle( [duration], [callback])
toggle( [duration], [easing], [callback])
toggle(showOrHide)
```

参数说明如下：

☑ duration：一个字符串或者数字，决定动画将运行多久。
☑ callback：在动画完成时执行的函数。
☑ easing：用来表示使用哪个缓冲函数来过渡的字符串。
☑ showOrHide：一个布尔值，指示是否显示或隐藏的元素。

如果没有参数，toggle() 方法是用来切换元素可见性的最简单的方法。

```
$('.target').toggle();
```

通过改变 CSS 的 display 属性，匹配的元素将被立即显示或隐藏，没有动画效果。如果元素处于显示状态，它会被隐藏；如果处于隐藏状态，它会被显示出来。display 属性将被存储并且在需要的时候可以恢复。如果一个元素的 display 值为 inline，然后是隐藏和显示，这个元素将再次显示 inline。

当提供一个持续时间参数时，toggle() 会成为一个动画方法。toggle() 方法将会匹配元素的宽度、高度，以及不透明度，同时进行动画。当隐藏动画后，高度值为 0，display 样式属性被设置为 none，以确保该元素不再影响页面布局。

持续时间是以毫秒为单位的，数值越大，动画越慢。字符串 'fast' 和 'slow' 分别代表 200 和 600 毫秒的延时。

如果提供回调函数参数，回调函数会在动画完成时被调用，这对将不同的动画串联在一起并按顺序排列是非常有用的。这个回调函数不设置任何参数，但是 this 是存在动画的 DOM 元素，如果多个元素一起做动画效果，则每执行一次回调匹配的元素，而不是作为一个整体的动画一次。

【示例】使用 toggle() 方法设计段落文本中的图像切换显示，同时添加显示速度控制，以便更真实地显示动画。演示效果如图 9.4 所示。

```
<script type="text/javascript" >
$( function(){
    $("button").click(function () {
        $("p").toggle("slow");
    });
});
</script>

<p><img src="images/1.jpg" height="300" /></p>
<button> 显示和隐藏 </button>
```

图 9.4　使用 toggle() 方法

提示：toggle() 方法还可以接收多个参数。如果传入 true 或者 false 参数值，则可以设置元素显示或者隐藏，功能类似于 show() 方法和 hide() 方法。如果参数值为 true，则功能类似于调用 show() 方法来显示匹配的元素；如果参数值为 false，则调用 hide() 方法来隐藏元素。

如果传入一个数值或者一个预定义的字符串，如 "slow"、"normal" 或者 "fast"，则表示在显隐切换时，以指定的速度动态显示匹配的显隐过程。

除了指定动画显隐的速度外，还可以在第二个参数处指定一个回调函数，以便在动画演示完毕之后调用该函数，完成额外的任务。

Note

9.1.3 滑动效果

滑动效果包括两种：匀速运动和变速运动。匀速运动只需要使用 JavaScript 动态控制元素的显示位置即可；而变速运动需要用到一些简单的算法，也称为缓动动画。

jQuery 提供了简单的滑动方法：slideDown() 和 slideUp()，这两个方法可以设计向下滑动和向上滑动效果。这两个方法的具体用法如下：

```
slideDown([duration], [callback])
slideDown([duration], [easing], [callback])
slideUp([duration], [callback])
slideUp([duration], [easing], [callback])
```

参数说明如下：

☑ duration：一个字符串或者数字，用来定义动画将运行多久。

☑ easing：用来表示使用哪个缓动函数来过渡的字符串。

☑ callback：在动画完成时执行的函数。

slideDown() 方法和 slideUp() 方法将给匹配元素的高度的动画。其中 slideDown() 方法能够导致页面的下面部分滑下去，弥补了显示的方式。而 slideUp() 方法导致页面的下面部分滑上去，弥补了显示的方式。一旦高度为 0，display 样式属性将被设置为 none，以确保该元素不再影响页面布局。

持续时间是以毫秒为单位的，数值越大，动画越慢。字符串 'fast' 和 'slow' 分别代表 200 和 600 毫秒的延时。如果提供任何其他字符串，或者这个 duration 参数被省略，那么默认使用 400 毫秒的延时。

如果提供回调函数参数，回调函数会在动画完成时被调用，这对将不同的动画串联在一起并按顺序排列是非常有用的。这个回调函数不设置任何参数，但是 this 是存在动画的 DOM 元素，如果多个元素一起做动画效果，则每执行一次回调匹配的元素，而不是作为一个整体的动画一次。

【示例】有 3 个按钮和 3 个文本框，当单击按钮时将自动隐藏按钮后面的文本框，且以滑动方式逐渐隐藏，隐藏之后会在底部 <div id="msg"> 信息框中显示提示信息。演示效果如图 9.5 所示。

```
<script type="text/javascript" >
$( function(){
    $("button").click(function () {
        $(this).parent().slideUp("slow", function () {
            $("#msg").text($("button", this).text() + " 已经实现。");
        });
    });
});
</script>
<style type="text/css">
div { margin:2px; }
</style>

<div>
    <button> 隐藏文本框 1</button>
    <input type="text" value=" 文本框 1" />
</div>
<div>
    <button> 隐藏文本框 2</button>
```

```
        <input type="text" value=" 文本框 2" />
    </div>
    <div>
        <button> 隐藏文本框 3</button>
        <input type="text" value=" 文本框 3" />
    </div>
    <div id="msg"></div>
```

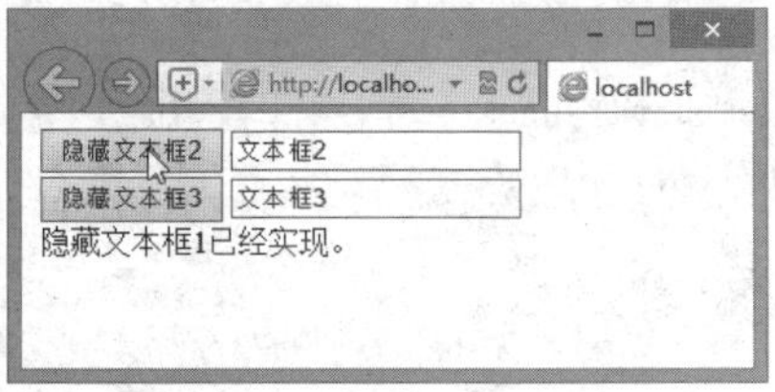

图 9.5　显隐滑动应用

注意： slideDown() 方法仅适用于被隐藏的元素，如果为已显示的元素调用 slideDown() 方法，是看不到效果的。而 slideUp() 方法正好相反，它可以把显示的元素缓慢地隐藏起来。slideDown() 方法和 slideUp() 方法正像卷帘，slideDown() 方法能够缓慢地展开帘子，而 slideUp() 方法能够缓慢地收缩帘子。通俗描述，slideDown() 方法作用于隐藏元素，而 slideUp() 方法作用于显示元素，两者功能和效果截然相反。

slideDown() 方法和 slideUp() 方法可以包含两个可选的参数：第一个参数设置滑动的速度，可以设置预定义字符串，如 "slow"、"normal" 和 "fast"，或者传递一个数值，表示动画时长的毫秒数；第二个可选参数表示一个回调函数，当动画完成之后，将调用该回调函数。

9.1.4　滑动切换

与 toggle() 方法的功能相似，jQuery 为滑动效果也设计了一个切换方法——slideToggle()。slideToggle() 方法的用法与 slideDown() 方法和 slideUp() 方法的用法相同，但是它综合了 slideDown() 方法和 slideUp() 方法的动画效果，可以在滑动中切换显示或隐藏元素。用法如下：

```
slideToggle([duration], [callback])
slideToggle([duration], [easing], [callback])
```

参数说明如下：

☑　duration：一个字符串或者数字，决定动画将运行多久。

☑　easing：一个用来表示使用哪个缓动函数来过渡的字符串。

☑　callback：在动画完成时执行的函数。

slideToggle() 动画将改变元素的高度，这会导致页面的下面部分滑下去或滑上来，显示或隐藏项目。display 属性将被存储并且需要的时候可以恢复。如果一个元素的 display 值为 inline，然后是隐藏和显示，这个元素将再次显示 inline。当一个隐藏动画后，高度值达到 0 的时候，display 样式属性被设置为 none，以确保该元素不再影响页面布局。

持续时间是以毫秒为单位的，数值越大，动画越慢。字符串 'fast' 和 'slow' 分别代表 200 和 600 毫秒的延时。

如果提供回调函数参数，回调函数会在动画完成时被调用。这对将不同的动画串联在一起并按顺序排列是非常有用的。这个回调函数不设置任何参数，但是 this 是存在动画的 DOM 元素，如果多个元素一起做动画效果，则每执行一次回调匹配的元素，而不是作为一个整体的动画一次。

Note

【示例】页面中包含一个按钮，当单击按钮时将自动隐藏部分 div 元素，同时显示被隐藏的 div 元素，演示效果如图 9.6 所示。

```
<script type="text/javascript" >
$( function(){
    $("#aa").click(function () {
        $("div:not(.still)").slideToggle("slow", function () {
            var n = parseInt($("span").text(), 10);
                $("span").text(n + 1);
        });
    });
});
</script>
<style type="text/css">
div { background:#b977d1; margin:3px; width:60px; height:60px; float:left; }
div.still { background:#345; width:5px; }
div.hider { display:none; }
span { color:red; }
p { clear: left; }
</style>

<div></div>
<div class="still"></div>
<div style="display:none;"> </div>
<div class="still"></div>
<div></div>
<div class="still"></div>
<div class="hider"></div>
<div class="still"></div>
<div class="hider"></div>
<div class="still"></div>
<div></div>
<p>
    <button id="aa"> 滑动切换 </button>
    共计滑动切换 <span>0</span> 个 div 元素。
</p>
```

图 9.6　显隐切换滑动应用

9.1.5 淡入淡出

淡入和淡出效果是通过不透明度的变化来实现的。与滑动效果相比，淡入淡出效果只调整元素的不透明度，而元素的高度和宽度不会发生变化。jQuery 定义了 3 个淡入淡出方法：fadeIn()、fadeOut() 和 fadeTo()。

fadeIn() 方法和 fadeOut() 方法的用法如下：

```
fadeIn([duration], [callback])
fadeIn([duration], [easing], [callback])
fadeOut([duration], [callback])
fadeOut([duration], [easing], [callback])
```

参数说明如下：

☑ duration：一个字符串或者数字，该参数决定动画将运行多久。

☑ easing：一个用来表示使用哪个缓动函数来过渡的字符串。

☑ callback：一个在动画完成时执行的函数。

fadeOut() 方法通过匹配元素的透明度做动画效果。一旦透明度为 0，display 样式属性将被设置为 none，以确保该元素不再影响页面布局。

fadeOut() 方法和 fadeIn() 方法的延迟时间是以毫秒为单位的，数值越大，动画越慢。字符串 'fast' 和 'slow' 分别代表 200 和 600 毫秒的延时。如果提供任何其他字符串，或者这个 duration 参数被省略，那么默认使用 400 毫秒的延时。

如果提供回调函数参数，回调函数会在动画完成时被调用。这对将不同的动画串联在一起并按顺序排列是非常有用的。这个回调函数不设置任何参数，但是 this 是存在动画的 DOM 元素，如果多个元素一起做动画效果，则这个回调函数在每个匹配元素上执行一次，而不是这个动画作为一个整体。

【示例】为段落文本中的 span 元素绑定 hover 事件，设计鼠标移过时动态背景效果，同时绑定 click 事件，当单击 span 元素时，将渐隐该元素，并把该元素包含的文本传递给 div 元素，实现隐藏提示信息效果，演示效果如图 9.7 所示。

```
<script type="text/javascript" >
$( function(){
    $("span").click(function () {
        $(this).fadeOut(1000, function () {
            $("div").text(" “" + $(this).text() + "” 已经隐藏。");
            $(this).remove();
        });
    });
    $("span").hover(
        function () {
            $(this).addClass("hilite");
        },
        function () {
            $(this).removeClass("hilite");
    });
});
</script>
<style type="text/css">
span { cursor:pointer; }
```

```
span.hilite { background:yellow; }
div { display:inline; color:red; }
</style>

<h3> 隐藏提示：<div></div></h3>
<p> 雨，<span> 轻薄浅落 </span>，<span> 丝丝缕缕 </span>，<span> 幽幽怨怨 </span>。不知何时起，细腻的心
    莫名地爱上了阴雨天。也许，雨天是思念的 <span> 风铃 </span>，雨飘下，铃便响。伸出薄凉的手掌，雨轻
    弹地滴落在掌心，<span> 凉意 </span>，遍布全身；<span> 怀念 </span>，张开翅膀；<span> 眼角 </span>，已
    感湿润。</p>
```

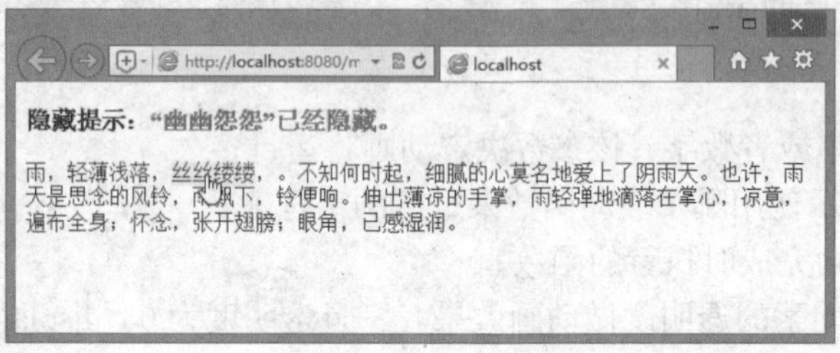

图 9.7　淡入和淡出应用

通过上面示例可以看到，fadeIn() 方法和 fadeOut() 方法与 slideDown() 方法和 slideUp() 方法的用法是完全相同的，它们都可以包含两个可选参数，第一个参数表示动画持续的时间，以毫秒为单位，另外还可以使用预定义字符串 "slow"、"normal" 和 "fast"，使用这些特殊的字符串可以设置动画以慢速、正常速度和快速进行演示。

第二个参数表示回调函数，该参数为可选参数，用来在动画演示完毕之后被调用。例如，在上面示例中，当单击按钮之后调用 div 元素的 fadeIn() 方法，逐步显示隐藏的元素，当显示完成之后再次调用回调函数。

注意： 与 slideDown() 方法和 slideUp() 方法的用法相同，fadeIn() 方法只能够作用于被隐藏的元素，而 fadeOut() 方法只能够作用于显示的元素。

fadeIn() 方法能够实现所有匹配元素的淡入效果，并在动画完成后可选地触发一个回调函数。而 fadeOut() 方法正好相反，它能够实现所有匹配元素的淡出效果。

9.1.6　控制淡入淡出度

fadeTo() 方法能够把所有匹配元素的不透明度以渐进方式调整到指定的不透明度，并在动画完成后可选地触发一个回调函数。用法如下：

```
fadeTo(duration, opacity, [callback])
fadeTo([duration], opacity, [easing], [callback])
```

参数说明如下：

- ☑ duration：一个字符串或者数字，决定动画将运行多久。
- ☑ opacity：一个 0～1 的数字，表示目标透明度。
- ☑ easing：一个用来表示使用哪个缓冲函数来过渡的字符串。
- ☑ callback：在动画完成时执行的函数。

该方法的延迟时间是以毫秒为单位的，数值越大，动画越慢。字符串 "fast" 和 "slow" 分别代表 200 和

600 毫秒的延时。如果提供任何其他字符串，或者这个 duration 参数被省略，那么默认使用 400 毫秒的延时。和其他效果方法不同，fadeTo() 需要明确地指定 duration 参数。

如果提供回调函数参数，回调函数会在动画完成时被调用。这对将不同的动画串联在一起并按顺序排列是非常有用的。这个回调函数不设置任何参数，但是 this 是存在动画的 DOM 元素，如果多个元素一起做动画效果，则这个回调函数在每个匹配元素上执行一次，而不是这个动画作为一个整体。

【示例】把图像逐步调整到不透明度为 0.4 的显示效果，演示效果如图 9.8 所示。

```
<script type="text/javascript" >
$(function(){
    $("input").click(function(){
        $("div").fadeTo(2000,0.4);
    })
})
</script>

<input type="button" value=" 控制淡入淡出度 " />
<div><img src="images/1.jpg" height="200" /></div>
```

图 9.8　设置淡出透明效果

注意：fadeTo() 方法仅能够作用于显示的元素，对于被隐藏的元素来说是无效的。

9.1.7　渐变切换

与 toggle() 方法的功能相似，jQuery 为淡入淡出效果也设计了一个渐变切换的方法——fadeToggle()。fadeToggle() 方法的用法与 fadeIn() 方法和 fadeOut() 方法的用法相同，但是它综合了 fadeIn() 方法和 fadeOut() 方法的动画效果，可以在渐变中切换显示或隐藏元素。用法如下：

```
fadeToggle ([duration], [callback])
fadeToggle ([duration], [easing], [callback])
```

参数说明如下：

☑ duration：一个字符串或者数字，决定动画将运行多久。

☑ easing：一个用来表示使用哪个缓冲函数来过渡的字符串。

☑ callback：在动画完成时执行的函数。

持续时间是以毫秒为单位的，数值越大，动画越慢。字符串 'fast' 和 'slow' 分别代表 200 和 600 毫秒的延时。

如果提供回调函数参数，回调函数会在动画完成时被调用。这对将不同的动画串联在一起并按顺序排列是非常有用的。这个回调函数不设置任何参数，但是 this 是存在动画的 DOM 元素，如果多个元素一起做动画效果，则每执行一次回调匹配的元素，而不是作为一个整体的动画一次。

【示例】在页面中显示两个按钮，当单击这两个按钮时，会切换渐变显示或者隐藏下面的图像，第二个按钮的 click 事件处理函数中调用 fadeToggle() 方法时，传递一个回调函数，在这个函数中将每次单击按钮 2 的信息追加到 div 元素中，演示效果如图 9.9 所示。

```
<script type="text/javascript" >
$(function(){
    $("button:first").click(function() {
        $("img:first").fadeToggle("slow", "linear");
    });
    $("button:last").click(function () {
        $("img:last").fadeToggle("fast", function () {
            $("#log").append("<div> 单击按钮 2</div>");
        });
    });
})
</script>

<button> 控制按钮 1</button>
<button> 控制按钮 2</button>
<p><img src="images/1.jpg" height="200" /><img src="images/1.jpg" height="200" /></p>
<div id="log"></div>
```

图 9.9　渐变切换效果

视频讲解

9.2　设计动画

animate() 是 jQuery 效果的核心方法，9.1 节方法都建立在该方法基础上。使用 animate() 方法可以创建包含多重效果的自定义动画，用法如下：

```
animate(properties, [duration], [easing], [callback])
animate(properties, options)
```

参数说明如下：

- ☑ properties：一组 CSS 属性，动画将朝着这组属性移动。
- ☑ duration：一个字符串或者数字，决定动画将运行多久。
- ☑ easing：定义要使用的擦除效果的名称，但是需要插件支持，默认 jQuery 提供 linear 和 swing。
- ☑ callback：在动画完成时执行的函数。
- ☑ options：一组包含动画选项的值的集合。支持的选项：
  - ➢ duration：三种预定速度之一的字符串，如 "slow" "normal" 或者 "fast"，或者表示动画时长的毫秒数值，如 1000。默认值为 "normal"。
  - ➢ easing：要使用的擦除效果的名称，需要插件支持，默认 jQuery 提供 linear 和 swing。默认值为 swing。
  - ➢ complete：在动画完成时执行的函数。
  - ➢ step：每步动画执行后调用的函数。
  - ➢ queue：设定为 false，将使此动画不进入动画队列，默认值为 true。
  - ➢ specialEasing：一组一个或多个通过相应的参数和相对简单函数定义的 CSS 属性。

9.2.1 模拟 show()

show() 方法能够显示隐藏的元素，也会同时修改元素的宽度、高度和不透明度属性。因此，事实上 show() 方法只是 animate() 方法的一种内置了特定样式属性的简写形式。通过 animate() 方法设计同样的效果就非常简单。

【示例 1】 使用 hide() 方法隐藏图像，然后当单击按钮时，将会触发 click 事件，然后缓慢显示图像。

```
<script type="text/javascript" >
$(function(){
      $("img").hide();
      $("button").click(function () {
            $("img").show('slow');
      });
})
</script>

<button> 控制按钮 </button>
<p><img src="images/1.jpg" height="300" /></p>
```

【示例 2】 针对示例 1，可以使用 animate() 方法进行模拟，具体代码如下：

```
<script type="text/javascript" >
$(function(){
      $("img").hide();
      $("button").click(function () {
            $("img").animate({
                  height:'show',
                  width:'show',
```

Note

```
            opacity:'show'
        },'show');
    });
})
</script>

<button> 控制按钮 1</button>
<p><img src="images/bg5.jpg" height="300" /></p>
```

演示效果如图 9.10 所示。

图 9.10　演示效果

animate() 方法拥有一些简写的参数值，这里使用简写的 show 将高度、宽度等恢复到了它们被隐藏之前的值。当然，也可以使用 hide、toggle 或其他任意数字。

9.2.2　自定义动画

animate() 方法可以用于创建自定义动画。该方法的关键就在于指定动画的形式，以及动画结果样式属性的对象。

【示例 1】设计当单击按钮时，图像的大小被放大到原始大小，实现代码如下：

```
<script type="text/javascript" >
$(function(){
    $("button").click(function(){
        $("img").animate({
            width: "100%",
            height: "100%"
        }, 1000 );
    })
})
</script>

<button> 控制按钮 </button>
<p><img src="images/1.jpg" height="300" /></p>
```

animate() 方法包含 4 个参数：第一个参数是一组包含作为动画属性和终值的样式属性和及其值的集合。形式类似如下代码：

```
{
    width: "90%",
    height: "100%",
    fontSize: "10em",
    borderWidth: 10
}
```

这个集合对象中每个属性都表示一个可以变化的样式属性，如 height、top、opacity 等。注意，所有指定的属性必须采用驼峰式命名法，如 marginLeft，而不是 margin-left。这些属性的值表示这个样式属性到多少时动画结束。

如果属性值是一个数值，样式属性就会从当前的值渐变到指定的值。如果使用的是 "hide" "show" 或 "toggle" 等特定字符串值，则会为该属性调用默认的动画形式。

【示例 2】在一个动画中同时应用 4 种类型的效果，放大文本大小，扩大元素宽和高，同时多次单击，可以在高度和不透明度之间来回切换显示 p 元素。当然，读者可以添加更多的动画样式，以设计复杂的动态效果。

```
$(function(){
    $("button").click(function(){
        $("p").animate({
            width: "200%",
            height: "200%",
            fontSize: "5em",
            height: 'toggle',
            opacity: 'toggle'
        }, 1000 );
    })
})
```

第二个参数表示动画持续的时间，以毫秒为单位，也可以设置预定义字符串，如 "slow" "normal" 和 "fast"。在 jQuery 1.3 中，如果第二个参数设置为 0，则表示直接完成动画，而在以前版本中则会执行默认动画。

第三个参数表示要使用的擦除效果的名称，这是一个可选参数，要使用该参数，则需要插件支持。默认 jQuery 提供 "linear" 和 "swing" 特效。

第四个参数为回调函数，表示在动画演示完毕之后，将要调用的函数。

【示例 3】使 div 元素向左右平滑移动。

```
<script type="text/javascript" >
$(function(){
    $("input").eq(0).click(function(){
        $("div").animate({
            left: "-100px"
        }, 1000)
    })
    $("input").eq(1).click(function(){
        $("div").animate({
```

```
            left: "+200px"
        }, 1000)
    })
})
</script>

<input type="button" value=" 向左运动 " /><input type="button" value=" 向右运动 " />
<div style="position:absolute;left:200px; border:solid 1px red;"> 自定义动画 </div>
```

注意：要想使 div 元素能够自由移动，必须设置它的定位方式为绝对定位、相对定位或者固定定位，如果是静态定位，则移动动画是无效的。

同时，移动的动画总是在默认位置以参照物为基础的。例如，在上面示例中，已经定义 div 元素 left:200px，如果在 animate() 方法中设置 left: "+100px"，则 div 元素并不是向右移动，而是向左移动 100 像素。对于 left: "-100px" 移动动画来说，则会在现在固定位置基础上向左移动 300 像素。

animate() 方法的功能是很强大的，可以把第二个及其后面的所有参数都放置在一个对象中，在这个集合对象中包含动画选项的值，然后把这个对象作为第二个参数传递给 animate() 方法。该参数可以包含下面多个选项：

- ☑ duration：指定动画演示的持续时间，该选项与在 animate() 方法中直接传递的时间作用是相同的。duration 选项也可以包含 3 个预定义的字符串，如 "slow" "normal" 和 "fast"。
- ☑ easing：该选项接收要使用的擦除效果的名称，需要插件支持，默认值为 "swing"。
- ☑ complete：指定动画完成时执行的函数。
- ☑ step：动画演示之后回调值。
- ☑ queue：该选项表示是否将使此动画不进入动画队列，默认值为 true。

【示例 4】设置一个动画队列，其中设置第一个动画不在队列中运行，此时可以看到第一个动画的字体变大和第二个动画的元素高度增加是同步进行的。当这两个动画同步完成之后才触发第三个动画。在第三个动画中，设置 div 元素的最终不透明度为 0，则经过 2000 毫秒的淡出演示过程之后，该 div 元素消失。

```
<script type="text/javascript" >
$(function(){
    $("input").click(function(){
        $("div").animate(        // 第一个动画
            {height:"120%"},
            {duration: 5000, queue: false}
        ).animate({              // 第二个动画，将与第一个动画并列进行
            fontSize: "10em"
        },1000).animate({        // 第三个动画
            opacity: 0
        }, 2000);
    })
})
</script>

<input type="button" value=" 自定义动画 " />
<div style="border:solid 1px red;"> 自定义动画 </div>
```

9.2.3 滑动定位

使用 animate() 方法还可以控制其他属性，这样能够创建更加精致新颖的效果。例如，可以在一个元素的高度增加到 50 像素的同时，将它从页面的左侧移动到页面右侧。

在使用 animate() 方法时，必须明确 CSS 对要改变的元素所施加的限制。例如，在元素的 CSS 定位没有设置成 relative 或 absolute 的情况下，调整 left 属性对于匹配的元素毫无作用。所有块级元素默认的 CSS 定位属性都是 static，这个值精确地表明：在改变元素的定位属性之前试图移动它们，它们只会保持静止不动。

【示例】 设置一个动画队列，在 2 秒内向右下角移动图像，同时渐变不透明度为 50%，动画完成后将执行回调函数，提示动画完成的提示信息，演示效果如图 9.11 所示。

```
<script type="text/javascript" >
$(function(){
    $("button").click(function(){
        $("p").animate({
            left:200,
            top:200,
            opacity: .5
        }, 2000, "linear", function(){alert(" 动画完成 ");} );
    })
})
</script>

<button> 控制按钮 </button>
<p style="position:relative"><img src="images/1.jpg" height="300" /></p>
```

图 9.11　自定义效果

注意：当清除 <p> 标签中的 position:relative 声明之后，整个动画将显示为无效。

9.2.4 停止动画

使用 jQuery 的 stop() 方法可以随时停止所有在指定元素上正在运行的动画。具体用法如下：

```
stop([clearQueue], [jumpToEnd])
```

参数说明如下：

☑ clearQueue：一个布尔值，指示是否取消以列队动画，默认值为 false。

☑ jumpToEnd：一个布尔值，指示是否当前动画立即完成，默认值为 false。

当一个元素调用 stop() 方法之后，当前正在运行的动画（如果有）立即停止。

Note

注意： ☑ 如果一个元素用 slideUp() 隐藏，stop() 方法被调用，则元素现在仍然被显示，但将是先前高度的一部分。不调用回调函数。

☑ 如果同一元素调用多个动画方法，则后来的动画被放置在元素的效果队列中。这些动画不会开始，直到第一个完成。当调用 stop() 方法的时候，队列中的下一个动画立即开始。如果 clearQueue 参数被设置为 true 值，那么在队列中未完成的动画将被删除并永远不会运行。

☑ 如果 jumpToEnd 参数提供 true 值，当前动画将停止，但该元素是立即给予每个 CSS 属性的目标值。用上面的 slideUp() 为例子，该元素将立即隐藏。如果提供回调函数，将立即被调用。当需要对元素运行 mouseenter 和 mouseleave 动画时，stop() 方法明显是有效的。

【示例】当单击第一个按钮时，可以随时单击第二个按钮停止动画的演示，如图 9.12 所示。

```
<script type="text/javascript" >
$(function(){
    $("input").eq(0).click(function(){
        $("div").animate({
            fontSize : "10em"
        }, 8000);
    });
    $("input").eq(1).click(function(){
        $("div").stop();
    })
})
</script>

<input type="button" value=" 自定义动画 " /><input type="button" value=" 停止动画 " />
<div style="border:solid 1px red;"> 自定义动画 </div>
```

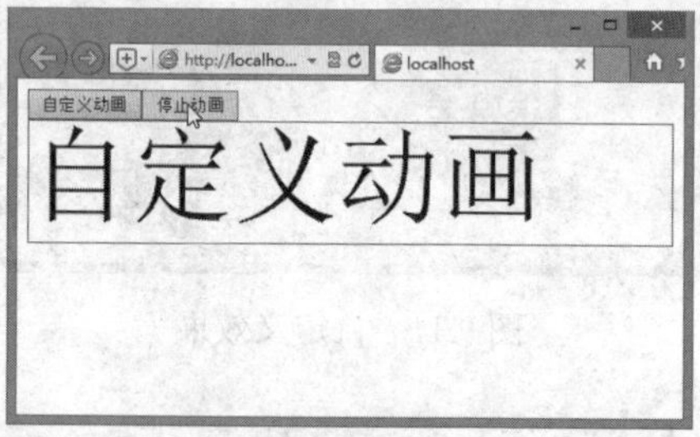

图 9.12　控制动画

提示：stop() 方法包含两个可选的参数：

第一个参数表示布尔值，如果设置为 true，则清空队列，立即结束所有动画。如果设置为 false，则如果动画队列中有等待执行的动画，会立即运行队列后面的动画。

第二个参数也是一个布尔值，如果设置为 true，则会让当前正在执行的动画立即完成，并且重设 show 和 hide 的原始样式，调用回调函数等。

9.2.5 关闭动画

除定义 stop() 方法外，jQuery 还定义了 off 属性，当这个属性设置为 true 的时候，调用时所有动画方法将立即设置元素为它们的最终状态，而不是显示效果。该属性解决了 jQuery 动画存在的以下几个问题。

☑ jQuery 被用在低资源设备。

☑ 动画使用户遇到可访问性问题。

☑ 动画可以通过设置这个属性为 false 而重新打开。

【示例】首先调用 jQuery.fx 空间下的属性 off，设置该属性值为 true，即关闭当前页面中所有的 jQuery，因此下面按钮所绑定的 jQuery 动画也是无效的，当单击按钮时，直接显示 animate() 方法的第一个参数设置的最终样式效果。

```
<script type="text/javascript" >
$(function(){
    jQuery.fx.off = true;
    $("input").click(function(){
        $("div").animate({
            fontSize : "10em"
        }, 8000);
    });
})
</script>

<input type="button" value=" 自定义动画 " />
<div style="border:solid 1px red;"> 自定义动画 </div>
```

关闭 jQuery 动画，对于配置比较低的计算机，或者遇到了可访问性问题，是非常有帮助的。如果要重新开启所有动画，只需要设置 jQuery.fx.off 属性值为 false 即可。

9.2.6 设置动画频率

使用 jQuery 的 interval 属性可以设置动画的频率，以毫秒为单位。 jQuery 动画默认是 13 毫秒。修改 jQuery.fx.interval 属性值为一个较小的数字可能使动画在浏览器中运行更流畅，如 Chrome 浏览器，但这样做有可能影响性能。

【示例】修改 jQuery 动画的帧频为 100，会看到更加精细的动画效果。

```
<script type="text/javascript" >
$(function(){
jQuery.fx.interval = 100;
    $("input").click(function(){
        $("div").toggle( 3000 );
    });
})
</script>
<style type="text/css">
div { width:500px; height:300px; margin:5px; float:left; background:green; }
</style>
```

```
<input type="button" value=" 运行动画 "/>
<div></div>
```

9.2.7 延迟动画

delay() 方法能够延迟动画的执行，用法如下：

```
delay(duration, [queueName])
```

参数说明如下：

☑ duration：用于设定队列推迟执行的时间，以毫秒为单位的整数。

☑ queueName：作为队列名的字符串，默认是动画队列 fx。

delay() 方法允许将队列中的函数延时执行。它既可以推迟动画队列中函数的执行，也可以用于自定义队列延迟时间是以毫秒为单位的，数值越大，动画越慢。字符串 'fast' 和 'slow' 分别代表 200 和 600 毫秒的延时。

【示例】 在 <div id="foo"> 的 slideUp() 和 fadeIn() 动画之间设置 800 毫秒的延时。

```
$('#foo').slideUp(300).delay(800).fadeIn(400);
```

当执行这条语句时，这个元素会在 300 毫秒卷起动画，然后在 400 毫秒淡入动画前暂停 800 毫秒。jQuery.delay() 用在 jQuery 动画效果和类似队列中是最好的，但不能替代 JavaScript 原生的 setTimeout() 函数，后者更适用于通常情况。

视频讲解

9.3 案例实战

本节将通过多个案例练习 jQuery 动画设计。

9.3.1 折叠面板

折叠是网页设计中经常用到的效果，实现起来比较简单。为了技术的规范性和适应性，本节将对 JavaScript 代码进行简单的封装，实现在相同的结构和类样式下都可以获得相同的折叠效果，演示效果如图 9.13 所示。

图 9.13 折叠效果

【操作步骤】

第 1 步，首先定制折叠面板的 HTML 结构。本例选用 dl、dt 和 dd 这 3 个元素配合使用，既符合语义性，也方便管理。设计文档中包含 collapse 类样式的 dl 元素，只要包含一个 dt 和 dd 子元素，都可以拥有相同的折叠效果。

```
<dl class="collapse">
    <dt> 标题栏 </dt>
    <dd> 内容框 <br /><img src="images/bg2.jpg" height="200" /></dd>
</dl>
```

第 2 步，设计折叠面板样式。关于该模块的样式设计此处不再说明，读者可以参考本书配套资源中的示例源代码。

第 3 步，使用 jQuery 来实现折叠效果。由于 jQuery 已经封装了 getElementsByClassName()、show() 和 hide() 方法，所以可以直接调用。实现折叠效果的详细代码如下：

```
<script type="text/javascript">
$(function(){                                   // 页面初始化处理函数
    var t = [];                                 // 定义空数组
    var dt = $("dl.collapse dt");               // 获取类名为 collapse 的 dl 元素包含的所有 dt 子元素
    var dd = $("dl.collapse dd");               // 获取类名为 collapse 的 dl 元素包含的所有 dd 子元素
    dt.each(function(i){                        // 遍历所有 dt 元素，并向函数传递遍历序号
        t[i] = false;                           // 设置折叠初始状态
        $(dt[i]).click((function(i,dd){         // 为当前 dt 元素绑定 click 事件处理函数
            return function(){                  // 返回一个闭包函数，闭包能够存储传递进来的动态参数值
                if( t[i]){
                    $(dd).show();               // 显示元素
                    t[i]    = false;
                }else{
                    $(dd).hide();               // 隐藏元素
                    t[i]    = true;
                }
            }
        })(i,dd[i]));                           // 向当前执行函数中传递参数
    })
})
</script>
```

使用 jQuery 设计的思路与 JavaScript 设计思路完全相同，不过 jQuery 已经封装了 getElementsByClassName()、show() 和 hide() 方法，所以就会节省很多代码。同时 jQuery 使用 each() 方法封装了 for 循环结构，实现快捷遍历文档结点。each() 方法包含一个默认的参数，该参数可以传递遍历过程中元素的序列位置，以方便动态跟踪每个元素。

考虑到在元素遍历的过程中，动态定位元素比较困难，这里使用了闭包函数存储元素的序列位置，由于在闭包中无法访问闭包函数外的对象，所以还需要向其传递当前要操作的元素对象。

注意： 在多层嵌套结构中，使用大括号和小括号时，避免缺少小括号运算符，如 $(dt[i]). click((function (i,dd){ //…})(i,dd[i]));。

Note

9.3.2 树形结构

文件系统通常以层次结构列表形式显示，在层次结构列表里文件夹包含的内容相互嵌套，以便表示各种复杂的包含关系，在网页中经常见到这种类似树形动画的设计效果，如目录导航，效果如图 9.14 所示。另外，在网页中看到的多级菜单也是一种经典的树形结构。

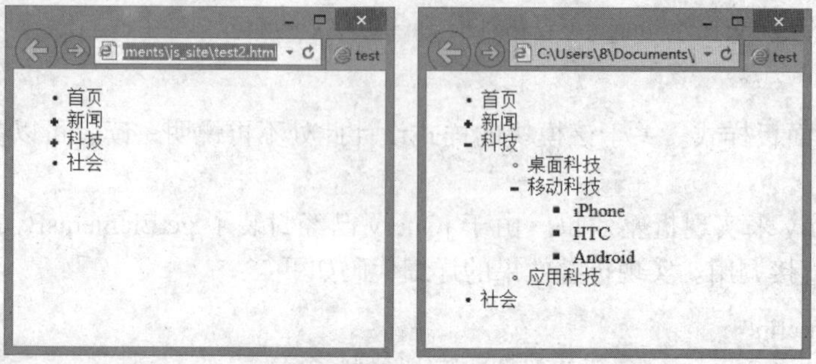

图 9.14　树形结构

【操作步骤】

第 1 步，设计树形 HTML 结构。从语义性角度考虑，选择列表结构是最恰当的，用户可以使用 div 和 span 元素实现相同的显示效果。列表结构在多层嵌套时会自动显示出多层结构的关系，即使不使用 CSS 进行样式设计，原始结构仍然可以一目了然。本案例树形动画的 HTML 代码如下：

```
<ul class="tree">
    <li> 首页 </li>
    <li> 新闻
        <ul>
            <li> 国内新闻 </li>
            <li> 国际新闻 </li>
        </ul>
    </li>
    <li> 科技
        <ul>
            <li> 桌面科技 </li>
            <li> 移动科技
                <ul>
                    <li>iPhone</li>
                    <li>HTC </li>
                    <li>Android</li>
                </ul>
            </li>
            <li> 应用科技 </li>
        </ul>
    </li>
    <li> 社会 </li>
</ul>
```

整个树形动画包含在 ul 容器中，每个 li 元素作为一个选项进行呈现，不同层次的结构分别以 ul 子元素进行包裹，从而实现层层嵌套的关系。

第 2 步，使用 JavaScript 直接设计树形动画的思路。

先获取树形动画中所有 li 元素，因为 li 元素代表一个选项，不管该选项处于什么层次位置。然后，遍历 li 元素集合，在遍历过程中检测当前 li 元素是否包含 ul 元素。如果包含 ul 元素，则设置临时标识变量 b 为 true，否则设置变量 b 为 false。

☑ 如果 b 为 true，则设置当前 li 元素的样式（如鼠标样式、列表项目符号），并获取 li 元素包含的第一个 ul 元素，并隐藏该 ul 元素。然后为当前 li 元素绑定 click 事件处理函数。在该事件处理函数中，根据 ul 元素是否显示为条件，分别隐藏或者显示 ul 元素，同时动态修改当前 li 元素的样式。

☑ 如果 b 为 false，则设置当前 li 元素的样式为默认状态。

第 3 步，为了避免单击当前 li 元素的子元素时触发 cilck 事件，应该检测当前单击的元素是否为 li 元素。为此，可以使用 Event 对象的 target（兼容 IE）或 srcElement（兼容 DOM）属性进行判断。完整的 JavaScript 脚本代码如下：

```
<script type="text/javascript">
window.onload = function(){                         // 页面初始化处理函数
    var li = document.getElementsByTagName("li"); // 获取页面中所有 li 元素
    var t =[];                                      // 定义临时数组
    for(var i = 0; i < li.length; i ++ ){           // 遍历数组
        var child = li[i].childNodes;               // 获取当前 li 元素包含的所有子节点
        var b = false;                              // 定义临时变量，并初始化为 false
        for(var j=0; j<child.length;j++){           // 遍历当前 li 元素包含的节点，并检测是否包含 ul 元素
            if(child[j].nodeType == 1 && child[j].nodeName.toLowerCase() == "ul")
                b = true;                           // 如果 li 元素包含 ul 元素，则设置 b 为 true
        }
        if(b){                                      // 如果 li 元素包含 ul 元素
            li[i].style.cursor = 'pointer';         // 定义当前 li 元素的鼠标指针样式为手形
            li[i].style.listStyleImage = 'url(images/+.gif)'; // 修改当前 li 元素的选项列表图标形状
            var ul =    li[i].getElementsByTagName("ul")[0]; // 获取第一个 ul 子元素
            ul.style.display = "none";              // 隐藏第一个 ul 元素
            t[i] = true;                            // 设置当前序号位置的数组元素的值为 true
            li[i].onclick = (function(o,li,i){// 绑定 click 单击事件处理函数
                return function(e){                 // 返回闭包函数
                    if(li == e.target || li == window.event.srcElement ){       // 如果当前元素就是事件触发的目标对
                                                                                // 象，则允许执行。这样做的目的是，
                                                                                // 避免单击当前 li 元素的子元素时也触
                                                                                // 发 cilck 事件
                        if( t[i]){                                              // 如果当前数组元素值为 true
                            o.style.display = "";                               // 恢复显示 ul 元素
                            li.style.listStyleImage =    'url(images/-.gif)'; // 修改 li 元素项目列表符号
                            t[i] = false;                                       // 切换当前数组元素值为 false
                        }
                        else{                                                   // 如果当前数组元素值为 false
                            o.style.display = "none";                           // 隐藏显示 ul 元素
                            li.style.listStyleImage =    'url(images/+.gif)'; // 修改 li 元素项目列表符号
                            t[i] = true;                                        // 切换当前数组元素值为 true
                        }
                    }
                    if ( e && e.stopPropagation )                               // 兼容非 IE 浏览器
                        e.stopPropagation();                                    // 阻止事件传播
```

```
                else                              // 兼容 IE 浏览器
                    window.event.cancelBubble = true;      // 阻止事件传播
                return false;                     // 避免触发默认事件
            }
        })(ul,li[i],i); // 调用函数，传递当前 li 元素及其包含的第一个 ul 元素，以及当前 li 元素下标
    }
    else{                                         // 如果 li 元素不包含 ul 元素
        li[i].style.cursor = 'default';           // 恢复 li 元素的鼠标默认样式
        li[i].style.listStyleImage = 'none';      // 恢复 li 元素的默认列表项目符号
    }
  }
}
</script>
```

第 4 步，根据 JavaScript 设计思路，下面尝试使用 jQuery 实现相同的设计效果。详细代码如下：

```
<script type="text/javascript">
$( function(){                                    // 页面初始化处理函数
    $( 'li:has(ul)' ).click( function( event ){ // 如果 li 元素包含 ul 元素，则绑定 click 事件
        if ( this == event.target ) {             // 如果当前 li 元素就是事件触发的目标对象
            if ( $( this ).children().is( ':hidden' ) ) { // 如果当前 li 元素的子元素隐藏，则修改 li 元素的项目列表符，
                                                  // 并显示所有子元素
                $( this ).css( 'list-style-image', 'url(images/-.gif)' ).children().show();
            }
            else {                                // 否则修改 li 元素的项目列表符号，并隐藏所有子元素
                $( this ).css( 'list-style-image', 'url(images/+.gif)' ).children().hide();
            }
        }
        return false;
    }).css( {                                     // 设置包含 ul 子元素的 li 元素的样式
        cursor : 'pointer',                       // 设置鼠标样式为手形
        'list-style-image' : 'url(images/+.gif)'  // 设置项目列表符号为减号样式
    }).children().hide();                         // 隐藏当前 li 元素的所有子元素
    $( 'li:not(:has(ul))' ).css( {                // 如果 li 元素没有包含 ul 元素
        cursor : 'default',                       // 恢复默认的鼠标样式
        'list-style-image' : 'none'               // 恢复默认的项目列表符号
    });
});
</script>
```

9.3.3 选项卡

树形结构是一种多层次结构，而选项卡是一种索引结构关系。通过 Tab 索引可以快速定位到相应的容器框选项。在 Web 开发中，这种以选项卡形式设计的页面或者模块比较常见，如图 9.15 所示。

【操作步骤】

第 1 步，选项卡的结构通常按二叉型进行设计，框 1（分支一）负责组织 Tab 标题内容，而框 2（分支二）负责组织每个选项卡对应的显示内容。在设计时，为了方便控制，应确保 Tab 标题序列与内容序列一一对应，这样可以方便程序进行控制。本案例的 HTML 结构代码如下：

图 9.15　选项卡

```
<div class="tab">
    <ul>                                    <!-- 选项卡标题框  -->
        <li>Tab1</li>
        <li>Tab2</li>
        <li>Tab3</li>
    </ul>
    <ol>                                    <!-- 选项卡内容框  -->
        <li><img src="images/bg2.jpg" width="450" /></li>
        <li><img src="images/bg3.jpg" width="450" /></li>
        <li><img src="images/bg4.jpg" width="450" /></li>
    </ol>
</div>
```

第 2 步，使用 JavaScript 直接设计选项卡的思路：先使用 CSS 设计 4 对类样式，分别用来控制标题栏和内容框的显隐样式。使用 JavaScript 设计在默认状态下标题栏和内容框的类样式，然后通过遍历方式为每个标题栏绑定 mouseover 事件处理函数，设计当鼠标经过标题栏时，隐藏所有内容框，修改所有标题的类样式，并显示该标题栏的样式和现实所对应的内容框。

使用 JavaScript 实现选项卡功能的完整代码如下：

```
<script type="text/javascript">
// 为 document 对象扩展 getElementsByClassName () 方法
if(!document.getElementsByClassName){
    document.getElementsByClassName = function(className, element){
        var children = (element || document).getElementsByTagName('*');
        var elements = new Array();
        for (var i=0; i<children.length; i++){
            var child = children[i];
            var classNames = child.className.split(' ');
            for (var j=0; j<classNames.length; j++){
                if (classNames[j] == className){
                    elements.push(child);
                    break;
```

Note

Note

```
                }
            }
        }
        return elements;
    };
}
window.onload = function(){
    var tab = document.getElementsByClassName("tab")[0];      // 获取选项卡的外框
    var ul = tab.getElementsByTagName("ul")[0];        // 获取选项卡标题栏的外框
    var ol = tab.getElementsByTagName("ol")[0];        // 获取选项卡内容框的外框
    var uli = ul.getElementsByTagName("li");           // 获取所有标题栏选项
    var oli = ol.getElementsByTagName("li");           // 获取所有内容选项
    for(var i=0; i<uli.length; i++){               // 遍历标题栏选项
        uli[i].className = "normal";           // 设置所有标题栏选项的类样式为普通样式
    }
    for(var i=0; i<oli.length; i++){               // 遍历内容框选项
        oli[i].className = "none";             // 设置所有内容框选项的类样式为隐藏
    }
    uli[0].className = "hover";                    // 设置第一个标题栏选项为凸起显示
    oli[0].className = "show";                     // 设置第一个内容框选项为显示出来
    var addEvent=function(e, fn) {                 // 自定义绑定 mouseover 事件函数
        if(document.addEventListener){       // 兼容非 IE 浏览器
            return e.addEventListener("mouseover", fn, false);
        }
        else if(document.attachEvent){       // 兼容 IE 浏览器
            return e.attachEvent("onmouseover", fn);
        }
    };
    for(var j = 0; j < uli.length; j ++ ){         // 遍历标题栏选项
        (function(j,uli,oli){                  // 调用匿名函数
            addEvent(uli[j], function(){      // 为当前标题栏选项元素绑定 mouseover 事件
                for(var n = 0; n < uli.length; n ++ ){        // 遍历标题栏选项
                    uli[n].className = "normal";// 恢复所有标题栏选项为普通显示状态
                    oli[n].className = "none";  // 隐藏所有内容框选项
                }
                uli[j].className = "hover";          // 设置当前标题栏为凸起效果
                oli[j].className = "show";           // 显示当前标题栏对应的内容框选项
            });
        })(j,uli,oli);                                 // 把当前序号、标题栏选项数组和内容框选项数组传递进去
    }
}
</script>
```

第 3 步，根据 JavaScript 设计思路，使用 jQuery 实现相同的设计效果，编写的代码会非常简洁。

```
<script type="text/javascript">
$( function(){                                  // 页面初始化事件处理函数
    var $uli = $(".tab ul li");                 // 获取所有标题栏选项元素
    var $oli = $(".tab ol li");                 // 获取所有内容框选项元素
    $uli.addClass("normal");                    // 为所有标题栏选项元素添加普通类样式
```

```
        $oli.addClass("none");                  // 为所有内容框选项元素添加隐藏类样式
        $uli[0].className = "hover";            // 初始化第一个标题栏选项显示为凸起效果
        $oli[0].className = "show";             // 初始化第一个内容框选项显示出来
        $uli.each(function(n){                  // 遍历所有标题栏选项
            $(this).mouseover(function(){       // 为每个选项绑定 mouseover 事件处理函数
                $uli.removeClass().addClass("normal");      // 移出所有标题栏选项类样式，恢复普通显示
                $(this).removeClass().addClass("hover");    // 移出所有类样式，为当前标题栏设置高亮显示
                $oli.removeClass().addClass("none");        // 移出所有内容框选项的类样式，恢复隐藏显示
                $($oli[n]).removeClass().addClass("show"); // 移出所有类样式，为当前内容框设置显示
            })
        })
});
</script>
```

9.4 在线练习

本节提供多个 jQuery 动画操作案例，感兴趣的读者可以扫码阅读。

在线练习

第 10 章

jQuery 事件

（视频讲解：1 小时 14 分钟）

JavaScript 以事件驱动实现页面交互。事件驱动的核心：以消息为基础，以事件来驱动。例如，当浏览器加载完毕文档后，会生成一个事件；当用户单击某个按钮时，也会生成一个事件。虽然利用传统的 JavaScript 事件能完成这些交互，但 jQuery 增加并扩展了基本的事件处理机制，jQuery 不仅提供了更加优雅的事件处理语法，而且极大地增强了事件处理能力。

【学习重点】

- 使用 jQuery 绑定事件。
- 使用 jQuery 事件方法。
- 注销事件。
- 使用 jQuery 事件对象。
- 自定义事件。
- 页面初始化处理。

10.1　JavaScript 事件基础

视频讲解

本节将简单介绍 JavaScript 事件的基本概念和使用。

10.1.1　JavaScript 事件发展历史

最早在 IE 3.0 和 Netscape 2.0 浏览器中出现事件。互联网初期网速是非常慢的，为了解决用户漫长的等待，开发人员把服务器端处理的任务部分前移到客户端，让客户端 JavaScript 脚本代替解决。

例如，对用户输入的表单信息进行验证等，于是就出现各种响应用户行为的事件，如表单提交事件、文本输入时键盘事件、文本框中文本发生变化触发的事件、选择下拉菜单时引发的事件等。因此，早期的事件多集中在表单应用上。

DOM 2 规范开始尝试标准化 DOM 事件，直到 2004 年发布 DOM 3.0 时，W3C 才完善事件模型。IE 9、Firefox、Opera、Safari 和 Chrome 主流浏览器都已经实现了 DOM 2 事件模块的核心部分。IE 8 及其早期版本使用 IE 私有的事件模型。

通俗地说，事件就是文档或浏览器窗口中发生的一些特定交互行为，如加载、单击、输入、选择等。可以使用侦听器预订事件，即在特定事件上绑定事件监听函数，以便在事件发生时执行相应的代码。当事件发生时，浏览器会自动生成事件对象（event），并沿着 DOM 节点有序进行传播，直到被脚本捕获。这种观察员模式确保 JavaScript 与 HTML 保持松散的耦合。

10.1.2　事件模型

在浏览器发展历史中，出现了以下 4 种事件处理模型。

- ☑ 基本事件模型：也称为 DOM 0 事件模型，是浏览器初期出现的一种比较简单的事件模型，主要通过事件属性，为指定标签绑定事件监听函数。由于这种模型应用比较广泛，获得了所有浏览器的支持，目前依然比较流行。但是这种模型对于 HTML 文档标签依赖严重，不利于 JavaScript 独立开发。
- ☑ DOM 事件模型：由 W3C 制订，是目前标准的事件处理模型。所有符合标准的浏览器都支持该模型，IE 怪异模式不支持。DOM 事件模型包括 DOM 2 事件模块和 DOM 3 事件模块。DOM 3 事件模块为 DOM 2 事件模块的升级版，略有完善，主要是新增了一些事情类型，以适应移动设备的开发需要，但大部分规范和用法保持一致。
- ☑ IE 事件模型：IE 4.0 及其以上版本浏览器支持，与 DOM 事件模型相似，但用法不同。
- ☑ Netscape 事件模型：由 Netscape 4 浏览器实现，在 Netscape 6 中停止支持。

10.1.3　事件传播

一个事件发生以后，它会在不同的 DOM 节点之间传播，也称为事件流。这种传播分成三个阶段，具体说明如下：

Note

☑ 捕获阶段：事件从 window 对象沿着文档树向下传播到目标节点，如果目标节点的任何一个上级节点注册了相同事件，那么事件在传播的过程中就会首先在最接近顶部的上级节点执行，依次向下传播。

☑ 目标阶段：注册在目标节点上的事件被执行。

☑ 冒泡阶段：事件从目标节点向上触发，如果上级节点注册了相同的事件，将会逐级响应，依次向上传播。

事件传播的最上层对象是 window，接着依次是 document、html（document.documentElement）和 body（document.body）。也就是说，如果 body 元素中有一个 div 元素，单击该元素。事件的传播顺序，在捕获阶段依次为 window、document、html、body、div，在冒泡阶段依次为 div、body、html、document、window。

关于事件流的示例代码和不同阶段响应的比较效果，请扫码阅读。

线上阅读

10.1.4　事件类型

根据触发对象不同，可以将浏览器中发生的事件分成不同的类型。DOM 0 事件定义了以下事件类型。

☑ 鼠标事件：与鼠标操作相关的各种行为，可以细分为跟踪鼠标当前定位（如 mouseover、mouseout）的事件和跟踪鼠标单击（如 mouseup、mousedown、click）的事件。

☑ 键盘事件：与键盘操作相关的各种行为，包括追踪键盘敲击和其上下文，追踪键盘包括 keyup、keydown 和 keypress 3 种类型。

☑ 页面事件：关于页面本身的行为，如当首次载入页面时触发 load 事件和离开页面时触发 unload 和 beforeunload 事件。此外，JavaScript 的错误使用错误事件追踪，可以让用户独立处理错误。

☑ UI 事件：追踪用户在页面中的各种行为，如 focus（获得焦点）和 blur（失去焦点）事件用来监听用户在表单中的输入，submit 事件用来追踪表单的提交，change 事件监听用户在文本框中的输入，而 select 事件可以监听下拉菜单发生更新等。

在 DOM 2 事件模型中，事件模块包含 4 个子模块，每个子模块提供对某类事件的支持。例如，MouseEvent 子模块提供了对 mousedown、mouseup、mouseover、mouseout 和 click 事件类型的支持。包括 IE 9 在内的所有主流浏览器都支持 DOM 2 事件类型。

☑ HTMLEvents：接口为 Event，支持的事件类型包括 abort、blur、change、error、focus、load、resize、scroll、select、submit、unload。

☑ MouseEvents：接口为 MouseEvent，支持的事件类型包括 click、mousedown、mousemove、mouseout、mouseover、mouseup。

☑ UIEvents：接口为 UIEvent，具体支持事件类型请扫码了解。

☑ MutationEvents：接口为 MutationEvent，具体支持事件类型请扫码了解。

【拓展】

DOM 2 类型分类说明请扫码了解。

HTMLEvents 和 MouseEvents 模块定义的事件类型与基础事件模型中的事件类型相似；UIEvents 模块定义的事件类型与 HTML 表单元素支持的获得焦点、失去焦点和单击事件功能类似；MutationEvents 模块定义的事件是在文档改变时生成的，一般不常用。

线上阅读

10.1.5 绑定事件

在基本事件模型中，JavaScript 支持两种绑定方式。

1. 静态绑定

把 JavaScript 脚本作为属性值，直接赋予事件属性。

【示例 1】把 JavaScript 脚本以字符串的形式传递给 onclick 属性，为 <button> 标签绑定 click 事件。当单击按钮时就会触发 click 事件，执行这行 JavaScript 脚本。

```
<button onclick="alert(' 你单击了一次！ ');"> 按钮 </button>
```

2. 动态绑定

使用 DOM 对象的事件属性进行赋值。

【示例 2】使用 document.getElementById() 方法获取 button 元素，然后把一个匿名函数作为值传递给 button 元素的 onclick 属性，实现事件绑定操作。

```
<button id="btn"> 按钮 </button>
<script>
var button = document.getElementById("btn");
button.onclick = function(){
    alert(" 你单击了一次！ ");
}
</script>
```

动态绑定可以在脚本中直接为页面元素附加事件，不破坏 HTML 结构，比静态绑定灵活。

10.1.6 事件监听函数

监听函数是事件发生时，程序所要执行的函数，它是事件驱动编程模式的主要编程方式。监听函数有时也称为事件处理函数或事件处理器。

DOM 提供 3 种方法，可以用来为事件绑定监听函数，具体说明如下：

1. HTML 标签的 on- 属性

HTML 语言允许在元素标签的属性中直接定义某些事件的监听代码。

【示例 1】为 form 元素的 onsubmit 事件属性定义字符串脚本，设计当文本框中输入值为空时，定义事件监听函数返回值为 false。由于该返回值为 false，将强制表单禁止提交数据。

```
<form id="form1" name="form1" method="post" action="http://www.mysite.cn/" onsubmit="if(this.elements[0].value.
   length==0) return false;">
     姓名：<input id="user" name="user" type="text" />
     <input type="submit" name="btn" id="btn" value=" 提交 " />
</form>
```

在上面代码中，this 表示当前 form 元素，elements[0] 表示姓名文本框，如果该文本框的 value.length 属性值长度为 0，表示当前文本框为空，则返回 false，禁止提交表单。

注意：使用这个方法指定的监听函数，只会在冒泡阶段触发。同时，on- 属性的值是将要执行的代码，而不是一个函数。例如：

```
<!-- 正确 -->
<body onload="doSomething()">
<!-- 错误 -->
<body onload="doSomething">
```

一旦指定的事件发生，on- 属性的值将被原样传入 JavaScript 引擎执行。因此如果要执行函数，不要忘记加上一对圆括号。

另外，Element 元素节点的 setAttribute() 方法，其实设置的也是这种效果。例如：

```
el.setAttribute('onclick', 'doSomething()');
```

提示： 事件监听函数不需要参数。在 DOM 事件模型中，事件监听函数默认包含 event 参数对象，event 对象包含事件信息，在函数内进行传播。

事件监听函数一般没有明确的返回值。不过在特定事件中，用户可以利用事件监听函数的返回值影响程序的执行，如单击超链接时，禁止默认的跳转行为，如示例 1。

2. Element 节点的事件属性

Element 节点对象有事件属性，同样可以指定监听函数。使用这个方法指定的监听函数，只会在冒泡阶段触发。

【示例 2】 为按钮对象绑定一个单击事件。在事件监听函数中，参数 e 为形参，响应事件之后，浏览器会把 event 对象传递给形参变量 e，再把 event 对象作为一个实参进行传递，读取 event 对象包含的事件信息，在事件监听函数中输出当前源对象节点名称，显示效果如图 10.1 所示。

```
<button id="btn"> 按钮 </button>
<script>
var button = document.getElementById("btn");
button.onclick = function(e){
    var e = e || window.event;                                   // 兼容 DOM 事件模型和 IE 模型的 event 获取方式
    document.write(e.srcElement ? e.srcElement : e.target);     // 兼容 DOM 事件模型和 IE 模型的 event 属性
}
</script>
```

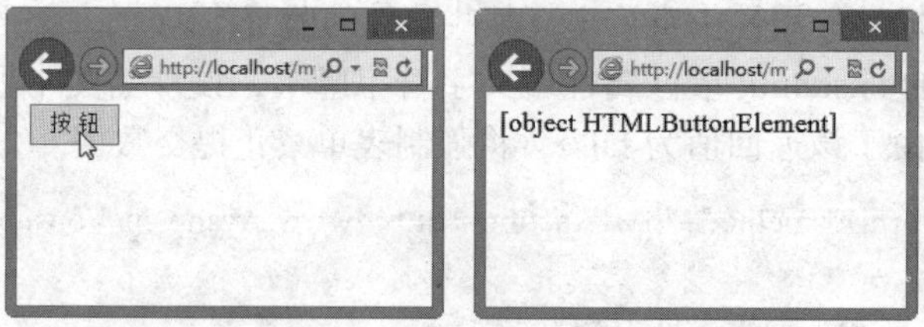

图 10.1　捕获当前事件源

在处理 event 参数时，应该判断 event 在当前解析环境中的状态，如果当前浏览器支持，则使用 event（DOM 事件模型）；如果不支持，则说明当前环境是 IE 浏览器，通过 window.event 获取 event 对象。

event.srcElement 表示当前事件的源，即响应事件的当前对象，这是 IE 模型用法。但是 DOM 事件模型不支持该属性，需要使用 event 对象的 target 属性，它是一个符合标准的源属性。为了能够兼容不同浏览器，这里使用了一个条件运算符，先判断 event.srcElement 属性是否存在，否则使用 event.target 属性来获取当前事件对象的源。

3. addEventListener() 方法

通过 Element 节点、document 节点、window 对象的 addEventListener() 方法，也可以定义事件的监听函数，有关 addEventListener() 方法的内容将在 10.1.7 节进行详细讲解。

在上面三种方法中，第一种方法违反了 HTML 与 JavaScript 代码相分离的原则；第二种方法的缺点是同一个事件只能定义一个监听函数，也就是说，如果定义两次 onclick 属性，后一次定义会覆盖前一次。因此，这两种方法都不推荐使用，除非是为了程序的兼容问题，因为所有浏览器都支持这两种方法。

addEventListener() 是推荐的指定监听函数的方法，它有如下优点。

☑ 可以针对同一个事件添加多个监听函数。

☑ 能够指定在哪个阶段（捕获阶段还是冒泡阶段）触发监听函数。

☑ 除了 DOM 节点，还可以部署在 window、XMLHttpRequest 等对象上，等于统一了整个 JavaScript 的监听函数接口。

【拓展】

在实际编程中，监听函数内部的 this 对象，常常需要指向触发事件的那个 Element 节点。但是如果使用第一种方法，this 将指向 window 对象，如何解决这个问题？请扫码阅读。

线上阅读

10.1.7 注册事件

在 DOM 事件模型中，通过调用对象的 addEventListener() 方法注册事件，用法如下：

```
element.addEventListener(String type, Function listener, boolean useCapture);
```

参数说明如下：

☑ type：注册事件的类型名。事件类型与事件属性不同，事件类型名没有 on 前缀。例如，对于事件属性 onclick 来说，所对应的事件类型为 click。

☑ listener：监听函数，即事件监听函数。在指定类型的事件发生时将调用该函数。在调用这个函数时，默认传递给它的唯一参数是 event 对象。

☑ useCapture：是一个布尔值。如果为 true，则指定的事件监听函数将在事件传播的捕获阶段触发；如果为 false，则事件监听函数将在冒泡阶段触发。

【示例 1】 使用 addEventListener() 方法为所有按钮注册 click 事件。首先，调用 document 的 getElementsByTagName() 方法捕获所有按钮对象；然后，使用 for in 语句遍历按钮集合（btn），并使用 addEventListener() 方法分别为每个按钮注册一个事件函数，该函数获取当前对象所显示的文本。

```
<button id="btn1" onclick="btn1();"> 按 钮 1</button>
<button id="btn2" onclick="btn2(event);"> 按 钮 2</button>
<script>
var btn = document.getElementsByTagName("button");        // 捕获所有按钮
for(var i in btn){                                         // 遍历按钮集合
    btn[i].addEventListener("click", function(){
    alert(this.innerHTML);
    }, true);           // 为每个按钮对象注册一个事件监听函数，定义在捕获阶段进行响应
}
</script>
```

Note

在浏览器中预览，单击不同的按钮，浏览器会自动弹出对话框，显示按钮的名称，如图 10.2 所示。

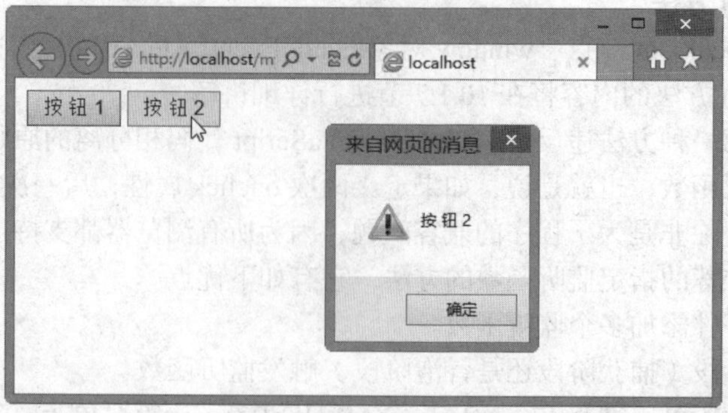

图 10.2　响应注册事件

提示：早期 IE 浏览器不支持 addEventListener() 方法，从 IE 8 开始才完全支持 DOM 事件模型。

使用 addEventListener() 方法能够为多个对象注册相同的事件监听函数，也可以为同一个对象注册多个事件监听函数。为同一个对象注册多个事件监听函数对于模块化开发非常有用。

【示例 2】为段落文本注册两个事件：mouseover 和 mouseout。当鼠标移到段落文本上会显示为蓝色背景，而当鼠标移出段落文本时会自动显示为红色背景。这样就不需要破坏文档结构为段落文本增加多个事件属性。

```
<p id="p1"> 为对象注册多个事件 </p>
<script>
var p1 = document.getElementById("p1"); // 捕获段落元素的句柄
p1.addEventListener("mouseover", function(){
    this.style.background = 'blue';
} , true);                              // 为段落元素注册第一个事件监听函数
p1.addEventListener("mouseout", function(){
    this.style.background = 'red';
}, true);                               // 为段落元素注册第二个事件监听函数
</script>
```

IE 事件模型使用 attachEvent() 方法注册事件，用法如下：

```
element.attachEvent(etype,eventName)
```

参数说明如下：

☑ etype：设置事件类型，如 onclick、onkeyup、onmousemove 等。

☑ eventName：设置事件名称，也就是事件监听函数。

【示例 3】为段落标签 <p> 注册两个事件：mouseover 和 mouseout，设计当鼠标经过时，段落文本背景色显示为蓝色，当鼠标移开之后，背景色显示为红色。

```
<p id="p1">IE 事件注册 </p>
<script>
var p1 = document.getElementById("p1");         // 捕获段落元素
p1.attachEvent("onmouseover", function(){
```

```
        p1.style.background = 'blue';
    });                                          // 注册 mouseover 事件
    p1.attachEvent("onmouseout", function(){
        p1.style.background = 'red';
    });                                          // 注册 mouseout 事件
</script>
```

提示： 使用 attachEvent() 注册事件时，其事件监听函数的调用对象不再是当前事件对象本身，而是 window 对象。因此，事件函数中的 this 就指向 window，而不是当前对象，如果要获取当前对象，应该使用 event 的 srcElement 属性。

注意： IE 事件模型中的 attachEvent() 方法的第一个参数为事件类型名称，但需要加上 on 前缀，而使用 addEventListener() 方法时，不需要这个 on 前缀，如 click。

【拓展】

DOM 的事件操作（监听和触发）都定义在 EventTarget 接口。Element 节点、document 节点和 window 对象，都部署了这个接口。此外，XMLHttpRequest、AudioNode、AudioContext 等浏览器内置对象也部署了这个接口。感兴趣的读者可以扫码了解该接口的用法。

线上阅读

10.1.8 销毁事件

在 DOM 事件模型中，使用 removeEventListener() 方法可以从指定对象中删除已经注册的事件监听函数。用法如下：

```
element.removeEventListener(String type, Function listener, boolean useCapture);
```

参数说明参阅 10.1.7 节 addEventListener() 方法的参数说明。

【示例 1】 分别为按钮 a 和按钮 b 注册 click 事件，其中按钮 a 的事件函数为 ok()，按钮 b 的事件函数为 delete_event()。在浏览器中预览，单击“点我”按钮将弹出一个对话框，在不删除之前这个事件是一直存在的。单击“删除事件”按钮之后，“点我”按钮将失去效果。演示效果如图 10.3 所示。

```
<input id="a" type="button" value=" 点我 " />
<input id="b" type="button" value=" 删除事件 " />
<script>
var a = document.getElementById("a");            // 获取按钮 a
var b = document.getElementById("b");            // 获取按钮 b
function ok(){                                   // 按钮 a 的事件监听函数
    alert(" 您好，欢迎光临 !");
}
function delete_event(){                         // 按钮 b 的事件监听函数
    a.removeEventListener("click",ok,false);     // 移出按钮 a 的 click 事件
}
a.addEventListener("click",ok,false);            // 默认为按钮 a 注册事件
b.addEventListener("click",delete_event,false);  // 默认为按钮 b 注册事件
</script>
```

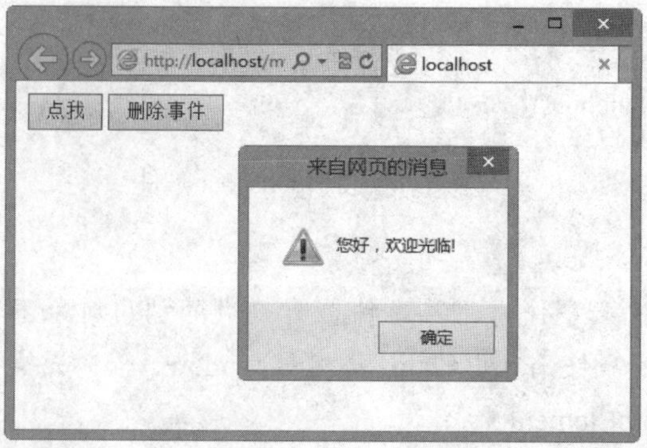

图 10.3　注销事件

提示： removeEventListener() 方法只能够删除 addEventListener() 方法注册的事件。如果直接使用 onclick 等直接写在元素上的事件，将无法使用 removeEventListener() 方法删除。

当临时注册一个事件时，可以在处理完毕之后迅速删除它，这样能够节省系统资源。

IE 事件模型使用 detachEvent() 方法注销事件，用法如下：

```
element.detachEvent(etype,eventName)
```

参数说明参阅 10.1.7 节 attachEvent() 方法的参数说明。

由于 IE 怪异模式不支持 DOM 事件模型，为了保证页面的兼容性，开发时需要兼容两种事件模型以实现在不同浏览器中具有相同的交互行为。

【示例 2】设计段落标签 <p> 只响应一次鼠标经过行为。当第二个鼠标经过段落文本时，所注册的事件不再有效。

```
<p id="p1">IE 事件注册 </p>
<script>
var p1 = document.getElementById("p1");     // 捕获段落元素
var f1 = function(){                         // 定义事件监听函数 1
    p1.style.background = 'blue';
};
var f2 = function(){                         // 定义事件监听函数 2
    p1.style.background = 'red';
    p1.detachEvent("onmouseover", f1);       // 当触发 mouseout 事件后，注销 mouseover 事件
    p1.detachEvent("onmouseout", f2);        // 当触发 mouseout 事件后，注销 mouseout 事件
};
p1.attachEvent("onmouseover", f1);           // 注册 mouseover 事件
p1.attachEvent("onmouseout", f2);            // 注册 mouseout 事件
</script>
```

【示例 3】为了能够兼容 IE 事件模型和 DOM 事件模型，使用 if 语句判断当前浏览器支持的事件处理模型，然后分别使用 DOM 注册方法和 IE 注册方法为段落文本注册 mouseover 和 mouseout 两个事件。当触发 mouseout 事件之后，再把 mouseover 和 mouseout 事件注销掉。

```
<p id="p1"> 注册兼容性事件 </p>
<script>
```

```
var p1 = document.getElementById("p1");                // 捕获段落元素
var f1 = function(){                                   // 定义事件监听函数 1
    p1.style.background = 'blue';
};
var f2 = function(){                                   // 定义事件监听函数 2
    p1.style.background = 'red';
    if(p1.detachEvent){                                // 兼容 IE 事件模型
        p1.detachEvent("onmouseover", f1);             // 注销事件 mouseover
        p1.detachEvent("onmouseout", f2);              // 注销事件 mouseout
    }
    else{                                              // 兼容 DOM 事件模型
        p1.removeEventListener("mouseover", f1);       // 注销事件 mouseover
        p1.removeEventListener("mouseout", f2);        // 注销事件 mouseout
    }
};
if(p1.attachEvent){                                    // 兼容 IE 事件模型
    p1.attachEvent("onmouseover", f1);                 // 注册事件 mouseover
    p1.attachEvent("onmouseout", f2);                  // 注册事件 mouseout
}
else{                                                  // 兼容 DOM 事件模型
    p1.addEventListener("mouseover", f1);              // 注册事件 mouseover
    p1.addEventListener("mouseout", f2);               // 注册事件 mouseout
}
</script>
```

【拓展】

JavaScript 事件用法不是很统一，需要考虑 DOM 事件模型和 IE 事件模型，为此需要编写很多兼容性代码，这给用户开发带来很多麻烦。为了简化开发，下面把事件处理中经常使用的操作进行封装，以方便调用。读者在阅读封装代码时，需要掌握 10.1.9 节介绍的 event 对象知识。详细代码请参考本节示例源代码，或者扫码阅读。

线上阅读

10.1.9　event 对象

event 对象由事件自动创建，代表事件的状态，如事件发生的源节点，键盘按键的响应状态，鼠标指针的移动位置，鼠标按键的响应状态等信息。event 对象的属性提供了有关事件的细节，其方法可以控制事件的传播。

2 级 DOM Events 规范定义了一个标准的事件模型，它被除了 IE 怪异模式以外的所有现代浏览器实现，而 IE 定义了专用的、不兼容的模型。简单比较两种事件模型：

- ☑ 在 DOM 事件模型中，event 对象被传递给事件监听函数，但是在 IE 事件模型中，它被存储在 window 对象的 event 属性中。
- ☑ 在 DOM 事件模型中，Event 类型的各种子接口定义了额外的属性，它们提供了与特定事件类型相关的细节；在 IE 事件模型中，只有一种类型的 event 对象，它用于所有类型的事件。

2 级 DOM 事件标准定义的 event 对象属性如表 10.1 所示。注意，这些属性都是只读属性。

表 10.1 DOM 事件模型中的 event 对象属性

属　性	说　明
bubbles	返回布尔值，指示事件是否是冒泡事件类型。如果事件是冒泡类型，则返回 true，否则返回 false
cancelable	返回布尔值，指示事件是否可以取消默认动作。如果使用 preventDefault() 方法可以取消与事件关联的默认动作，则返回值为 true，否则为 false
currentTarget	返回触发事件的当前节点，即当前处理该事件的元素、文档或窗口。在捕获和冒泡阶段，该属性是非常有用的，因为在这两个阶段，它不同于 target 属性
eventPhase	返回事件传播的当前阶段，包括捕获阶段（1）、目标事件阶段（2）和冒泡阶段（3）
target	返回事件的目标节点（触发该事件的节点），如生成事件的元素、文档或窗口。
timeStamp	返回事件生成的日期和时间
type	返回当前 event 对象表示的事件的名称，如 "submit"、"load" 或 "click"

2 级 DOM 事件标准定义的 event 对象方法如表 10.2 所示。IE 事件模型不支持这些方法。

表 10.2 DOM 事件模型中的 event 对象方法

方　法	说　明
initEvent()	初始化新创建的 event 对象的属性
preventDefault()	通知浏览器不要执行与事件关联的默认动作
stopPropagation()	终止事件在传播过程的捕获、目标处理或冒泡阶段进一步传播。调用该方法后，该节点上处理该事件的处理函数将被调用，但事件不再被分派到其他节点

提示： 表 10.2 是 Event 类型提供的基本属性，各个事件子模块也都定义了专用属性和方法。例如，UIEvent 提供了 view（发生事件的 window 对象）和 detail（事件的详细信息）属性。而 MouseEvent 除了拥有 Event 和 UIEvent 属性和方法外，也定义了更多实用属性，详细说明可参考下面章节内容。

IE 7 及其早期版本，以及 IE 怪异模式不支持标准的 DOM 事件模型，并且 IE 的 event 对象定义了一组完全不同的属性，如表 10.3 所示。

表 10.3 IE 事件模型中的 event 对象属性

属　性	描　述
cancelBubble	如果想在事件监听函数中阻止事件传播到上级包含对象，必须把该属性设为 true
fromElement	对于 mouseover 和 mouseout 事件，fromElement 引用移出鼠标的元素
keyCode	对于 keypress 事件，该属性声明了被敲击的键生成的 Unicode 字符码。对于 keydown 和 keyup 事件，它指定了被敲击的键的虚拟键盘码。虚拟键盘码可能和使用的键盘的布局相关
offsetX、offsetY	发生事件的地点在事件源元素的坐标系统中的 x 坐标和 y 坐标
returnValue	如果设置了该属性，它的值比事件监听函数的返回值优先级高。把这个属性设置为 false，可以取消发生事件的源元素的默认动作

续表

属　性	描　述
srcElement	对于生成事件的 window 对象、document 对象或 element 对象的引用
toElement	对于 mouseover 和 mouseout 事件，该属性引用移入鼠标的元素
x、y	事件发生的位置的 x 坐标和 y 坐标，它们相对于用 CSS 定位的最内层包含元素

IE 事件模型并没有为不同的事件定义继承类型，因此所有与任何事件的类型相关的属性都在表 10.3 中。

提示： 为了兼容 IE 和 DOM 两种事件模型，可以使用下面表达式进行兼容。

```
var event = event || window.event;                    // 兼容不同模型的 event 对象
```

上面代码右侧是一个选择运算表达式，如果事件监听函数存在 event 实参，则使用 event 形参来传递事件信息，如果不存在 event 参数，则调用 window 对象的 event 属性来获取事件信息。把上面表达式放在事件监听函数中即可进行兼容。

在以事件驱动为核心的设计模型中，一次只能够处理一个事件，由于从来不会并发两个事件，因此使用全局变量来存储事件信息是一种比较安全的方法。

【示例】 演示禁止超链接默认的跳转行为。

```
<a href="https://www.baidu.com/" id="a1"> 禁止超链接跳转 </a><script>
document.getElementById('a1').onclick = function(e) {
    e = e || window.event;                          // 兼容事件对象
    var target = e.target || e.srcElement;          // 兼容事件目标元素
    if(target.nodeName !== 'A') {                   // 仅针对超链接起作用
        return;
    }
    if( typeof e.preventDefault === 'function') {  // 兼容 DOM 模型
        e.preventDefault();                         // 禁止默认行为
        e.stopPropagation();                        // 禁止事件传播
    } else {                                        // 兼容 IE 模型
        e.returnValue = false;                      // 禁止默认行为
        e.cancelBubble = true;                      // 禁止冒泡
    }
};
</script>
```

【拓展】

浏览器原生提供一个 event 对象，所有的事件都是这个对象的实例，继承了 event.prototype 对象。event 对象本身就是一个构造函数，可以用来生成新的实例。有关该接口的一些参考信息可以扫码阅读。

线上阅读

10.1.10　事件委托

事件委托（delegate），也称为事件托管或事件代理，简单描述就是把目标节点的事件绑定到祖先节点上。这种简单而优雅的事件注册方式基于：事件传播过程中，逐层冒泡总能被祖先节点捕获。

Note

这样做的好处：优化代码，提升运行性能，真正把 HTML 和 JavaScript 分离，也能防止在动态添加或删除节点过程中注册的事件丢失现象。

【示例 1】使用一般方法为列表结构中每个列表项目绑定 click 事件，单击列表项目，将弹出提示对话框，提示当前节点包含的文本信息，如图 10.4 所示。但是，为列表框动态添加列表项目之后，新添加的列表项目没有绑定 click 事件。

```
<button id="btn"> 添加列表项目 </button>
<ul id="list">
    <li> 列表项目 1</li>
    <li> 列表项目 2</li>
    <li> 列表项目 3</li>
</ul>
<script>
var ul=document.getElementById("list");
var lis=ul.getElementsByTagName("li");
for(var i=0;i<lis.length;i++){
    lis[i].addEventListener('click',function(e){
        var e = e || window.event;
        var target = e.target || e.srcElement;
        alert(e.target.innerHTML);
    },false);
}
var i = 4;
var btn=document.getElementById("btn");
btn.addEventListener("click",function(){
    var li = document.createElement("li");
    li.innerHTML = " 列表项目 " + i++;
    ul.appendChild(li);
});
</script>
```

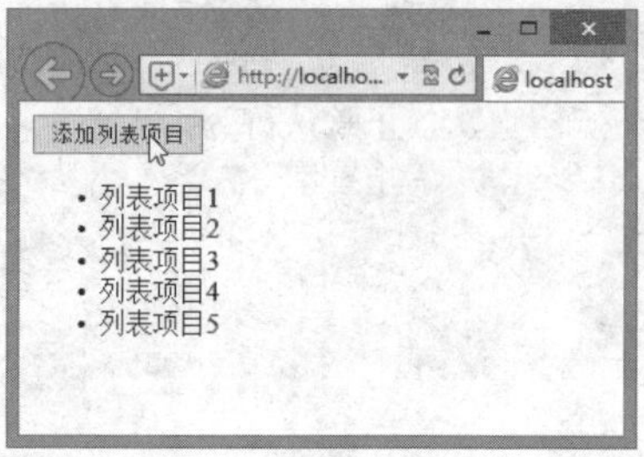

图 10.4　动态添加的列表项目事件无效

【示例 2】借助事件委托技巧，利用事件传播机制，在列表框 ul 元素上绑定 click 事件，当事件传播到父节点 ul 上时，捕获 click 事件，然后在事件监听函数中检测当前事件响应节点类型，如果是 li 元素，则进一步执行下面代码，否则跳出事件监听函数，结束响应。

```
<button id="btn"> 添加列表项目 </button>
<ul id="list">
    <li> 列表项目 1</li>
    <li> 列表项目 2</li>
```

Note

```
    <li> 列表项目 3</li>
</ul>
<script>
var ul=document.getElementById("list");
ul.addEventListener('click',function(e){
    var e = e || window.event;
    var target = e.target || e.srcElement;
    if(e.target&&e.target.nodeName.toUpperCase()=="LI"){    /* 判断目标事件是否为 li*/
        alert(e.target.innerHTML);
    }
},false);
var i = 4;
var btn=document.getElementById("btn");
btn.addEventListener("click",function(){
    var li = document.createElement("li");
    li.innerHTML = " 列表项目 " + i++;
    ul.appendChild(li);
});
</script>
```

当页面存在大量元素，并且每个元素注册了一个或多个事件时，可能会影响性能。访问和修改更多的 DOM 节点，程序就会更慢，特别是事件连接过程都发生在 load（或 DOMContentReady）事件中时，对任何一个富交互网页来说，这都是一个繁忙的时间段。另外，浏览器需要保存每个事件句柄的记录，也会占用更多内存。

【拓展】

DOM 2 事件规范允许用户模拟特定事件，IE 9、Opera、Firefox、Chrome 和 Safari 浏览器均支持，IE 浏览器还有自己模拟事件的方式。详细操作步骤和说明请扫码阅读。

线上阅读

10.2 jQuery 实现

视频讲解

jQuery 在 JavaScript 基础上进一步封装了不同类型的事件模型，从而形成一种功能更强大、用法更优雅的"jQuery 事件模型"。jQuery 事件模型的特征如下：

☑ 统一了事件处理中的各种方法。
☑ 允许在每个元素上为每个事件类型建立多个处理程序。
☑ 采用 DOM 事件模型中标准的事件类型名称。
☑ 统一了 event 事件对象的传递方法，并对 event 对象的常用属性和方法进行规范。
☑ 为事件管理和操作提供统一的方法。

考虑到 IE 浏览器不支持事件流中的捕获型阶段，且开发者很少使用捕获阶段，jQuery 事件模型也没有支持事件流中的捕获型阶段。除了这一点区别外，jQuery 事件模型的功能与 DOM 事件模型基本相似。

10.2.1 绑定事件

jQuery 提供了四种事件绑定方式：bind()、live()、delegate() 和 on()。每种方式各有其特点，明白了它们之间的异同点，能够进行正确的选择，从而写出优雅而容易维护的代码。

Note

1. bind()

bind() 为匹配元素添加一个或多个事件处理器。用法如下：

```
bind(event,data,function)
```

参数说明如下：

☑ event：必需参数项，添加到元素的一个或多个事件，如 click、dblclick 等。
- 可以单事件处理，如“$(selector).bind("click",data,function);”。
- 可以设计多事件处理，此时需要使用空格分隔多个事件，如“$(selector).bind("click dbclick mouseout",data,function);”，这种方式较为死板，不能给事件单独绑定函数，适合处理多个事件调用同一函数的情况。
- 可以使用大括号语法灵活定义多个事件，如“$(selector).bind({event1:function, event2:function, ...})”，这种方式较为灵活，可以给事件单独绑定函数。

☑ data：可选参数项，设计需要传递的参数。

☑ function：必需参数项，当绑定事件发生时，需要执行的函数。

提示： bind() 方法适用所有版本，但是根据官网解释，自从 jQuery 1.7 版本以后，推荐使用 on() 方法代替 bind() 方法。

【示例 1】 使用 bind() 方法为按钮绑定事件。

```
<!doctype html>
<html>
<head>
<meta charset="utf-8">
<script src="jquery/jquery-3.1.1.js" type="text/javascript"></script>
<script type="text/javascript" >
$(function () {
    /* 添加单个事件处理 */
    $(".btn-test").bind("click", function () {
        $(".container").slideToggle();                // 显示隐藏 div
    });
    /* 添加多个事件处理 */
    $(".btn-test").bind("mouseout click", function () {// 空格相隔方式
        $(".container").slideToggle();                // 显示隐藏 div
    });
    $(".btn-test").bind({                             // 大括号替代方式
        "mouseout": function () {
            alert(" 这是 mouseout 事件 !");
        },
        "click": function () {
            $(".container").slideToggle();
        }
    });
    /* 删除事件处理 */
    $(".btn-test").unbind("click");
});
</script>
```

```
</head>
<body>
<input type="button" value=" 按钮 " class="btn-test" />
<div class="container"><img src="images/1.jpg" height="200" /></div>
</body>
</html>
```

2. live()

live() 为当前或未来的匹配元素添加一个或多个事件处理程序。用法如下：

```
live(event,data,function)
```

参数说明如下：

☑ event：必需参数项，添加到元素的一个或多个事件，如 click、dblclick 等，详细说明可参考 bind() 方法。

☑ data：可选参数项，设计需要传递的参数。

☑ function：必需参数项，当绑定事件发生时需要执行的函数。

提示： jQuery 1.9 版本以下支持 live() 方法，jQuery 1.9 及其以上版本删除了该方法，jQuery 1.9 以上版本用 on() 方法来代替。

3. delegate()

delegate() 为指定的元素和被选元素的子元素添加一个或多个事件处理程序，并规定当这些事件发生时运行的函数。使用 delegate() 方法适用于当前或未来的元素，如由脚本创建的新元素等。用法如下：

```
delegate(childSelector,event,data,function)
```

参数说明如下：

☑ childSelector：必需参数项，指定需要注册事件的元素，一般为调用对象的子元素。

☑ event：必需参数项，添加到元素的一个或多个事件，如 click、dblclick 等，详细说明可参考 bind() 方法。

☑ data：可选参数项，设计需要传递的参数。

☑ function：必需参数项，当绑定事件发生时需要执行的函数。

提示： delegate() 方法适用于 jQuery 1.4.2 及其以上版本。

【示例 2】 设计一个项目列表，当单击按钮时，可以动态添加列表项目，使用 delegate() 方法为每个 <li> 标签绑定 click 事件，单击时将弹出该列表项目包含的文本。在浏览器中预览，当单击按钮为列表框动态添加列表项目时，会发现新添加的列表项目也拥有 click 事件，如图 10.5 所示。

```
<script type="text/javascript" >
$(function () {
    $("ul").delegate("li","click",function(){
        alert(this.innerHTML);
    });
    var i = 4;
    $("#btn").click(function(){
```

Note

```
            $("ul").append("<li> 列表项目 " + i++ + "</li>")
        })
});
</script>

<button id="btn"> 添加列表项目 </button>
<ul id="list">
    <li> 列表项目 1</li>
    <li> 列表项目 2</li>
    <li> 列表项目 3</li>
</ul>
```

图 10.5　使用 delegate() 方法绑定事件

4. on()

on() 为指定的元素添加一个或多个事件处理程序，并规定当这些事件发生时运行的函数。使用 on() 方法的事件处理程序适用于当前或未来的元素，如由脚本创建的新元素。用法如下：

```
on(event,childSelector,data,function)
```

参数说明如下：

☑ event：必需参数项，添加到元素的一个或多个事件，如 click、dblclick 等，详细说明可参考 bind() 方法。

☑ childSelector：可选参数项，指定需要注册事件的元素，一般为调用对象的子元素。

☑ data：可选参数项，设计需要传递的参数。

☑ function：必需参数项，当绑定事件发生时需要执行的函数。

提示： on() 方法适用于 jQuery 1.7 及其以上版本，jQuery 1.7 版本出现之后用于替代 bind()、live() 绑定事件方式。

【示例 3】 针对示例 2，可以使用 on() 方法代替 delegate() 方法。

```
$(function () {
    $("ul").on("click","li",function(){
        alert(this.innerHTML);
    });
    var i = 4;
    $("#btn").click(function(){
```

```
        $("ul").append("<li> 列表项目 " + i++ + "</li>")
    })
});
```

【示例 4】向事件处理函数传递数据。本例计划传递 A 和 B 两个值，先使用对象结构对其进行封装，然后作为参数传递给 on() 方法。在事件处理函数中可以通过 event 对象的 data 属性来访问这个对象，进而访问该对象内包含的数据，演示效果如图 10.6 所示。

```
<script type="text/javascript" >
$(function () {
    $("ul").on("click","li",{a:"A",b:"B"},function(event){
        $(this).text(event.data.a + event.data.b);
    });
});
</script>

<ul id="list">
    <li> 列表项目 1</li>
    <li> 列表项目 2</li>
    <li> 列表项目 3</li>
</ul>
```

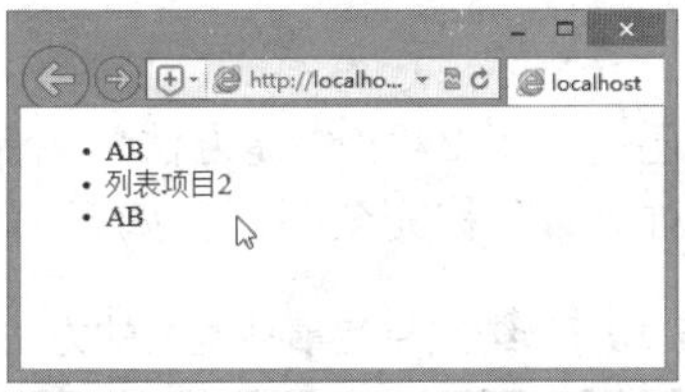

图 10.6　在 on() 方法中传递数据

在上面代码中，如果既想取消元素特定事件类型的默认行为，又想阻止事件冒泡，只要设置事件处理函数返回值为 false 即可。

```
$("ul").on("click",{a:"A",b:"B"},function(event){
    $(this).text(event.data.a + event.data.b);
    return false;
});
```

使用 preventDefault() 方法可以只取消默认的行为。

```
$("ul").on("click",{a:"A",b:"B"},function(event){
    $(this).text(event.data.a + event.data.b);
    event.preventDefault();
});
```

使用 stopPropagation() 方法可以只阻止一个事件冒泡。

```
$("ul").on("click",{a:"A",b:"B"},function(event){
    $(this).text(event.data.a + event.data.b);
    event.stopPropagation();
});
```

Note

【拓展】

比较四种事件绑定方式的异同。

☑ 相同点

第 1 点，都支持单元素多事件的绑定，都支持空格相隔方式或者大括号替代方式。

第 2 点，均是通过事件冒泡方式，将事件传递到 document 进行事件的响应。

☑ 不同点

第 1 点，bind() 方法只能针对已经存在的元素进行事件的设置；但是 live()、on()、delegate() 方法均支持委派事件，即可以为未来新添加元素注册事件。

第 2 点，bind() 方法在 jQuery 1.7 版本以前比较受推崇，1.7 版本出来之后，官方已经不推荐用 bind() 方法，替代方法为 on()。on() 方法可以代替 live() 方法，live() 方法在 1.9 版本已经删除。

第 3 点，live() 方法与 delegate() 方法类似，但是 live() 方法在执行速度、灵活性和 CSS 选择器支持方面不如 delegate() 方法。

第 4 点，bind() 方法支持 jQuery 版本 1 和 jQuery 版本 2，在 jQuery 版本 3 中被弃用；live() 方法支持 jQuery 1.8-，高版本不再支持；delegate() 方法支持 jQuery 1.4.2+，在 jQuery 版本 3 中被弃用；on() 方法支持 jQuery 1.7+。

总之，如果项目中引用 jQuery 为低版本，推荐用 delegate() 方法，高版本 jQuery 可以使用 on() 方法来代替，在 jQuery 3+ 版本中只支持 on() 方法。

10.2.2 事件方法

除了事件绑定专用方法外，jQuery 还定义了 24 个快捷方法为特定的事件类型绑定事件处理程序，这些方法与 2 级事件模型中的事件类型一一对应，名称完全相同，如表 10.4 所示。

表 10.4 绑定特定事件类型的方法

blur()	focusin()	mousedown()	resize()
change()	focusout()	mousemove()	scroll()
click()	keydown()	mouseout()	select()
dblclick()	keypress()	mouseover()	submit()
error()	keyup()	mouseup()	unload()
focus()	mouseenter()	mouseleave()	load()

【示例】对于下面使用 bind() 方法绑定的事件。

```
$("p").bind("click",function(){
    alert($(this).text());
});
```

可以直接使用 click() 方法绑定。

```
$("p").click(function(){
    alert($(this).text());
});
```

注意：当使用这些快捷方法时，无法向 event.data 属性传递额外的数据。如果不为这些方法传递事件处理函数而直接调用它们，则会触发已绑定这些对象上的对应事件，包括默认的动作。

10.2.3 绑定一次性事件

one() 方法是 on() 方法的一个特例，用法与 bind() 方法完全相同，但由它绑定的事件在执行一次响应之后就会失效。用法如下：

```
one(type,[data],function)
```

参数说明如下：

- ☑ type：必需参数项，添加到元素的一个或多个事件，如 click、dblclick 等，详细说明可参考 bind() 方法。
- ☑ data：可选参数项，设计需要传递的参数。
- ☑ function：必需参数项，当绑定事件发生时需要执行的函数。

【示例】使用 one() 方法绑定 click 事件，它只能响应一次，当第二次单击列表项目时就不再响应。

```
<script type="text/javascript" >
$(function(){
    $("ul>li").one("click",function(){
        alert($(this).text());
    });
})
</script>

<ul id="list">
    <li> 空山新雨后，天气晚来秋。</li>
    <li> 明月松间照，清泉石上流。</li>
    <li> 竹喧归浣女，莲动下渔舟。</li>
    <li> 随意春芳歇，王孙自可留。</li>
</ul>
```

one() 方法的设计思路：在事件处理函数内部注销当前事件。

10.2.4 注销事件

交互型事件的生命周期往往与页面的生命周期是相同的，但是很多交互事件只有在特定的时间或者条件下有效，超过了时效期就应该把它注销掉，以节省系统空间。

jQuery 提供了四种事件绑定方式：bind()、live()、delegate() 和 on()。对应的注销事件方式：unbind()、die()、undelegate() 和 off()。

注销方法与注册方法是相反的操作，参数和用法基本相同。它们能够从每个匹配的元素中删除绑定的事件。如果没有指定参数，则删除所有绑定的事件，包括注册的自定义事件。

【示例 1】分别为 p 元素绑定 click、mouseover、mouseout 和 dblclick 事件类型。在 dblclick 事件类型的事件处理函数中调用 off()。这样在没有双击段落文本之前，鼠标的移过、移出和单击都会触发响应，一旦双击段落文本，则所有类型的事件都被注销，鼠标的移过、移出和单击动作就不再响应。

```
<script type="text/javascript" >
$(function(){
    $("p").dblclick(function(){                    // 注册双击事件
```

```
        $("p").off();                          // 注销所有事件
    });
    $("p").click(f);                           // 注册单击事件
    $("p").mouseover(f);                       // 注册鼠标移过事件
    $("p").mouseout(f);                        // 注册鼠标移出事件
    function f(event){                         // 事件处理函数
        this.innerHTML= " 事件类型 = " + event.type;
    }
})
</script>

<p> 百变文本 </p>
```

如果提供了事件类型作为参数，则只删除该类型的绑定事件。

【示例 2】下面代码将只注销 mouseover 事件类型，而其他类型的事件依然有效。

```
$("p").dblclick(function(){
    $("p").off("mouseover");
});
```

如果将绑定时传递的处理函数作为第二个参数，则只有这个特定的事件处理函数会被删除。

【示例 3】分别为 p 元素注册鼠标指针经过事件，并绑定两个事件处理函数，这样当鼠标指针经过段落文本时，会分别调用这两个事件处理函数。当单击段落文本时，将移出其中一个事件处理函数；当再次移过段落文本时，将只有一个事件处理函数被调用。

```
<script type="text/javascript" >
$(function(){
    $("p").click(function(){                   // 注册单击事件
        $("p").off("mouseover", e);            // 注销鼠标经过事件中 e() 事件处理函数
    });
    $("p").mouseover(f);                       // 注册鼠标经过事件，绑定 f() 事件处理函数
    $("p").mouseover(e);                       // 注册鼠标经过事件，绑定 e() 事件处理函数
    function f(){
        $(this).text(" 第一个单击事件 ")
    }
    function e(){
        $(this).text(" 第二个单击事件 ")
    }
})
</script>

<p> 百变文本 </p>
```

10.2.5 使用事件对象

在使用 on()、bind()、delegate() 等方法注册事件时，event 对象实例将作为第一个参数传递给事件处理函数，这与 DOM 事件模型是完全相同的，但是 jQuery 统一了 IE 事件模型和 DOM 事件模型中 event 对象属性和方法的用法，使其完全符合 DOM 标准事件模型的规范。

jQuery 修正了 Web 开发中可能遇到的浏览器兼容性问题，表 10.5 所示为 jQuery 的 event 对象可以完全使用的属性和方法。

表 10.5 jQuery 安全的 Event 对象属性和方法

属性 / 方法	说　明
type	获取事件的类型，如 click、mouseover 等。返回值为事件类型的名称，该名称与注册事件处理函数时使用的名称相同
target	发生事件的节点。一般利用该属性来获取当前被激活事件的具体对象
relatedTarget	引用与事件的目标节点相关的节点。对于 mouseover 事件来说，它是鼠标指针移到目标上时所离开的那个节点；对于 mouseout 事件来说，它是离开目标时鼠标指针将要进入的那个节点
altKey	表示在声明鼠标事件时，是否按下了 Alt 键。如果返回值为 true，则表示按下
ctrlKey	表示在声明鼠标事件时，是否按下了 Ctrl 键。如果返回值为 true，则表示按下
shiftKey	表示在声明鼠标事件时，是否按下了 Shift 键。如果返回值为 true，则表示按下
metaKey	表示在声明鼠标事件时，是否按下了 Meta 键。如果返回值为 true，则表示按下
which	当在声明 mousedown、mouseup 和 click 事件时，显示鼠标键的状态值。也就是说，哪个鼠标键改变了状态。返回值为 1，表示按下左键；返回值为 2，表示按下中键；返回值为 3，表示按下右键
which	在声明 keydown 和 keypress 事件时，显示触发事件的键盘键的数字编码
pageX	对于鼠标事件来说，指定鼠标指针相对于页面原点的水平坐标
pageY	对于鼠标事件来说，指定鼠标指针相对于页面原点的垂直坐标
screenX	对于鼠标事件来说，指定鼠标指针相对于屏幕原点的水平坐标
screenY	对于鼠标事件来说，指定鼠标指针相对于屏幕原点的垂直坐标
data	存储事件处理函数第二个参数所传递的额外数据
preventDefault()	取消可能引起任何语义操作的事件，如元素特定事件类型的默认动作
stopPropagation()	防止事件沿着 DOM 树向上传播

10.2.6 触发事件

事件都是在特定条件下发生的，自然不同类型的事件触发的时机是无法预测的。开发者无法知道用户何时单击按钮提交表单，或者何时输入文本。但是在很多情况下，开发人员需要在脚本中控制事件触发的时机。

例如，设计一个弹出广告，虽然广告画面提供了允许用户关闭广告的按钮，但是我们也应该设计一个条件，控制广告在显示 3 秒钟之后自动关闭。

也许用户可以把事件处理函数定义为独立的窗口函数，以便于直接通过名称调用它，而不需要特定的事件交互。但是如果允许直接调用事件的处理函数，会简化程序的设计，更为重要的是它方便操作。

在传统表单设计中，表单域元素都拥有 focus() 方法和 blur() 方法，调用它们将会直接调用对应的 focus 和 blur 事件处理函数，使文本域获取焦点或者失去焦点。

jQuery 定义在脚本控制下自动触发事件处理函数的一系列方法，其中最常用的是 trigger() 方法。用法如下：

```
trigger(type, [data])
```

其中参数 type 表示事件类型，以字符串形式传递；data 是可选参数，利用该参数可以向调用的事件处理函数传递额外的数据。

【示例 1】本应该在用户单击时才能触发的事件处理程序，现在利用 trigger() 方法，定义在鼠标指针移过事件处理函数中，从而当鼠标指针移过段落文本时会自动触发鼠标单击事件。

```
<script type="text/javascript" >
$(function(){
    $("li").click(function(){
        alert($(this).text());
    });
    $("li").mouseover(function(){
        $(this).trigger("click");              // 调用 trigger() 方法直接触发 click 事件
    });
})
</script>
<style type="text/css">
</style>

<ul id="list">
    <li> 空山新雨后，天气晚来秋。</li>
    <li> 明月松间照，清泉石上流。</li>
    <li> 竹喧归浣女，莲动下渔舟。</li>
    <li> 随意春芳歇，王孙自可留。</li>
</ul>
```

trigger() 方法也会触发同名的浏览器默认行为。例如，如果用 trigger() 方法触发一个 submit 事件类型，则同样会导致浏览器提交表单。如果要阻止这种默认行为，则可以在事件处理函数中设置返回值为 false。

所有触发的事件都会冒泡到 DOM 树顶。例如，如果在 li 元素上触发一个事件，它首先会在这个元素上触发，然后向上冒泡，直到触发 document 对象。通过 event 对象的 target 属性可以找到最开始触发这个事件的元素。用户可以用 stopPropagation() 方法来阻止事件冒泡，或者在事件处理函数中返回 false。

triggerHandler() 方法对 trigger() 方法进行补充，该方法的行为表现与 trigger() 方法类似，用法也相同，但是存在以下 3 个主要区别。

☑ triggerHandler() 方法不会触发浏览器默认事件。

☑ triggerHandler() 方法只触发 jQuery 对象集合中第一个元素的事件处理函数。

☑ triggerHandler() 方法返回的是事件处理函数的返回值，而不是 jQuery 对象。如果最开始的 jQuery 对象集合为空，则这个方法返回 undefined。

除了 trigger() 方法和 triggerHandler() 方法外，jQuery 还为大部分事件类型提供了快捷触发的方法，如表 10.6 所示。

表 10.6　jQuery 定义的快捷触发事件的方法

blur()	dblclick()	keydown()	select()
change()	error()	keypress()	submit()
click()	focus()	keyup()	

这些方法没有参数，直接引用能够自动触发引用元素绑定的对应事件处理程序。

【示例 2】针对示例 1，也可以直接使用 click() 方法替代 trigger("click") 方法。

```
$(function(){
    $("li").click(function(){
        alert($(this).text());
    });
    $("li").mouseover(function(){
        $(this).click();                    // 调用 click() 方法直接触发 click 事件
    });
})
```

10.2.7 切换事件

jQuery 定义了两个事件切换的合成方法：hover() 和 toggle()。事件切换在 Web 开发中经常会用到，如样式交互、行为交互等。

另外，jQuery 定义了一个 toggleClass() 方法，它能够显示 / 隐藏指定的类样式，实现样式动态切换，而 hover() 方法和 toggle() 方法能够实现行为交互。toggle() 方法用于绑定两个或多个事件处理器函数，以响应被选元素的轮流的 click 事件。

从 jQuery 1.9 版本开始，jQuery 删除 toggle(function, function, ...) 用法，仅作为元素显隐切换的交互事件，如果元素是可见的，切换为隐藏的；如果元素是隐藏的，切换为可见的。具体用法如下：

```
toggle([speed],[easing],[fn])
```

参数说明如下：

☑ speed：可选参数，表示隐藏 / 显示效果的速度，默认为 0 毫秒，可选值为 "slow" "normal" "fast" 等。

☑ easing：可选参数，用来指定切换效果，默认为 "swing"，可用参数为 "linear"。

☑ fn：可选参数，定义在动画完成时执行的函数，每个元素执行一次。

【示例】使用按钮动态控制列表框的显示或隐藏。

```
<script type="text/javascript" >
$(function(){
    $("button").click(function(){
        $("ul#list").toggle("slow");
    });
})
</script>

<button> 控制按钮 </button>
<ul id="list">
    <li> 空山新雨后，天气晚来秋。</li>
    <li> 明月松间照，清泉石上流。</li>
    <li> 竹喧归浣女，莲动下渔舟。</li>
    <li> 随意春芳歇，王孙自可留。</li>
</ul>
```

也可以直接为 toggle() 方法传递 true 或 false 参数，用于确定显示或隐藏元素。例如，下面代码定义单击按钮时将隐藏段落文本。

```
$(function(){
    $("button").click(function(){
        $("ul#list").toggle(false);
    });
})
```

10.2.8 使用悬停事件

hover() 方法可以模仿悬停事件，即鼠标指针移动到一个对象上面及移出这个对象的方法。这是一个自定义的方法，它为频繁使用的任务提供了一种保持在其中的状态。

hover() 方法包含两个参数，其中第一个参数表示鼠标指针移到元素上要触发的函数，第二个参数表示鼠标指针移出元素要触发的函数。

【示例 1】为按钮绑定 hover 合成事件，这样当鼠标指针移过按钮时会触发指定的第一个函数，当鼠标指针移出这个元素时会触发指定的第二个函数。

```
<script type="text/javascript" >
$(function(){
    $("input").hover(
    function(){
        this.value = " 鼠标经过 ";
    },
    function(){
        this.value = " 鼠标已移出 ";
    })
})
</script>

<input type="button" value=" 鼠标切换事件 "  />
```

mouseout 事件存在一个很严重的错误：如果鼠标指针移到当前元素包含的子元素上，将会触发当前元素的 mouseout 和 mouseover 事件。这种错误性解释严重影响开发人员设计各类悬停处理程序，如导航菜单。

【示例 2】为 div 元素绑定 mouseover 和 mouseout 事件处理程序，当鼠标指针进入 div 元素时将会触发 mouseover 事件，而当鼠标指针移到 span 元素上时，虽然鼠标指针并没有离开 div 元素，但是将会触发 mouseout 和 mouseover 事件。如果鼠标指针在 div 元素内部移动，就可能会不断触发 mouseout 和 mouseover 事件，产生不断闪烁的事件触发现象，演示效果如图 10.7 所示。

```
<script type="text/javascript" >
window.onload = function(){
    var div = document.getElementsByTagName("div")[0];
    var p = document.getElementsByTagName("p")[0];
    var span = document.getElementsByTagName("span")[0];
    if(div.addEventListener){                              // 兼容非 IE 浏览器
        div.addEventListener("mouseover",over,false);      // 注册 mouseover 事件
        div.addEventListener("mouseout",out,false);        // 注册 mouseout 事件
    }else{                                                 // 兼容 IE 浏览器
```

```
        div.attachEvent("onmouseover",over);            // 注册 mouseover 事件
        div.attachEvent("onmouseout",out);              // 注册 mouseout 事件
    }
    function over(event){                               // 事件处理函数
        var event = event || window.event;              // 兼容 event 对象
        p.innerHTML += event.type + "<br />";
    }
    function out(event){                                // 事件处理函数
        var event = event || window.event;              // 兼容 event 对象
        p.innerHTML += event.type + "<br />";
    }
}
</script>
<style type="text/css">
div {width:300px; height:180px; background:red; padding:20px;}
span {float:right; width:120px; height:80px; background:blue; color:white; font-weight:bold;}
</style>

<div>
    <span></span>
</div>
<p></p
```

由于 on()、bind()、mouseover() 和 mouseout() 等方法都是直接在原事件基础上进行包装的，因此使用 jQuery 的 on()、bind()、mouseover() 和 mouseout() 方法绑定时也会存在上述问题。而 hover() 方法修正了这个错误，它会对鼠标指针是否仍然处在特定元素中进行检测，如果是，则会继续保持悬停状态，而不触发移出事件。

【示例 3】针对示例 2，使用 hover() 方法实现相同的设计效果，当鼠标指针进入 div 元素，并在 div 元素内部移动时，只会触发一次 mouseover 事件，演示效果如图 10.8 所示。

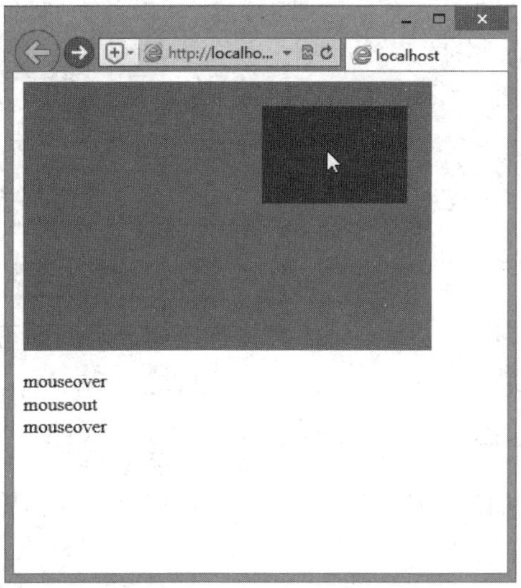

图 10.7　mouseout 事件存在错误

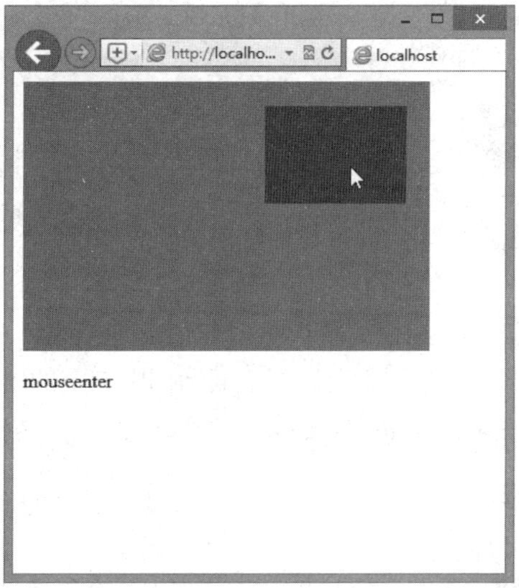

图 10.8　hover() 方法修正了 mouseout 事件存在的错误

Note

```
<script type="text/javascript" >
$(function(){
    $("div").hover(                          // 绑定 hover 合成事件
        function(event){                     // 注册 mouseover 事件处理函数
            $("p").append(event.type + "<br />");
        },
        function(event){                     // 注册 mouseout 事件处理函数
            $("p").append(event.type + "<br />");
        }
    )
})
</script>
```

10.2.9 事件命名空间

jQuery 支持事件命名空间，以方便事件管理。

【示例 1】 为 div 元素绑定多个事件类型，然后使用命名空间进行规范，从而方便管理。所谓事件命名空间，就是在事件类型后面以点语法附加一个别名，以便于引用事件，如 click.a，其中 a 就是 click 当前事件类型的别名，即事件命名空间。

```
<script type="text/javascript" >
$(function(){
    $("div").bind("click.a", function(){            // 绑定 click 事件
        $("body").append("<p>click 事件 </p>");
    });
    $("div").bind("dblclick.a", function(){         // 绑定 dblclick 事件
        $("body").append("<p>dblclick 事件 </p>");
    });
    $("div").bind("mouseover.a", function(){        // 绑定 mouseover 事件
        $("body").append("<p>mouseover 事件 </p>");
    });
    $("div").bind("mouseout.a", function(){         // 绑定 mouseout 事件
        $("body").append("<p>mouseout 事件 </p>");
    });
})
</script>

<div>jQuery 命名空间 </div>
```

如果在所绑定的事件类型后面附加命名空间，则在删除事件时，只要直接指定命名空间即可。例如，调用下面一行代码就可以把上面示例中绑定的事件全部删除。

```
$("div").unbind(".a");
```

同样，如果为相同的事件类型设置不同的命名空间，如果仅删除某一个事件处理程序，则只需要指定命名空间即可。

【示例 2】 如果直接单击段落文本，会触发命名空间为 a 的 click 事件和命名空间为 b 的 click 事件，当单

击按钮之后，则删除命名空间为 a 的事件类型，则再次单击段落文本，就只能触发命名空间为 a 的 click 事件。

```
<script type="text/javascript" >
$(function(){
    $("div").bind("click.a", function(){
        $("body").append("<p>click.a 事件 </p>");
    });
    $("div").bind("click.b", function(){
        $("body").append("<p>click.b 事件 </p>");
    });
    $("input").click(function(){
        $("div").unbind(".a");                    // 注销命名空间为 a 的事件
    });
})
</script>

<div>jQuery 命名空间 </div>
<input type="button" value=" 删除事件 "   />
```

10.2.10 绑定多个事件

jQuery 最大的优势就是提供了多种灵巧的用法，方便设计师的开发。对于在同一个对象上绑定多个事件来说，jQuery 也提供了很多种方法，这些方法适用于不同的开发环境以及习惯用法，以方便设计师加快开发速度。

【示例 1】为当前 div 元素绑定两个 click 事件，当单击 div 元素时，分别触发这个绑定的事件处理函数。

```
<script type="text/javascript" >
$(function(){
    $("div").bind("click", function(){        // 绑定 click 事件 1
        $("body").append("<p>click 事件 1</p>");
    });
    $("div").bind("click", function(){        // 绑定 click 事件 2
        $("body").append("<p>click.b 事件 2</p>");
    });
})
</script>

<div>jQuery 命名空间 </div>
```

【示例 2】对于为同一个对象绑定的多个事件，可以以链式语法的形式串在一起。

```
<script type="text/javascript" >
$(function(){
    $("div").bind("click", function(){
        $("body").append("<p>click 事件 1</p>");
    }).bind("click", function(){
        $("body").append("<p>click 事件 2</p>");
    });
})
```

```
</script>

<div>jQuery 多事件绑定 </div>
```

使用 jQuery 定义的 on() 等注册方法，可以为元素一次绑定多个事件类型。

【示例 3】在同一个 bind() 方法中同时绑定了 mouseover 和 mouseout 事件类型。

```
<script type="text/javascript" >
$(function(){
    $("div").on("mouseover mouseout", function(event){   // 同时绑定多个事件类型
        $("body").append(event.type + "<br />");
    });
})
</script>

<div>jQuery 多事件绑定 </div>
```

【示例 4】当鼠标指针移过 div 元素时会触发 mouseover 事件，调用绑定的事件处理函数，而当鼠标指针移出 div 元素时会触发 mouseout 事件，再次调用该函数。示例 3 的代码可以拆分为如下形式。

```
$(function(){
    $("div").on("mouseover", function(event){          // 绑定 mouseover 事件
        $("body").append(event.type + "<br />");
    });
    $("div").on("mouseout", function(event){           // 绑定 mouseout 事件
        $("body").append(event.type + "<br />");
    });
})
```

10.2.11 自定义事件

jQuery 支持自定义事件，所有自定义事件都可以通过 trigger() 方法触发。

【示例】自定义一个 delay 事件类型，并把它绑定到 input 元素对象上。然后在按钮单击事件中触发自定义事件，以实现延迟响应的设计效果。

```
<script type="text/javascript" >
$(function(){
    $("input").bind("delay", function(event){     // 自定义并绑定 delay 事件类型
        setTimeout(function(){                    // 延迟响应
            alert(event.type);
        },1000);
    });
    $("input").click(function(){                  // 绑定 click 事件
        $("input").trigger("delay");              // 触发自定义事件
    });
})
</script>

<input  type="button" value="jQuery 自定义事件 " />
```

Note

实际上，自定义事件不是真正意思上的事件，读者可以把它理解为自定义函数，触发自定义事件就相当于调用自定义函数。由于自定义事件拥有事件类型的很多特性，因此自定义事件在开发中拥有特殊的用途。

10.2.12　页面初始化

jQuery 定义了 ready() 方法封装 JavaScript 原生的 window.onload() 方法。ready() 方法表示当 DOM 载入就绪，并可以查询和被操纵时，能够自动执行的方法。它是 jQuery 事件模型中最重要的一个方法，极大地提高了 Web 应用程序的响应速度。

【示例 1】分别为 3 个 div 元素绑定 ready 事件，在浏览器中预览，可以看到绑定的 3 个事件都在文档加载完毕后被集中触发。

```
<script type="text/javascript" >
$("div").eq(0).ready(function(){
    alert(1);
});
$("div").eq(1).ready(function(){
    alert(2);
});
$("div").eq(2).ready(function(){
    alert(3);
});
</script>

<div>[ 模块 1]</div>
<div>[ 模块 2]</div>
<div>[ 模块 3]</div>
```

ready() 方法一般按如下方式进行调用。

```
$(document).ready(function(){// 页面初始化后执行的函数体代码
});
```

对于上面的语法格式可以简写为：

```
jQuery(function($) {            // 页面初始化后执行的函数体代码
});
```

或者：

```
$(function() {                  // 页面初始化后执行的函数体代码
});
```

在上面格式中可以看到 ready() 方法包含一个参数，该参数为一个事件处理函数。同时，事件处理函数也包含一个参数，该参数引用 jQuery 函数，并实现把 jQuery 函数传递到 ready 事件处理函数内。

【示例 2】为 jQuery 起一个别名 me，设置 ready 事件处理函数的参数名为 me，在页面初始化处理函数中就可以使用 me 来代替 jQuery 函数。

```
<script type="text/javascript" >
```

Note

```
$(function(me){
    me("div").text("jQuery 函数别名 ");              // 这里的别名 me 指代 jQuery 函数
});
</script>

<div></div>
```

也可以省略这个参数，在默认状态下 jQuery 会使用 $ 或者同名 jQuery 别名来指代 jQuery 函数。

【示例 3】使用 $ 和 jQuery 别名。

```
<script type="text/javascript" >
$(function(){
    $("div").text("jQuery 函数别名 ");
    jQuery("div").text("jQuery 函数别名 ");
});
</script>

<div></div>
```

jQuery 允许在文档中无限次使用 ready 事件。其中注册的事件处理函数会按照代码中的先后顺序依次执行。但是，一旦使用 jQuery 事件模型中的 ready 事件初始化页面，就不能使用 JavaScript 原生的 load 事件类型了，否则就会发生冲突，而不能触发 ready 事件。

10.2.13 使用 ready 事件

jQuery 的 ready 事件与 JavaScript 的 load 事件具有相同的功能，但是它们在触发时机方面还存在如下区别。

☑ JavaScript 的 load 事件是在文档内容完全加载完毕后才被触发的。这个文档内容包括页面中所有节点以及与节点关联的文件。这时 JavaScript 才可以访问网页中任何元素和内容。这种情况对于编写功能性的代码非常有利，因为无须考虑加载的次序。

☑ jQuery 的 ready 事件在 DOM 完全就绪时就可以被触发，此时文档中所有元素都是可以访问的，但是与文档关联的文件可能还没有下载完毕。通俗地说，就是浏览器下载并完成解析 HTML 的 DOM 树结构，代码就可以运行。

例如，对于一个大型图库网站来说，为页面中所有显示的图像绑定一个初始化设置的脚本。如果使用 JavaScript 原生的 load 事件来设计，那么用户在使用这个页面之前，必须等待页面中所有图像下载完毕才能够实现。在 load 事件等待图像加载过程中，如果行为还未添加到那些已经加载的图像中，则此时如果用户操作它们，可能会导致很多意想不到的问题。如果使用 jQuery 的 ready 事件，则在 DOM 树结构解析之后，就立即触发页面初始化事件，从而避免使用 load 事件所带来的问题。

但是，由于 jQuery 的 ready 事件被过早地触发，虽然 DOM 树结构已经解析完毕，但是很多元素的属性未必生效。例如，很多图像还没有加载完毕，导致这些图像的属性无效，如图像的高度和宽度。要解决这个问题，可以使用 jQuery 的 load 事件进行触发，该事件等效于 JavaScript 的 load 事件。

```
$(window).load(function(){// 页面初始化后执行的函数体代码
})
```

Note

等效于：

```
window.onload = function(){// 页面初始化后执行的函数体代码
}
```

JavaScript 的 load 事件存在一个很严重的缺陷，即它不允许多次调用。

【示例 1】分两次调用 load 事件，但是当网页加载完毕后，JavaScript 只触发了第二个 load 事件调用。

```
window.onload = function(){
    alert(" 一次调用 load 事件 ");
}
window.onload = function(){
    alert(" 二次调用 load 事件 ");
}
```

实际上，第一次事件调用已经被第二个调用覆盖。要解决两次调用之间的冲突问题，则可以把两个页面初始化函数放在同一个 load 事件中。

【示例 2】按如下方式修改示例 1。

```
window.onload = function(){
     (function(){
         alert(" 一次调用 load 事件 ");
    })();
     (function(){
         alert(" 二次调用 load 事件 ");
    })()
}
```

上面代码直接在 load 事件的处理函数中定义和调用两个匿名函数。当然，也可以把这两个匿名函数改为函数声明方式定义，然后在 load 事件处理函数中调用。

虽然通过间接的方式解决了 load 事件多次调用的问题，但是 load 事件仍然存在很多局限。例如，在多个 JavaScript 文件中，可能每个 JavaScript 文件都会用到 window.load() 方法，在这种情况下使用上面的方法是无法解决的，同时无法保证按顺序执行多个注册的函数。

jQuery 的 ready 事件能够很好地解决这个问题，在同一个文档中可以进行多次调用。

【示例 3】针对示例 2，可以使用如下方法轻松解决，即便在不同 JavaScript 文件中都可以无限制多次调用 ready 事件。

```
$(function(){
    alert(" 一次调用 load 事件 ")
});
$(function(){
    alert(" 二次调用 load 事件 ")
});
```

【拓展】

针对页面初始化处理问题，jQuery 提供了灵活和方便的解决方案，但是 jQuery 的 ready 事件与 JavaScript 的 load 事件存在天然的冲突。如果读者在页面中对于 jQuery 的 ready 事件使用需求不是那么强烈，不妨自定义一个 addLoadEvent() 方法来解决 window.onload() 方法注册事件存在的缺陷。

Note

【示例 4】addLoadEvent() 方法的代码如下：

```
function addLoadEvent(func){
    var oldOnload = window.onload;          // 把 window.onload 事件处理函数的值存入变量 oldOnload
    if (typeof window.onload != 'function'){// 如果 window.onload 事件没有绑定任何事件处理函数，则为其添加新
                                            // 的事件处理函数
        window.onload = func;
    }else{                                  // 如果 window.onload 事件已绑定事件处理函数，则重新绑定事件处理
                                            // 函数，在事件处理函数中先执行原来已绑定的事件处理函数，然后调
                                            // 用新添加的事件处理函数
        window.onload = function(){
            oldOnload();
            func();
        }
    }
}
```

虽然 window.onload 只能被赋值一次（load 事件只能绑定一个事件处理函数），但是可以设置 load 的事件处理函数为一个管道，并借助这个管道无限次地调用 load 事件。addLoadEvent() 方法的工作流程如下：

（1）把现有的 window.onload 事件处理函数的值存入变量 oldOnload。

（2）如果在这个处理函数上没有绑定任何函数，则为其添加新的函数。

（3）如果在这个处理函数上已经绑定了一些函数，就把函数追回到现有函数的尾部。

浏览器在加载 HTML 文档内容时，在默认状态下是自上而下地执行 JavaScript 代码。如果要改变 load 事件处理函数的执行顺序，则可以利用 addLoadEvent() 方法改变调用顺序。

在开发过程中，如果需要给 load 事件绑定多个函数，而又不确定 load 事件是否已经绑定了函数，则使用 addLoadEvent() 方法就能很轻松地解决这个问题。

借助 addLoadEvent() 方法，用户可以多次调用 load 事件。

```
addLoadEvent(function(){
    alert(" 一次调用 load 事件 ");
});
addLoadEvent(function(){
    alert(" 二次调用 load 事件 ");
});
addLoadEvent(function(){
    alert(" 三次调用 load 事件 ");
});
```

10.3 案例实战

本节提供多个示例，帮助读者练习使用 jQuery 操作事件。

10.3.1 定义快捷键

本例设计网页的四部分内容，分别为“主页”“介绍”“联系”“链接”。用户可以通过使用鼠标分别单

击各个菜单项来查看每一部分的内容。同时，也可以使用快捷键对其进行访问。该例中设定的快捷键：A 键切换到“主页”，S 键切换到“介绍”，D 键切换到“联系”，F 键切换到“链接”，示例演示效果如图 10.9 所示。

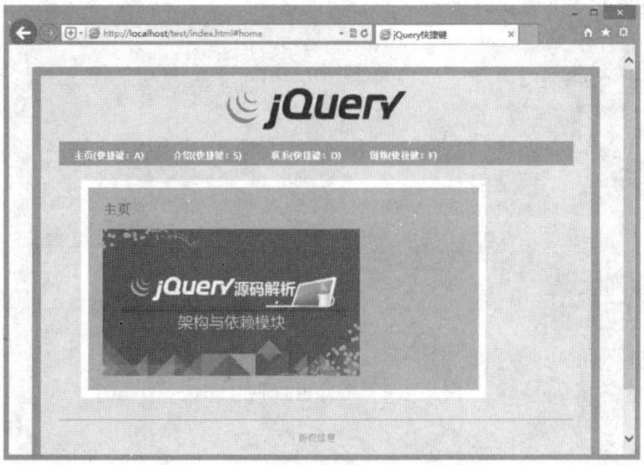

图 10.9　设计快捷键切换

页面结构如下：

```
<div id="wrapper">
    <h1> 网站标题 </h1>
    <ul id="nav">
        <li><a href="#home"> 主页 ( 快捷键：A)</a></li>
        <li><a href="#about"> 介绍 ( 快捷键：S)</a></li>
        <li><a href="#contact"> 联系 ( 快捷键：D)</a></li>
        <li><a href="#links"> 链接 ( 快捷键：F)</a></li>
    </ul>
    <div id="home" class="container">
        <h2> 主页 </h2>
        <p><img src="images/1.jpg"  height="200" alt=""/></p>
    </div>
    <div id="about" class="container">…</div>
    <div id="contact" class="container">…</div>
    <div id="links" class="container">…</div>
    <div id="foot"> 版权信息 </div>
</div>
```

设计的脚本如下：

```
$(document).ready(function(){
    // 用类容器隐藏所有 div
    // 只显示 ID 为 home 的那个
    $(".container").css("display","none");
    $("#home").css("display","block");
    // 在所有容器都隐藏后进行导航工作
    showViaLink($("ul#nav li a"));
    // 侦听任何导航键按下活动
    $(document).keypress(function(e) {
```

```
            switch(e.which) {
                // 用户按 A 键
                case 97:    showViaKeypress("#home"); break;
                // 用户按 S 键
                case 115:    showViaKeypress("#about"); break;
                // 用户按 D 键
                case 100:    showViaKeypress("#contact");break;
                // 用户按 F 键
                case 102:    showViaKeypress("#links");
            }
        });
    });
    // 显示给定元素并隐藏所有其他元素
    function showViaKeypress(element_id){
        $(".container").css("display","none");
        // 如果多个键被快速按下，将隐藏除了最后一个按下的键的 div
        $(".container").hide(1);
        $(element_id).slideDown("slow");
    }
    // 根据链接 'href' 显示适当的 DIV
    function showViaLink(array){
        array.each(function(i){
            $(this).click(function(){
                var target = $(this).attr("href");
                $(".container").css("display","none");
                $(target).slideDown("slow");
            });
        });
    }
```

这里使用 keypress() 函数对用户的按键操作进行监听，当匹配到相应的按键时，执行相应的显示操作。在上述代码中，使用 e.which 得到对应键的 ASCII 码值，然后逐个进行处理，showViaKeypress() 函数用于根据其传递进去的参数显示相应的文本内容，其参数用于组装 jQuery 选择器。

提示： 使用手工代码存在一个问题，就是它使用的是单独的一个按键来设置快捷键，因此如果页面上存在需要输入这些字母的时候，将会出现不期望的结果。例如，在页面上增加一个文本框，用于输入文本内容。因此，一般使用组合键来作为快捷键，这样就可以很好地避免文本框的输入内容与快捷键冲突的问题。但是这样一来，另外一个问题就出现了：如果使用组合键，这里的处理将变得不太方便。这时建议使用 jQuery 插件 jquery.hotkeys.js，使用它可以很方便地设定和使用组合键，演示示例请参考本节示例源代码中的 index1.html 文件。

10.3.2 设计软键盘

在浏览网页时，经常需要使用软键盘，例如需要用户输入银行密码的时候，使用软键盘通过用户的鼠标单击来进行密码录入，可以有效地避免一些恶意木马监听用户的键盘录入来获取用户密码的行为。本例设计的软键盘效果如图 10.10 所示。

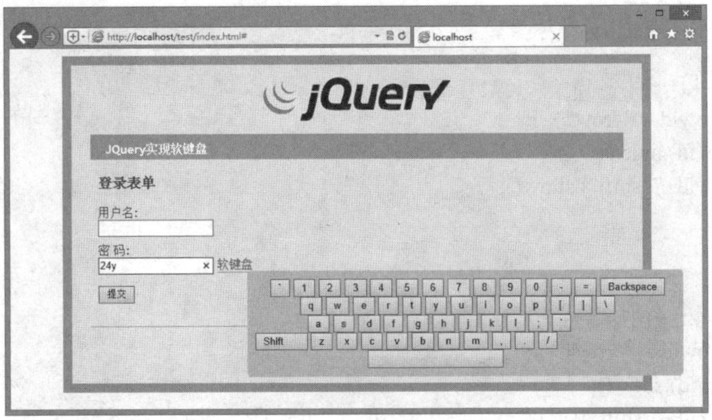

图 10.10　设计软键盘效果

设计的软键盘结构如下：

```
<div id="keyboard">
    <div id="row0">
        <input name="accent" type="button" value="`">
        <input name="1" type="button" value="1">
        …
        <input name="=" type="button" value="=">
        <input name="backspace" type="button" value="Backspace">
    </div>
    <div id="row0_shift">…</div>
    <div id="row1">…</div>
    <div id="row1_shift">…</div>
    <div id="row2">…</div>
    <div id="row2_shift">…</div>
    <div id="row3">…</div>
    <div id="row3_shift">…</div>
    <div id="spacebar">
        <input name="spacebar" type="button" value=" ">
    </div>
</div>
```

设计的脚本如下：

```
$(document).ready(function(){
    var shifton = false;
    // 在单击链接时切换键盘以显示或隐藏
    $("#showkeyboard").click(function(e) {
        var height = $('#keyboard').height();
        var width = $('#keyboard').width();
        leftVal=e.pageX-60+"px";
        topVal=e.pageY-12+"px";
        $('#keyboard').css({left:leftVal,top:topVal}).toggle();
    });
    $("#keyboard").draggable();    // 使键盘拖动
    function onShift(e) {           // 在键盘上的正常键和换档键之间切换
```

Note

```
            var i;
            if(e==1) {
                for(i=0;i<4;i++) {
                    var rowid = "#row" + i;
                    $(rowid).hide();
                    $(rowid+"_shift").show();
                }
            }
            else {
                for(i=0;i<4;i++) {
                    var rowid = "#row" + i;
                    $(rowid).show();
                    $(rowid+"_shift").hide();
                }
            }
        }
    // 当键盘上的任何键被按下时调用函数
    $("#keyboard input").bind("click", function(e) {
        if( $(this).val() == 'Backspace' ) {
            $('#pwd').replaceSelection("", true);
        }
        else if( $(this).val() == "Shift" ) {
            if(shifton == false) {
                onShift(1);
                shifton = true;
            } else {
                onShift(0);
                shifton = false;
            }
        }else {
            $('#pwd').replaceSelection($(this).val(), true);
            if(shifton == true) {
                onShift(0);
                shifton = false;
            }
        }
    });
});
```

10.4 在 线 练 习

本节提供多个事件操作案例，感兴趣的读者可以扫码阅读。

在线练习

第11章

使用Ajax

（视频讲解：**1** 小时 **21** 分钟）

浏览器与服务器之间采用HTTP协议通信。用户在浏览器地址栏输入一个网址，或者通过网页表单向服务器提交内容，这时浏览器就会向服务器发出HTTP请求。

1999年，微软公司发布IE浏览器5.0版，第一次引入新功能：允许JavaScript脚本向服务器发起HTTP请求。这个功能当时并没有引起注意，直到2004年Gmail发布和2005年Google Map发布，才引起广泛重视。2005年2月，Ajax这个词第一次被正式提出，指围绕这个功能进行开发的一整套做法。从此，Ajax成为脚本发起HTTP通信的代名词，W3C也在2006年发布了它的国际标准。

【学习重点】

- 了解Ajax基础知识。
- 正确使用XMLHttpRequest。
- 能够灵活使用jQuery实现异步通信。

视频讲解

Note

11.1 XMLHttpRequest 1.0 基础

XMLHttpRequest 是一个 API，它为客户端提供了在客户端和服务器之间传输数据的功能。它提供了一个通过 URL 来获取数据的简单方式，并且不会使整个页面刷新；这使得网页只更新一部分页面而不会打扰到用户。XMLHttpRequest 在 Ajax 中被大量使用。

所有现代浏览器都支持 XMLHttpRequest API，如 IE 7+、Firefox、Chrome、Safari 和 Opera。通过一行简单的 JavaScript 代码，就可以创建 XMLHttpRequest 对象。借助 XMLHttpRequest 对象的属性和方法，就可以实现异步通信功能。

11.1.1 定义 XMLHttpRequest 对象

使用 XMLHttpRequest 对象实现异步通信一般需要下面几个步骤。

第 1 步，定义 XMLHttpRequest 对象。

第 2 步，调用 XMLHttpRequest 对象的 open() 方法打开服务器端 URL 地址。

第 3 步，注册 onreadystatechange 事件处理函数，准备接收响应数据并进行处理。

第 4 步，调用 XMLHttpRequest 对象的 send() 方法发送请求。

现代标准浏览器都支持 XMLHttpRequest API，从 IE 5.0 版本开始就以 ActiveX 组件形式支持 XMLHttpRequest，在 IE 7.0 版本中标准化 XMLHttpRequest，允许通过 window 对象进行访问。不过，所有浏览器的 XMLHttpRequest 对象都提供了相同的属性和方法。

【示例】下面函数采用一种更高效的工厂模式把定义 XMLHttpRequest 对象功能进行封装，这样只要调用 createXMLHTTPObject() 方法就可以返回一个 XMLHttpRequest 对象。

```
// 定义 XMLHttpRequest 对象
// 参数：无
// 返回值：XMLHttpRequest 对象实例
function createXMLHTTPObject(){
    var XMLHttpFactories = [                    // 兼容不同浏览器和版本的创建函数数组
        function () {return new XMLHttpRequest()},
        function () {return new ActiveXObject("Msxml2.XMLHTTP")},
        function () {return new ActiveXObject("Msxml3.XMLHTTP")},
        function () {return new ActiveXObject("Microsoft.XMLHTTP")},
    ];
    var xmlhttp = false;
    for (var i = 0; i < XMLHttpFactories.length; i ++ ){
// 尝试调用匿名函数，如果成功则返回 XMLHttpRequest 对象，否则继续调用下一个
        try{
            xmlhttp = XMLHttpFactories[i]();
        }catch(e){
            continue;                   // 如果发生异常，则继续调用下一个函数
        }
        break;                          // 如果成功，则中止循环
    }
```

```
        return xmlhttp;                        //返回对象实例
    }
```

上面函数首先创建一个数组，数组元素为各种创建 XMLHttpRequest 对象的匿名函数。第一个元素是创建一个本地对象，而其他元素将针对 IE 浏览器的不同版本尝试创建 ActiveX 对象。然后设置变量 xmlhttp 为 false，表示不支持 Ajax。接着遍历工厂内所有函数并尝试执行它们，为了避免发生异常，把所有调用函数放在 try 子句中执行，如果发生错误，则在 catch 子句中捕获异常，并执行 continue 命令，返回继续执行，而不是抛出异常。如果创建成功，则终止循环，返回创建的 XMLHttpRequest 对象实例。

11.1.2　建立 XMLHttpRequest 连接

创建 XMLHttpRequest 对象之后，就可以使用 XMLHttpRequest 的 open() 方法建立一个 HTTP 请求。open() 方法的用法如下所示。

```
oXMLHttpRequest.open(bstrMethod, bstrUrl, varAsync, bstrUser, bstrPassword);
```

该方法包含 5 个参数，其中前两个参数是必需的。简单说明如下：

☑ bstrMethod：HTTP 方法字符串，如 POST、GET 等，大小写不敏感。

☑ bstrUrl：请求的 URL 地址字符串，可以为绝对地址或相对地址。

☑ varAsync：布尔值，可选参数，指定请求是否为异步方式，默认为 true。如果为真，当状态改变时会调用 onreadystatechange 属性指定的回调函数。

☑ bstrUser：可选参数，如果服务器需要验证，该参数指定用户名，如果未指定，当服务器需要验证时，会弹出验证窗口。

☑ bstrPassword：可选参数，验证信息中的密码部分，如果用户名为空，则此值将被忽略。

然后，使用 XMLHttpRequest 的 send() 方法发送请求到服务器端，并接收服务器的响应。send() 方法的用法如下。

```
oXMLHttpRequest.send(varBody);
```

参数 varBody 表示将通过该请求发送的数据，如果不传递信息，可以设置参数为 null。

该方法的同步或异步方式取决于 open() 方法中的 bAsync 参数，如果 bAsync == false，此方法将会等待请求完成或者超时时才会返回，如果 bAsync == true，此方法将立即返回。

使用 XMLHttpRequest 对象的 responseBody、responseStream、responseText 或 responseXML 属性可以接收响应数据。

【示例】简单演示实现异步通信的方法，代码省略了定义 XMLHttpRequest 对象的函数。

```
xmlHttp.open("GET","server.asp", false);
xmlHttp.send(null);
alert(xmlHttp.responseText);
```

在服务器端文件（server.asp）中输入下面的字符串。

```
Hello World
```

在浏览器中预览客户端交互页面，就会弹出一个提示对话框，显示“Hello World”的提示信息。该字符串是借助 XMLHttpRequest 对象建立的连接通道，从服务器端响应的字符串。

Note

11.1.3 发送 GET 请求

发送 GET 请求时，只需将包含查询字符串的 URL 传入 open() 方法，设置第一个参数值为“GET”即可。服务器能够在 URL 尾部的查询字符串中接收用户传递过来的信息。

使用 GET 请求较简单，比较方便，它适合传递简单的信息，不易传输大容量或加密数据。

【示例】在页面（main.html）中定义一个请求链接，并以 GET 方式传递一个参数信息 callback=functionName。

```
<script>
// 省略定义 XMLHttpRequest 对象函数
function request(url){                    // 请求函数
    xmlHttp.open("GET",url, false);       // 以 GET 方式打开请求链接
    xmlHttp.send(null);                   // 发送请求
    alert(xmlHttp.responseText);          // 获取响应的文本字符串信息
}
window.onload = function(){               // 页面初始化
    var b = document.getElementsByTagName("input")[0];
    b.onclick = function(){
        var url = "server.asp?callback=functionName"
        // 设置向服务器端发送请求的文件，以及传递的参数信息
        request(url);                     // 调用请求函数
    }
}
</script>
<h1>Ajax 异步数据传输 </h1>
<input name="submit"type="button" id="submit"value=" 向服务器发出请求 " />
```

在服务器端文件（server.asp）中输入下面的代码，获取查询字符串中 callback 的参数值，并把该值响应给客户端。

```
<%@LANGUAGE="VBSCRIPT" CODEPAGE="65001"%>
<%
callback = Request.QueryString("callback")
Response.Write(callback)
%>
```

在浏览器中预览页面，当单击提交按钮时，会弹出一个提示对话框，显示传递的参数值。

提示：查询字符串通过问号（?）前缀附加在 URL 的末尾，发送数据是以连字符（&）连接的一个或多个“名 / 值”对。每个名称和值都必须在编码后才能用在 URL 中，用户使用 JavaScript 的 encodeURIComponent() 函数对其进行编码，服务器端在接收这些数据时也必须使用 decodeURIComponent() 函数进行解码。URL 最大长度为 2048 字符（2KB）。

11.1.4 发送 POST 请求

POST 请求支持发送任意格式、任意长度的数据，一般多用于表单提交。与 GET 发送的数据格式相似，POST 发送的数据也必须进行编码，并用连字符（&）进行分隔，格式如下：

```
send("name1=value1&name2=value2…");
```

在发送 POST 请求时，参数不会被附加到 URL 的末尾，而是作为 send() 方法的参数进行传递。

【示例 1】以 11.1.5 节示例为基础，使用 POST 方法向服务器传递数据，定义如下请求函数。

```
function request(url){
    xmlHttp.open("POST",url, false);
    xmlHttp.setRequestHeader('Content-type','application/x-www-form-urlencoded');
    // 设置发送数据类型
    xmlHttp.send("callback=functionName");
    alert(xmlHttp.responseText);
}
```

在 open() 方法中，设置第一个参数为 POST，然后使用 setRequestHeader() 方法设置请求消息的内容类型为 application/x-www-form-urlencoded，一般使用 POST 发送请求时都必须设置该选项，否则服务器无法识别传递过来的数据。

提示：setRequestHeader() 方法的用法如下：

```
xmlhttp.setRequestHeader("Header-name", "value");
```

一般设置头部信息的 User-Agent 首部为 XMLHTTP，以便于服务端器能够辨别出 XMLHttpRequest 异步请求和其他客户端普通请求。

```
xmlhttp.setRequestHeader("User-Agent", "XMLHTTP");
```

这样就可以在服务器端编写脚本分别为现代浏览器和不支持 JavaScript 的浏览器呈现不同的文档，以提高可访问性的手段。

如果使用 POST 方法传递数据，还必须设置另一个头部信息。

```
xmlhttp.setRequestHeader("Content-type ", " application/
x-www-form-urlencoded ");
```

然后，在 send() 方法中附加要传递的值，该值是一个或多个“名 / 值”对，多个“名 / 值”对之间使用“&”分隔符进行分隔。在“名 / 值”对中，“名”可以为表单域的名称（与表单域相对应），“值”可以是固定的值，也可以是一个变量。

设置第三个参数值为 false，关闭异步通信。

最后，在服务器端设计接收 POST 方式传递的数据，并进行响应。

```
<%@LANGUAGE="VBSCRIPT" CODEPAGE="65001"%>
<%
callback = Request.Form("callback")
Response.Write(callback)
%>
```

用于发送 POST 请求的数据类型（Content Type）通常是 application/x-www-form-urlencoded，这意味着可以使用 text/xml 或 application/xml 类型向服务器直接发送 XML 数据，甚至使用 application/json 类型发送 JavaScript 对象。

【示例 2】向服务器端发送 XML 类型的数据，而不是简单地串行化“名 / 值”对数据。

```
function request(url){
    xmlHttp.open("POST",url, false);
```

```
        xmlHttp.setRequestHeader('Content-type','text/xml');        // 设置发送数据类型
        xmlHttp.send("<bookstore><book id='1'> 书名 1</book><book id='2'> 书名 2</book></bookstore>");
}
```

Note

提示：使用 GET 方式传递的信息量是非常有限的，而使用 POST 方式传递的信息是无限的，且不受字符编码的限制，还可以传递二进制信息。对于传输文件，以及大容量信息，多采用 POST 方式。另外，当发送安全信息或 XML 格式数据时，也应该考虑选用这种方法来实现。

11.1.5 转换串行化字符串

GET 和 POST 方法都是以名 / 值对字符串的形式发送数据。

1. 传输名 / 值对信息

与 JavaScript 对象结构类似，多在 GET 参数中使用。例如，下面是一个包含 3 对名 / 值的 JavaScript 对象数据。

```
{
    user:"ccs8",
    padd: "123456",
    email: "css8@mysite.cn"
}
```

将上面原生 JavaScript 对象数据转换为串行格式显示为：

```
user:"ccs8"&padd:"123456"&email:"css8@mysite.cn"
```

2. 传输有序数据列表

与 JavaScript 数组结构类似，多在一系列文本框中提交表单信息时使用，它与上一种方式不同，所提交的数据按顺序排列，不可以随意组合。例如，下面是一组有序表单域信息，它包含多个值。

```
[
    { name:"text", value:"css8" },
    { name:"text", value:"123456" },
    { name:"text", value:"css8@mysite.cn" }
]
```

将上面有序表单数据转换为串行格式，显示如下：

```
text:"ccs8"& text:"123456"& text:"css8@mysite.cn"
```

【示例】定义一个函数负责把数据转换为串行格式提交，详细代码如下：

```
// 把数组或对象类型数据转换为串行字符串
// 参数：data 表示数组或对象类型数据
// 返回值：串行字符串
function toString(data){
    var a = [];
    if( data.constructor == Array){ // 如果是数组，则遍历读取元素的属性值，并存入数组
        for(var i = 0 ; i < data.length ; i++){
```

```
            a.push(data[i].name + "=" + encodeURIComponent(data[i].value));
        }
    }                           //如果是对象，则遍历对象，读取每个属性值，存入数组
    else{
        for(var i in data){
            a.push(i + "=" + encodeURIComponent(data[i]));
        }
    }
    return a.join("&");         //把数组转换为串行字符串，并返回
}
```

11.1.6 跟踪状态

使用 XMLHttpRequest 对象的 readyState 属性可以实时跟踪异步交互状态。当该属性发生变化时，就触发 readystatechange 事件，调用该事件绑定的回调函数。readyState 属性包括 5 个值，详细说明如表 11.1 所示。

表 11.1 readyState 属性值

返 回 值	说 明
0	未初始化。表示对象已经建立，但是尚未初始化，尚未调用 open() 方法
1	初始化。表示对象已经建立，尚未调用 send() 方法
2	发送数据。表示 send() 方法已经调用，但是当前的状态及 HTTP 头未知
3	数据传送中。已经接收部分数据，因为响应及 HTTP 头不全，这时通过 responseBody 和 responseText 获取部分数据会出现错误
4	完成。数据接收完毕，此时可以通过 responseBody 和 responseText 获取完整的响应数据

如果 readyState 属性值为 4，则说明响应完毕，那么就可以安全读取返回的数据。另外，还需要监测 HTTP 状态码，只有当 HTTP 状态码为 200 时，才表示 HTTP 响应顺利完成。

在 XMLHttpRequest 对象中可以借助 status 属性获取当前的 HTTP 状态码。如果 readyState 属性值为 4，且 status（状态码）属性值为 200，那么说明 HTTP 请求和响应过程顺利完成。

【示例】 定义一个函数 handleStateChange()，用来监测 HTTP 状态，如果整个通信顺利完成，则读取 xmlhttp 的响应文本信息。

```
function handleStateChange(){
    if(xmlHttp.readyState == 4){
        if (xmlHttp.status == 200 || xmlHttp.status == 0){
            alert(xmlhttp.responseText);
        }
    }
}
```

然后，修改 request() 函数，为 onreadystatechange 事件注册回调函数。

```
function request(url){
```

Note

```
    xmlHttp.open("GET", url, false);
    xmlHttp.onreadystatechange = handleStateChange;
    xmlHttp.send(null);
}
```

上面代码把读取响应数据的脚本放在 handleStateChange() 函数中，然后通过 onreadystatechange 事件来调用。

11.1.7　终止请求

使用 abort() 方法可以终止正在进行的异步请求。在使用 abort() 方法前，应先清除 onreadystatechange 事件处理函数，因为 IE 和 Mozilla 浏览器在请求终止后也会激活这个事件处理函数。如果将 onreadystatechange 属性设置为 null，则 IE 浏览器会发生异常，所以可以为它设置一个空函数，代码如下：

```
xmlhttp.onreadystatechange = function(){};
xmlhttp.abort();
```

11.1.8　获取 XML 数据

XMLHttpRequest 对象通过 responseText、responseBody、responseStream 或 responseXML 属性获取响应信息，说明如表 11.2 所示，它们都是只读属性。

表 11.2　XMLHttpRequest 对象响应信息属性

响 应 信 息	说　明
responseBody	将响应信息正文以 Unsigned Byte 数组形式返回
responseStream	以 ADO Stream 对象的形式返回响应信息
responseText	将响应信息作为字符串返回
responseXML	将响应信息格式化为 XML 文档格式返回

在实际应用中，一般将格式设置为 XML、HTML、JSON 或其他纯文本格式。具体使用哪种响应格式，可以参考下面几条原则。

- ☑　如果向页面中添加大块数据，则选择 HTML 格式会比较方便。
- ☑　如果需要协作开发，且项目庞杂，则选择 XML 格式会更通用。
- ☑　如果要检索复杂的数据，且结构复杂，则选择 JSON 格式比较方便。

XML 是使用最广泛的数据格式。因为 XML 文档可以被很多编程语言支持，而且开发人员可以使用比较熟悉的 DOM 模型来解析数据，其缺点在于服务器的响应和解析 XML 数据的脚本可能变得相当冗长，查找数据时不得不遍历每个节点。

【示例 1】在服务器端创建一个简单的 XML 文档（XML_server.xml）。

```
<?xml version="1.0" encoding="gb2312"?>
<the>XML 数据 </the >
```

然后在客户端进行如下请求（XML_main.html）。

```
var x = createXMLHTTPObject();                                    // 创建 XMLHttpRequest 对象
var url = "XML_server.xml";
x.open("GET", url, true);
x.onreadystatechange = function (){
    if ( x.readyState == 4 && x.status == 200 ){
        var    info = x.responseXML;
        alert(info.getElementsByTagName("the")[0].firstChild.data); // 返回元信息字符串 "XML 数据 "
    }
}
x.send(null);
```

在上面的代码中使用 XML DOM 提供的 getElementsByTagName() 方法获取 the 节点，然后再定位第一个 the 节点的子节点内容。此时如果继续使用 responseText 属性来读取数据，则会返回如下 XML 源代码字符串。

```
<?xml version="1.0" encoding="gb2312"?>
<the>XML 数据 </the >
```

【示例 2】使用服务器端脚本生成 XML 文档结构。例如，以 ASP 脚本生成上面的服务器端响应信息。

```
<?xml version="1.0" encoding="gb2312"?>
<%
Response.ContentType = "text/xml"    // 定义 XML 文档文本类型，否则 IE 浏览器将不识别
Response.Write("<the>XML 数据 </the >")
%>
```

提示：对于 XML 文档数据来说，第一行必须是 <?xml version="1.0" encoding="gb2312"?>，该行命令表示输出的数据为 XML 格式文档，同时标识了 XML 文档的版本和字符编码。为了能够兼容 IE 和 Firefox 等浏览器，能让不同浏览器都可以识别 XML 文档，还应该为响应信息定义 XML 文本类型。最后根据 XML 语法规范编写文档的信息结构。然后，使用上面的示例代码请求该服务器端脚本文件，同样能够显示元信息字符串 "XML 数据 "。

11.1.9 获取 HTML 文本

设计响应信息为 HTML 字符串是一种常用方法，这样在客户端就可以直接使用 innerHTML 属性把获取的字符串插入网页中。

【示例】在服务器端设计响应信息为 HTML 结构代码（HTML_server.html）。

```
<table>
    <tr><td>RegExp.exec()</td><td> 通用的匹配模式 </td></tr>
    <tr><td>RegExp.test()</td><td> 检测一个字符串是否匹配某个模式 </td>
</tr>
</table>
```

然后在客户端来接收响应信息（HTML_main.html），代码如下：

```
div id="grid"></div>
```

Note

```
<script>
function createXMLHTTPObject(){
    // 省略
}
var x = createXMLHTTPObject();                              // 创建 XMLHttpRequest 对象
var url = "HTML_server.html";
x.open("GET", url, true);
x.onreadystatechange = function (){
    if ( x.readyState == 4 && x.status == 200 ){
        var    o = document.getElementById("grid");
        o.innerHTML = x.responseText;                       // 把响应数据直接插入页面中进行显示
    }
}
x.send(null);
</script>
```

在某些情况下，HTML 字符串可能为客户端解析响应信息节省了一些 JavaScript 脚本，但是也带来了一些问题。

- ☑ 响应信息中包含大量无用的字符，响应数据会变得很臃肿。因为 HTML 标记不含有信息，完全可以把它们放置在客户端由 JavaScript 脚本负责生成。
- ☑ 响应信息中包含的 HTML 结构无法有效利用，对于 JavaScript 脚本来说，它们仅仅是一堆字符串。同时结构和信息混合在一起，也不符合标准设计原则。

11.1.10　获取 JavaScript 脚本

可以设计响应信息为 JavaScript 代码，这里的代码与 JSON 数据不同，它是可执行的命令或脚本。

【示例】 在服务器端请求文件中包含下面一个函数（Code_server.js）。

```
function(){
    var d = new Date()
    return d.toString();
}
```

然后在客户端执行下面的请求。

```
var x = createXMLHTTPObject();                  // 创建 XMLHttpRequest 对象
var url = "code_server.js";
x.open("GET", url, true);
x.onreadystatechange = function (){
    if ( x.readyState == 4 && x.status == 200 ) {
        var info = x.responseText;
        var    o = eval("("+info+")" + "()"); // 调用 eval() 方法把 JavaScript 字符串转换为本地脚本
        alert(o);                               // 返回客户端当前日期
    }
}
x.send(null);
```

在转换时应在字符串前后附加两个小括号：一个是包含函数结构体的，一个是表示调用函数的。一般很少使用 JavaScript 代码作为响应信息的格式，因为它不能传递更丰富的信息，同时 JavaScript 脚本极易引发安全隐患。

11.1.11 获取 JSON 数据

通过 XMLHttpRequest 对象的 responseText 属性获取返回的 JSON 数据字符串，然后可以使用 eval() 方法将其解析为本地 JavaScript 对象，从该对象中再读取任何想要的信息。

【示例】将返回的 JSON 对象字符串转换为本地对象，然后读取其中包含的属性值（JSON_main.html）：

```
var x = createXMLHTTPObject();           // 创建 XMLHttpRequest 对象
var url = "JSON_server.js";              // 请求的服务器端文件
x.open("GET", url, true);
x.onreadystatechange = function (){
    if ( x.readyState == 4 && x.status == 200 ){
        var info = x.responseText;       // 获取响应信息
        var  o = eval("(" + info + ")"); // 调用 eval() 方法把 JSON 字符串转换为本地对象
        alert(info);                     // 显示响应的字符串，返回整个 JSON 对象字符串
        alert(o.name);                   // 读取对象属性值，返回字符串 "css8"
    }
}
x.send(null);
```

在转换对象时，应该在 JSON 对象字符串外面附加小括号运算符，表示调用对象的意思。如果是数组，则可以这样读取（JSON_main1.html）：

```
x.onreadystatechange = function (){
    if ( x.readyState == 4 && x.status == 200 ){
        var info = x.responseText;
        var  o = eval(info);
        alert(info);         // 显示响应的字符串，返回整个 JSON 对象字符串
        alert(o[0].name); // 读取第一个数组元素值的属性值，返回字符串 "css8"
    }
}
```

提示：eval() 方法在解析 JSON 字符串时存在安全隐患。如果 JSON 字符串中包含恶意代码，在调用回调函数时可能会被执行。

解决方法：使用一种能够识别有效 JSON 语法的解析程序，当解析程序一旦匹配到 JSON 字符串中包含不规范的对象，会直接中断或者不执行其中的恶意代码。用户可以访问 http://www.json.org/json2.js 免费下载 JavaScript 版本的解析程序。不过如果确信所响应的 JSON 字符串是安全的，没有被人恶意攻击，那么可以使用 eval() 方法解析 JSON 字符串。

11.1.12 获取纯文本

对于简短的信息，有必要使用纯文本格式进行响应。但是纯文本信息在响应时很容易丢失，且没有办法检测信息的完整性。因为元数据都以数据包的形式进行发送，不容易丢失。

Note

【示例】服务器端响应信息为字符串 "true"，则可以在客户端这样设计。

```
var x = createXMLHTTPObject();
var url = "Text_server.txt";
x.open("GET", url, true);
x.onreadystatechange = function (){
    if ( x.readyState == 4 && x.status == 200 ) {
        var    info = x.responseText;
        if(info == "true") alert(" 文本信息传输完整 ");        //检测信息是否完整
        else    alert(" 文本信息可能存在丢失 ");
    }
}
x.send(null);
```

11.1.13 获取头部信息

每个 HTTP 请求和响应的头部都包含一组消息，对于开发人员来说，获取这些信息具有重要的参考价值。XMLHttpRequest 对象提供了两个方法用于设置或获取头部信息。

☑ getAllResponseHeaders()：获取响应的所有 HTTP 头信息。

☑ getResponseHeader()：从响应信息中获取指定的 HTTP 头信息。

【示例 1】获取 HTTP 响应的所有头部信息。

```
var x = createXMLHTTPObject();
var url = "server.txt";
x.open("GET", url, true);
x.onreadystatechange = function (){
    if ( x.readyState == 4 && x.status == 200 ) {
        alert(x.getAllResponseHeaders());                    //获取头部信息
    }
}
x.send(null);
```

【示例 2】下面是一个返回的头部信息示例，具体到不同的环境和浏览器，返回的信息会略有不同。

```
X-Powered-By: ASP.NET
Content-Type: text/plain
ETag: "0b76f78d2b8c91:8e7"
Content-Length: 2
Last-Modified: Thu, 09 Apr 2017 05:17:26 GMT
```

如果要获取指定的某个首部消息，可以使用 getResponseHeader() 方法，参数为获取首部的名称。例如，获取 Content-Type 首部的值，则可以这样设计。

```
alert(x.getResponseHeader("Content-Type"));
```

除了可以获取这些头部信息外，还可以使用 setRequestHeader() 方法在发送请求中设置各种头部信息。

```
xmlHttp.setRequestHeader("name","css8");
xmlHttp.setRequestHeader("level","2");
```

服务器端就可以接收这些自定义头部信息，并根据这些信息提供特殊的服务或功能了。

11.2 XMLHttpRequest 2.0 基础

视频讲解

Note

2014 年 11 月，W3C 正式发布 XMLHttpRequest Level 2 标准规范，新增了很多实用功能，极大地推动了异步交互在 JavaScript 中的应用。旧版本的 XMLHttpRequest 插件存在很多缺陷，简单说明如下：

☑ 只支持文本数据的传送，无法用来读取和上传二进制文件。
☑ 传送和接收数据时，没有进度信息，只能提示有没有完成。
☑ 受到同域限制，只能向同一域名的服务器请求数据。

XMLHttpRequest 2 做出了大幅改进，简单说明如下：

☑ 可以设置 HTTP 请求的时限。
☑ 可以使用 FormData 对象管理表单数据。
☑ 可以上传文件。
☑ 可以请求不同域名下的数据（跨域请求）。
☑ 可以获取服务器端的二进制数据。
☑ 可以获得数据传输的进度信息。

11.2.1 请求时限

XMLHttpRequest 2 为 XMLHttpRequest 对象新增 timeout 属性，使用该属性可以设置 HTTP 请求时限。

```
xhr.timeout = 3000;
```

上面语句将异步请求的最长等待时间设为 3000 毫秒。超过时限，就自动停止 HTTP 请求。

与之配套的还有一个 timeout 事件，用来指定回调函数。

```
xhr.ontimeout = function(event){
    alert(' 请求超时！ ');
}
```

11.2.2 FormData 数据对象

XMLHttpRequest 2 新增 FormData 对象，使用它可以处理表单数据。使用方法如下：

第 1 步，新建 FormData 对象。

```
var formData = new FormData();
```

第 2 步，为 FormData 对象添加表单项。

```
formData.append('username', ' 张三 ');
formData.append('id', 123456);
```

第 3 步，直接传送 FormData 对象。这与提交网页表单的效果完全一样。

```
xhr.send(formData);
```

第 4 步，FormData 对象也可以用来获取网页表单的值。

```
var form = document.getElementById('myform');
var formData = new FormData(form);
formData.append('secret', '123456'); // 添加一个表单项
xhr.open('POST', form.action);
xhr.send(formData);
```

11.2.3 上传文件

新版 XMLHttpRequest 对象不仅可以发送文本信息，还可以上传文件。XMLHttpRequest 的 send() 方法可以发送字符串、Document 对象、表单数据、Blob 对象、文件以及 ArrayBuffer 对象。

【示例】设计一个 " 选择文件 " 的表单元素（input[type="file"]），将它装入 FormData 对象。

```
var formData = new FormData();
for (var i = 0; i < files.length;i++) {
    formData.append('files[]', files[i]);
}
```

然后，发送 FormData 对象给服务器。

```
xhr.send(formData);
```

11.2.4 跨域访问

新版本的 XMLHttpRequest 对象可以向不同域名的服务器发出 HTTP 请求。使用跨域资源共享的前提是：浏览器必须支持这个功能，且服务器端必须同意这种跨域。如果能够满足上面两个条件，则代码的写法与不跨域的请求完全一样。

```
xhr.open('GET', 'http://other.server/and/path/to/script');
```

11.2.5 响应不同类型数据

新版本的 XMLHttpRequest 对象新增 responseType 和 response 属性。

☑ responseType：用于指定服务器端返回数据的数据类型，可用值为 text、arraybuffer、blob、json 或 document。如果将属性值指定为空字符串值或不使用该属性，则该属性值默认为 text。

☑ response：如果向服务器端提交请求成功，则返回响应的数据。

  - 如果 responseType 为 text，则 response 返回值为一串字符串。
  - 如果 responseType 为 arraybuffer，则 response 返回值为一个 ArrayBuffer 对象。
  - 如果 responseType 为 blob，则 response 返回值为一个 Blob 对象。
  - 如果 responseType 为 json，则 response 返回值为一个 JSON 对象。
  - 如果 responseType 为 document，则 response 返回值为一个 Document 对象。

11.2.6 接收二进制数据

旧版本的 XMLHttpRequest 对象只能从服务器接收文本数据，新版本则可以接收二进制数据。

使用新增的 responseType 属性，可以从服务器接收二进制数据。如果服务器返回文本数据，这个属性的值是 text，这是默认值。

☑ 可以把 responseType 设为 blob，表示服务器传回的是二进制对象。

```
var xhr = new XMLHttpRequest();
xhr.open('GET', '/path/to/image.png');
xhr.responseType = 'blob';
```

接收数据的时候，用浏览器自带的 Blob 对象即可。

```
var blob = new Blob([xhr.response], {type: 'image/png'});
```

注意：此处读取 xhr.response，而不是 xhr.responseText。

☑ 可以将 responseType 设为 arraybuffer，把二进制数据装在一个数组里。

```
var xhr = new XMLHttpRequest();
xhr.open('GET', '/path/to/image.png');
xhr.responseType = "arraybuffer";
```

接收数据的时候，需要遍历这个数组。

```
var arrayBuffer = xhr.response;
if (arrayBuffer) {
    var byteArray = new Uint8Array(arrayBuffer);
    for (var i = 0; i < byteArray.byteLength; i++) {
        // 执行代码
    }
}
```

11.2.7 监测数据传输进度

新版本的 XMLHttpRequest 对象新增一个 progress 事件，用来返回进度信息。它分成上传和下载两种情况。下载的 progress 事件属于 XMLHttpRequest 对象，上传的 progress 事件属于 XMLHttpRequest.upload 对象。

第 1 步，先定义 progress 事件的回调函数。

```
xhr.onprogress = updateProgress;
xhr.upload.onprogress = updateProgress;
```

第 2 步，在回调函数里面使用这个事件的一些属性。

```
function updateProgress(event) {
    if (event.lengthComputable) {
        var percentComplete = event.loaded / event.total;
    }
}
```

上面的代码中，event.total 是需要传输的总字节，event.loaded 是已经传输的字节。如果 event.lengthComputable 不为真，则 event.total 等于 0。

与 progress 事件相关的，还有其他五个事件，可以分别指定回调函数。

☑ load：传输成功完成。
☑ abort：传输被用户取消。
☑ error：传输中出现错误。
☑ loadstart：传输开始。
☑ loadend：传输结束，但是不知道成功还是失败。

视频讲解

11.3 jQuery 实现

下面结合示例介绍在 jQuery 中如何使用 Ajax 技术。

11.3.1 使用 GET 请求

jQuery 定义了 get() 方法，专门负责通过远程 HTTP GET 请求方式载入信息。该方法是一个简单的 GET 请求功能，以取代复杂的 $.ajax() 方法。用法如下：

```
jQuery.get(url, [data], [callback], [type])
```

get() 方法包含 4 个参数，其中第一个参数为必须设置的参数，后面 3 个参数为可选参数。

第一个参数表示要请求页面的 URL 地址。

第二个参数表示一个对象结构的名 / 值对列表。

第三个参数表示异步交互成功之后调用的回调函数。回调函数的参数值为服务器端响应的信息。

第四个参数表示服务器端响应信息返回的内容格式，如 XML、HTML、Script、JSON 和 Text，或者 _default。

【示例 1】 使用 get() 方法向服务器端的 test1.asp 文件发出一个请求，并把一组数据传递给该文件，然后在回调函数中读取并显示服务器端响应的信息。

```
<!doctype html>
<html>
<head>
<meta charset="utf-8">
<script src="jquery/jquery-3.1.1.js" type="text/javascript"></script>
<script type="text/javascript" >
$(function(){
    $("input").click(function(){                // 绑定 click 事件
            $.get("test2.asp",{                 // 向 test2.asp 文件发出请求
                name : "css8",                  // 发送的请求信息
                pass : 123456,
                age : 1
            },function(data){                   // 回调函数
                alert(data);                    // 显示响应信息
        });
    });
})
```

Note

```
</script>
</head>
<body>
<input type="button" value="jQuery 实现的异步请求 " />
</body>
</html>
```

get() 方法能够在请求成功时调用回调函数。如果需要在出错时执行函数，则必须使用 $.ajax() 方法。

可以把 get() 方法的第二个参数所传递的数据，以查询字符串的形式附加在第一个参数 URL 后面。例如，针对上面的 get() 方法用法，还可以按如下方式编写。

```
$.get("test.asp?name=css8&pass=123456&age=1",function(data){          // 回调函数
    alert(data);                                                      // 显示响应信息
});
```

jQuery 还定义了两个专用方法：getJSON() 和 getScript()。这两个方法的功能和用法与 get() 方法是完全相同的，不过 getJSON() 方法能够请求载入 JSON 数据，getScript() 方法能够请求载入 JavaScript 文件。

这两个方法与 get() 方法的用法基本相同，但是仅支持 get() 方法的前 3 个参数，不需要设置第四个参数，即指定响应数据的类型，因为方法本身已经说明了接收的信息类型。

【示例 2】首先，在服务器端文件（test2.asp）中输入下面的响应信息。

```
[
    {name:"zhu",pass:"123456",age:"1"},
    {name:"zhang",pass:"abcdef",age:"2"},
    {name:"zhao",pass:"opqrst",age:"3"}
]
```

上面信息以 JSON 格式进行编写，整个数据包含在一个数组中，每个数组元素是一个对象，对象中包含 3 个属性，分别是 name、pass 和 age。

然后，在客户端的 jQuery 脚本中，使用 getJSON() 方法请求服务器端文件（test2.asp），并把响应信息解析为数据表格形式显示，如图 11.1 所示。

```
<script type="text/javascript">
$(function(){
    $("input").click(function(){
        $.getJSON("test1.asp",function(data){               // 使用 getJSON() 方法发送请求并接收 JSON 格式数据
                var data=data;                              // 获取响应数据
                var str = "<table border=1 width=100%>";    // 定义字符串临时变量
                str += "<tr>";
                for(var name in data[0]){                   // 遍历响应数据中的第一个数组元素对象
                    str += "<th>" + name + "</th>";         // 获取并显示元素对象的属性名
                }
                str += "</tr>";
                for(var i=0; i<data.length; i++){           // 遍历响应数据中数组元素
                    str += "<tr>";
                    for(var name in data[i]){               // 遍历数组元素的属性成员
                        str += "<td>" + data[i][name]   + "</td>"; // 获取并显示元素对象的属性值
                    }
                    str += "</tr>";
                }
```

```
                str += "<table>";
                $("div").html(str);             // 把 HTML 字符串嵌入 div 元素中显示
            });
        });
})
</script>
<input type="button" value="jQuery 实现的异步请求 " />
<div></div>
```

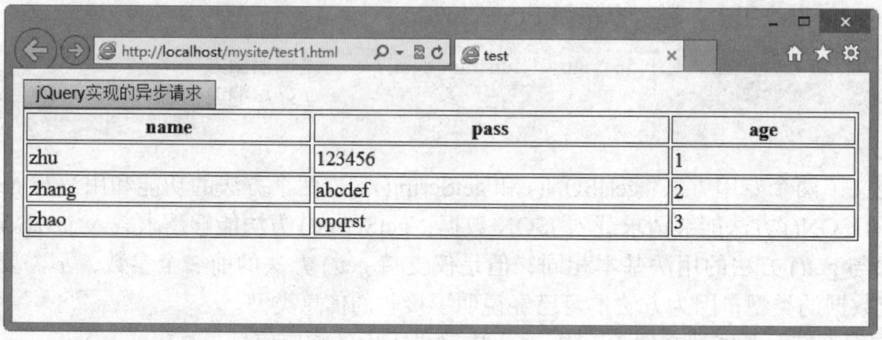

图 11.1　使用 getJSON() 方法获取并解析 JSON 格式数据

```
<script type="text/javascript">
$(function(){
    $("input").click(function(){
        $.getJSON("test1.asp",function(data){                  // 使用 getJSON() 方法发送请求并接收 JSON 格
                                                                // 式数据
                var data=data;                                  // 获取响应数据
                var str = "<table border=1 width=100%>";        // 定义字符串临时变量
                str += "<tr>";
                for(var name in data[0]){                       // 遍历响应数据中的第一个数组元素对象
                    str += "<th>" + name + "</th>";             // 获取并显示元素对象的属性名
                }
                str += "</tr>";
                for(var i=0; i<data.length; i++){               // 遍历响应数据中数组元素
                    str += "<tr>";
                    for(var name in data[i]){                   // 遍历数组元素的属性成员
                        str += "<td>" + data[i][name] + "</td>"; // 获取并显示元素对象的属性值
                    }
                    str += "</tr>";
                }
                str += "<table>";
                $("div").html(str);                             // 把 HTML 字符串嵌入到 div 元素中显示
        });
    });
})
</script>
<input type="button" value="jQuery 实现的异步请求 " />
<div></div>
```

使用 getScript() 方法能够异步请求并导入外部 JavaScript 文件，具体示例此处不再演示。

Note

11.3.2 使用 POST 请求

jQuery 定义了 post() 方法，专门负责通过远程 HTTP POST 请求方式载入信息。该方法是一个简单的 POST 请求功能，以取代复杂的 $.ajax() 方法。用法如下：

```
jQuery.post(url, [data], [callback], [type])
```

post() 方法包含 4 个参数，与 get() 方法相似，其中第一个参数为必须设置的参数，后面 3 个参数为可选参数。

第一个参数表示要请求页面的 URL 地址。

第二个参数表示一个对象结构的名 / 值对列表。

第三个参数表示异步交互成功之后调用的回调函数。回调函数的参数值为服务器端响应的信息。

第四个参数表示服务器端响应信息返回的内容格式，如 XML、HTML、Script、JSON 和 Text，或者 _default。

【示例】使用 post() 方法向服务器端的 test.asp 文件发出一个请求，并把一组数据传递给该文件，然后在回调函数中读取并显示服务器端响应的信息。

```
<!doctype html>
<html>
<head>
<meta charset="utf-8">
<title>test</title>
<script src="jquery/jquery-3.1.1.js" type="text/javascript"></script><script type="text/javascript">
$(function(){
    $("input").click(function(){                    // 绑定 click 事件
            $.post("test.asp",{                     // 向 test.asp 文件发出请求
                name : "css8",                      // 发送的请求信息
                pass : 123456,
                age : 1
            },function(data){                       // 回调函数
                alert(data);                        // 显示响应信息
        });
    });
})
</script>
</head>
<body>
<input type="button" value="jQuery 实现的异步请求 " />
</html>
```

通过上面示例可以看到 post() 方法与 get() 方法的用法是完全相同的，数据传递和接收响应信息的方式都相同，唯一的区别是请求方式不同。具体选用哪个方法，主要根据客户端所要传递的数据容量和格式而定，同时应该考虑服务器端接收数据的处理方式。

不管是 get() 方法，还是 post() 方法，它们都是简单的请求方式，对于特殊的数据请求和响应处理，应该选择 $.ajax() 方法，ajax() 方法的参数比较多且复杂，能够处理各类特殊的异步交互行为。

Note

11.3.3 使用 ajax() 请求

ajax() 方法是 jQuery 实现 Ajax 的底层方法。也就是说，ajax() 方法是 get()、post() 等方法的基础，使用该方法可以完成通过 HTTP 请求加载远程数据。由于 ajax() 方法的参数较为复杂，在没有特殊需求时，使用高级方法（如 get()、post() 等）即可。用法如下：

```
jQuery.ajax(url,[settings])
```

ajax() 方法只有一个参数，即一个列表结构的对象，包含各配置及回调函数信息。

【示例 1】 加载 JavaScript 文件，可以使用下面的参数选项。

```
$.ajax({
    type: "GET",                          // 请求方式
    url: "test.js",                       // 请求文件的 URL
    dataType: "script"                    // 响应的数据类型
});
```

【示例 2】 如果把客户端的数据传递给服务器端，并获取服务器的响应信息，则可以使用类似于下面的参数选项。

```
$.ajax({
    type: "POST",                         // 请求方式
    url: "test.asp",                      // 请求文件的 URL
    data: "name=John&location=Boston",    // 传递给服务器的数据
    success: function(data){              // 异步通信成功后的回调函数
        alert(data);                      // 显示服务器的响应信息
    }
});
```

【示例 3】 加载 HTML 页面，可以使用下面的参数选项。

```
$.ajax({
    url: "test.html",                     // 请求文件的 URL
    cache: false,                         // 禁止缓存
    success: function(html){              // 异步通信成功后的回调函数
        $("#box").append(html);           // 把 HTML 片段附加到当前文档的盒子中
    }
});
```

【示例 4】 如果希望以同步方式加载数据，则可以使用下面的选项设置。当使用同步方式加载数据时，其他用户操作将被锁定。

```
var html = $.ajax({
    url: "test.asp",                      // 请求文件的 URL
    async: false                          // 同步请求
}).
```

ajax() 方法的参数选项列表如表 11.3 所示。

Note

表 11.3 ajax() 方法的参数选项列表

参 数	数据类型	说 明
async	Boolean	设置是否异步请求。默认为 true，即所有请求均为异步请求。如果需要发送同步请求，设置为 false 即可。注意，同步请求将锁住浏览器，用户其他操作必须等待请求完成才可以执行
beforeSend	Function	发送请求前可修改 XMLHttpRequest 对象的函数，如添加自定义 HTTP 头。XMLHttpRequest 对象是唯一的参数。该函数如果返回 false，可以取消本次 Ajax 请求
cache	Boolean	设置缓存。默认值为 true，当 dataType 为 script 时，默认为 false。设置为 false，将不会从浏览器缓存中加载请求信息
complete	Function	请求完成后回调函数（请求成功或失败时均调用）。该函数包含两个参数：XMLHttpRequest 对象和一个描述成功请求类型的字符串
contentType	String	发送信息至服务器时内容编码类型。默认为 application/x-www-form-urlencoded
data	Object、String	发送到服务器的数据。将自动转换为请求字符串格式，必须为 key/value 格式。GET 请求中将附加在 URL 后。查看 processData 选项说明以禁止此自动转换。如果为数组，jQuery 将自动为不同值对应同一个名称。如 {foo:["bar1", "bar2"]} 转换为 '&foo=bar1&foo=bar2'
dataFilter	Function	给 Ajax 返回的原始数据进行预处理的函数。提供 data 和 type 两个参数：data 是 Ajax 返回的原始数据，type 是调用 jQuery.ajax 时提供的 dataType 参数。函数返回的值将由 jQuery 进一步处理
dataType	String	预期服务器返回的数据类型。如果不指定，jQuery 自动根据 HTTP 包含的 MIME 信息返回 responseXML 或 responseText，并作为回调函数参数传递，可用值： ☑ xml：返回 XML 文档，可用 jQuery 处理。 ☑ html：返回纯文本 HTML 信息；包含的 script 标签会在插入 dom 时执行。 ☑ script：返回纯文本 JavaScript 代码。不会自动缓存结果。除非设置了 cache 参数。注意：在远程请求时（不在同一个域下），所有 POST 请求都将转为 GET 请求（因为将使用 DOM 的 script 标签来加载）。 ☑ json：返回 JSON 数据。 ☑ jsonp：JSONP 格式。使用 JSONP 形式调用函数时，如 "myurl?callback=?"，jQuery 将自动替换为正确的函数名，以执行回调函数。 ☑ text：返回纯文本字符串
error	Function	请求失败时调用函数。该函数包含 3 个参数：XMLHttpRequest 对象、错误信息（可选）、捕获的错误对象。如果发生了错误，错误信息（第二个参数）除了得到 null 之外，还可能是 timeout、error、notmodified 和 parsererror
global	Boolean	是否触发全局 Ajax 事件，默认值为 true。设置为 false 将不会触发全局 Ajax 事件，如 ajaxStart 或 ajaxStop 可用于控制不同的 Ajax 事件
ifModified	Boolean	仅在服务器数据改变时获取新数据，默认值为 false。使用 HTTP 包含的 Last-Modified 头信息进行判断
jsonp	String	在一个 jsonp 请求中重写回调函数的名字。这个值用来替代在 "callback=?" 这种 GET 或 POST 请求中 URL 参数里的 callback 部分，比如 {jsonp:'onJsonPLoad'} 会导致将 "onJsonPLoad=?" 传给服务器
password	String	用于响应 HTTP 访问认证请求的密码

Note

续表

参　　数	数据类型	说　　明
processData	Boolean	发送的数据将被转换为对象（技术上讲并非字符串）以配合默认内容类型 application/x- www-form-urlencoded。默认值为 true，如果要发送 DOM 树信息或其他不希望转换的信息，需设置为 false
scriptCharset	String	只有当请求时 dataType 为 jsonp 或 script，并且 type 是 GET 才会用于强制修改 charset。通常在本地和远程的内容编码不同时使用
success	Function	请求成功后的回调函数。函数的参数由服务器返回，并根据 dataType 参数进行处理后的数据；描述状态的字符串
timeout	Number	设置请求超时时间（毫秒）。此设置将覆盖全局设置
type	String	设置请求方式，如 POST 或 GET，默认为 GET。其他 HTTP 请求方法，如 PUT 和 DELETE 也可以使用，但仅部分浏览器支持
url	String	发送请求的地址，默认为当前页面地址
username	String	用于响应 HTTP 访问认证请求的用户名
xhr	Function	需要返回一个 XMLHttpRequest 对象。默认在 IE 下是 ActiveXObject，而其他情况下是 XMLHttpRequest。用于重写或者提供一个增强的 XMLHttpRequest 对象

如果设置了 dataType 选项，应确保服务器返回正确的 MIME 信息，如 XML 返回 text/xml。如果设置 dataType 为 script，则在请求时，如果请求文件与当前文件不在同一个域名中，所有 POST 请求都被转换为 GET 请求，因为 jQuery 将使用 DOM 的 script 标签来加载响应信息。

11.3.4 跟踪状态

jQuery 在 XMLHttpRequest 对象定义的 readyState 属性基础上，对异步交互中服务器响应状态进行封装，提供了 6 个响应事件，以便于进一步细化对整个请求响应过程的跟踪，说明如表 11.4 所示。

表 11.4　jQuery 封装的响应状态事件

事　　件	说　　明
ajaxStart()	Ajax 请求开始时进行响应
ajaxSend()	Ajax 请求发送前进行响应
ajaxComplete()	Ajax 请求完成时进行响应
ajaxSuccess()	Ajax 请求成功时进行响应
ajaxStop()	Ajax 请求结束时进行响应
ajaxError()	Ajax 请求发生错误时进行响应

【示例】为当前异步请求绑定 6 个 jQuery 定义的 Ajax 事件，在浏览器中预览，则可以看到浏览器根据请求和响应的过程逐步提示过程进展。首先，响应的是 ajaxStart 和 ajaxSend 事件，然后是 ajaxSuccess 事件，最后是 ajaxComplete 和 ajaxStop 事件，如图 11.2 所示。如果请求失败，则中间会响应 ajaxError 事件。

```
<!doctype html>
<html>
<head>
```

Note

```
<meta charset="utf-8">
<title>test</title>
<script src="jquery/jquery-1.3.2.js" type="text/javascript" ></script>
<script type="text/javascript" >
$(function(){
    $("input").click(function(){
        $.ajax({
            type: "POST",
            url: "test.asp",
            data: "name=css8"
        });
        $("div").ajaxStart(function(){
            alert("Ajax 请求开始 ");
        })
        $("div").ajaxSend(function(){
            alert("Ajax 请求将要发送 ");
        })
        $("div").ajaxComplete(function(){
            alert("Ajax 请求完成 ");
        })
        $("div").ajaxSuccess(function(){
            alert("Ajax 请求成功 ");
        })
        $("div").ajaxStop(function(){
            alert("Ajax 请求结束 ");
        })
        $("div").ajaxError(function(){
            alert("Ajax 请求发生错误 ");
        })
    });
})
</script>
<style type="text/css">
</style>
</head>
<body>
<input type="button" value="jQuery 实现的异步请求 " />
<div></div>
</html>
```

图 11.2　jQuery 的 Ajax 事件响应过程

在这些事件中大部分都会包含几个默认参数。例如，ajaxSuccess、ajaxSend 和 ajaxComplete 都包含 event、request 和 settings，其中 event 表示事件类型，request 表示请求信息，settings 表示设置的选项信息。

ajaxError 事件还包含 4 个默认参数：event、XMLHttpRequest、ajaxOptions 和 thrownError，其中前 3 个参数与上面几个事件方法的参数基本相同，最后一个参数表示抛出的错误。

Note

11.3.5 载入文件

遵循 Ajax 异步交互的设计原则，jQuery 定义了可以加载网页文档的 load() 方法。该方法与 getScript() 方法的功能相似，都是加载外部文件，但是它们的用法完全不同。load() 方法能够把加载的网页文件附加到指定的网页标签中。

【示例 1】新建一个简单的网页文件（table.html）。

```
<!doctype html>
<html>
<head>
<meta charset="utf-8">
</head>
<body>
<table width="100%" border="1">
    <tr>
        <th>name</th> <th>pass</th><th>age</th>
    </tr>
    <tr>
        <td>zhu</td> <td>123</td><td>1</td>
    </tr>
    <tr>
        <td>zhang</td><td>456</td><td>2</td>
    </tr>
    <tr>
        <td>wang</td> <td>789</td><td>3</td>
    </tr>
</table>
</body>
</html>
```

然后，在另一个页面中输入下面的 jQuery 脚本。

```
<!doctype html>
<html>
<head>
<meta charset="utf-8">
<title>test</title>
<script src="jquery/jquery-1.11.0.js" type="text/javascript"></script>
<script type="text/javascript" >
$(function(){
    $("input").click(function(){
        $("div").load("table.html");
    });
```

```
})
</script>
<style type="text/css">
</style>
</head>
<body>
<input type="button" value="jQuery 实现的异步请求 " />
<div></div>
</html>
```

这样当在浏览器中预览时，单击“jQuery 实现的异步请求”按钮，则会把请求的 test.html 文件中的数据表格加载到当前页面的 div 元素中，如图 11.3 所示。

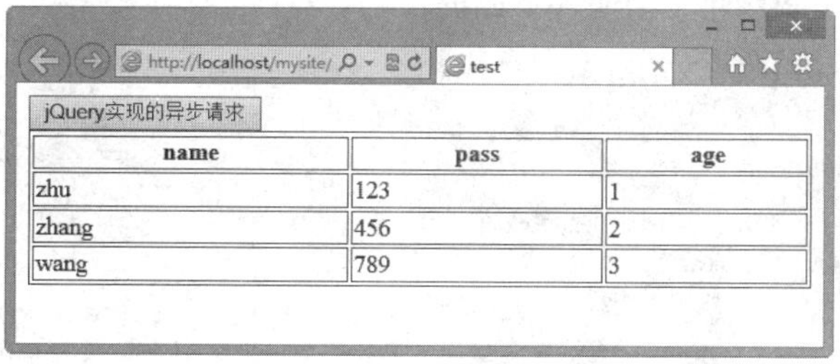

图 11.3　使用 jQuery 的 load() 方法载入外部文件

使用 ajax() 方法可以替换 load() 方法，因为 load() 方法是以 ajax() 方法作为底层来实现的。

【示例 2】针对示例 1，可以使用下面的 jQuery 代码进行替换。

```
<!doctype html>
<html>
<head>
<meta charset="utf-8">
<title>test</title>
<script src="jquery/jquery-1.11.0.js" type="text/javascript"></script>
<script type="text/javascript" >
$(function(){
    $("input").click(function(){
        var str = ($.ajax({                    // 调用 ajax() 方法，返回 XMLHttpRequest 对象
            url : "table.html",                // 载入的 URL
            async: false                       // 禁止异步载入
        })).responseText;                      // 获取 XMLHttpRequest 对象中包含的服务器响应信息
        $("div").html(str);                    // 将载入的网页内容附加到 div 元素内
    });
})
</script>
<style type="text/css">
</style>
</head>
<body>
<input type="button" value="jQuery 实现的异步请求 " />
<div></div>
</html>
```

11.3.6 设置 Ajax 选项

对于频繁与服务器进行交互的页面来说，每次交互都要设置很多选项，这种操作是很烦琐的，也容易出错。为此，jQuery 定义了 ajaxSetup() 方法，该方法可以预设异步交互中通用选项，从而减轻频繁设置选项的烦琐。

ajaxSetup() 方法的参数仅包含一个参数选项的列表对象，这与 ajax() 方法的参数选项设置是相同的。在该方法中设置的选项，可以实现全局共享，从而在具体交互中只需要设置个性化参数即可。

【示例】先使用 $.ajaxSetup() 方法把本页面中异步交互的公共选项进行预设，包括请求的服务器端文件、禁止触发全局 Ajax 事件、请求方式、响应数据类型和响应成功之后的回调函数。这样在不同按钮上绑定异步请求时，只要设置需要发送请求的信息即可。

在服务器端的请求文件（test.asp）中输入下面的代码。

```
<%@LANGUAGE="JAVASCRIPT" CODEPAGE="65001"%>
<%
var name = Request.Form("name");
if(name){
    Response.Write(" 接收到请求信息：" + name);
}
else{
    Response.Write(" 没有接收到请求信息！");
}
%>
```

这样当单击不同按钮时，会弹出不同的响应信息，这些信息都是从客户端接收到的请求信息，如图 11.4 所示。

```
<!doctype html>
<html>
<head>
<meta charset="utf-8">
<title>test</title>
<script src="jquery/jquery-1.11.0.js" type="text/javascript"></script>
<script type="text/javascript" >
$(function(){
    $.ajaxSetup({                              // 预设公共选项
        url: "test.asp",                       // 请求的 URL
        global: false,                         // 禁止触发全局 Ajax 事件
        type: "POST",                          // 请求方式
        dataType: "text",                      // 响应数据的类型
        success : function(data){              // 响应成功之后的回调函数
            alert(data);
        }
    });
    $("input").eq(0).click(function(){         // 为按钮 1 绑定异步请求
        $.ajax({
            data : "name=zhu"                  // 发送请求的信息
        });
    });
    $("input").eq(1).click(function(){         // 为按钮 2 绑定异步请求
```

```
            $.ajax({
                data : "name=wang"          // 发送请求的信息
            });
        });
        $("input").eq(2).click(function(){   // 为按钮 3 绑定异步请求
            $.ajax({
                data : "name=zhang"         // 发送请求的信息
            });
        });
})
</script>
<style type="text/css">
</style>
</head>
<body>
<input type="button" value=" 异步请求 1" />
<input type="button" value=" 异步请求 2" />
<input type="button" value=" 异步请求 3" />
<div></div>
</html>
```

图 11.4　ajaxSetup() 方法预设异步交互的公共选项

11.3.7　序列化字符串

在 Ajax 异步通信过程中，客户端所发送的请求字符串格式必须是由“&”字符连接的多个名 / 值对，如 user=zhu&sex=man&grade=2。而当使用表单发送请求时，发送请求的信息并非按此格式进行传递。用户需要手工编写发送信息的字符串格式，为了减轻开发人员不必要的劳动量，特意定义了 serialize() 方法，该方法能够帮助用户按名 / 值对的字符串格式快速整理，并返回合法的请求字符串。

【示例 1】在下面这个复杂表单中，用户需要传递的表单值是比较多的，如果一项一项获取并组织为请求字符串，就稍显烦琐。

```
<form action="#" method="post">
    姓名：<input type="text" name="user" /><br />
    性别：
    <input type="radio" name="sex" value="man" checked="checked" /> 男
```

```
        <input type="radio" name="sex" value="men" /> 女 <br />
        年级：
        <select name="grade">
            <option value="1"> 一 </option>
            <option value="2"> 二 </option>
            <option value="3"> 三 </option>
        </select><br />
        科目：
        <select name="kemu" size="6" multiple="multiple">
            <option value="yuwen"> 语文 </option>
            <option value="shuxue"> 数学 </option>
            <option value="waiyu"> 外语 </option>
            <option value="wuli"> 物理 </option>
            <option value="huaxue"> 化学 </option>
            <option value="jisuanji"> 计算机 </option>
        </select><br />
        兴趣：
        <input type="checkbox" name="love" value="yundong" /> 运动
        <input type="checkbox" name="love" value="wenyi" /> 文艺
        <input type="checkbox" name="love" value="yinyue" /> 音乐
        <input type="checkbox" name="love" value="meishu" /> 美术
        <input type="checkbox" name="love" value="youxi" /> 游戏 <br />
        <input type="submit" value=" 提交 " id="submit" />
</form>
```

如果在发送请求之前调用 serialize() 方法，就可以轻松解决合法格式的请求字符串的设计。

```
<script type="text/javascript">
$(function(){
    $("#submit").click(function(){
        $("p").html($("form").serialize());  // 获取和格式化表单的请求字符串信息，并显示出来
        return false;                         // 禁止提交表单
    });
})
</script>
```

在浏览器中预览，然后单击“提交”按钮，可以看到规整的请求字符串，如图 11.5 所示。

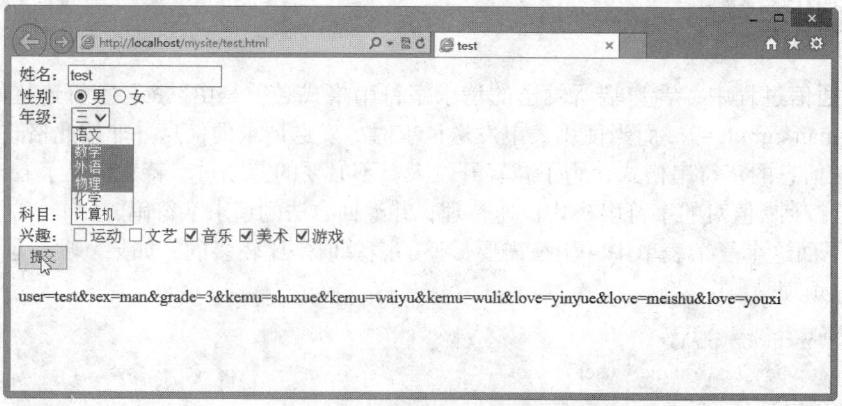

图 11.5　预处理请求的字符串

除了 serialize() 方法外，jQuery 还定义了 serializeArray() 方法，该方法能够返回指定表单域值的 JSON 结构的对象。

注意： serializeArray() 方法返回的是 JSON 对象，而非 JSON 字符串。JSON 对象是由一个对象数组组成的，其中每个对象包含一个或两个名 / 值对：name 参数和 value 参数（如果 value 不为空）。

【示例 2】 针对上面的表单结构，可以设计如下 jQuery 代码，获取用户传递的请求值，并把这个 JSON 结构的对象解析为 HTML 字符串显示出来，如图 11.6 所示。

```
<script type="text/javascript">
$(function(){
    $("#submit").click(function(){
        //var array = $("form").serializeArray();                // 注意，不能够直接在 form 元素上调用该方法
        var array = $("input, select, :radio").serializeArray();  // 在表单域上调用 serializeArray() 方法，返回包含传
                                                                  // 递表单域和值的 JSON 对象
        var str = "[ <br />"
        for(var i = 0; i<array.length; i++){          // 遍历数组格式的 JSON 对象
            str += "        {"
            for(var name in array[i]){                // 遍历数组元素对象
                str += name + ":" + array[i][name]    + ","     // 组合为 JSON 格式字符串
            }
            str = str.substring(0,str.length-1);      // 清除最后一个字符
            str += "},<br />";
        }
        str = str.substring(0,str.length-7);          // 清除最后 7 个字符
        str += "<br />]";
        $("p").html(str);                             // 显示返回的 JSON 结构字符串
        return false;
    });
})
</script>
```

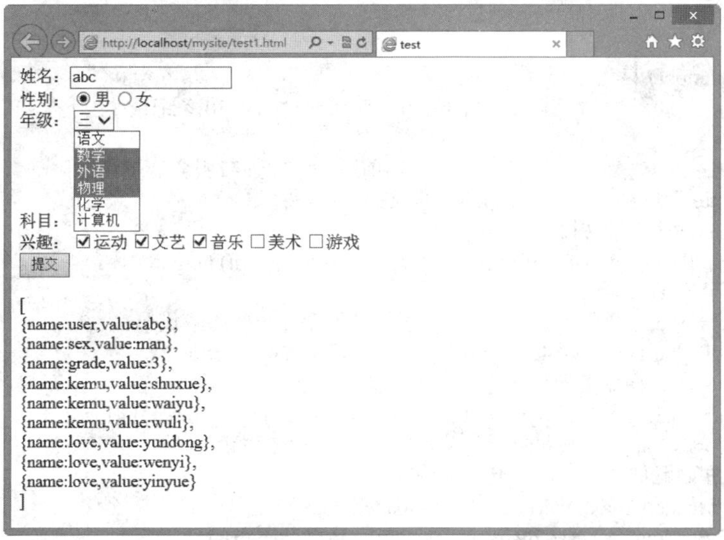

图 11.6　把请求的值转换为 JSON 对象结构

Note

11.4 案例实战

本节示例以 Windows 操作系统 +Apache 服务器 + PHP 开发语言组合框架为基础进行演示说明。如果读者的本地系统没有搭建 PHP 虚拟服务器，建议先搭建该虚拟环境，再详细学习本节内容。

11.4.1 设计数据瀑布流显示

经常可以看到一些网站没有传统的分页符号，看完一页鼠标向下拉时，就会自动加载新的内容，避免了单击翻页按钮的麻烦，可以一直浏览到底，这样的效果用 jQuery 的 Ajax 可以轻松实现。本例演示如何实现滚动条拖动时加载新的内容，效果如图 11.7 所示。

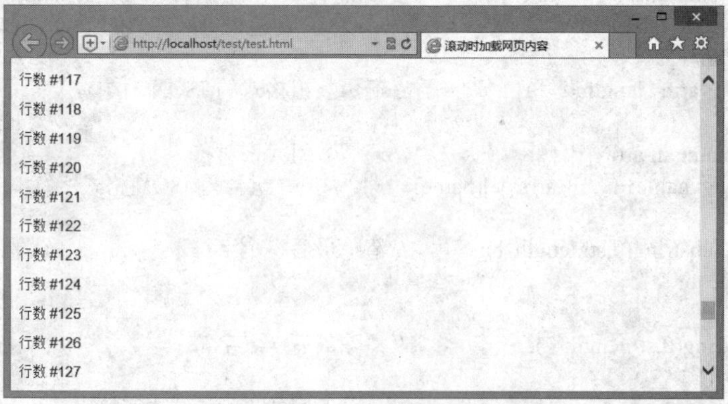

图 11.7　瀑布流数据显示效果

滚动加载内容的核心是关联 window 的 onscroll 事件，这个事件在拖动滚动条时触发。在这个事件中，判断当前滚动条的位置，如果滚动条的高度大过当前文档的高度，则向服务器端发送数据请求。

为了简化设计，本例在 HTML 页面上放了一些简单的文字内容，在 JavaScript 中定义了如下代码，以实现滚动时加载内容。

```
$(document).ready(function() {
    $('#loaded_max').val(50);       // 为隐藏域赋值 50，表示一次加载 50 条记录
});
var loading = false;                // 全局变量，指定当前是否正在加载服务器端内容
$(window).scroll(function(){        // 关联 window 的 onscroll 事件
    // 如果当前窗体的高度大于文档的高度
    if((($(window).scrollTop()+$(window).height())+250)>=$(document).height()){
        if(loading == false){
            loading = true;                              // 则设置文档加载状态
            $('#loadingbar').css("display","block");     // 显示加载提示条
            // 调用 $.get，向服务器请求记录，start 参数表示起始编号
            $.get("ajaxScroll_Server.php?start="+$('#loaded_max').val(), function(loaded){
                $('body').append(loaded);                // 加载返回的服务器内容
                // 在隐藏域中设置新的起始值
                $('#loaded_max').val(parseInt($('#loaded_max').val())+50);
                $('#loadingbar').css("display","none"); // 隐藏状态条的显示
                loading = false;                         // 结束加载的状态
```

```
                });
            }
        }
    });
```

id 为 loaded_max 的元素是一个 HTML 隐藏域，用来保存当前已经加载的最大记录编号。loading 全局变量用来保存当前是否处于加载状态，可以看作一个标记变量。然后，定义 window 的 onscroll 事件，判断当前滚动的位置是否大于当前文档的高度，如果条件成立，将 loading 标记位设置为 true，然后显示加载中的进度条。调用 $.get() 函数，异步向 ajaxScroll_Server.php 文件请求数据，传递一个参数 start 表示起始记录号。在加载完成的回调函数中，将服务器端返回的内容加载到 body 中，并且重置隐藏域中的值，以及隐藏状态条的显示，最后将 loading 重置为 false。

ajaxScroll_Server.php 文件向客户端返回一些固定的数据，代码如下：

```
<?php
header("Content-Type: text/html; charset=UTF-8");   //UTF8 编码
$maxval=1;                                          // 定义起始值变量
if (isset($_GET['start'])){
    $maxval=$_GET['start'];                         // 获取起始值
}
$i=1;
while($i<=50){                                      // 循环向客户端输出数据
    echo " 行数 #".$maxval."<br/>";
    $i++;
    $maxval++;
}
?>
```

本例将循环返回 50 条记录，客户端会将 50 条记录追加到 body 区域。当滚动条滚动到页面底部时，将显示加载指示条，从服务器端异步加载记录，加载完成后，显示记录。

11.4.2　无刷新删除记录

无刷新删除是目前使用非常频繁的一种 Ajax 应用，它可以让用户无刷新地删除一条服务器端的记录，就好像是删除客户端本地的一条记录一样。在目前的留言本、论坛、微博等应用中，基本都是用无刷新的记录删除方式。本例创建一个简单的留言显示页，给出一个图标允许用户单击图标，使用 Ajax 方式异步地从服务器端删除选定的记录，如图 11.8 所示。

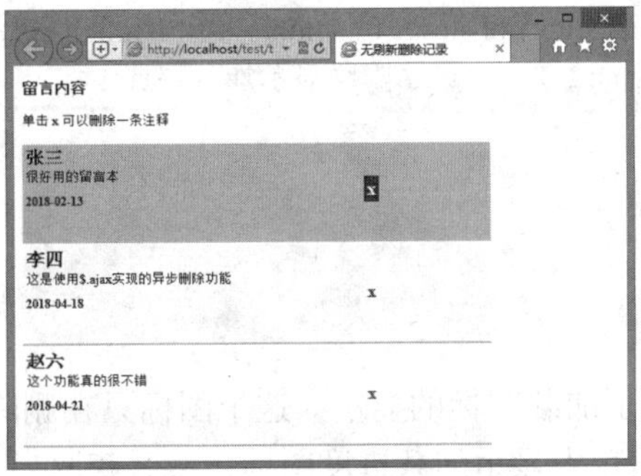

图 11.8　无刷新删除记录

首先，设计留言结构。其中一条留言的 HTML 结构代码如下：

```
<h3> 留言内容 </h3>
<div id="load" align="center">
    <!-- 删除时显示的异步加载进度条 -->
    <img src="images/loading.gif" width="28" height="28" align="absmiddle"> Loading...</div>
单击 x 可以删除一条注释 <br><br>
<div class="box">
    <div class="text"><span> 张三 </span><br> 很好用的留言本
        <div class="date">2018-02-13</div>
    </div>
    <!-- 删除链接，每个链接的 id 值，指向数据库中当前的记录 id-->
    <a href="#" id="1" class="delete">x</a>
    <div class="clear"></div>
</div>
```

留言页面包含一个删除时异步加载的进度图片，以及若干条 class 为 box 的 div 元素，每条 div 中包含留言人姓名、留言内容和日期。

每条留言的删除链接都包含了一个 id 值，这个 id 值应该是指向数据库中该条留言的数据库 id，以便进行数据序的删除。出于简化的目的，本例使用了固定的 id 编码，编写如下的 jQuery 代码来实现异步无刷新地删除。

```
$(document).ready(function() {
    $('#load').hide();                          // 隐藏加载图片，只在需要时显示
});
$(function() {
    $(".delete").click(function() {             // 当删除按钮被单击时
        $('#load').fadeIn();                    // 淡出显示加载图片
        var commentContainer = $(this).parent(); // 得到当前链接所在的容器 div
        var id = $(this).attr("id");            // 得到当前链接的 id 值
        var string = 'id='+ id ;                // 构建参数字符串
        $.ajax({                                // 调用 $.ajax() 发送异步 Ajax 请求
            type: "POST",                       // 指定提交方式为 POST
            url: "ajax_delete_Server.php",      // 服务器端的 URL
            data: string,                       // 传递的参数字符串
            cache: false,                       // 不缓存
            success: function(){                // 成功删除后，移除留言记录
                commentContainer.slideUp('slow', function() {$(this).remove();});
                $('#load').fadeOut();           // 隐藏显示加载图标
            }
        });
        return false;
    });
});
```

在页面缓存事件中，首先隐藏了加载图标的显示，这个图标只在删除异步提交时才有用。所有的删除链接关联了 click 事件处理代码，它首先显示加载进度图标，然后获取当前被单击留言的 div 实例，以及当

前链接的 id 值。以当前的链接 id 值作为参数，调用 $.ajax()，向 ajax_delete_Server.php 文件发送一个 Ajax 请求，用来删除留言。删除留言之后，删除留言 div，并且淡出加载图标的显示。

11.5　在线练习

限于篇幅，11.4 节演示了两个比较典型的应用案例。当然，Ajax 在 Web 开发中占据重要的位置，所以读者还需要加强练习，为此本节提供多个示例方便上机操作，请扫码阅读。

在线练习

第 12 章

jQuery 工具

（视频讲解：**1** 小时 **53** 分钟）

jQuery 定义了很多静态函数，这些函数的命名空间为 $，作为辅助工具主要用于完成特殊任务。本章将重点介绍这些辅助工具的使用。

【学习重点】

- 使用 jQuery 检测工具。
- 管理 jQuery 库。
- 熟练使用 JavaScript 扩展方法。
- 正确使用缓存、队列对象。
- 正确使用延迟和回调函数对象。

Note

12.1 浏览器探测

视频讲解

jQuery 是基于跨浏览器的技术框架，开发人员不必为了兼容不同浏览器而烦恼。另外，jQuery 也定义了几个直接检测浏览器相关信息的工具函数，使用它们可以快速确定用户端浏览器的相关信息。

12.1.1 检测类型

检测浏览器的类型主要根据 navigator 对象的 userAgent 属性来实现，即通过引用 window 对象的 navigator 属性来读取。用法如下：

```
var browser = navigator.userAgent;
```

jQuery 早期版本定义了 browser 对象，通过该对象可以获取当前浏览器的类型，浏览器对象检测技术与此属性共同使用可提供可靠的浏览器检测支持。

注意：在新版本中，不建议用户使用 browser 对象来检测浏览器类型。

【示例 1】确定当前浏览器的类型。通过遍历 browser 对象属性，获取每个属性值，并确定当前浏览器的类型，演示效果如图 12.1 所示。

```
<!doctype html>
<html>
<head>
<meta charset="utf-8">
<title>test</title>
<script src="jquery/jquery-1.3.2.js" type="text/javascript"></script>
<script type="text/javascript">
$(function(){
    var browser = $.browser;
    var temp = ""
    for(var name in browser){
        if(browser[name] == true)
          temp += name + " = " + browser[name] + "，<strong> 当前浏览器是 " + name + " </strong><br />";
        else
          temp += name + " = " + browser[name] + "<br />";
    }
    $("div").html(temp)
})
</script>
<style type="text/css">
</style>
</head>
<body>
<div></div>
</body>
</html>
```

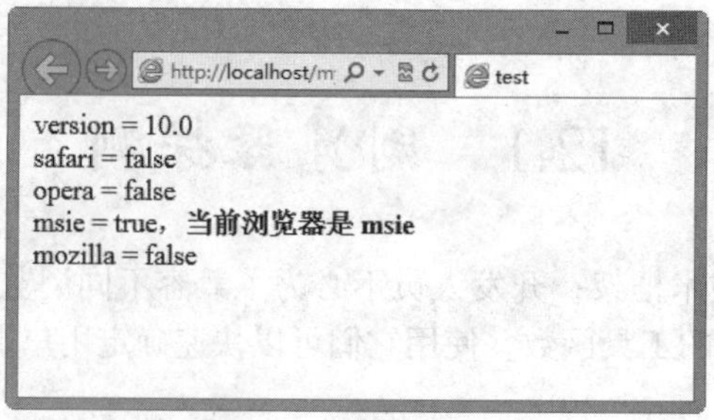

图 12.1　获取浏览器的类型

通过上面示例可以看到，browser 对象包含 5 个属性，其中用来检测浏览器类型的属性名分别为 safari、opera、msie 和 mozilla。用户可以直接调用这些属性来检测当前浏览器是否为特定类型浏览器。这些属性在 DOM 树加载完成前即有效，因此可用于为特定浏览器设置 ready 事件。

【示例 2】下面代码可以分别为不同浏览器编写不同的页面初始化配置函数。访问方式可以通过点号运算符直接调用属性，也可以作为名称下标进行访问。

```
<script type="text/javascript">
if($.browser.msie){
    $(function(){
        alert("IE 浏览器专用页面初始化函数！ ");
    })
}
else if($.browser.safari){
    $(function(){
        alert("Safari 浏览器专用页面初始化函数！ ");
    })
}
else if($.browser["opera"]){
    $(function(){
        alert("Opera 浏览器专用页面初始化函数！ ");
    })
}
else if($.browser["mozilla"]){
    $(function(){
        alert("Firefox 浏览器专用页面初始化函数！ ");
    })
}
</script>
```

由于这种检测浏览器的方式缺乏灵活性，与 jQuery 技术框架的灵巧性相违背，在 jQuery 1.3 中不建议使用。当然，调用该对象是有效的。

12.1.2　检测版本号

在早期 jQuery 中可以借助 jQuery.browser.version 属性获取浏览器的版本号。

【示例】下面代码可以返回当前浏览器的版本号，返回值是字符串类型。

```
<script type="text/javascript">
$(function(){
    alert( $.browser.version );
})
</script>
```

12.1.3 检测渲染方式

浏览器为了实现对标准网页和传统网页的兼容，分别制订了几套网页显示方案，这些方案就是浏览器的渲染方式。浏览器能够根据网页文档类型来决定选择哪套显示模式对网页进行解析。

☑ IE 浏览器支持两种显示模式：标准模式和怪异模式。在标准模式中，浏览器会根据 W3C 制定的标准来显示页面；而在怪异模式中，页面将以 IE 5 浏览器显示页面的方式来呈现网页，以保证与过去非标准网页的兼容。

☑ Firefox 浏览器支持三种显示模式：标准模式、几乎标准的模式和怪异模式。其中几乎标准的模式对应于 IE 浏览器和 Opera 浏览器的标准模式，该模式除了在处理表格的方式方面有一些细微差异外，与标准模式基本相同。

☑ Opera 浏览器支持与 IE 浏览器相同的显示模式。但是在 Opera 9 浏览器版本中怪异模式不再兼容 IE 5 盒模型解析方式。

通过调用 jQuery.boxModel 属性可以确定浏览器在解析当前文档时是否支持 W3C 标准的盒模型。如果返回值为 true，则表示支持；否则表示不支持，即支持 IE 浏览器的怪异模式。

【示例】下面代码可以感性认识该属性的应用。

```
<script type="text/javascript">
$(function(){
    alert( $.boxModel && " 支持 W3C 标准盒模型 " || " 支持 IE 的怪异解析模式 " );
})
</script>
```

在 jQuery 1.3- 中不建议使用 jQuery.boxModel 属性，如果要检测当前页面中浏览器是否使用标准盒模型渲染页面，建议使用 jQuery.support.boxModel 属性来代替。

12.1.4 综合测试

从 1.3 版本开始，jQuery 重新设计了浏览器特性检测方法，把所有相关属性都集中到 support 对象中，这样可方便管理和使用。在 support 对象中，很多属性是很低级的，所以很难确保在日后版本升级中总是保持有效，但这些功能主要用于插件和内核开发者。

support 对象包含的属性及其测试内容说明如表 12.1 所示。

表 12.1 support 对象包含的属性的说明

属　　性	说　　明
boxModel	如果浏览器解析当前文档是以 W3C CSS 盒模型来渲染的，则返回 true。如果在 IE 6 和 IE 7 的怪异模式中返回 false，则在页面初始化之前返回 null

Note

续表

属　性	说　明
cssFloat	如果浏览器使用 cssFloat 属性来访问 CSS 的 float 样式值，则返回 true，否则返回 false。在 IE 浏览器中会返回 false，因为它使用 styleFloat 属性来访问 CSS 的 float 样式值
hrefNormalized	如果浏览器从 getAttribute("href") 返回的是原封不动的结果，则返回 true，否则返回 false。在 IE 浏览器中会返回 false，因为它对返回的结果进行了格式化处理
htmlSerialize	如果浏览器通过 innerHTML 插入 a 元素，会自动序列化这些超链接，则返回 true，否则返回 false。目前在 IE 浏览器中会返回 false
leadingWhitespace	如果浏览器在使用 innerHTML 时保持前导空白字符，则返回 true，否则返回 false。目前在 IE 6～IE 8 版本浏览器中会返回 false
noCloneEvent	如果浏览器在克隆元素时不会连同事件处理函数一起复制，则返回 true，目前在 IE 浏览器中返回 false
objectAll	如果在某个元素对象上执行 getElementsByTagName("*") 会返回所有子孙元素，则为 true，目前在 IE 7 浏览器中为 false
opacity	如果浏览器能适当解释透明度样式属性，则返回 true，由于 IE 浏览器使用 alpha 滤镜实现，因此返回 false
scriptEval	使用 appendChild() 或 createTextNode() 方法插入脚本代码时，浏览器是否执行脚本，目前在 IE 浏览器中不能够执行，因此返回 false，IE 浏览器使用 text() 方法插入脚本代码可以执行
style	如果 getAttribute("style") 返回元素的行内样式，则为 true。由于 IE 浏览器使用 cssText 返回元素的行内样式，因此返回 false
tbody	如果浏览器允许 table 元素不包含 tbody 元素，则返回 true。目前在 IE 浏览器中会返回 false，它会自动插入缺失的 tbody 元素

所有这些支持的属性值都通过特性检测来实现，而不适用任何浏览器检测。

视频讲解

12.2　jQuery 管理

jQuery 定义 $ 符号代表 jQuery 对象，而 Prototype 也引用了 $ 名字空间。如果把它们都导入同一个文档中，可能会引发名字空间的混乱。为此，jQuery 提供了多库共存的技术解决途径。

12.2.1　兼容其他库

jQuery 定义了 noConflict() 函数工具，调用该工具可以把变量 $ 的控制权交给第一次实现它的库或者代码。

【示例 1】 为了方便理解，先看下面这个示例。

```
<script type="text/javascript">
var $ = function(){
    alert(" 其他库别名 ");
```

```
}
</script>
<script src="jquery/jquery-3.1.1.js" type="text/javascript"></script>
<script type="text/javascript">
$(function(){
    alert("jQuery 库别名 ");
})
</script>
```

在这个示例中，先于 jQuery 库之前命名一个 $ 变量，为该变量定义一个简单的函数。然后导入 jQuery 库，再调用 $() 函数，则可以看到浏览器根据最后导入的 jQuery 库的名字空间来执行 $() 函数，如图 12.2 所示。

如果希望执行 jQuery 库前面的 $() 或者其他库的名字空间中的 $() 函数，则只需要在导入 jQuery 库后的脚本中调用 jQuery.noConflict() 函数即可。

【示例 2】针对示例 1，可以按如下方法来设计，则在浏览器中浏览时，可以看到最先定义的 $() 函数有效，如图 12.3 所示。

```
<script type="text/javascript">
var $ = function(){
    alert(" 其他库别名 ");
}
</script>
<script src="jquery/jquery-3.1.1.js" type="text/javascript"></script>
<script type="text/javascript">
jQuery.noConflict();        // 恢复最先定义的 $ 名字空间
$(function(){
    alert("jQuery 库别名 ");
})
</script>
```

图 12.2　最后导入的库覆盖前面的库

图 12.3　最先导入的库覆盖后面的库

通过这种方式可以确保 jQuery 不会与其他库的 $ 对象发生冲突，在运行 jQuery.noConflict() 函数之后，就只能使用 jQuery 变量访问 jQuery 对象。例如，当需要用到 $() 的地方，就必须换成 jQuery()。

noConflict() 函数必须在导入 jQuery 库之后，并且在导入另一个导致冲突的库之前使用。当然，也应当在其他冲突的库被使用之前，除非 jQuery 是最后一个导入的。

Note

分析 noConflict() 函数的源代码，可以看到 noConflict() 函数实际上是把备份的 $ 变量进行恢复，恢复到最初的状态。

```
noConflict: function( deep ) {
    window.$ = _$;
        if ( deep )
            window.jQuery = _jQuery;
    return jQuery;
},
```

12.2.2 混用多个库

如果 jQuery 名字空间也发生了冲突，可以使用 jQuery.noConflict(deep) 函数进行解决，它是 12.2.1 节介绍的 noConflict() 函数的高级版本，当参数 deep 为 true 时，该函数能够把 $ 和 jQuery 的控制权都交还给原来的库，因此将完全重新定义 jQuery。

【示例 1】在这个示例中没有调用 jQuery.noConflict(deep) 函数，因此最后执行的依然是 jQuery 框架的名字空间。

```
<script type="text/javascript">
var jQuery = function(){
    alert(" 其他库名 ");
}
</script>
<script src="jquery/jquery-3.1.1.js" type="text/javascript"></script>
<script type="text/javascript">
$(function(){
    alert("jQuery 库名 ");
})
</script>
```

现在，调用 jQuery.noConflict() 函数，并向其传递一个 true 参数，则 jQuery 会使用内部变量 _jQuery 恢复 jQuery 库之前的最初功能。

【示例 2】定义全局变量 jQuerySelf 暂存 jQuery 名字空间，并通过 jQuery.noConflict(true) 函数恢复 jQuery 最初的名字空间语义。所以，在下面示例中将看到如何避免库冲突，同时又能够实现库之间相安无事，可以在同一个文档中交叉使用。

```
<script type="text/javascript">
var $ = jQuery = function(){
    alert(" 其他库名 ");
}
</script>
<script src="jquery/jquery-3.1.1.js" type="text/javascript"></script>
<script type="text/javascript">
var jQuerySelf = jQuery.noConflict(true);
$(function(){                                    // 将执行其他库名字空间
    alert("jQuery 库名 ");
})
```

```
jQuerySelf(function(){                          //将执行 jQuery 库名字空间
    alert("jQuery 库名 ");
})
</script>
```

jQuery.noConflict(deep) 函数的实现原理很简单，即如果参数值为 true，则使用临时变量 _jQuery 恢复它的最初功能。

12.3 小 工 具

视频讲解

jQuery 集成了 Web 开发中频繁的日常操作，为 JavaScript 扩展了很多方法，使用这些方法可以简化 JavaScript 操作难度。

12.3.1 修剪字符串

jQuery 扩展了字符串处理方法，定义了 trim() 和 param() 函数。其中 trim() 用于修剪字符串，而 param() 能够把数组或对象转换为字符串序列。

trim() 是一个全局函数，可以直接使用 jQuery 对象进行调用，该函数包含一个字符串型的参数，即将被修剪的字符串，返回修剪后的字符串。

【示例】 演示字符串在被 jQuery 的 trim() 修剪前后的字符串长度变化。

```
var  str = "    去掉字符串起始和结尾的空格     ";
alert(str.length);                          // 返回 19
str = jQuery.trim(str);
alert(str.length);                          // 返回 13
```

12.3.2 序列化字符串

jQuery 的 param() 函数能够将表单元素数组或者对象序列化，它是 serialize() 方法的基础。所谓序列化，就是数组或者 jQuery 对象按照名 / 值对格式进行序列化，而 JavaScript 普通对象按照名 / 值对格式进行序列化。

【示例】 param() 函数能够把列表结构的对象 obj 转换为字符串类型的名 / 值对字符串，返回字符串 width=400&height=300。

```
$(function(){
    var option = {
        width:400,
        height:300
    };
    var str = jQuery.param( option );
    alert(str);
})
```

Note

12.3.3　检测数组

由于数组和对象都是散列式列表结构，它们都可以存储大量数据，开发人员喜欢使用数组或者对象来进行数据中转，但是数组和对象的操作方法各异，如何在开发中快速了解当前值是数组或者是对象就非常重要。

isArray() 函数是 jQuery 定义的负责检测对象是否为数组的专用工具。该工具用法简单，比较实用，它可以快速判断指定对象是否为数组，以方便程序进行处理。

【示例】 检测变量 a 是否为数组，如果是数组则执行特定的代码。

```
$(function(){
    var a = [
        {width:400},
        {height:300}
    ];
    if(jQuery.isArray( a ))
        alert(" 变量 a 是数组 ");
})
```

isFunction() 是 jQuery 定义的用来检测指定对象是否为函数类型的函数。该函数与 isArray() 函数用法相同，其实现的 JavaScript 代码如下：

```
function isFunction( obj ){
    return Object.prototype.toString.call(obj) === "[object Function]";
}
```

jQuery 1.3 以后，在 IE 浏览器中，浏览器提供的函数，如 alert 和 getAttribute 将不被视为函数。

12.3.4　遍历对象

JavaScript 使用 for 或 for/in 语句实现迭代操作。jQuery 简化了这种操作，each() 函数是 jQuery 通用迭代工具，可用于遍历数组或者集合对象。用法如下：

```
jQuery.each(object, [callback])
```

参数 object 表示要遍历的集合对象；callback 表示回调函数，该函数将在遍历每个成员时触发。回调函数包含两个默认参数，第一个参数为对象成员或数组的索引，第二个参数为对应变量或内容。

【示例 1】 调用 jQuery.each() 函数遍历数组 a，然后在遍历过程中逐一提示该数组元素的下标值和元素值，如图 12.4 和图 12.5 所示。

```
$(function(){
    var a = [
        {width:400},
        {height:300}
    ];
    jQuery.each(a,function(name,value){
        alert(" 当前成员的名称：" + name + " = " + value);
    })
})
```

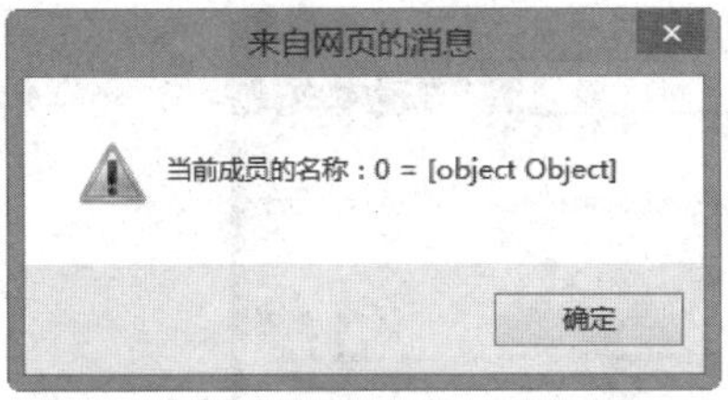

图 12.4　访问第一个元素

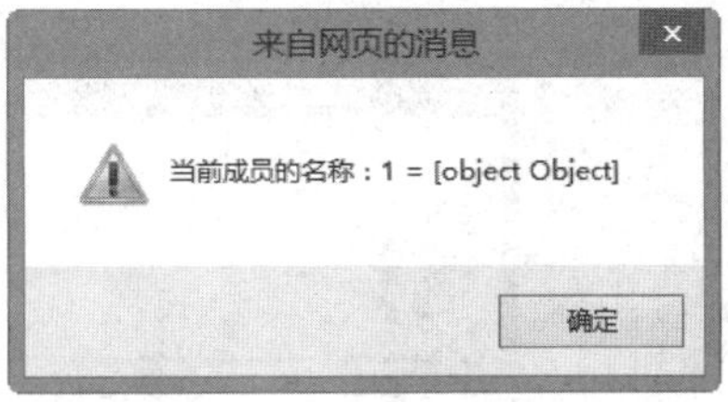

图 12.5　访问第二个元素

如果中途需要退出 each() 循环，则可以在回调函数中返回 false，其他返回值将被忽略。

【示例 2】在示例 1 的基础上，在 each() 函数中添加一个条件语句，如果数组下标超过 0，则退出循环。

```
$(function(){
    var a = [
        {width:400},
        {height:300}
    ];
    jQuery.each(a,function(name,value){
        if(name>0) return false;        // 仅执行一次循环即退出
        alert(" 当前成员的名称：" + name + " = " + value);
    })
})
```

jQuery 的 each() 函数与 jQuery 对象的 each() 方法功能相同，但是用法不同，另外 each() 函数可用于遍历任何对象。

12.3.5　转换数组

在散列表结构中的数据，可能是数组类型，也可能是对象类型。由于数组和对象类型拥有不同的操作方法，特别是数组对象，JavaScript 为其定义了众多强大的处理方法。因此，在 DOM 中经常需要把列表结构的数据转换为数组。

【示例 1】使用 jQuery 获取文档中所有 li 元素，则返回的应该是一个类似数组结构的对象，但是如果直接为其调用 reverse() 数组方法，则会显示编译错误，如图 12.6 所示。因为 $("li") 返回的是一个类数组结构的对象，而不是数组类型数据。

```
<script type="text/javascript">
$(function(){
    var arr = $("li");
    $("ul").html(arr.reverse());
})
</script>

<ul>
    <li>1</li>
    <li>2</li>
    <li>3</li>
    <li>4</li>
    <li>5</li>
</ul>
```

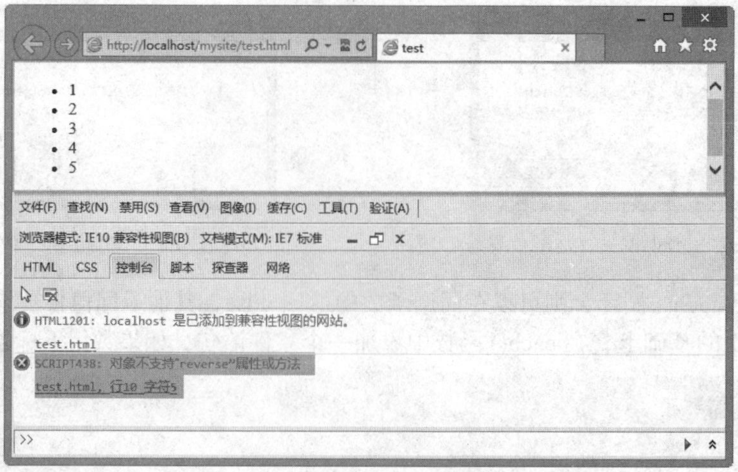

图 12.6　错误的调用方法

jQuery 的 makeArray() 函数能够把这些类数组结构的对象转换为数组对象。所谓类数组对象，就是对象也拥有 length 属性，其成员索引从 0 到 length−1。但是这些对象不能调用数组方法。

【示例 2】针对示例 1，可以先使用 makeArray() 函数把类数组对象转换为数组对象，然后再为其调用 reverse() 方法。这时就可以看到页面中的列表结构被颠倒过来。

```
$(function(){
    var arr = jQuery.makeArray($("li"));             // 转换为数组
    $("ul").html(arr.reverse());                     // 再调用 reverse() 方法
})
```

12.3.6　过滤数组

jQuery 定义了 grep() 函数，该函数能够根据过滤函数过滤掉数组中不符合条件的元素。grep() 函数包含 3 个参数，用法如下：

```
jQuery.grep(array, callback, [invert])
```

参数 array 表示要过滤的数组；callback 表示过滤函数。如果过滤函数返回 true，则保留元素；如果过滤函数返回 false，则可以删除元素。

过滤函数将遍历并处理数组中每个元素。该函数包含两个参数，第一个参数表示当前元素，第二个参数表示元素的索引值。过滤函数应返回一个布尔值，如果为 true，则表示当前元素保留；如果为 false，则表示当前元素被删除。另外，此函数可设置为一个字符串，当设置为字符串时，将视为 lambda-form（缩写形式），其中 a 代表数组元素，i 代表元素索引值。例如，a > 0 代表“function(a){ return a > 0; }”。

grep() 函数的第三个参数 invert 是一个可选的布尔值，如果为 false 或者没有设置，则返回数组中由过滤函数返回 true 的元素；如果该参数为 true，则返回过滤函数中返回 false 的元素集。

【示例 1】使用 grep() 函数筛选出大于等于 5 的数组元素，并返回一个新数组。

```
$(function(){
    var arr = [1,2,3,4,5,6,7,8,9,0];
    arr = jQuery.grep(arr, function(value, index){
```

```
        return value >= 5;
    });
    alert(arr);      // 返回 5,6,7,8,9
})
```

【示例 2】反过来，如果过滤大于等于 5 的数组元素，则可设置第三个参数值为 true。

```
$(function(){
    var arr = [1,2,3,4,5,6,7,8,9,0];
    arr = jQuery.grep(arr, function(value, index){
        return value >= 5;
    }, true);
    alert(arr);      // 返回 1,2,3,4,0
})
```

12.3.7 映射数组

jQuery 定义了一个映射数组的函数 map()，该函数拥有 grep() 函数的过滤功能，同时还可以把当前数组根据处理函数处理后映射为新的数组，甚至可以在映射过程中放大数组。

map() 函数的用法与 grep() 函数基本相似，包含两个参数：第一个参数表示被映射的数组；第二个参数表示数组元素处理转换函数。用法如下：

```
jQuery.map(array, callback)
```

作为第二个参数的转换函数会被每个数组元素调用，而且会给这个转换函数传递一个表示被转换的元素作为第一参数，元素的序号作为第二个参数被传递给转换函数。转换函数可以返回转换后的值。

如果转换函数返回值为 null，则表示删除数组中对应的项目。如果转换函数返回值为一个包含值的数组，则表示将扩展原来的数组。

【示例 1】将数组 arr 中的元素放大一倍之后，映射到一个新的数组中。

```
$(function(){
    var arr = [1,2,3,4];
    arr = jQuery.map(arr, function(elem){
        return elem * 2;
    });
    alert(arr);      // 返回 2,4,6,8
})
```

【示例 2】如果修改转换函数，设置放大之后小于 5 的元素值，则返回 null，即过滤掉数组中 1 和 2 两个元素。

```
$(function(){
    var arr = [1,2,3,4];
    arr = jQuery.map(arr, function(elem){
        return elem * 2 > 5? elem * 2 : null;
    });
    alert(arr);      // 返回 6,8
})
```

【示例 3】 如果在转换函数中设置返回值为数组，则可以在映射数组中扩大数组的长度。

```
$(function(){
    var arr = [1,2,3,4];
    arr = jQuery.map(arr, function(elem){
            return [elem,elem * 2];
    });
    alert(arr);        // 返回 1,2, 2,4, 3,6, 4,8
})
```

12.3.8 合并数组

jQuery 定义了一个合并数组的函数 merge()，该函数能够把两个参数数组合并为一个新数组并返回。merge() 函数用法很简单，只需要向其传递两个数组参数即可。返回的结果会修改第一个参数数组的内容，即第一个参数数组的元素后面被连接了第二个参数数组的元素。

【示例】 调用 merge() 函数把数组 arr1 和 arr2 合并在一起，并把合并后的数组传递给 arr1，同时返回合并后的新数组。

```
$(function(){
    var arr1 = [1,2,3,["a", "b", "c"]];
    var arr2 = [4,5,6,[7,8,9]];
    arr3 = jQuery.merge(arr1, arr2);
    alert(arr1);                    // 返回数组 [1,2,3,["a", "b", "c"],4,5,6,[7,8,9] ]
    alert(arr1.length);             // 返回 8
    alert(arr3);                    // 返回数组 [1,2,3,["a", "b", "c"],4,5,6,[7,8,9] ]
    alert(arr3.length);             // 返回 8
})
```

12.3.9 删除重复项

在 DOM 操作中，如果合并两个 jQuery 对象，可能会存在重复的 DOM 元素对象。为此，jQuery 专门定义了 unique() 函数，该函数可以把重复的 DOM 元素删除。

考虑到 JavaScript 数组中可能会存在相同数值的元素，因此 jQuery 把该函数的功能限制在只处理删除 DOM 元素数组，而不能处理字符串或者数字数组。

unique() 函数用法简单，它能够把传递进来的参数数组进行过滤，并删除重复的 DOM 对象元素。

【示例】 变量 arr1 存储了 3 个 DOM 元素，而 arr2 存储了 2 个 DOM 元素，合并之后，其中两个 DOM 元素是重复的，调用 unique() 函数之后，可删除这两个重复的选项，从而使合并后的数组中仅包含 3 个 DOM 对象。

```
<script type="text/javascript">
$(function(){
    var $arr1 = $("#u1 li");
    var $arr2 = $(".red");
    var $arr3 = jQuery.merge($arr1, $arr2);
    var $arr4 = jQuery.unique($arr3);
    alert($arr1.length);                // 返回 3
```

```
        alert($arr3.length);                    // 返回 3
        alert($arr4.length);                    // 返回 3
})
</script>

<ul id="u1">
        <li>1</li>
        <li>2</li>
        <li class="red">3</li>
</ul>
<ul id="u2">
        <li class="red">4</li>
        <li>5</li>
        <li>6</li>
</ul>
```

jQuery 是一个类数组结构的对象，但是它不是数组，可以把它视为散列表结构的数据集合，更准确地说是一个 DOM 元素集合。为了方便访问这个数据集合，jQuery 定义了一套工具，使用这些工具可以模拟数组的访问方式，同时方便用户遍历 jQuery 对象，以便对其中的 DOM 元素进行操作。

12.3.10　遍历 jQuery 对象

jQuery 为 jQuery 对象定义了 each() 方法，实现对 jQuery 对象进行遍历，并在每个匹配的元素上调用回调函数。用法如下：

```
each(callback)
```

其中参数 callback 表示一个可执行的回调函数，并在每个匹配的元素上执行。这意味着，每次执行传递进来的函数时，函数中的 this 关键字总是指向一个不同的 DOM 元素（每次都是一个不同的匹配元素）。而且，在每次执行函数时，都会给函数传递一个表示作为执行环境的元素在匹配的元素集合中所处位置的数字值作为参数（从零开始的整型）。

【示例】 使用 jQuery 获取文档中所有的 li 元素，然后为这个 jQuery 对象调用 each() 方法，在参数回调函数中使用回调函数的参数 index 重写当前元素包含的内容，则可以看到每个元素在 jQuery 对象集合中的序号，如图 12.7 所示。

```
<script type="text/javascript">
$(function(){
        $("li").each(function(index){
                this.innerHTML = index;
        })
})
</script>

<ul>
        <li>1</li>
        <li>2</li>
        <li>3</li>
</ul>
```

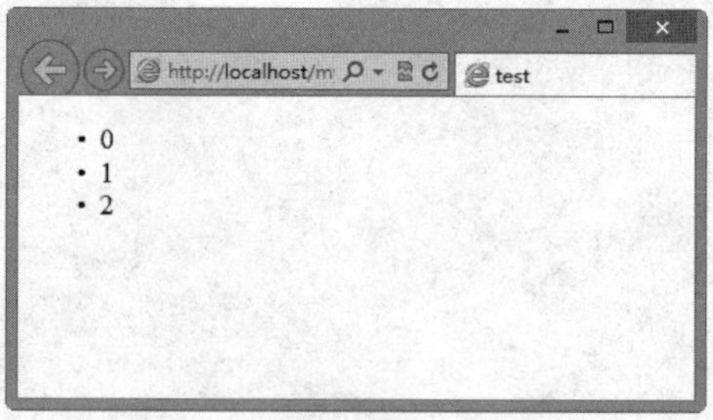

图 12.7　遍历列表结构选项

如果希望中途停止 each() 方法的迭代操作，则可以在 callback 回调函数中设置返回值为 false，这样将自动停止循环，如同在普通循环中使用 break 语句一样。如果返回值为 true，将跳至下一个循环，如同在普通的循环中使用 continue 语句。

12.3.11　获取 jQuery 对象长度

jQuery 为 jQuery 对象定义了 length 属性，该属性能够返回当前 jQuery 对象包含的 DOM 元素的个数。

【示例】 jQuery 对象的 length 属性值为 3，即包含 3 个 li 元素。

```
<script type="text/javascript">
$(function(){
    alert($("li").length);
})
</script>

<ul>
    <li></li>
    <li></li>
    <li></li>
</ul>
```

jQuery 在 length 属性基础上还封装了 size() 方法，该方法的返回值与 length 属性值是完全相同的。

```
jQuery.fn = jQuery.prototype = {
    size: function() {
        return this.length;
    }
}
```

12.3.12　获取选择器和选择范围

从 1.3 版本开始，jQuery 新增了 selector 和 context 属性，其中 selector 能够返回传给 jQuery 的原始选择器，而 context 属性能够返回传给 jQuery() 的原始 DOM 节点内容，即 jQuery 函数的第二个参数。如果没有指定，默认指向当前的文档对象（document）。

简单地说，selector 和 context 属性能够返回用户找到这个元素所用的选择器。这两个属性对插件开发人员很有用，用于精确检测选择器查询情况。

【示例】对于 $("li",ul) 对象来说，它的 selector 属性值等于 li，而 context 属性值等于 DOM 元素对象，即节点名称为 UL 的元素。

```
<script type="text/javascript">
$(function(){
    var ul = $("ul")[0];
    alert($("li",ul).selector);
    alert($("li",ul).context.nodeName);
})
</script>

<ul>
    <li></li>
    <li></li>
    <li></li>
</ul>
```

12.3.13 获取 jQuery 对象成员

jQuery 为了方便 jQuery 对象与 DOM 集合之间相互转换定义了 get() 方法，该方法能够把 jQuery 对象转换为 DOM 元素集合，即把 jQuery 集合对象转换为真正意义上的数组，以方便操作。

【示例】调用 get() 方法把 jQuery 转换为 DOM 数组集合，然后调用 reverse() 方法颠倒数组中的元素排序，最后把这个集合插入 ul 元素中。在浏览器中可以看到这个选项列表的顺序发生了倒置。

```
<script type="text/javascript">
$(function(){
    var $li = $("li");                    // 获取 jQuery 对象
    var li = $li.get();                   // 转换为 DOM 集合
    li.reverse();                         // 调用数组方法，颠倒数组元素顺序
    $("ul").html(li);                     // 重叠 ul 的选项列表结构
})
</script>

<ul>
    <li>1</li>
    <li>2</li>
    <li>3</li>
</ul>
```

get() 方法还可以包含一个 index 参数，该参数可以接收一个自然数，表示从 jQuery 对象中取得其中一个匹配的元素。index 表示 jQuery 对象内的元素下标位置，即取得第几个匹配的元素。这能够让你选择一个实际的 DOM 元素并对它进行直接操作，而不是通过 jQuery 方法或者函数对它进行操作。

实际上，get(index) 方法与 jQuery 对象下标读取其中的元素对象是等同的，例如：

```
$(this).get(3)
$(this)[3]
```

上面两种用法的结果都是完全相同的。

如果希望获取指定元素在 jQuery 对象中的位置，可以使用 index() 方法来获取。该方法包含一个 DOM 元素对象，并根据这个元素搜索与之匹配的元素，并返回相应元素的索引值。如果找到了匹配的元素，从 0 开始返回；如果没有找到匹配的元素，则返回 -1。

视频讲解

12.4 缓　　存

jQuery 通过 data() 方法支持缓存功能，用来缓存页面中需要临时存储的数据。jQuery 定义的缓存系统非常复杂，支持缓存单个数据和一组数据。

12.4.1 认识缓存

提及缓存，用户可能会联想到客户端浏览器中的缓存，或者服务器端的缓存。客户端缓存是存在浏览者计算机硬盘上的，即浏览器临时文件夹，而服务器缓存是存储在服务器内存中的。当然，在一些高级应用场合也有专门的缓存服务器，甚至有利用数据库进行缓存的实现。

在 jQuery 的 API 帮助文档中，jQuery 这样描述数据缓存的作用：用于在一个元素上存取数据而避免了循环引用的风险。

【示例 1】 数据对象被循环引用，如果数据对象的容量很大，且在文档中多次引用，就会造成系统资源的紧张。

```
<script type="text/javascript">
$(function(){
    // 被引用的数据
    var userInfo = [{
        "name" : " 张三 ",
        "age" : 12,
        "grade" :1
    },{
        "name" : " 李四 ",
        "age" : 13,
        "grade" : 2
    }];
    // 绑定事件，调用方法读取数据
    $("input").eq(0).click(function(){
        showInfo(" 张三 ")
    });
    $("input").eq(1).click(function(){
        showInfo(" 李四 ")
    });
    function getData(name){                    // 根据 name 字段名，检索数据
        for (var i in userInfo){               // 遍历数据对象
            if (userInfo[i].name == name){     // 过滤数据
                return userInfo[i];
                break;
            }
        }
```

```
    }
    function showInfo(name){                          // 显示数据
        var info = getData(name);
        alert(' 姓名 :' + info.name + '\n' + ' 年龄 :' + info.age + '\n' + ' 年级 :' + info.grade);
    }
})
</script>

<input type="button" value=" 显示张三的资料 " />
<input type="button" value=" 显示李四的资料 " />
```

【示例 2】优化循环引用的风险，重新设计数据结构。本例重写了 userInfo 的 JSON 结构，使 name 与对象 key 直接对应。

```
var userInfo = {
    " 张三 ":{
        "name" : " 张三 ",
        "age" : 12,
        "grade" :1
    },
    " 李四 ":{
        "name" : " 李四 ",
        "age" : 13,
        "grade" : 2
    }
};
```

这样就可以直接读取 name 对应的数据，而不需要重复引用数据对象，并进行迭代操作。

```
<script type="text/javascript">
$(function(){
    var userInfo = {
        // 省略
    };
    $("input").eq(0).click(function(){
        showInfo(" 张三 ")
    });
    $("input").eq(1).click(function(){
        showInfo(" 李四 ")
    });
    function showInfo(name){
        var info = userInfo[name];
        alert(' 姓名 :' + info.name + '\n' + ' 年龄 :' + info.age + '\n' + ' 年级 :' + info.grade);
    }
})
</script>

<input type="button" value=" 显示张三的资料 " />
<input type="button" value=" 显示李四的资料 " />
```

jQuery 正是根据上面示例的简单原理来设计 jQuery 数据缓存系统的。

12.4.2 定义缓存

使用 data(name, value) 方法可以为 jQuery 对象定义缓存数据。这些缓存数据被存放在匹配的 DOM 元素集合中，同时返回缓存数据的 value。

【示例】 分别为导航列表中的 li 元素定义缓存数据，即列表选项的类型为 menu，同时为新闻列表中的 li 元素定义缓存数据，即列表选项的类型为 news。

```
<script type="text/javascript">
$(function(){
    $("#menu li").data("type","menu");
    $("#news li").data("type","news");
})
</script>

<ul id="menu">
    <li>1</li>
    <li>2</li>
    <li>3</li>
</ul>
<ul id="news">
    <li>1</li>
    <li>2</li>
    <li>3</li>
</ul>
```

如果 jQuery 集合指向多个元素，则为所有元素定义缓存数据。该函数在 DOM 元素上存放任何格式的数据，而不仅仅是字符串。

12.4.3 获取缓存

jQuery 的 data() 方法不仅可以定义缓存数据，同时还可以读取 DOM 元素的缓存数据。此时，只需要一个参数即可，该参数指定缓存数据的名称。

【示例】 针对 12.4.2 节示例，可以分别获取 li 元素列表中的数据，并根据 type 缓存数据的值分别显示不同的信息，演示效果如图 12.8 所示。

```
<script type="text/javascript">
$(function(){
    $("#menu li").data("type","menu");
    $("#news li").data("type","news");
    $("li").each(function(index){
        if($(this).data("type") == "menu"){
            $(this).text(" 导航菜单 " + (index + 1))
        }
        else if($(this).data("type") == "news"){
            $(this).text(" 新闻列表 " + (index + 1))
        }
    });
```

```
})
</script>

<ul id="menu">
    <li>1</li>
    <li>2</li>
    <li>3</li>
</ul>
<ul id="news">
    <li>1</li>
    <li>2</li>
    <li>3</li>
</ul>
```

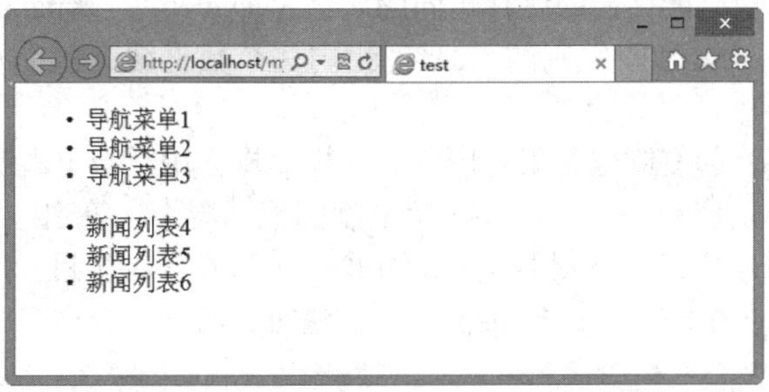

图 12.8　缓存数据在程序中的应用

如果读取的缓存数据不存在，则返回的值为 undefined。如果 jQuery 集合指向多个元素，则将只返回第一个元素的对应缓存数据。

该函数可以用于在一个元素上存取数据，从而避免了循环引用的风险。jQuery.data 是 1.2.3 版的新功能。用户可以在很多地方使用这个函数，jQuery UI 经常调用该函数。

12.4.4　删除缓存

removeData() 函数能够删除指定名称的缓存数据，并返回对应的 jQuery 对象。

【示例】删除导航列表中 li 元素的 type 缓存数据。

```
$(function(){
    $("#menu li").data("type","menu");
    $("#news li").data("type","news");
    $("li").each(function(index){
        if($(this).data("type") == "menu"){
            $(this).removeData("type");
        }
        else if($(this).data("type") == "news"){
            $(this).text(" 新闻列表 " + (index + 1))
        }
    });
})
```

12.4.5 jQuery 缓存规范

由于 jQuery 缓存对象是全局对象，因此在 Ajax 应用中，由于页面很少被刷新，缓存对象将会一直存在，随着调用 data() 函数操作次数增多，或者因使用不当，使得 cache 对象急剧膨胀，最终影响程序的性能。

所以在使用 jQuery 数据缓存功能时，应及时清理缓存对象，jQuery 也提供了 removeData() 函数帮助用户手动清除数据。根据 jQuery 框架的运行机制，下面几种情况不需要手动清除数据缓存。

- ☑ 对 elem 执行 remove() 操作，jQuery 会自动清除对象可能存在的缓存。
- ☑ 对 elem 执行 empty() 操作，如果当前 elem 子元素存在数据缓存，jQuery 也会清除子对象可能存在的数据缓存，因为 jQuery 的 empty() 实现其实是循环调用 remove() 删除子元素。
- ☑ jQuery 复制节点的 clone() 方法不会复制 data 缓存，也就是说，jQuery 不会在全局缓存对象中分配一个新节点存放新复制的 elem 缓存。

jQuery 在 clone() 方法中把可能存在的缓存指向的属性（即 elem 的 expando 属性）替换为空。如果直接复制这个属性，就会导致原 elem 和新复制的 elem 都指向一个数据缓存，中间的互操作都将会影响到两个 elem 的缓存变量。

【示例】有时把数据缓存一起复制也是很有用的。在拖动操作中，当单击源目标 elem 节点时，就会复制出一个半透明的 elem 副本开始拖动，并把 data 缓存复制到拖动层中，等到拖动结束，就可能获得当前拖动的 elem 相关信息。现在 jQuery 方法没有提供这样的处理，不过在复制源目标的 data 时会将这些 data 都重新设置到新复制的 elem 中，这样在执行 data(name,value) 方法时，jQuery 会在全局缓存对象中开辟新空间。

```
if (typeof($.data(currentElement)) == 'number') {
    var elemData = $.cache[$.data(currentElement)];
    for (var k in elemData) {
        dragingDiv.data(k, elemData[k]);
    }
}
```

在上面代码中，$.data(elem,name,data) 包含 3 个参数，如果只有一个 elem 参数，这个方法将返回它的缓存 key（即 uuid），利用这个 key 就可以得到整个缓存对象，然后把对象的数据都复制到新的对象中。

视频讲解

12.5 队　列

jQuery 支持数据队列，并通过定义 queue() 方法实现对队列的完整操作。这对于一系列需要按次序执行的函数特别有用。例如，animate 动画、Ajax 异步请求和交互以及 timeout 等需要一定时间的函数。

12.5.1 认识队列

队列是一种特殊的线性列表结构，它只允许在表的前端（front）进行删除操作，而在表的后端（rear）进行插入操作。允许插入操作的一端被称为队尾，允许删除操作的一端称为队头。队列中没有元素时，称为空队列。在队列这种数据结构中，最先插入的元素必定最先被删除。反之，最后插入的元素将最后被删除，因此队列又称为“先进先出”（first in first out，FIFO）的线性表。

实际上，jQuery 把队列看作是 DOM 元素对象的数据缓存工具，但是它与 data() 函数实现的数据缓存有很大差异，因为队列中存储的是将要被执行的一连串的动作函数。

12.5.2 添加队列

使用 jQuery 的 queue() 可以把函数加入队列，这里的队列通常是一个函数数组。当为同一个元素设计连续动画时，如多次执行 animate() 方法，jQuery 会自动将其加入名为 fx 的函数队列。但是，如果需要对于多个元素依次执行动画，就必须借助 queue() 函数手动设置队列。queue() 函数能够在匹配元素的队列最后添加一个函数，并调用该函数。queue() 函数的具体用法如下：

```
jQuery.queue(element, queueName, newQueue)
jQuery.queue(element, queueName, callback())
```

参数说明如下：

☑ element：要附加队列函数的 DOM 元素，或者是已附加队列函数（数组）的 DOM 元素。

☑ queueName：含有队列名的字符串。默认是 "Fx"，标准的动画队列。

☑ newQueue：替换当前函数队列内容的数组。

☑ callback()：添加到队列的新函数。

每个元素可以通过 jQuery 包含一个或多个函数队列。在大多数应用中，只有一个列队（访问 fx）被使用。队列允许一个元素来异步地访问一连串的动作，而不终止程序执行。

jQuery.queue() 方法允许直接操纵这个函数队列。用一个回调函数访问 jQuery.queue() 特别有用，它可把新函数置入队列的末端。

值得注意的是，当使用 jQuery.queue() 添加一个函数的时候，用户必须保证 jQuery.dequeue() 在下一个函数执行后被呼叫。

【示例】在按钮的 click 事件中定义了 6 个动作，其中第 3 个和第 5 个动作是通过 queue() 函数手动添加到队列中的。

但是，由于 queue() 函数是在队列末尾添加一个函数，则在该行后面的动作都将被忽视。所以，读者会看到，在浏览器中预览时，小方块滑动到最右侧之后，调用末尾添加的队列函数之后就停止了响应，演示效果如图 12.9 所示。

```
<script type="text/javascript" >
$(function(){
    var  $div = $("div");
    $("input").click(function(){
        $div.slideDown("slow");
        $div.animate({left:'+=400'},2000);
        $div.queue(function(){                    // 在队列的末尾添加一个函数
            $(this).addClass("bg");               // 调用该回调函数之后动画将停止
        });
        $div.animate({left:'-=400'},2000);
        $div.queue(function(){
            $(this).removeClass("bg");
        });
        $div.slideUp("slow");
    });
})
</script>
<style type="text/css">
```

```
.bg { background:blue; }
div { position:absolute; width:50px; height:50px; background:red; left:0; top:50px; display:none; }
</style>

<input type="button" value=" 动画演示 " />
<div></div>
```

图 12.9　queue() 函数应用

12.5.3　显示队列

当为匹配的元素添加队列之后，可以使用 queue() 函数获取对该队列的引用。用法如下：

```
jQuery.queue(element, [queueName])
```

参数说明如下：

☑　element：用于检查附加队列的 DOM 元素。

☑　queueName：含有队列名的字符串，默认是 "Fx"，标准的动画队列。

这里的队列实际上就是一个函数数组，并能够自动连续执行。参数 name 表示队列名称，一般默认为 fx。

【示例】获取 div 元素默认的 fx 队列，并查询该队列中包含多少函数成员。

```
<script type="text/javascript" >
$(function(){
    var   $div = $("div");
    $("input").click(function(){
            $div.slideDown("slow");
            $div.animate({left:'+=400'},2000);
            $div.animate({left:'-=400'},2000);
            $div.slideUp("slow");
            var x = $div.queue();        // 获取 div 元素默认的队列 fx
            alert(x.length);             // 显示 fx 队列包含 4 个函数成员
    });
})
</script>

<input type="button" value=" 动画演示 " />
<div></div>
```

如果匹配的元素不止一个，则返回指向第一个匹配元素的队列，即返回第一个元素包含的函数数组。

Note

12.5.4　更新队列

一个队列执行完毕之后，可以使用另一个队列进行替换，具体实现方法是在 queue() 函数的第二个参数中传递一个队列，将匹配元素的队列使用一个新的队列来代替，即用新的函数数组代替现在已执行的函数数组。

【示例】分别为 div 元素设计两个动画序列，其中第一个为默认的 fx 动画序列，它直接被绑定在第一个按钮的 click 事件处理函数中，该动画序列包含四个动作函数，按顺序作用于 div 元素，分别为慢速显示、慢速前进、慢速后退和慢速隐藏元素。

第二个动画序列通过 queue() 函数定义，序列名称为 fa，该序列中包含四个动作函数，按顺序作用于 div 元素，分别为快速显示、快速前进、快速后退和快速隐藏。然后使用 queue() 函数获取名称为 fa 的动画序列，并调用 queue() 函数使用 fa 动画序列替换 fx 动画序列，演示效果如图 12.10 所示。

```
<script type="text/javascript" >
$(function(){
    var  $div = $("div");
    $("input").eq(0).click(function(){      // 默认的第一个动画序列，慢速动画
        $div.slideDown("slow");
        $div.animate({left:'+=400'},4000);
        $div.animate({left:'-=400'},4000);
        $div.slideUp("slow");
    });
    $div.queue("fa",function(){             // 自定义动画序列，快速动画
        $div.slideDown("fast");
        $div.animate({left:'+=400'},200),
        $div.animate({left:'-=400'},200)
        $div.slideUp("fast ");
    });
    var fa = $div.queue("fa");              // 获取对自定义动画序列的引用
    $("input").eq(1).click(function(){
          $div.queue("fx",fa);              // 使用 fa 动画序列覆盖默认的 fx 动画序列
    });
})
</script>
<style type="text/css">
.bg { background:blue; }
div { position:absolute; width:50px; height:50px; background:red; left:0; top:50px; display:none; }
</style>

<input type="button" value=" 执行慢速演示 " />
<input type="button" value=" 更新动画，执行快速演示 " />
<div></div>
```

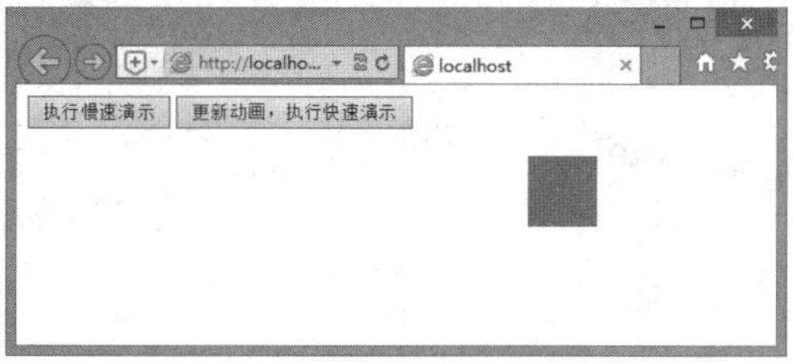

图 12.10　更新队列函数

Note

注意：在动画序列执行过程中，并不是立即进行替换，而是等到当前正在执行的动作完成之后才停止正在执行的 fx 序列，并继续执行第二个 fa 动画序列。

在 queue(name, queue) 方法中，如果第二个参数是一个空数组（[]），则将会清除原来的动画序列。例如，下面代码将清空匹配的 div 元素的默认动画序列。

```
$("div").queue("fx", []);
```

12.5.5 删除队列

dequeue() 函数能够删除指定队列中最顶部的函数，并执行这个队列函数。实际上，dequeue() 函数是将函数数组中的第一个函数取出来，并执行这个函数。那么当再次执行 dequeue() 函数时，得到的是另一个函数了，如果不执行 dequeue() 函数，则队列中的下一个函数将永远不会执行。dequeue() 函数包含一个参数，用来指定队列的名称，默认为 fx。

【示例】使用 dequeue() 函数结束自定义队列函数，并使队列继续进行下去。这样动画将会连续播放，直到最后一个函数被执行为止。

```
<script type="text/javascript" >
$(function(){
    var  $div = $("div");
    $("input").click(function(){
        $div.slideDown("slow");
        $div.animate({left:'+=400'},2000);
        $div.queue(function(){
            $(this).addClass("bg");
            $(this).dequeue();
        });
        $div.animate({left:'-=400'},2000);
        $div.queue(function(){
            $(this).removeClass("bg");
            $(this).dequeue();      // 删除最顶部的函数，并继续执行队列
        });
        $div.slideUp("slow");
    });
})
</script>
<style type="text/css">
.bg { background:blue; }
div { position:absolute; width:50px; height:50px; background:red; left:0; top:50px; display:none; }
</style>

<input type="button" value=" 动画演示 " />
<div></div>
<div></div>
```

视频讲解

12.6 延 迟

在开发中，用户经常会遇到很多耗时的操作，如使用 Ajax 异步读取服务器数据，或者同步遍历一个大型数组，它们都不能立即得到结果。为了避免此类问题，jQuery 增加了 deferred 对象。

12.6.1 认识 deferred 对象

简单地说，deferred 对象就是 jQuery 的回调函数解决方案，它表示延迟到未来某个点再执行，目的是解决如何处理耗时操作的问题，对那些操作提供了更好的控制，以及统一的编程接口。

deferred 对象定义了多种方法，具体说明如下：

- ☑ $.Deferred()：生成一个 deferred 对象。
- ☑ deferred.done()：指定操作成功时的回调函数。
- ☑ deferred.fail()：指定操作失败时的回调函数。
- ☑ deferred.promise()：没有参数时，返回一个新的 deferred 对象，该对象的运行状态无法被改变；接收参数时，其用为在参数对象上部署 deferred 接口。
- ☑ deferred.resolve()：手动改变 deferred 对象的运行状态为“已完成”，从而立即触发 done() 方法。
- ☑ deferred.reject()：与 deferred.resolve() 正好相反，调用后将 deferred 对象的运行状态变为“已失败”，从而立即触发 fail() 方法。
- ☑ $.when()：为多个操作指定回调函数。
- ☑ deferred.then()：有时为了省事，可以把 done() 和 fail() 合在一起写，这就是 then() 方法。例如：

```
$.when($.ajax( "/main.php" )).then(successFunc, failureFunc);
```

  如果 then() 有两个参数，那么第一个参数是 done() 方法的回调函数，第二个参数是 fail() 方法的回调函数。如果 then() 只有一个参数，那么等同于 done()。

- ☑ deferred.always()：定义回调函数，它的作用是不管调用的是 deferred.resolve() 还是 deferred.reject()，最后总是执行。例如：

```
$.ajax( "test.html" )
.always( function() { alert(" 已执行！ ");} );
```

12.6.2 Ajax 链式写法

先回顾一下 jQuery 的 Ajax 操作的传统写法，代码如下：

```
$.ajax({
    url: "test.html",
    success: function(){
        alert(" 成功了！ ");
    },
    error:function(){
        alert(" 出错啦！ ");
    }
});
```

在上面的代码中，$.ajax() 接收一个对象参数，这个对象包含两个方法：success 方法指定操作成功后的回调函数，error 方法指定操作失败后的回调函数。

$.ajax() 操作完成后，如果使用的是低于 1.5.0 版本的 jQuery，返回的是 XMLHttpRequest 对象，用户就没法进行链式操作；如果高于 1.5.0 版本，返回的是 deferred 对象，可以进行链式操作。

现在，可以这样设计：

```
$.ajax("test.html")
.done(function(){ alert(" 成功了！ "); })
.fail(function(){ alert(" 出错啦！ "); });
```

可以看到，done() 相当于 success 方法，fail() 相当于 error 方法。采用链式写法以后，代码的可读性大大提高。

12.6.3 定义同一操作的多个回调函数

deferred 对象的一大好处就是它允许用户自由添加多个回调函数。例如，以 12.6.2 节上面的代码为例，如果 Ajax 操作成功，除了原来的回调函数，还想再运行一个回调函数，怎么办？

很简单，直接把它加在后面就行了，代码如下：

```
$.ajax("test.html")
.done(function(){ alert(" 成功了！ ");} )
.fail(function(){ alert(" 出错啦！ "); } )
.done(function(){ alert(" 第二个回调函数！ ");} );
```

回调函数可以添加任意多个，它们按照添加顺序执行。

12.6.4 为多个操作定义回调函数

deferred 对象允许用户为多个事件指定一个回调函数，这是传统写法做不到的，它主要用到了一个新的方法——$.when()。

【示例】 下面代码先执行两个操作：$.ajax("test1.html") 和 $.ajax("test2.html")，如果都成功了，就运行 done() 指定的回调函数；如果有一个失败或都失败了，就执行 fail() 指定的回调函数。

```
$.when($.ajax("test1.html"), $.ajax("test2.html"))
.done(function(){ alert(" 成功了！ "); })
.fail(function(){ alert(" 出错啦！ "); });
```

12.6.5 普通操作的回调函数接口

deferred 对象把这一套回调函数接口，从 Ajax 操作扩展到了所有操作。也就是说，任何一个操作，不管是 Ajax 操作还是本地操作，也不管是异步操作还是同步操作，都可以使用 deferred 对象的各种方法指定回调函数。

【示例 1】 假定有一个很耗时的操作 wait，代码如下：

```
var wait = function(){
```

```
    var tasks = function(){
        alert(" 执行完毕！ ");
    };
    setTimeout(tasks,5000);
};
```

如果为它指定回调函数，用户可能会想到使用 $.when() 方法。

```
var wait = function(){
    var tasks = function(){
        alert(" 执行完毕！ ");
    };
    setTimeout(tasks,5000);
};
$.when(wait())
.done(function(){ alert(" 成功了！ "); })
.fail(function(){ alert(" 出错啦！ "); });
```

【示例 2】但是上面示例 done() 方法会立即执行，起不到回调函数的作用。原因在于 $.when() 的参数只能是 deferred 对象，所以必须对 wait() 进行改写，代码如下：

```
var dtd = $.Deferred();                    // 新建一个 deferred 对象
var wait = function(dtd){
    var tasks = function(){
        alert(" 执行完毕！ ");
        dtd.resolve();                     // 改变 deferred 对象的执行状态
    };
    setTimeout(tasks,5000);
    return dtd;
};
```

现在，wait() 函数返回的是 deferred 对象，这就可以加上链式操作了。

```
$.when(wait(dtd))
.done(function(){ alert(" 成功了！ "); })
.fail(function(){ alert(" 出错啦！ "); });
```

wait() 函数运行完，就会自动运行 done() 方法指定的回调函数。

提示： jQuery 定义 deferred 对象有三种执行状态：未完成、已完成和已失败。如果执行状态是“已完成”，deferred 对象立刻调用 done() 方法指定的回调函数；如果执行状态是“已失败”，则调用 fail() 方法指定的回调函数；如果执行状态是“未完成”，则继续等待，或者调用 progress() 方法指定的回调函数（jQuery 1.7 版本添加）。

在 Ajax 操作时，deferred 对象会根据返回结果，自动改变自身的执行状态，但在 wait() 函数中，这个执行状态必须由用户手动指定。dtd.resolve() 方法能够定义将 deferred 对象的执行状态从“未完成”改为“已完成”，从而触发 done() 方法。

【示例 3】deferred.reject() 方法可以定义 deferred 对象的执行状态从“未完成”改为“已失败”，从而触发 fail() 方法。

```
var dtd = $.Deferred();                    // 新建一个 deferred 对象
var wait = function(dtd){
    var tasks = function(){
        alert(" 执行完毕！ ");
        dtd.reject();                      // 改变 deferred 对象的执行状态
    };
    setTimeout(tasks,5000);
    return dtd;
};
$.when(wait(dtd))
.done(function(){ alert(" 成功了！ "); })
.fail(function(){ alert(" 出错啦！ "); });
```

【示例 4】上面写法还有一个问题：deferred 对象是一个全局对象，所以它的执行状态可以从外部改变。

```
var dtd = $.Deferred();                    // 新建一个 deferred 对象
var wait = function(dtd){
    var tasks = function(){
        alert(" 执行完毕！ ");
        dtd.resolve();                     // 改变 deferred 对象的执行状态
    };
    setTimeout(tasks,5000);
    return dtd;
};
$.when(wait(dtd))
.done(function(){ alert(" 成功了！ "); })
.fail(function(){ alert(" 出错啦！ "); });
dtd.resolve();
```

上面代码在尾部加了一行 dtd.resolve()，这就改变了 deferred 对象的执行状态，因此导致 done() 方法立刻执行，弹出“成功了！”的提示对话框，等 5 秒之后再弹出“执行完毕！”的提示对话框。

【示例 5】为了避免这种情况，jQuery 提供了 deferred.promise() 方法。它的作用是在原来的 deferred 对象上返回另一个 deferred 对象，后者只开放与改变执行状态无关的方法，如 done() 方法和 fail() 方法，屏蔽与改变执行状态有关的方法，如 resolve() 方法和 reject() 方法，从而使得执行状态不能被改变。

```
var dtd = $.Deferred();      // 新建一个 deferred 对象
var wait = function(dtd){
    var tasks = function(){
        alert(" 执行完毕！ ");
        dtd.resolve();       // 改变 deferred 对象的执行状态
    };
    setTimeout(tasks,5000);
    return dtd.promise();    // 返回 promise 对象
};
var d = wait(dtd);           // 新建一个 d 对象，改为对这个对象进行操作
$.when(d)
.done(function(){ alert(" 成功了！ "); })
.fail(function(){ alert(" 出错啦！ "); });
d.resolve();                 // 此时，这个语句是无效的
```

在上面这段代码中，wait() 函数返回的是 promise 对象。然后，把回调函数绑定在这个对象上，而不是原来的 deferred 对象上。这样就无法改变这 promise 对象的执行状态，要想改变执行状态，只能操作原来的 deferred 对象。

【示例 6】将 deferred 对象变成 wait() 函数的内部对象，代码如下：

```
var wait = function(dtd){
    var dtd = $.Deferred(); // 在函数内部新建一个 deferred 对象
    var tasks = function(){
        alert(" 执行完毕！ ");
        dtd.resolve();      // 改变 deferred 对象的执行状态
    };
    setTimeout(tasks,5000);
    return dtd.promise();   // 返回 promise 对象
};
$.when(wait())
.done(function(){ alert(" 成功了！ "); })
.fail(function(){ alert(" 出错啦！ "); });
```

使用 deferred 对象的建构函数 $.Deferred() 也可以防止执行状态被外部改变的方法，这时 wait() 函数还是保持不变，直接把它传入 $.Deferred()，代码如下：

```
$.Deferred(wait)
.done(function(){ alert(" 成功了！ "); })
.fail(function(){ alert(" 出错啦！ "); });
```

jQuery 定义的 $.Deferred() 可以接收一个函数名作为参数，$.Deferred() 所生成的 deferred 对象将作为这个函数的默认参数。

【示例 7】除了上面两种方法以外，还可以直接在 wait 对象上部署 deferred 接口。

```
var dtd = $.Deferred();                 // 生成 deferred 对象
var wait = function(dtd){
    var tasks = function(){
        alert(" 执行完毕！ ");
        dtd.resolve();                  // 改变 deferred 对象的执行状态
    };
    setTimeout(tasks,5000);
};
dtd.promise(wait);
wait.done(function(){ alert(" 成功了！ "); }).fail(function(){ alert(" 出错啦！ "); });
wait(dtd);
```

这里的关键是 dtd.promise(wait) 这一行代码，它的作用就是在 wait 对象上部署 deferred 接口。正是因为有了这一行，后面才能直接在 wait 上面调用 done() 和 fail()。

12.7 回调函数

视频讲解

在 jQuery 1.7 版本中开始引入回调函数对象，$.Callbacks 是一个多用途的回调函数列表对象，提供了一种强大的方法来管理回调函数队列。整个 $.Callbacks 的源码不到 200 行，它是一个工厂函数，使用函数调用方式（非 new，它不是一个类）创建对象，它有一个可选参数 flags 用来设置回调函数的行为。

$.Callbacks 是在 jQuery 内部使用，为 $.ajax、$.deferred 等组件提供基础功能的函数。它也可以用在类似功能的一些组件中，如自己开发的插件。下面主要介绍 Callbacks 的基本用法。

12.7.1 添加回调函数

使用 callbacks.add() 方法可以添加一个函数到回调队列之中。用法如下：

```
callbacks.add(callbacks)
```

参数 callbacks 表示一个函数，或者一个函数数组，用来添加到回调列表。

【示例】 使用回调函数对象。

```
function fn1() {
    console.log(1)
}
function fn2() {
    console.log(2)
}
var callbacks = $.Callbacks(); // 定义 Callbacks 对象
// 方式 1
callbacks.add(fn1);
// 方式 2 一次添加多个回调函数
callbacks.add(fn1, fn2);
// 方式 3 传数组
callbacks.add([fn1, fn2]);
// 方式 4 函数和数组混合
callbacks.add(fn1, [fn2]);
```

当参数是数组时，在 add() 内部判断如果是数组会递归调用私有的 add() 函数。此外，需注意 add() 方法默认不去重，比如这里 fn1 添加两次，fire 时会触发两次。

12.7.2 删除回调函数

使用 callbacks.remove() 方法可以从回调队列中删除一个函数。具体用法如下：

```
callbacks.remove(callbacks)
```

【示例 1】 先添加两个回调函数，然后再删除第一个回调函数，此时就只会触发 fn2 了。

```
function fn1() {
    console.log(1)
}
function fn2() {
    console.log(2)
}
var callbacks = $.Callbacks();
```

```
callbacks.add(fn1, fn2);
callbacks.remove(fn1);
```

【示例 2】 remove() 方法也会把添加多次的函数如 fn1，全部删除掉。

```
var callbacks = $.Callbacks();
callbacks.add(fn1, fn2, fn1, fn2);
callbacks.remove(fn1);
```

此时会把添加两次的 fn1 都删掉，这样就只触发 fn2 两次。

12.7.3 判断回调函数

为了避免重复添加某个回调函数，可以先使用 callbacks.has() 方法判断是否添加过该回调函数，用法如下：

```
callbacks.has(callback)
```

【示例】 高速添加回调函数，避免重复操作。

```
function fn1() {
    console.log(1)
}
var callbacks = $.Callbacks();
if (!callbacks.has(fn1)) {
    callbacks.add(fn1);
}
```

12.7.4 清空回调函数

如果要清空回调函数对象中所有函数列表，可以使用 callbacks.empty() 方法，该方法不需要任何参数。

【示例】 当为 callback 对象添加两个回调函数后，使用 empty() 方法快速清空回调函数列表。

```
function fn1() {
    console.log(1)
}
function fn2() {
    console.log(2)
}
var callbacks = $.Callbacks();
callbacks.add(fn1);
callbacks.add(fn2);
callbacks.empty();
```

此时再使用 fire() 方法不会触发任何函数。empty 函数实现很简单，只是把内部的队列管理对象 list 重置为一个空数组。这里可以了解清空数组的几种方式。

12.7.5 禁用回调函数

使用 callbacks.disable() 方法可以禁用回调函数对象，该方法也不需要任何参数。调用后再使用 add()、remove()、fire() 等方法均不起作用。实际上，callbacks.disable() 方法将队列管理对象 list、stack、memory 都设置为 undefined 了。

【示例】禁用回调函数。

```
function fn1() {
    console.log(1)
}
function fn2() {
    console.log(2)
}
var callbacks = $.Callbacks();
callbacks.disable();
callbacks.add(fn1);                    // 不起作用
callbacks.add(fn2);                    // 不起作用
callbacks.remove(fn1);                 // 不起作用
callbacks.fire();                      // 不起作用
```

12.7.6 触发回调函数

使用 callbacks.fire() 方法可以主动触发添加的回调函数。fire() 方法用来触发回调函数，默认的上下文是 callbacks 对象，还可以通过 fire() 方法传递参数给回调函数。其用法如下：

```
callbacks.fire(arguments)
```

参数 arguments 表示将传递给回调函数的参数。

【示例 1】通过 fire() 方法为回调函数传递数字 3，然后在回调函数中就会接收到该参数，并进行处理。

```
function fn() {
    console.log(this);
    console.log(arguments);
}
var callbacks = $.Callbacks();
callbacks.add(fn);
callbacks.fire(3);
```

【示例 2】callbacks.fireWith() 与 fire() 方法相同，但可以指定执行上下文。

```
function fn() {
    console.log(this);
    console.log(arguments);
}
var person = {name: 'jack'};
var callbacks = $.Callbacks();
callbacks.add(fn);
callbacks.fireWith(person, [3]);
```

其实 fire() 内部调用的是 fireWith()，只是将上下文指定为 this 了，而 this 正是 $.Callbacks 构造的对象。

【示例 3】使用 callbacks.fired() 方法可以判断回调函数是否有主动触发过，即是否调用过 fire() 方法或 fireWith() 方法。

```
function fn1() {
    console.log(1)
}
var callbacks = $.Callbacks();
callbacks.add(fn1);
callbacks.fired();
callbacks.fire();
callbacks.fired();
```

注意：只要调用过一次 fire() 或 fireWith() 就会返回 true。

12.7.7 锁定回调函数

使用 callbacks.lock() 方法可以锁定回调函数对象中队列的状态，然后可以使用 callbacks.locked() 方法判断是否锁定状态。在 $.Callbacks 构造时可配置的参数 Flags 是可选的，字符串类型，以空格分隔，包括 once、memory、unique、stopOnFalse。

【示例 1】once 可以确保回调函数仅执行一次。

```
function fn() {
    console.log(1)
}
var callbacks = $.Callbacks('once');
callbacks.add(fn);
callbacks.fire();                              // 打印 1
callbacks.fire();                              //fn 不再触发
```

【示例 2】memory 可以记忆 callbacks。

```
function fn1() {
    console.log(1)
}
function fn2() {
    console.log(2)
}
var callbacks = $.Callbacks('memory');
callbacks.add(fn1);
callbacks.fire();                              // 必须先调用 fire()
callbacks.add(fn2);                            // 此时会立即触发 fn2
```

memory 选项有点烦琐，本意是记忆的意思。实际上，memory 选项需结合特定场景（如 jQuery.Deferred）分析。当首次调用 fire() 后，之后每次 add() 都会立即触发。如先调用 callbacks.fire()，再添加 callbacks.add(fn1)，这时 fn1 会立即被调用。

Note

【示例3】如果是批量添加的，也都会被触发。

```
function fn1() {
    console.log(1)
}
function fn2() {
    console.log(2)
}
function fn3() {
    console.log(3)
}
var callbacks = $.Callbacks('memory');
callbacks.add(fn1);
callbacks.fire();
callbacks.add([fn2, fn3]);                    //1, 2, 3
```

【示例4】unique 可以去除重复的回调函数。

```
function fn1() {
    console.log(1)
}
function fn2() {
    console.log(2)
}
var callbacks = $.Callbacks('unique');
callbacks.add(fn1);
callbacks.add([fn1, fn2]);                    // 再次添加 fn1
callbacks.fire();                             //1, 2
```

之前用 has() 方法判断去重，现在使用 unique 属性则更方便。上面代码先使用 add() 方法添加 fn1，第二次再使用 add() 方法时内部则会去重。因此，最后使用 fire() 方法时只输出“1,2”而不是“1,1,2”。

【示例5】stopOnFalse 可以设置回调函数返回 false 时中断回调队列的迭代。

```
function fn1() {
    console.log(1)
}
function fn2() {
    console.log(2)
    return false                              // 注意这里
}
function fn3() {
    console.log(3)
}
var callbacks = $.Callbacks('stopOnFalse');
callbacks.add(fn1, fn2, fn3);
callbacks.fire();                             //1,2
```

从该属性名就能知道它的意图，即回调函数通过 return false 来停止后续的回调执行。在上面代码中添加了 3 个回调函数，fn2 中使用 return false，当 fire() 执行到 fn2 时会停止执行，后续的 fn3 就不会被调用了。

12.8 案例实战

动态加载内容是相对于传统的 Web 设计静态加载内容而言的。在传统的网站设计中，需要把整个页面全部加载完成后才能显示，但是动态加载则强调“各取所需”。也就是说，每次只加载想要看到的那一部分。本节示例首先设计实现一个静态的个人网站，然后在此基础上使用 jQuery 来实现动态加载网页内容，页面效果如图 12.11 所示。

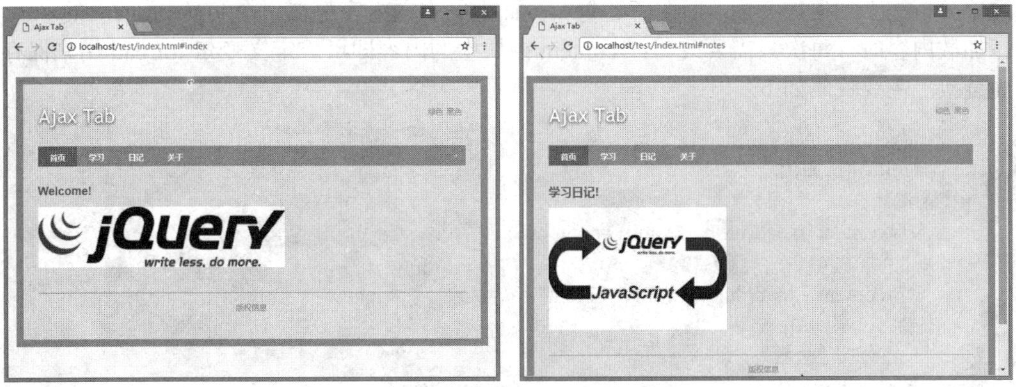

图 12.11　异步加载 Tab 页面效果

本例页面主要包括页头、导航菜单、正文内容、页脚等内容。网站总共由若干页面组成，菜单上每个链接都连接到一个网页。在传统的网页设计中，当单击菜单时，将相应地转到该链接地址对应的网页，需要将整个网页加载进来显示。但在一般情况下，网页和网页之间的重复信息是很大的，如页头、导航菜单和页脚等。

动态加载网页内容是完成这样一种功能：当单击菜单上的链接时，会把相应的内容加载到正文内容区域显示，至于页面的其他部分则保留在原地不重新加载。页面基本结构如下：

```
<div id="wrapper">
<div id="styleswitcher">
        <ul>
<li><a href="index.html?style=black" rel="black" class="styleswitch"> 黑色 </a></li>
<li><a href="index.html?style=green" rel="green" class="styleswitch"> 绿色 </a></li>
        </ul>
</div>
    <h1>Ajax Tab</h1>
    <ul id="nav">
<li><a class="current" href="index.html"> 首页 </a></li>
        <li><a href="study.html"> 学习 </a></li>
        <li><a href="notes.html"> 日记 </a></li>
        <li><a href="about.html"> 关于 </a></li>
    </ul>
    <div id="content">
        <h2>Welcome!</h2>
        <p><img src="images/3.jpg" height="100" alt=""/></p>
    </div>
    <div id="foot"> 版权信息 </div>
</div>
```

Note

整个示例网站主要包括以下页面：

☑ index.html：网站的入口页面。

☑ study.html：内容页面之一，学习园地。

☑ notes.html：内容页面之二，学习笔记。

☑ about.html：内容页面之三，介绍页面。

每个页面的布局以及显示可以参考上面效果图和代码结构，只是在内容显示上稍有差别。读者可以自行对 <div id="content"> 中的内容进行修改。

下面简单分析一下如何加载内容。注意，每个页面上的主题内容都在一个 id 为 content 的 <div> 标签内。因此在动态加载内容时，每次只需要改写此 content 模块中的内容即可。定义变量 toLoad 用来保存每次需要加载的页面链接。主要代码如下：

```
$(document).ready(function() {
    function pageload(hash) {
        if(hash) {
            $("#content").load(hash + ".html #content");
        } else {
            $("#content").load("index.html #content");                //default
        }
    }
    $.historyInit(pageload);
    $('#nav li a').click(function(){
        $('#nav li a').filter(".current").removeClass("current");
        $(this).addClass("current");
        var hash = $(this).attr('href');                              //e.g, study.html
        hash = hash.replace(/^.*#/, '');
        hash = hash.substr(0,hash.length-5);                          //e.g, study
        $('#content').hide('fast',loadContent);
        $('#load').remove();
        $('#wrapper').append('<span id="load"> 加载中 ...</span>');
        $('#load').fadeIn('normal');
        function loadContent() {
            $.historyLoad(hash);
            $('#content').show('normal');
            $('#load').fadeOut('normal');
        }
        return false;
    });
});
```

load() 函数用于加载网页内容，唯一的参数即是上面提到的 toLoad。最后使用“return false;”禁用 click 事件默认行为。

12.9 在线练习

12.8 节案例演示了如何使用 jQuery 设计 Tab 选项卡，实现异步加载外部文件。下面示例在此基础上，借助 Cookie 技术设计皮肤样式切换和存储。感兴趣的读者可以扫码阅读。

在线练习

第 13 章

jQuery 插件

（视频讲解：**1** 小时 **11** 分钟）

jQuery 允许开发人员扩展 jQuery 功能，这种开放性设计模式催生了无数 jQuery 插件，目前全球有成千上万种满足不同应用需求的插件，使用这些插件可以帮助开发人员解决各种 Web 难题，节约开发成本。本章将讲解如何自定义 jQuery 插件，并结合案例进行实战说明。

【学习重点】

- 了解 jQuery 插件设计思路。
- 掌握 jQuery 插件开发的一般步骤。
- 能够根据需求完善 jQuery 插件功能。
- 使用 jQuery 插件解决 Web 设计中的代码封装。

视频讲解

Note

13.1 jQuery 插件开发基础

jQuery 插件主要包括两种形式。

☑ jQuery 方法：把一些常用或者重复使用的功能绑定到 jQuery 对象上，成为 jQuery 对象的一个扩展方法，通过 $.fn() 方式进行引用。目前，大部分 jQuery 插件都是这种类型。jQuery 内部方法也多是这种形式，如 parent()、appendTo()、addClass() 等方法。

☑ jQuery 函数：把一些实用功能附加到 jQuery 名字空间下，作为一个公共函数被使用，通过 jQuery.fn() 方式进行引用。例如，jQuery 的 ajax() 方法就是利用这种途径内部定义的全局函数。

13.1.1 开发规范

jQuery 开发团队制定了通用规范，为自定义插件提供一个通用而可信的环境。因此，建议用户在创建插件时遵守这些规则，确保自己的插件与其他代码能够融合在一起，并获得广大用户认可。

1. 命名规则

自定义插件名称应遵循下面命名规则：

```
jquery. plug-in_name.js
```

其中 plug-in_name 表示插件的名称，在这个文件中，所有全局函数都应该包含在名为 plug-in_name 的对象中。如果插件只有一个函数，则可以考虑使用 jQuery. plug-in_name() 形式。

插件中的对象方法可以灵活命名，但是应保持相同的命名风格。如果定义多个方法，建议在方法名前添加插件名前缀，以保持清晰。不建议使用过于简短的名称，或者语义含糊的缩写名，或者公共方法名，如 set()、get() 等，这样很容易与外部的方法混淆。

2. 命名空间

所有新方法都应附加到 jQuery.fn 对象上，所有新函数都应附加到 jQuery 对象上。

3. this 关键字

在插件的方法或函数中，this 关键字用于引用 jQuery 对象。为了确保 jQuery 链式语法的连贯性，所有插件在引用 this 关键字时，都知道接收到的是 jQuery 中的哪个对象。

所有 jQuery 方法都是在一个 jQuery 对象的环境中调用的，因此函数体中 this 关键字总是指向该函数的上下文。

4. 匹配元素迭代

使用 this.each() 迭代匹配的元素，这是一种可靠而有效地迭代对象的方式。

出于性能和稳定性考虑，推荐所有的方法都使用它迭代匹配的元素。无论 jQuery 对象实际匹配的元素有多少，所有方法都必须以适当方式运行。一般来说，应该调用 this.each() 方法来迭代所有匹配的元素，然后依次操作每个 DOM 元素。

注意： 在 this.each() 方法体内，this 关键字不再引用 jQuery 对象，而引用当前匹配的 DOM 元素对象。

Note

5. 返回值

除了特定需求方法外，所有方法都必须返回 jQuery 对象。

如需要方法返回计算值或者某个特定对象等，一般方法都应该返回当前上下文环境中的 jQuery 对象，即 this 关键字引用的数组。通过这种方式，可以保持 jQuery 框架内方法的连续行为，即链式语法。如果编写打破链式语法的插件，它就会给用户开发带来诸多不便。

如果匹配的对象集合被修改，则应该通过调用 pushStack() 方法创建新的 jQuery 对象，并返回这个新对象，如果返回值不是 jQuery 对象，则应该明确说明。

6. 方便压缩

插件中定义的所有方法或函数，在末尾都必须加上分号（;），以方便代码压缩。压缩 JavaScript 文件是最佳实践。

7. 区别 jQuery 和 $

在插件中坚持使用 jQuery，而不是 $。$ 并不总是等于 jQuery，这个很重要。如果用户使用“var JQ = jQuery.noConflict();”更改 jQuery 别名，那么就会引发错误。另外，其他 JavaScript 框架也可能使用 $ 别名。

在复杂的插件中，如果全部使用 jQuery 代替 $，又会让人难以接受这种复杂的写法，为了解决这个问题，建议使用如下插件模式。

```
(function($){
    // 在插件包中使用 $ 代替 jQuery
})(jQuery);
```

这个包装函数接收一个参数，该参数传递的是 jQuery 全局对象，由于参数被命名为 $，因此在函数体内就可以安全使用 $ 别名，而不用担心命名冲突。

上述这些规则在插件代码中都必须遵守，如果不遵守这些插件规则，那么自己开发的插件就得不到广泛应用和推广。因此，遵守这些规则非常重要，它不仅保证插件代码的统一性，还能增加插件的成功概率。

13.1.2 设计原理

为了方便用户创建插件，jQuery 自定义了 jQuery.extend() 和 jQuery.fn.extend() 方法。其中 jQuery.extend() 方法能够创建全局函数或者选择器，而 jQuery.fn.extend() 方法能够创建 jQuery 对象方法。

【示例 1】 在 jQuery 命名空间上创建两个公共函数。

```
jQuery.extend({                          // 扩展 jQuery 的公共函数
    minValue : function(a,b){            // 比较两个参数值，返回最小值
        return a<b?a:b;
    },
    maxValue : function(a,b){            // 比较两个参数值，返回最大值
        return a<b?b:a;
    }
})
```

然后就可以在页面中调用这两个公共函数。在下面这个示例中，当单击按钮后，浏览器会弹出提示对话框，要求输入两个值，然后提示两个值的大小。

```
<script type="text/javascript">
// 省略 jQuery.minValue() 和 jQuery.maxValue() 方法创建代码
```

Note

```
$(function(){
    $("input").click(function(){
        var a = prompt(" 请输入一个数值？ ");
        var b = prompt(" 请再输入一个数值？ ");
        var c = jQuery.minValue(a,b);
        var d = jQuery.maxValue(a,b);
        alert(" 你输入的最大值是：" + d + "\n 你输入的最小值是：" + c);
    });
})
</script>

<input type="button" value="jQuery 插件扩展测试 " />
```

jQuery.extend() 和 jQuery.fn.extend() 方法都包含一个参数对象，该参数仅接收名 / 值对结构，其中名表示函数或方法名，而值表示函数体。

jQuery.extend() 方法除了可以创建插件外，还可以用来扩展 jQuery 对象。

【示例 2】调用 jQuery.extend() 方法把对象 a 和 b 合并为一个新的对象，并返回合并对象赋值给变量 c。在合并操作中，如果存在同名属性，则后面参数对象的属性值会覆盖前面参数对象的属性值，在下面示例中把对象 a 和 b 合并为 c，合并对象如图 13.1 所示。

```
<script type="text/javascript">
var a = {                          // 对象直接量
    name : "zhu",
    pass : 123
}
var b = {                          // 对象直接量
    name : "wang",
    pass : 456,
    age : 1
}
var c = jQuery.extend(a,b);        // 合并对象 a 和 b
$(function(){
    for(var name in c){            // 遍历对象 c，显示合并后的对象 c 的具体属性和值
        $("div").html($("div").html() + "<br />"+ name + ":" + c[name]);
    }
})
</script>
<div></div>
```

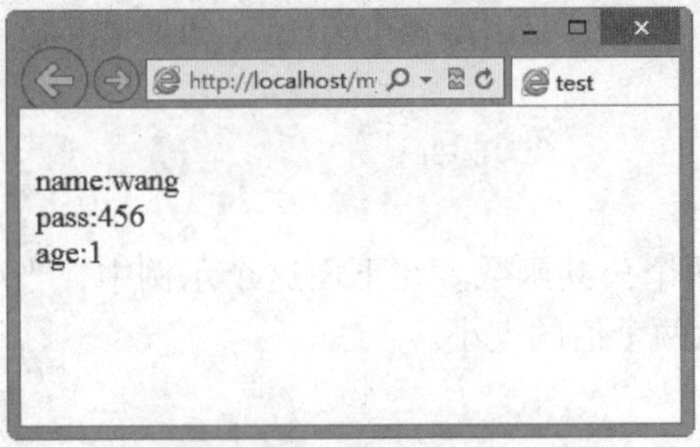

图 13.1　合并对象

【示例 3】在实际开发中，常用 jQuery.extend() 方法为插件方法传递系列选项结构的参数。

```
function fn(options){
    var options = jQuery.extend({            // 默认参数选项列表
        name1 : value1,
        name2 : value2,
        name3 : value3
    }, options);                             // 使用函数的参数覆盖或合并到默认参数选项列表中
    // 函数体
}
```

这样当调用该方法时，如果想传递新的参数值，就会覆盖默认的参数选项值，或者向函数参数添加新的属性和值。如果没有传递参数，则保持并使用默认值。

【示例 4】在下面几个函数调用中，分别传入新值，或者添加新参数，或者保持默认值。

```
fn({name1 : value2, name2 : value3, name3 : value1});     // 覆盖新值
fn({name4 : value4, name5 : value5 });                    // 添加新选项
fn();                                                     // 保持默认参数值
```

jQuery.extend() 方法的对象合并机制比传统的逐个检测参数不仅灵活且简洁，使用命名参数添加新选项也不会影响已编写的代码风格，让代码变得更加直观明白。

13.1.3　定义 jQuery 函数

jQuery 内置的很多方法都是通过全局函数实现的。所谓全局函数，就是 jQuery 对象的方法，实际上就是位于 jQuery 命名空间内部的函数。

有人把这类函数称为实用工具函数，它们有一个共同特征，就是不直接操作 DOM 元素，而是用这些函数来操作 JavaScript 非元素对象，或者执行其他非对象的特定操作，如 jQuery 的 each() 函数和 noConflict() 函数。

ajax() 方法就是一个典型的 jQuery 全局函数，$.ajax() 所做的一切都可以通过调用名称为 ajax() 的全局函数来实现。但是，这种方式会带来函数冲突问题，如果把函数放置在 jQuery 命名空间内，就会降低这种冲突，只要在 jQuery 命名空间内注意别出现与 jQuery 其他方法冲突即可。

使用 jQuery.extend() 方法可以扩展 jQuery 对象的全局函数。用户也可以使用下面方法快速定义 jQuery 全局函数。

【示例 1】针对 13.1.2 节示例 1，也可以按如下方法进行编写。

```
jQuery.minValue=function(a,b){
    return a<b?a:b;
};
jQuery.maxValue=function(a,b){
    return a<b?b:a;
}
```

如果向 jQuery 命名空间添加一个函数，只需要将这个函数指定为 jQuery 对象的一个属性即可。其中 jQuery 对象名也可以简写为 $。

考虑到 jQuery 的插件越来越多，在使用时可能会遇到自己的插件名与第三方插件名发生冲突的问题。

Note

为了避免这个问题，建议把属于自己的插件都封装在一个对象中。

【示例 2】针对上面创建两个的全局函数，可以把它们封装在自己的对象中。

```
jQuery.css8 = {
    minValue : function(a,b){
        return a<b?a:b;
    },
    maxValue : function(a,b){
        return a<b?b:a;
    }
}
```

尽管仍然可以把这些函数当成全局函数来看待，但是从技术层面分析，它们现在都是全局 jQuery 函数的方法，因此在调用这些函数时方式会发生变化。

```
var c = jQuery.css8.minValue(a,b);
var d = jQuery.css8.maxValue(a,b);
```

这样就可以轻松避免与其他插件发生冲突。

注意：即使页面中包含了 jQuery 框架文件，但是考虑到安全性，不建议以一种简写的方式（即使用 $ 代替 jQuery）进行书写，应该在编写的插件中始终使用 jQuery 来调用 jQuery 方法。

13.1.4 定义 jQuery 方法

jQuery 大多数功能都是通过 jQuery 对象的方法提供的，这些方法对于 DOM 操作来说非常方便。创建 jQuery 对象的方法可以通过为 jQuery.fn 对象添加方法实现。实际上，jQuery.fn 对象就是 jQuery.prototype 原型对象的别名，使用别名更方便引用。

【示例 1】下面函数是一个简单的 jQuery 对象方法，当调用时，将会弹出一个提示对话框。

```
jQuery.fn.test = function(){
    alert(" 这是 jQuery 对象方法！ ");
}
```

在下面示例中，如果单击页面中的“jQuery 插件扩展测试”按钮，弹出一个提示对话框，提示“这是 jQuery 对象方法！”。

```
<script type="text/javascript">
$(function(){
    $("input").click(function(){                //绑定 click 事件
        $(this).test();                         //在当前的 jQuery 对象上调用 test() 方法
    });
})
</script>

<input type="button" value="jQuery 插件扩展测试 " />
```

【示例 2】定义 jQuery 对象方法时，方法体内的 this 关键字总是引用当前 jQuery 对象，因此可以对上面的方法进行重写，实现动态提示信息。

```
jQuery.fn.test = function(){
    alert(this[0].nodeName);                    // 提示当前 jQuery 对象的 DOM 节点名称
}
```

单击“jQuery 插件扩展测试”按钮，就会弹出当前元素的节点名称，如图 13.2 所示。

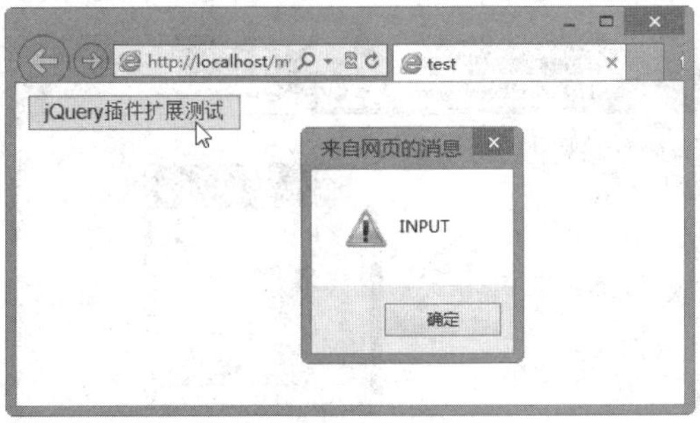

图 13.2　弹出当前元素的节点名称

在上面示例中，可以看到由于 jQuery 选择器返回的是一个数组类型的 DOM 节点集合，this 指针就指向当前这个集合。因此，显示当前元素的节点名称，必须在 this 后面指定当前元素的序号。

13.1.5　匹配元素

如果 jQuery 对象包含多个元素，在插件中该如何准确指定当前元素对象。解决方法：在 jQuery 对象方法中调用 each() 方法，通过隐式迭代的方式，让 this 指针依次引用每个匹配的 DOM 元素对象。这样也能够使插件与 jQuery 内置方法保持一致性。

【示例 1】针对 13.1.4 节示例做进一步的修改。

```
jQuery.fn.test = function(){
    this.each(function(){        // 遍历所有匹配的元素，此处的 this 表示对象集合，即 jQuery 对象
        alert(this.nodeName); // 显示当前元素的节点名称，此处的 this 表示元素对象
    });
}
```

然后，在调用该方法时，就不用担心 jQuery 选择器所匹配的元素有多少了。

【示例 2】下面示例设计单击不同元素时，显示当前元素的节点名称，如图 13.3 所示。

```
<script type="text/javascript">
jQuery.fn.test = function(){                    // 定义的 jQuery 对象方法
    this.each(function(){                       // 遍历 jQuery 对象
        alert(this.nodeName);                   // 提示当前元素的节点名称
    });
}
$(function(){
    $("body *").click(function(){               // 选择 body 元素下的所有元素
        $(this).test();                         // 为当前元素调用 test() 方法，提示当前元素的节点名称
    });
```

```
})
</script>

<input type="button" value="jQuery 插件扩展测试 " />
<div>div 元素 </div>
<p>p 元素 </p>
<span>span 元素 </span>
```

图 13.3　显示当前元素的节点名称

这样就可以实现根据选择器所匹配元素的不同，所定义的 test() 方法总能够给出不同的提示信息。

使用 jQuery 的用户习惯于链式语法，也就是说在调用一个方法之后，紧跟着调用另一个方法，这样会使代码更灵活、方便，也符合使用习惯。例如：

```
$(this).test().hide().height();
```

要实现类似的行为连写功能，就应该在每个插件方法中返回一个 jQuery 对象，除非方法需要明确返回值。返回的 jQuery 对象通常是 this 所引用的对象。如果使用 each() 方法迭代 this，则可以直接返回迭代的结果。

【示例 3】针对示例 2 做进一步的修改。

```
jQuery.fn.test = function(){
    return this.each(function(){                    // 返回迭代的 jQuery 对象
        alert(this.nodeName);
    });
}
```

然后就可以在应用示例中实现链式语法了。

【示例 4】在下面示例中，先弹出提示框，提示节点名称的信息，然后使用当前节点名称改写当前元素内包含的信息，最后再缓慢隐藏该元素，如图 13.4 所示。

```
<script type="text/javascript">
$(function(){
    $("body *").click(function(){
        $(this).test().html(this.nodeName).hide(4000);        // 连写行为
    });
})
</script>
```

```
<div>div 元素 </div>
<p>p 元素 </p>
<span>span 元素 </span>
```

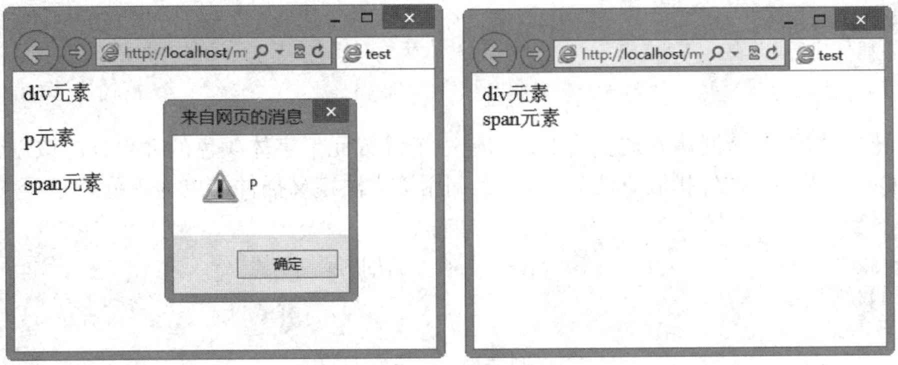

图 13.4　jQuery 方法连写演示效果

13.1.6　使用 extend

jQuery.extend() 方法能够创建全局函数，而 jQuery.fn.extend() 方法可以创建 jQuery 对象方法。jQuery.fn.extend() 方法仅包含一个参数，该参数是一个对象直接量，以名 / 值对形式组成的多个属性，名称表示方法名称，而值表示函数体。因此，在这个对象直接量中可以附加多个属性，为 jQuery 对象同时定义多个方法。

【示例 1】针对 13.1.6 节中介绍的示例，可以调用 jQuery.fn.extend() 方法来创建 jQuery 对象方法。

```
jQuery.fn.extend({
    test : function(){
        return this.each(function(){
            alert(this.nodeName);
        });
    }
})
```

【示例 2】针对示例 1 定义的 test() 方法，同样可以在 jQuery 选择器中直接调用。

```
<script type="text/javascript">
$(function(){
    $("body *").click(function(){
        $(this).test();                     // 调用 jQuery 对象方法
    });
})
</script>

<div>div 元素 </div>
<p>p 元素 </p>
<span>span 元素 </span>
```

Note

13.1.7 封装插件

封装 jQuery 插件的第一步是定义一个独立域，代码如下：

```
(function($){
    // 自定义插件代码
})(jQuery)                                    // 封装插件
```

确定创建插件类型，选择创建方式。例如，创建一个设置元素字体颜色的插件，应该创建 jQuery 对象方法。考虑到 jQuery 提供了插件扩展方法 extend()，调用该方法定义插件会更为规范。

```
(function($){
    $.extend($.fn,{                           //jQuery 对象方法扩展
        // 函数列表
    })
})(jQuery)                                    // 封装插件
```

一般插件都会接收参数，用来控制插件的行为，根据 jQuery 设计习惯，可以把所有参数以列表形式封装在选项对象中进行传递。

【示例 1】对于设置元素字体颜色的插件，应该允许用户设置字体颜色，同时还应考虑如果用户没有设置颜色，则应确保使用默认色进行设置。

```
(function($){
    $.extend($.fn,{                           //jQuery 对象方法扩展
        color : function(options){            // 自定义插件名称
            var options = $.extend({          // 参数选项对象处理
                bcolor : "white",             // 背景色默认值
                fcolor: "black"               // 前景色默认值
            },options);                       // 函数体
        }
    })
})(jQuery);                                   // 封装插件
```

最后，完善插件的功能代码。

```
(function($){
    $.extend($.fn,{
        color : function(options){                                 // 自定义插件名称
            var options = $.extend({                               // 参数选项对象处理
                bcolor : "white",                                  // 背景色默认值
                fcolor : "black"                                   // 前景色默认值
            },options);
            return this.each(function(){                           // 返回匹配的 jQuery 对象
                $(this).css("color", options.fcolor);              // 遍历设置每个 DOM 元素字体颜色
                $(this).css("backgroundColor", options.bcolor);    // 遍历设置每个 DOM 元素背景颜色
            })
        }
    })
})(jQuery);                                                        // 封装插件
```

【示例 2】完成插件封装之后，测试一下自定义的 color() 方法，演示效果如图 13.5 所示。

```
<script type="text/javascript">
// 省略插件定义
$(function(){                                        // 页面初始化
    $("h1").color({                                  // 设置标题的前景色和背景色
        bcolor : "#eea",
        fcolor : "red"
    });
})
</script>

<h1> 标题文本 </h1>
```

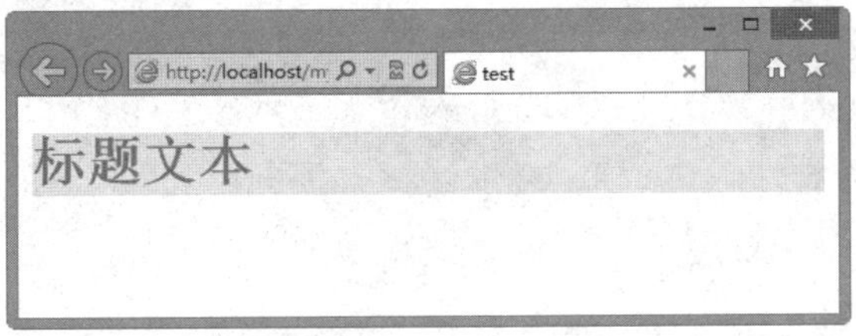

图 13.5　封装 jQuery 插件

13.1.8　开放参数

优秀的 jQuery 插件，应该以开放性的姿态满足不同个性化的设计要求，同时还应做好封闭性，避免外界有意或无意的破坏。首先，考虑开放插件的默认设置，这对于插件使用者来说会更容易使用较少的代码覆盖和修改插件。

【示例】以 13.1.7 节示例代码为例进行说明，把其中的参数默认值作为 $.fn.color 对象的属性单独进行设计，然后借助 jQuery.extend() 覆盖原来的参数选项即可。

```
(function($){
    $.extend($.fn,{
        color : function(options){
            var options = $.extend({}, $.fn.color.defaults, options);      // 覆盖原来的参数
            return this.each(function(){
                $(this).css("color", options.fcolor);
                $(this).css("backgroundColor", options.bcolor);
            })
        }
    })
    $.fn.color.defaults = {                                  // 独立设置 $.fn.color 对象的默认参数值
        bcolor : "white",
        fcolor : "black"
    }
})(jQuery);
```

在 color() 函数中，$.extend() 方法能够使用参数 options 覆盖默认的 defaults 属性值。如果没有设置 options

参数值，则使用 defaults 属性值。由于 defaults 属性是单独定义的，因此可以在页面中预设前景色和背景色，然后就可以多次调用 color() 函数，演示效果如图 13.6 所示。

```
<script type="text/javascript">
// 省略插件定义
$(function(){
    $.fn.color.defaults = {                    // 预设默认的前景色和背景色
        bcolor : "#eea",
        fcolor : "red"
    }
    $("h1").color();                           // 为标题 1 设置默认色
    $("p").color({bcolor:"#fff"});             // 为段落文本设置默认色，同时覆盖背景色为白色
    $("div").color();                          // 为盒子设置默认色
})
</script>

<h1> 标题文本 </h1>
<p> 段落文本 </p>
<div> 盒子 </div>
```

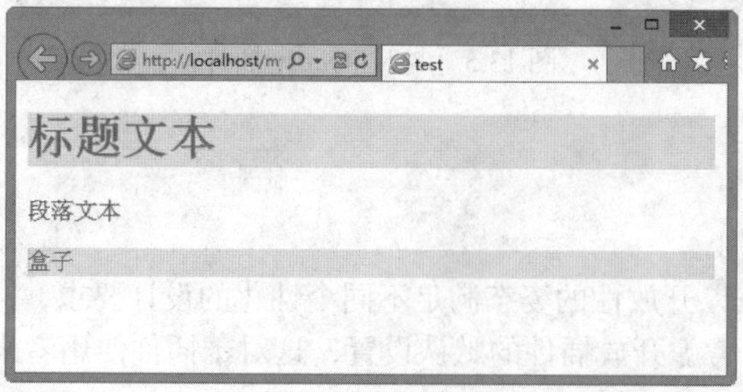

图 13.6　开发 jQuery 插件的默认参数设置

通过这种开发插件默认参数的做法，用户不再需要重复定义参数，这样就可以节省开发时间。

13.1.9　开放功能

用过 Cycle 插件的用户可能会知道，它是一个滑动显示插件，支持很多内部变换功能，如滚动、滑动、渐变消失等。实际上，在封装插件时，无法把所有功能都封装进去，也没有办法定义滑动变化上每种类型的变化效果。但是 Cycle 插件通过开放部分功能，允许用户重写 transitions 对象，这样就可以添加自定义变化效果，从而使该插件满足不同用户的不同需求。

Cycle 插件开放部分功能的代码如下：

```
$.fn.cycle.transitions = {
    // 扩展方法
};
```

这个技巧就可以允许其他用户能够定义和传递变换设置到 Cycle 插件。

以 13.1.8 节的示例为基础，为其添加一个格式化的扩展功能，这样用户在设置颜色的同时，还可以根

据需要适当进行格式化功能设计，如加粗、斜体、放大等功能操作。

```
(function($){
    $.extend($.fn,{
        color : function(options){
            var options = $.extend({}, $.fn.color.defaults, options); // 覆盖原来的参数
            return this.each(function(){
                $(this).css("color", options.fcolor);
                $(this).css("backgroundColor", options.bcolor);
                var _html = $(this).html();            // 获取当前元素包含的 HTML 字符串
                _html = $.fn.color.format(_html);      // 调用格式化功能函数对其进行格式化
                $(this).html(_html);                   // 使用格式化的 HTML 字符串重写当前元素内容
            })
        }
    })
    $.fn.color.defaults = {                            // 独立设置 $.fn.color 对象的默认参数值
        bcolor : "white",
        fcolor : "black"
    }
    $.fn.color.format = function(str){                 // 开放的功能函数
        return str;
    };
})(jQuery);
```

在上面示例中，通过开放的方式定义了一个 format() 功能函数，在这个功能函数中默认没有进行格式化设置，然后在 color() 函数体内利用这个开放性功能函数格式化当前元素内的 HTML 字符串。

【示例】调用 color() 函数，同时分别扩展了它的格式化功能，演示效果如图 13.7 所示。

```
<script type="text/javascript">
// 省略插件定义
$(function(){
    $.fn.color.defaults = {                            // 预设默认的前景色和背景色
        bcolor : "#eea",
        fcolor : "red"
    }
    $.fn.color.format = function(str){                 // 扩展 color() 插件的功能，使内部文本加粗显示
        return "<strong>" + str + "</strong>";
    }
    $("h1").color();
    $("p").color({bcolor:"#fff"});
    $.fn.color.format = function(str){                 // 扩展 color() 插件的功能，使内部文本放大显示
        return "<span style='font-size:30px;'>" + str + "</span>";
    }
    $("div").color();
})
</script>

<h1> 标题文本 </h1>
<p> 段落文本 </p>
<div> 盒子 </div>
```

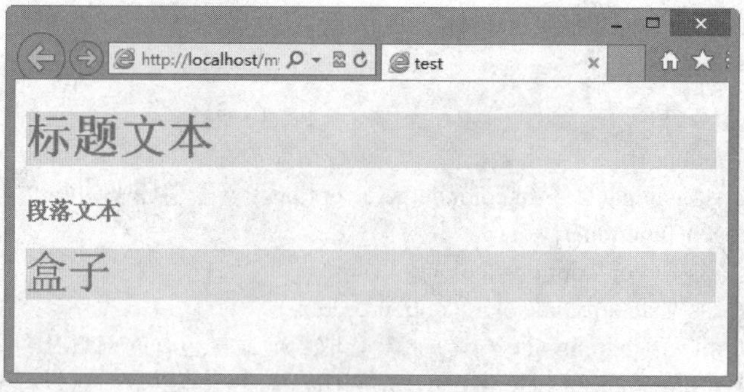

图 13.7　开放的 color() 插件

通过上述技巧，用户能够传递自己的功能设置，以覆盖插件默认的功能，从而方便了其他用户以当前插件为基础去扩写插件。

13.1.10　隐私保护

优秀的插件，不仅仅要追求开放性，还应该留意插件的隐私性。对于不应暴露的部分，如果不注意保护，很容易被外界入侵，破坏插件的功能。因此，在设计插件时必须考虑插件实现中应该暴露的部分。一旦被暴露，就需要铭记保持任何对于参数或者语义的改动也许会破坏向后的兼容性。如果不能确定应该暴露特定的函数，那么就必须考虑如何进行保护的问题。

当插件包含很多函数，在设计时希望这么多函数不影响命名空间，也不会被完全暴露，唯一的方法就是使用闭包。为了创建闭包，可以将整个插件封装在一个函数中。

【示例】 13.1.9 节示例进行讲解，为了验证用户在调用 color() 函数时所传递的参数合法，不妨在插件中定义一个参数验证函数，但是该验证函数是不允许外界侵入或者访问的，此时可以借助闭包把它隐藏起来，只允许在插件内部进行访问。

```
(function($){
    $.extend($.fn,{
        color : function(options){
            if(!filter(options))        // 调用隐私方法验证参数，不合法则返回
                return this;
            var options = $.extend({}, $.fn.color.defaults, options);
            return this.each(function(){
                $(this).css("color", options.fcolor);
                $(this).css("backgroundColor", options.bcolor);
                var _html = $(this).html();
                _html = $.fn.color.format(_html);
                $(this).html(_html);
            })
        }
    });
    $.fn.color.defaults = {                     // 省略函数体代码 };
    $.fn.color.format = function(str){          // 省略函数体代码 };
    function filter(options){                   // 定义隐私函数，外界无法访问
        // 如果参数不存在，或者存在且为对象，则返回 true，否则返回 false
```

```
            return !options || (options && typeof options === "object")?true : false;
        }
})(jQuery);
```

这样对于下面非法参数设置，则忽略该方法调用，但是不会抛出异常。

```
<script type="text/javascript">
// 省略插件定义
$(function(){
    $("p").color("#fff");
})
</script>

<p> 段落文本 </p>
```

13.1.11　非破坏性实现

在特定情况下，jQuery 对象方法可能会修改 jQuery 对象匹配的 DOM 元素，这时就有可能破坏方法返回值的一致性。为了遵循 jQuery 框架的核心设计理念，应该时刻警惕任何修改 jQuery 对象的操作。

【示例 1】 定义一个 jQuery 对象方法 parent()，用来获取 jQuery 匹配的所有 DOM 元素的父元素。

```
(function($){
    $.extend($.fn,{
        parent : function(options){                  // 扩展 jQuery 对象方法，获取所有匹配元素的父元素
            var arr = [];
            $.each(this, function(index, value){     // 遍历匹配的 DOM 元素
                arr.push(value.parentNode);          // 把匹配元素的父元素推入临时数组
            });
            arr = $.unique(arr);                     // 在临时数组中过滤重复的元素
            return this.setArray(arr);               // 把变量 arr 打包为数组类型返回
        }
    })
})(jQuery);
```

在上面 jQuery 对象方法中，通过遍历所有匹配元素，获取每个 DOM 元素的父元素，并把这些父元素存储到一个临时数组中，通过过滤、打包后返回。

【示例 2】 调用示例 1 的 parent() 方法为所有 p 元素的父元素添加一个边框，演示效果如图 13.8 所示。

```
<script type="text/javascript">
// 省略 jQuery 对象 parent() 方法定义
$(function(){
    var $p = $("p");                                 // 获取所有 p 元素，并存储到变量 $p 中
    $p.parent().css("border","solid 1px red");      // 调用 parent() 方法获取 p 元素的父元素，并设置边框样式为 1 像
                                                     // 素宽的红色实线
})
</script>

<div style="width:400px;height:200px;"> 大盒子
    <p> 段落文本 1</p>
```

```
        <div style="width:200px;height:100px;"> 小盒子
            <p> 段落文本 2</p>
        </div>
</div>
```

如果在设置了父元素的边框后，希望把 jQuery 对象匹配的所有元素隐藏起来，则可以添加下面代码，在浏览器中预览就会发现 div 元素也被隐藏起来，如图 13.9 所示。

```
$(function(){
    var $p = $("p");                              // 获取所有 p 元素，并存储到变量 $p 中
    $p.parent().css("border","solid 1px red");
    $p.hide();                                    // 隐藏所有 p 元素，即当前 jQuery 对象
})
```

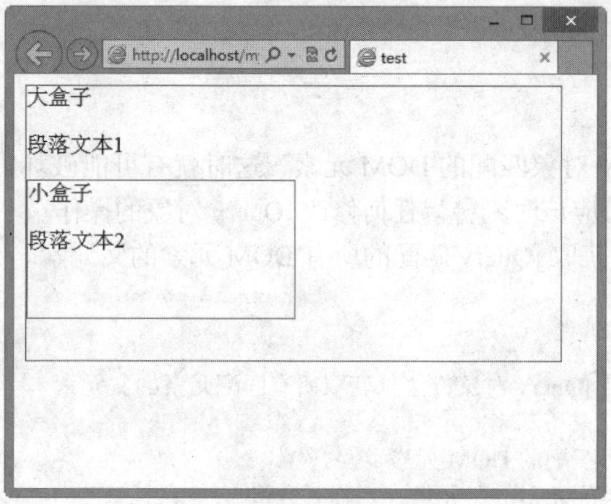

图 13.8　调用 parent() 自定义方法

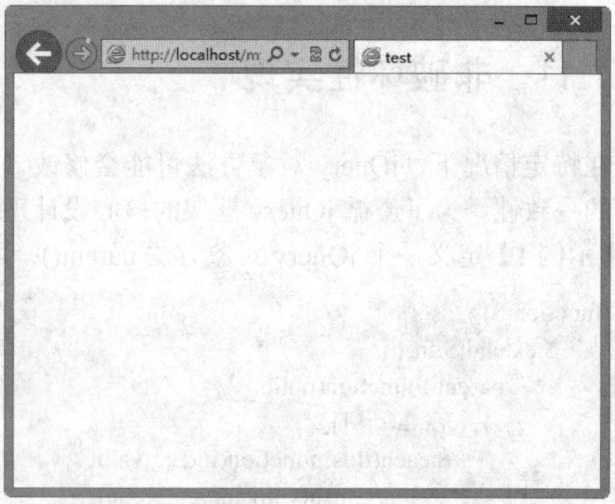

图 13.9　div 元素被隐藏起来

也就是说，在上面代码中 $p 变量已经被修改，它不再指向当前 jQuery 对象，而是 jQuery 对象匹配元素的父元素，因此为 $p 调用 hide() 方法，就会隐藏 div 元素，而不是 p 元素。

上面示例仅仅是破坏性操作的一种表现，如果要避免此类隐性修改 jQuery 对象的行为，建议采用非破坏性操作。

【示例 3】 使用 pushStack() 方法创建一个新的 jQuery 对象，而不是修改 this 所引用的 jQuery 对象，避免了这种破坏性操作行为，同时 pushStack() 方法还允许调用 end() 方法操作原来 jQuery 对象的方法。

```
(function($){
    $.extend($.fn,{
        parent : function(options){
            var arr = [];
            $.each(this, function(index, value){
                arr.push(value.parentNode);
            });
            arr = $.unique(arr);
            return this.pushStack(arr);    // 返回新创建的 jQuery 对象，而不是修改后的 jQuery 对象
        }
    })
})(jQuery);
```

如果继续执行上面的演示示例操作，则可以看到 div 元素边框样式被定义为红色，同时也隐藏了其包含的 p 元素，演示效果如图 13.10 所示。

图 13.10　使用非破坏性的 parent() 方法效果

针对上面的代码，可以采用链式语法进行编写。

```
$(function(){
    var $p = $("p");
    $p.parent().css("border","solid 1px red").end().hide();
})
```

其中 end() 方法能够恢复被破坏的 jQuery 对象。也就是说，parent() 方法返回的是当前元素的父元素的集合，现在调用 end() 方法之后，又恢复到最初的当前元素集合，此时可以继续调用方法作用于原来的 jQuery 对象。

13.1.12　添加事件日志

在传统开发中，软件都包含事件日志，这样就可以在事件发生时或发生后进行跟踪。在 JavaScript 程序调试中，常常使用 alert() 方法来跟踪进程，但是这种做法影响了程序的正常流程，不符合频繁、实时显示事件信息。可以模仿其他软件中的调试台 log() 函数，借助这个函数将事件日志信息输出到独立的日志文件中，从而避免中断页面交互进程。

首先，为 jQuery 对象添加一个全局函数 log()。在这个函数中，把发生的事件信息写入事件日志包含框中。

```
jQuery.log = function(msg){
    var html = jQuery('<div class="log"></div>').text(msg);
    jQuery(".logbox").append(html);
}
```

然后，在事件中调用日志方法，从而实时跟踪事件发生时的类型，演示效果如图 13.11 所示。

```
<script type="text/javascript">
// 省略 jQuery.log() 函数
$(function(){
```

Note

```
        $("input").click(function(event){
                var e = event.type;
                $.log(e);
        });
        $("input").mouseover(function(event){
                var e = event.type;
                $.log(e);
        });
        $("input").mouseout(function(event){
                var e = event.type;
                $.log(e);
        });
})
</script>
<input type="button" value=" 提交按钮 " />
<div class="logbox"></div>
```

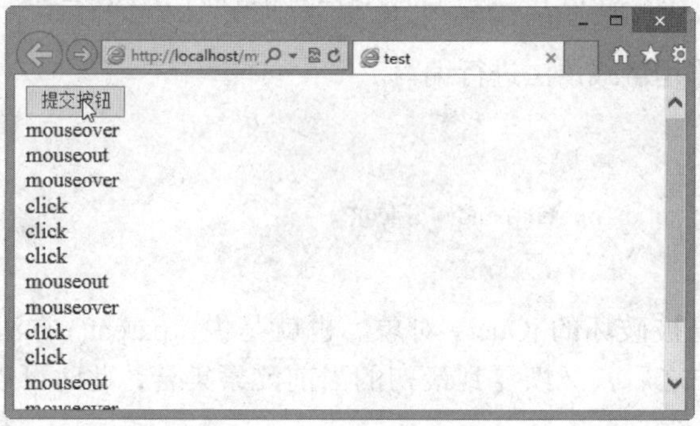

图 13.11　jQuery 事件日志跟踪

【示例 1】在一个页面中往往会包含很多事件示例，如果分别进行记录，会非常不方便，为此可以定义一个对象方法，而不是使用全局函数。

```
(function($){
    $.extend($.fn,{
        log : function(msg){
            var html = jQuery('<div class="log"></div>').text(msg);
            return this.each(function(){
                jQuery(".logbox").append(html);
            });
        }
    })
})(jQuery);
```

然后在实例中调用该日志方法，演示效果如图 13.12 所示。

```
<script type="text/javascript">
// 省略 log() 对象方法
$(function(){
    $("h1").click(function(event){
```

```
                var e = event.type;
                $(this).log(this.nodeName.toLowerCase() + "." + e);
        });
        $("p").mouseover(function(event){
                var e = event.type;
                $(this).log(this.nodeName.toLowerCase() + "." + e);
        });
        $("input").mouseout(function(event){
                var e = event.type;
                $(this).log(this.nodeName.toLowerCase() + "." + e);
        });
})
</script>

<h1> 标题文本 </h1>
<input type="button" value=" 提交按钮 " />
<p> 段落文本 </p>
<div class="logbox"></div>
```

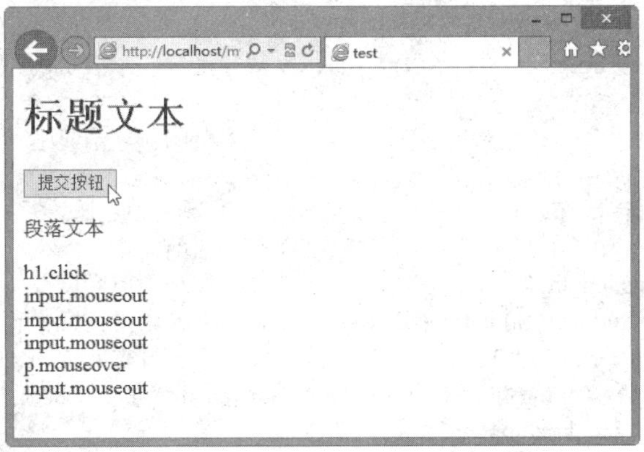

图 13.12　改进 jQuery 事件日志跟踪

【示例 2】进一步改善 log() 日志方法的灵活度，使其自动搜索最近显示日志信息的元素，通过利用该方法的语境，可以在遍历 DOM 元素中找到距离最近的日志元素。

```
(function($){
        $.extend($.fn,{
                log : function(msg){
                        return this.each(function(){
                                var $this = $(this);                          // 获取当前元素
                                while($this.length){                          // 如果存在当前元素
                                        var $logbox = $this.find(".logbox");// 在当前元素内搜索是否存在日志元素
                                        if($logbox.length){                   // 如果存在日志元素
                                                var html = jQuery('<div class="log"></div>').text(msg);
                                                $logbox.append(html);
                                                break;                        // 跳出检索
                                        }
                                        $this =    $this.parent();            // 检索上一级匹配元素
```

Note

```
                }
            });
        }
    })
})(jQuery);
```

还可以改善参数的处理机制，考虑到 log() 方法只能简单地接收字符串型信息，如果要向 log() 方法传递更多信息，就会变得无能为力。

【示例 3】遵循 jQuery 一贯设计思想，可以考虑允许用户以对象列表的形式向 log() 方法传递更多甚至无限制的信息。因此，还需对 log() 方法中的参数处理机制进行改善。如果用户向其传入对象类型的参数，则直接调用它，将会显示 [object object] 的字符串，显然这并不是期望的日志信息。

```
(function($){
    $.extend($.fn,{
        log : function(msg){
            if(typeof msg == "object"){                    // 如果参数为对象类型，则解析该对象包含的信息
                var str = "{ ";
                $.each(msg, function(name, value){         // 遍历对象成员
                    str += name + " : " + value + ", ";
                });
                str = str.substring(0,str.length-2);       // 清除最后一个成员的逗号
                str += " }";
                msg = str;                                 // 把解析的对象信息返给参数变量
            }
            return this.each(function(){
                var $this = $(this);                       // 获取当前元素
                while($this.length){                       // 如果存在当前元素
                    var $logbox = $this.find(".logbox"); // 在当前元素内搜索是否存在日志元素
                    if($logbox.length){                    // 如果存在日志元素
                        var html = jQuery('<div class="log"></div>').text(msg);
                        $logbox.append(html);
                        break;                             // 跳出检索
                    }
                    $this =    $this.parent();             // 检索上一级匹配元素
                }
            });
        }
    })
})(jQuery);
```

这样就可以在 log() 方法中传入更多的信息，当然也可以直接传入字符串信息，应用示例如下：

```
<script type="text/javascript">
// 省略的 log() 方法
$(function(){
    $("h1").mouseout(function(event){
        $(this).log({
            nodeName : this.nodeName.toLowerCase(),
            eventType : event.type
        });
```

```
    });
    $("p").mouseover(function(event){
        $(this).log({
            nodeName : this.nodeName.toLowerCase(),
            eventType : event.type
        });
    });
    $("input").click(function(event){
        var e = event.type;
        $(this).log(this.nodeName.toLowerCase() + "." + e);
    });
})
</script>

<h1> 标题文本 </h1>
<input type="button" value=" 提交按钮 " />
<p> 段落文本 </p>
<div class="logbox"></div>
```

演示效果如图 13.13 所示。

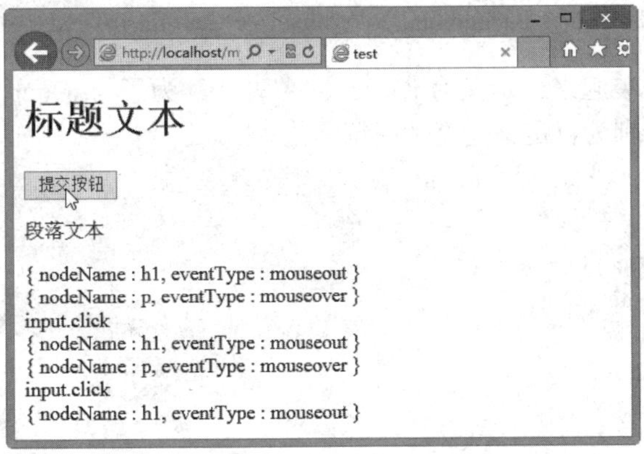

图 13.13　完善 log() 日志方法的参数处理

13.1.13　简化设计

在 jQuery 框架中，可以看到很多功能相近，但用法繁简不一的方法。例如，ajax() 方法能够解决所有异步通信问题，但是 jQuery 在 ajax() 方法的基础上又定义了 load()、get()、getJSON()、getScript() 等方法，这是基于特定方法上的一种简化式插件设计方法。类似的还有 bind() 方法，以及作者为每种事件类型单独定义的绑定方法，如 click()、mouseover() 等方法。

如果发现某段代码需要多次重复使用，或者多次重复调用某个方法，不妨思考在这个方法基础上创建一种简写形式，或者挑选出对项目开发有用的方法，并省略 jQuery 中那些无关或者烦琐的方法。这样就可以提高工作效率，优化代码结构。

animate() 是 jQuery 动画的基础，很多方法都是从该方法延伸出来的。在设计动画时，经常会把滑动显示和隐藏与渐显和渐隐动画混合在一起设计。

【示例】 直接使用 animate() 方法进行设计，如果频繁操作，就感觉比较耗时。

```
<script type="text/javascript">
$(function(){
    $("input").eq(0).click(function(){
        $("div").animate({                    // 淡出收起
            height :"hide",
            opacity :"hide"
        },"slow");
    })
    $("input").eq(1).click(function(){
        $("div").animate({                    // 淡入展开
            height :"show",
            opacity :"show"
        },"slow");
    })
})
</script>

<input type="button" value=" 渐隐收起 " /><input type="button" value=" 渐显展开 " />
<div style="height:200px; width:300px; background-color:blue; border:solid 1px red;"></div>
```

把上面的动画演示功能封装起来，定义为 jQuery 对象方法。为了与 jQuery 默认的简写动画方法保持一致，设计这两个方法的参数分别为自定义速度和回调函数。

```
(function($){
    $.extend($.fn,{
        showIn : function(speed, fn){
            return this.animate({
                height :"show",
                opacity :"show"
            },speed,fn);
        },
        hideOut : function(speed, fn){
            return this.animate({
                height :"hide",
                opacity :"hide"
            },speed,fn);
        }
    })
})(jQuery);
```

在上面代码中，this 关键字引用当前上下文的 jQuery 对象，因此可以直接调用 jQuery 自定义动画方法 animate()。然后，就可以直接为 div 元素调用 showIn() 方法和 hideOut() 方法。

```
$(function(){
    $("input").eq(0).click(function(){
        $("div").hideOut(4000);
    })
```

Note

```
        $("input").eq(1).click(function(){
            $("div").showIn(4000);
        })
})
```

视频讲解

13.2 案例实战：设计文字提示插件

下面将通过一个小型而实用的 jQuery 插件，帮助读者快速掌握扩展 jQuery 功能的方法和操作步骤。这个插件实现当鼠标滑过链接出现文字提示，提示框的背景颜色可以自由控制。

13.2.1 功能讲解

本案例将实现以下功能：

☑ 鼠标经过目标对象时会显示带有 title 属性的容器，呈现 title 属性值包含的文本内容，目标对象一般是链接、图片等。

☑ 可以控制提示框的背景颜色。

13.2.2 构建结构

新建 HTML 文档，构建一个简单的列表导航结构，代码如下：

```
<div>
    <h2> 推荐 9 个 jQuery 手风琴菜单插件 </h2>
    <ol>
        <li><a href="http://www.scriptocean.com/accordion.html" title=" 类似 RIA 之家的导航区域的效果 " class=
            "red">Javascript Accordion Menu Wizard</a></li>
        …
    </ol>
</div>
```

在上面结构中最重要的是 title 属性，该属性用于控制提示框出现的内容。class="blue" 类样式用于控制提示框的背景颜色。当鼠标第一次滑过列表项中某个链接对象时，会创建类似下面的提示框容器。

```
<a href="http://berndmatzner.de/jquery/hoveraccordion/" title="Regular and Hover Accordion Menus" class="blue">
  Regular and Hover Accordion Menus
    <span class="colorTip" style="margin-left: -60px;"> Regular and Hover Accordion Menus
        <span class="pointyTipShadow"></span>
        <span class="pointyTip"></span>
    </span>
</a>
```

13.2.3 设计思路

jQuery 插件设计一般都遵循固定的模板，模板如下：

```
(function($){
    $.fn. 插件名 = function(settings){
        // 默认参数
        var defaultSettings = {
        }
        /* 合并默认参数和用户自定义参数 */
        settings = $.extend(defaultSettings,settings);
        return this.each(function(){
        });
    }
})(jQuery);
```

这是最基础的 jQuery 插件结构。先来看模板中的如下代码：

```
(function($){

})(jQuery);
```

上面代码其实是用于创建一个匿名函数。读者应该对 JavaScript 闭包有所了解，如果对匿名函数和闭包不了解，将会对这种代码非常疑惑，建议阅读 JavaScript 匿名函数及函数的闭包相关知识。

模板中匿名函数的作用是用来保护 $ 这个变量，避免 $ 变量与页面中的全局变量冲突。这点非常重要，$ 变量名在网页脚本中使用率非常高，用户一般无法保证所引入的其他 JavaScript 插件或者代码都是用 $ 来代表 jQuery。

jQuery 是 jQuery 库定义的一个全局变量，而 $ 变量名相当于 jQuery 的简写，$ 冲突率是非常高的，不同的 JavaScript 框架，$ 有不同的含义，但如果使用 jQuery，那又会非常烦琐。上面匿名函数创建了闭包，意味着在这个闭包内可以任意使用 $ 变量，不用担心冲突的问题。同时将 jQuery 这个全局变量传入匿名函数，并执行匿名函数。

在第二行代码中，$.fn 与 jQuery.fn 本质上可以等于 jQuery.prototype。prototype 表示原型继承，prototype 在 JavaScript 中极其重要，是 JavaScript 实现面向对象编程的关键。以 colorTip 为例：

```
(function($){
    $.fn.colorTip= function(settings){
        alert(1);
    }
});
```

上面代码实际上给 jQuery 扩展了一个名为 colorTip 的方法，接下来就可以按如下方法调用执行该方法。

```
(function($){
    $('a').colorTip();
});
```

在 $.fn.colorTip 中，this 上下文就会指向 $('a') 这个对象。

在接下来的代码中，$.extend 在 jQuery 插件开发中有个很重要的作用，就是用于合并参数。以 colorTip 为例，先定义默认参数对象 defaultSettings，然后把用户调用插件时传递的参数覆盖默认参数，实现参数合并。

```
(function($){
    var defaultSettings = {
```

Note

```
        // 颜色
        color                                   : 'yellow',
        // 延迟
        timeout                                 : 500
    }
    / 提示框的颜色
    var supportedColors = ['red','green','blue','white','yellow','black'];
    /* 合并默认参数和用户自定义参数 */
    settings = $.extend(defaultSettings,settings);
});
```

插件调用代码如下：

```
$('a').colorTip({color:'blue'});
```

如果运行以上代码，就会发现弹出的值为blue，而不再是默认的yellow。"$.extend(defaultSettings,settings);"的含义是使用settings来覆盖defaultSettings（同名键值）。实际上，extend()不只接收两个参数，相对于模板上的写法，还可以按如下方法编写：

```
settings = $.extend({},defaultSettings,settings);
```

即不去覆盖defaultSettings（默认参数），而是合并到一个空对象上。

接下来增加一个animate参数，这个参数也是对象类型：

```
var defaultSettings = {
    // 颜色
    color        : 'yellow',
    // 延迟
    timeout      : 500,
    animate      :{type:"fade",speed:"fast"}
}
```

调用如下：

```
$('a').colorTip({color:'yellow',animate:{type:"slide"}});
```

在"settings = $.extend({},defaultSettings,settings);"下加上：

```
alert(settings.animate.speed);
```

按理说，应该得到的是fast，实际上是undefined。原因是animate是对象，不开启深度复制，extend()方法就会直接覆盖。此时可以使用下面代码进行合并：

```
settings = $.extend(true,defaultSettings,settings);
alert(settings.animate.speed);
```

这样就会得到fast返回值。

在最后几行代码中，应该明白下面几个问题：

```
return this.each(function(){
    // 代码
});
```

☑　this 指代什么？

调用插件如下：

```
$('[title]').colorTip({color:'yellow'});
```

那么这里 this 实际上是指向 $('[title]')。

☑　为什么使用 return？

this.each() 执行完后返回的是 this，这时候再输入 return this.each()，返回的依旧是 this，而这个 this 上下文又是指代 $('[title]')，意味着用户可以在 colorTip() 后继续加其他方法，例如：

```
$('[title]').colorTip({color:'yellow'}).size();
```

☑　为什么要使用 each？

先看下面代码：

```
$('[title]').colorTip({color:'yellow'});
```

$('[title]') 很明显是一个对象集合，即所有带有 title 属性的容器都能出现提示框，所以就需要遍历 $('[title]') 对象。

13.2.4　难点突破

该插件脚本实现比较简单，难点是如何实现可以自由控制颜色的提示框。要控制提示框主体的边框颜色和背景颜色自然不难，难在如何自由控制三角形部分的颜色。通过分析，用户会发现只有使用纯 CSS 设计的三角形，才可以自由控制其颜色。这里就需要用到一个 CSS 技巧：使用 CSS 中的 border 属性设计三角形。

结构如下：

```
<span class="colorTip" style="margin-left: -60px;"> Regular and Hover Accordion Menus
    <span class="pointyTipShadow"></span>
    <span class="pointyTip"></span>
</span>
```

其中<span class="pointyTipShadow">和<span class="pointyTip">是两个空的标签，它们的作用是设计三角形，<span class="pointyTip"> 三角宽度为 12px，颜色与提示框主体背景颜色一样，而 <span class="pointyTipShadow"> 三角宽度为 14px，放在 <span class="pointyTip"> 的下面，颜色与提示框主体边框颜色一样，就产生了边框错觉。

然后通过 CSS 设计三角形样式，代码如下：

```
.colorTip { display:none; position:absolute; left:50%; top:-30px; padding:6px 12px; background-color:white; font-size:12px;
    font-style:normal; line-height:1; text-decoration:none; text-align:center; text-shadow:0 0 1px white; white-space:nowrap;
    -moz-border-radius:4px; -webkit-border-radius:4px; border-radius:4px; }
.pointyTip, .pointyTipShadow { border:6px solid transparent; bottom:-12px; height:0; left:50%; margin-left:-6px;
    position:absolute; width:0; }
.pointyTipShadow { border-width:7px; bottom:-14px; margin-left:-7px; }
.colorTipContainer { position:relative; text-decoration:none !important; }
```

代码看上去不少，其实只要理解 border 生成三角形，剩下的代码主要还是用于调整位置。整个 CSS 样式代码请参考本节示例源代码。

Note

13.2.5 代码实现

解决了颜色控制这个难点，接下来代码实现难度就不大了，详细说明如下。

1. 设置参数

本插件需要提供两个参数：颜色和隐藏提示框的延迟时间。当然，可以根据需要提供更多的配置参数。

```
var defaultSettings = {
    color         : 'yellow',          // 颜色
    timeout       : 500                // 延迟
}
/* 合并默认参数和用户自定义参数 */
settings = $.extend(defaultSettings,settings);
```

2. 创建数组

创建一个包含所有颜色信息的数组，代码如下。

```
// 提示框的颜色
var supportedColors = ['red','green','blue','white','yellow','black'];
```

3. 设计定时器

本插件需要定义一个定时器，这个定时器用于当鼠标移开目标容器时，多长时间隐藏提示框。

```
/* 定时器类 */
function eventScheduler(){}
eventScheduler.prototype = {
    set : function (func,timeout){            // 添加定时器
        this.timer = setTimeout(func,timeout);
    },
    clear: function(){                        // 清理定时器
        clearTimeout(this.timer);
    }
}
```

eventScheduler 类结构简单，该类型包含两个原型方法：set() 用来添加定时器，clear() 用来清理定时器。

4. 设计提示框

创建提示框类 Tip，该类型包含两个本地属性，即 content 和 shown，其中 content 定义提示框包含的文本内容，shown 表示一个开关按钮，定义是否显示提示框。同时该类型还包含三个原型方法：generate()、show() 和 hide()。

```
/* 提示类 */
function Tip(txt){
    this.content = txt;
    this.shown = false;
}
Tip.prototype = {
    generate: function(){                          // 产生提示框
        return this.tip || (this.tip = $('<span class="colorTip">'+this.content+'<span class="pointyTipShadow"></span>
          <span class="pointyTip"></span></span>'));
    },
```

```
    show: function(){                                        // 显示提示框
        if(this.shown) return;
        this.tip.css('margin-left',-this.tip.outerWidth()/2).fadeIn('fast');
        this.shown = true;
    },
    hide: function(){                                        // 隐藏提示框
        this.tip.fadeOut();
        this.shown = false;
    }
}
```

注意： Tip 和 eventScheduler 类都是在 $.fn.colorTip 函数体外定义的，可以自由调用，但是它们都是私有类型，外界是无法访问的。

5. 设计 Colortip 代码

首先，需要实例化 Tip 和 eventScheduler 类。

```
// 实例化 eventScheduler（定时器）
var scheduleEvent = new eventScheduler();
// 实例化 Tip（提示类，产生、显示、隐藏）
var tip = new Tip(elem.attr('title'));
```

然后，产生提示框，将提示框加入目标容器，并给提示框父容器添加样式。

```
elem.append(tip.generate()).addClass('colorTipContainer');
```

再检查提示框父容器是否有颜色样式，这里只需给没有颜色样式的目标容器，加入默认的颜色样式（黄色）。

```
var hasClass = false;
for(var i=0;i<supportedColors.length;i++){
    if(elem.hasClass(supportedColors[i])){
        hasClass = true;
        break;
    }
}
// 如果没有，使用默认的颜色
if(!hasClass){
    elem.addClass(settings.color);
}
```

最后，给目标容器添加鼠标滑过事件。设计当鼠标滑过提示框父容器时，显示提示框，而鼠标移出，则隐藏。

```
elem.hover(function(){
    tip.show();
    // 清理定时器
    scheduleEvent.clear();
},function(){
    // 启动定时器
```

```
        scheduleEvent.set(function(){
            tip.hide();
        },settings.timeout);
    });
    // 删除 title 属性
    elem.removeAttr('title');
```

至此，Colortip 插件代码设计全部结束，该插件能够自由控制提示框颜色，但 Colortip 还存在不少的局限性，只能满足基本的应用，这里仅作为学习案例帮助读者快速掌握 jQuery 插件的一般开发过程。整个插件的完整代码请参考本节示例源码。

13.2.6 应用插件

完成插件的设计，就可以在页面中应用该插件了，使用 jQuery 匹配文档中的包含 title 属性的元素，然后调用 colorTip() 方法即可。在调用时可以传递参数对象，设置个人的提示框字体颜色和背景颜色等样式。案例演示效果如图 13.14 所示。

```
$(function(){
    $('[title]').colorTip({color:'yellow'});
})
```

图 13.14　应用自定义插件 colorTip()

13.3 在 线 练 习

本节提供多个页面操作案例，感兴趣的读者可以扫码阅读。

在线练习

第 14 章

案例实战：使用 jQuery 设计微博系统

微博是近年比较流行的一种 Web 2.0 的网络媒体形式，它与普通的博客很像，但是每次只能书写很短的内容，功能类似于即时通信工具，可以说它是 QQ 和博客的混合体。本章将介绍如何使用 jQuery 结合 PHP 实现一个简易版的微博系统。

14.1　设计思路

微博是一种可以即时发布消息的类似博客的系统，是即时信息的一个变种。在微博上，允许用户将自己的最新动态和想法以短消息的形式发送给手机和个性化网站群，而不仅仅是发送给个人。博客的概念已经流行了很久，但渐渐地大家也发现了很多不足。例如，写大段的文章比较困难，小段的又缺少内涵，不容易与博客的主题契合，于是微博开始流行。

微博最大的特点就是集成化和开放化，用户可以通过手机、IM 软件和外部 API 接口等途径向自己的微博发布消息。微博的另一个特点还在于这个“微”字，一般发布的消息只能是只言片语，一般的微博系统每次只能发送 100～200 个字符。如图 14.1 所示是新浪微博网站的页面。

图 14.1　新浪微博效果

Twitter 是微博系统的开山鼻祖。2006 年，博客技术先驱 blogger.com 创始人埃文·威廉姆斯（Evan Williams）创建的新兴公司 Obvious 推出了 Twitter 服务。在最初阶段，这项服务只是用于向好友的手机发送文本信息。2006 年年底，Obvious 公司对服务进行了升级，用户无须输入自己的手机号码，便可通过即时信息服务和个性化 Twitter 网站接收和发送信息。

最初计划是在手机上使用 Twitter，并且与计算机一样方便使用。所有的 Twitter 消息都被限制在 140 个字符之内，因此每条消息都可以作为一条短消息发送。这就是 Twitter 的迷人之处。

国内也出现了许多类似 Twitter 的网站，如新浪微博、腾讯微博等十余家网站，但比较流行的仅有新浪微博，其主要优势是对中文的良好支持，以及与国内移动通信服务商、即时聊天工具的绑定。本章将实现一个类似于 Twitter 的微博系统，用户可以使用该系统发布言论，其页面将尽量保持简单明了，示例演示效果如图 14.2 所示。

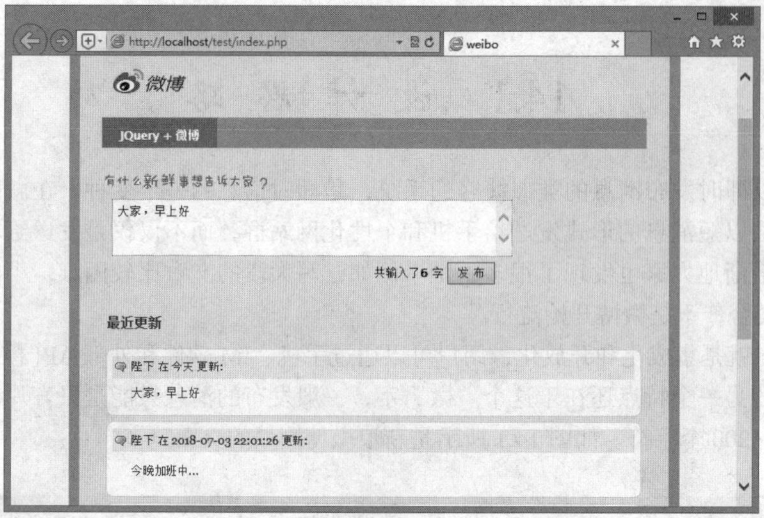

图 14.2　简单的微博效果

14.2　设计网站结构

从 Twitter 网站以及新浪微博网站的主页可以看出，微博网站在设计上的一个特点就是界面极其简单，因此使用起来也十分容易，这也是微博得到很多人推崇的一个重要原因。

本节将设计微博主页的结构，实现一个类似于 Twitter 或者饭否的微博系统，用户可以使用该系统发布言论，其页面将尽量保持简单明了。HTML 主要结构如下：

```
<div id="wrapper">
    <h1> 首页 </h1>
    <ul id="nav">
        <li><a class="current" href="index.html">jQuery + 微博 </a></li>
        <li><a href="#"></a></li>
    </ul>
    <div id="content"> <img src="images/logo1.png" />
        <form id="commentForm">
            <fieldset>
                <textarea id="cmessage" name="message" ></textarea>
                <legend> 共输入了 <span id="counter"></span> 字
                <input name="btnSign" class="submit" type="submit" id="csubmit" value=" 发 布 ">
                </legend>
            </fieldset>
        </form>
        <div id="messagewindow"></div>
    </div>
    <div id="foot"> 版权信息 </div>
</div>
```

保存文档为 index.php，作为整个系统的入口页面。页面上仅仅包含一个用于文本输入的表单元素，以及一块用于显示用户输入消息的文本区域 <div id="messagewindow">。

以下各节将使用 PHP 实现后台程序，并使用 jQuery 实现页面内容的更新及显示，整个实例的目录层次结构如图 14.3 所示。

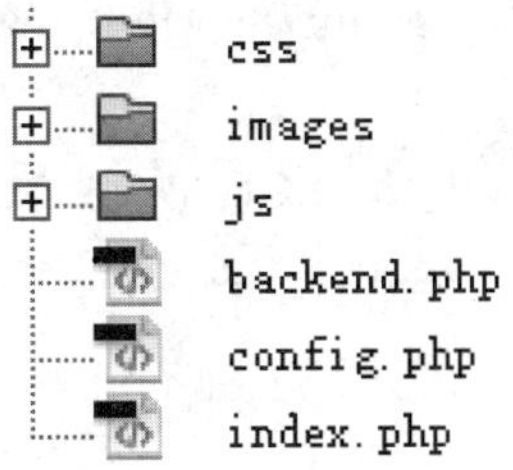

图 14.3　网站结构

具体说明如下：

- ☑ css：目录，用于保存测试页面的样式表文件，即 grccn.css。
- ☑ images：目录，用来存储需要用到的图片，如 logo 图片等。
- ☑ js：目录，用于保存 jQuery 库等脚本文件。
- ☑ backend.php：为后台处理程序，在本例中负责处理信息的添加流程。
- ☑ config.php：用于配置数据库信息。
- ☑ index.php：主页面。

14.3　设计数据库

使用 phpMyAdmin 创建数据库，名称为 db_weibo。在 db_weibo 数据库中新建数据表 tb_message。数据表 tb_message 的结构如下：

```
CREATE TABLE IF NOT EXISTS 'tb_message' (
  'id' int(10) NOT NULL,
  'message' text NOT NULL,
  'date' datetime NOT NULL
) ENGINE=MyISAM AUTO_INCREMENT=10 DEFAULT CHARSET=utf8;
```

在 phpMyAdmin 中设计数据表结构，效果如图 14.4 所示。

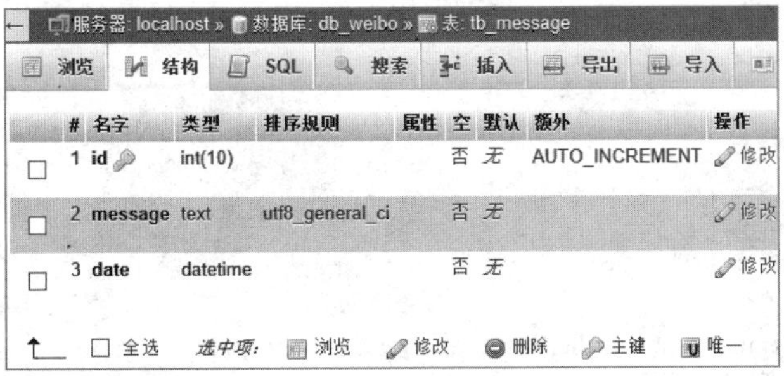

图 14.4　设计数据表结构

提示：读者可以通过本节示例源码提供的数据包或 db_weibo.sql，快速安装数据库，并导入试验数据。具体方法如下：

（1）复制 Data 目录中的 MySQL 数据库包，然后复制到本地 MySQL 数据库安装路径下。注意，是数据存放路径，如 C:\ProgramData\MySQL\MySQL Server 5.7\Data，具体路径根据个人系统和安装路径而定。

（2）使用 phpMyAdmin 在本地 MySQL 中新建数据库，数据库名称为 db_weibo。选择数据库 db_weibo，在顶部导航菜单中选择“导入”命令，按要求操作即可把数据表 db_weibo.sql 导入 db_weibo 数据库。

14.4 连接数据库

用户输入的微博信息将被保存在数据库中，每次用户输入并单击提交按钮后将信息写入数据库，并同时显示在页面上。如果用户刷新页面，将自动从数据库中读取信息并显示。

打开配置文件 config.php，在其中设置数据库连接的基本信息，代码如下：

```
<?php
// 数据库连接信息，读者需要根据本地 MySQL 的配置进行重新设置
$dbhost = "localhost";              // 服务器
$dbuser = "root";                   // 用户名
$dbpass = "11111111";               // 用户登录 MySQL 密码
$dbname = "db_weibo";               // 连接数据库的名称
// 建立与服务器的连接
$conn = mysqli_connect ($dbhost, $dbuser, $dbpass) or die ('I cannot connect to the database because: ' . mysqli_error());
// 选择数据库
mysqli_select_db ($conn, $dbname);
?>
```

14.5 显示微博

在首页编写如下 PHP 脚本，用来从数据库中读取微博信息并显示出来。

```
<?php
// 连接数据库
include("config.php");
// 准备查询字符串
$query = "SELECT id, message, date ".
         "FROM tb_message ".
         "ORDER BY id DESC ";
// 执行查询操作
$result = mysqli_query($conn, $query) or die('Error, query failed. ' . mysqli_error());
// 如果没有查询到记录，则进行提示
if(mysqli_num_rows($result) == 0){
```

```
        echo "<h3 id='comm'> 暂时没有更新 .</h3>";
        echo "<ul id='comments'></ul>";
}else{
        echo "<h3 id='comm'> 最近更新 </h3>" .
            "<ul id='comments'>";
        // 得到所有的数据
        while($row = mysqli_fetch_array($result)){
            // 将每行数据的值赋给变量
            list($id, $message, $date) = $row;
            // 处理 HTML 特殊字符
            $message = htmlspecialchars($message);
            // 将新行字符转换为 <br>
            $message = nl2br($message);
            echo "<li><p class='info'> 陛下 在 $date 更新 :</p>";
            echo "<div class='body'><p>" . $message . "</p>";
            echo "</div></li>";
        }
        echo "</ul>";
}
?>
```

查询到的记录集，经过 mysqli_num_rows($result) 返回，然后使用 while 语句，循环读取并显示，读取使用 mysqli_fetch_array($result)) 获取记录集中每行记录，然后绑定到页面 <div id="messagewindow"> 容器中显示出来。

14.6　发布微博

首先，在首页 index.php 中设计一个简单的发布表单。表单中包含一个文本框和一个提交按钮，代码如下：

```
<form id="commentForm">
    <fieldset>
        <textarea id="cmessage" name="message" ></textarea>
        <legend> 共输入了 <span id="counter"></span> 字
        <input name="btnSign" class="submit" type="submit" id="csubmit" value=" 发 布 ">
        </legend>
    </fieldset>
</form>
```

然后，在页面头部区域使用 jQuery 获取用户输入的信息，当单击按钮提交表单时，使用 $.post() 把信息以异步方式传递给服务器端程序 backend.php 文件。同时，把用户新发布的信息同步更新到页面底部显示出来。

```
$(document).ready(function(){
    $("#commentForm").submit(function(){
        $.post("backend.php",{
                    message: $("#cmessage").val(),
                    action: "postmsg"
```

Note

```
                }, function(xml) {
                    $("#comm").html(" 最近更新 ");
                    addMessages(xml);
                });
            return false;
        });
        $("#counter").html($("#cmessage").val().length + "");
        $("#cmessage").keyup(function(){
            // 得到输入的字数
            $("#counter").html($(this).val().length);
        });
});
function addMessages(xml) {
        message = $("message",xml).get(0);
        $("#comments").prepend("<li><p class='info'> 陛下 在 今天 更新 :</p><div class='body'>"+ $("text",message).text() +
          "</div></li>");
}
```

为了避免用户输入大量字符，使用 $("#cmessage").keyup 事件监测键盘输入的字符数，并实时动态在页面进行提醒。

最后，打开 backend.php，在该脚本文件中用来接收用户输入的信息，并把它插入数据库中保存起来，同时以 XML 格式返回响应数据。

```
<?php
include("config.php");                    // 连接数据库
header("Content-type: text/xml");         // 定义响应的数据格式
header("Cache-Control: no-cache");        // 禁止缓存
// 接收用户发布的信息
if(isset($_POST["message"])){
      $message = $_POST["message"];
}else {
      $message = "";
}
if(isset($_POST["action"])){
      $action = $_POST["action"];
}else {
      $action = "";
}
// 如果还没有被转义，则进行转义
if(!get_magic_quotes_gpc()){
      $message = addslashes($message);
}
if($action == "postmsg"){
      // 查询字符串
      $query = "INSERT INTO tb_message (message, date) VALUES ('$message', now())";
      mysqli_query($conn, $query) or die('Error, query failed. ' . mysqli_error());
}
"<?xml version=\"1.0\"?>\n";
echo "\t<message>\n";
```

```
    echo "\t\t<text>$message</text>\n";
    echo "\t</message>\n";
?>
```

一般情况下，还需要对用户输入的字符进行一些特殊处理。例如，在上面的代码中，get_magic_quotes_gpc() 函数用于转义 SQL 语句中使用的字符串中的特殊字符。如果成功，则该函数返回被转义的字符串；如果失败，则返回 false。

addslashes() 函数在指定的预定义字符前添加反斜杠，这些预定义字符包括单引号、双引号、反斜杠、NULL 等。

默认情况下，PHP 指令 magic_quotes_gpc 为 on，对所有的 GET、POST 和 COOKIE 数据自动运行 addslashes() 函数。不要对已经被 magic_quotes_gpc 转义过的字符串使用 addslashes()。因为这样会导致双层转义，遇到这种情况时可以使用 get_magic_quotes_gpc() 函数进行检测。

接下来判断用户请求的事件类型，如果是 postmsg，则将服务器端得到的数据写入数据库。

最后将新添加的一条数据以 XML 的格式响应并显示出来。

14.7 在线练习

本例设计一个 MP3 播放器，界面模仿主流手机 MP3 的简洁界面，配合使用 jQuery Mobile+HTML 5 设计一款移动版 MP3 播放器。HTML 5 新增一个 <audio> 标签，该标签可以播放本地的音频文件，也可以播放远程音乐文件，功能比较强大，结合 jQuery Mobile 精美界面，用户可以轻松设计具有良好交互性的移动多媒体应用项目。

在线练习

第15章

案例实战：使用 jQuery 开发网店

（视频讲解：60 分钟）

本章逐步讲解如何创建一个购物网站，重点介绍该网站的前端开发过程。前端开发主要涉及网站结构、网页效果以及页面交互功能实现，需要掌握的基本工具有 HTML、CSS 和 JavaScript。另外，还需要读者了解 jQuery 的使用。

15.1　网　站　策　划

视频讲解

这是一个购物网站，主要向年轻人提供时尚服装、首饰和玩具等商品。既然面向的客户群是年轻人，那么网站应该给人一种很时尚的感觉。因此，需要给网站增加一些与众不同的交互功能来吸引客户。

本案例能够根据商品分类进行显示，并根据分类显示记录。在浏览中浏览者能够与页面进行多区块动态互动，网站首页效果如图 15.1 所示，详细页效果如图 15.2 所示。

图 15.1　网站首页效果

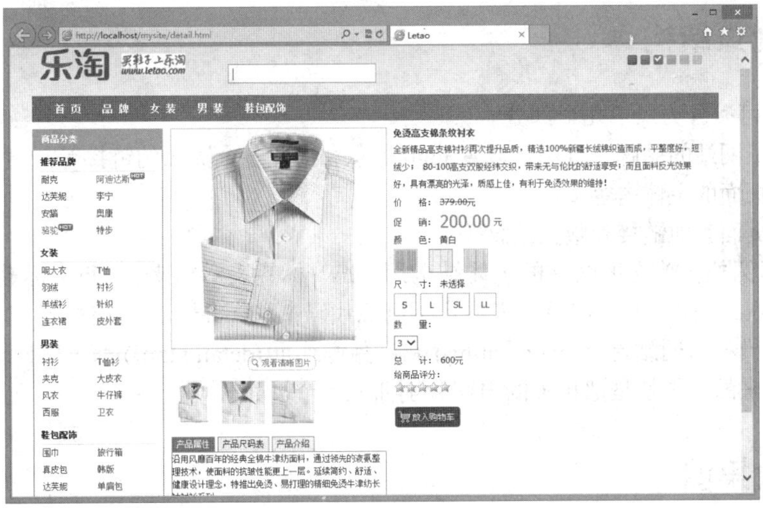

图 15.2　网站详细页效果

整个示例以 HTML+CSS+JavaScript+jQuery 技术混合进行开发，遵循结构、表现、逻辑和数据完全分离的原则进行设计。

☑ 结构层由 HTML 负责，在结构内不包含其他层代码。
☑ 表现层完全独立，并实现表现动态样式控制。
☑ 逻辑层使用 JavaScript+jQuery 技术配合进行开发，充分发挥各自优势，以实现最优化代码编辑原则。

Note

本案例不需要后台服务器技术的支持，因此对于广大初学者来说，可以在本地或远程计算机上进行调试和运行。

视频讲解

15.2 设计网站结构

首先准备好搭建本网站的基本素材。例如，各种产品的种类、产品的介绍性文字、产品的图片和价格等信息。然后把这些素材合理整合，创建一个令人舒适、愉悦的网站。

本案例比较复杂，在开发之前，应先梳理一下整个案例的数据结构以及所要达到的目的。

15.2.1 定义文件结构

每个网站或多或少都会用到图片、样式表和 JavaScript 脚本，因此在开始创建该网站之前，需要对文件夹结构进行设计。本网站模板包含如下文件夹：

☑ images 文件夹：用来存放将要用到的图片。
☑ styles 文件夹：用来存放网站所需要的 CSS 样式表。
☑ scripts 文件夹：用来存放网站所需要的 jQuery 脚本。

本例功能主要为展示商品和针对商品的详细介绍，因此只需做两个页面，即首页（index.html）和商品详细页（detail.html）。

15.2.2 定义网页结构

购物网站基本上可以分为以下几个部分。

☑ 头部：相当于网站的品牌，可用于放置 logo 标志和通往各个页面的链接等。
☑ 内容：放置页面的主体内容。
☑ 底部：放置页面其他链接和版权信息等。

本案例网站也不例外，首先把网站的主体结构用 <div> 标签表示出来，<div> 标签的 id 属性值分别为 header、content 和 footer，HTML 代码请参考本章示例源代码中的 index.html 文件。

这是一个通用的模板，网站首页 (index.html) 和产品详细页 (detail.html) 都可以使用该模板。有了这个基本的结构后，接下来的工作就是把相关的内容分别插入各个页面。

15.2.3 设计效果图

现在已经知道该网站每个页面的大概结构，再加上网站的原始素材，接下来就可以着手设计这些页面效果。使用 Photoshop 完成这项工作，两个页面的设计效果如图 15.1 和图 15.2 所示。由于本案例不涉及页面设计过程，具体操作就不再展开。页面最终效果确定下来之后，就可以进行 CSS 代码设计了。

15.3　设计网站样式

视频讲解

首先把网站的 HTML 代码全部写出来，然后再编写网站 CSS 样式。

Note

15.3.1　网站样式分类

网站不仅要有一个基本的 HTML 模板，而且还需要有设计好的网站视觉效果。因此，接下来的任务就是让 HTML 模板以网页形式呈现出来，为了达到此目的，需要为模板编写 CSS 代码。

本例把所有的 CSS 代码都写在同一个文件里，这样只需要在页面的 <head> 标签内插入一个 <link> 标签就可以了。代码如下：

```
<link rel="stylesheet" href="styles/reset.css" type="text/css" />
```

对于 CSS 的编写，每个人的思路和写法都不同。推荐方法：先编写全局样式，然后编写可大范围重用的样式，最后编写细节方面的样式。这样，根据 CSS 的最近优先级规则，就可以很容易对网站进行从整体到细节样式的定义。

本案例整个网站定义了如下几个样式表：

☑ reset.css：重置样式表。
☑ box.css：模态对话框样式表。
☑ main.css：主体样式表。
☑ thickbox.css：表格框样式表。
☑ skin.css：皮肤样式表。

这些样式表放置在网站根目录下的 styles 文件夹中，其中皮肤样式表全部放置在子目录 styles/skin 中。皮肤样式表包括 skin_0.css（蓝色系）、skin_1.css（紫色系）、skin_2.css（红色系）、skin_3.css（天蓝色系）、skin_4.css（橙色系）和 skin_5.css（淡绿色系）。

15.3.2　编写全局样式

使用 Dreamweaver 新建文本文件，保存为 styles/reset.css，在该样式表文件中将定义全局样式，重置网页标签基本样式。详细代码请读者扫码了解。

线上阅读

首先，使用元素标签将每个元素的 margin 和 padding 属性都设置为 0。这样做的目的是，避免页面受到不同浏览器默认设置的页边距和字边距的影响。

其次，设置 <body> 标签的字体颜色、字号大小等，这样可以规范整个网站的样式风格。

最后，设置其他元素的特定样式。读者可自行查阅 CSS 手册，了解每个属性的基本用法。关于重置样式，读者也可以参考 Eric Meyer 的重置样式表和 YUI 的重置样式表。

15.3.3　编写可重用样式

网站的两个页面（index.html 和 detail.html）都拥有头部和商品推荐部分。因此，头部和商品推荐部分的两个样式表是可以重用的。详细代码请读者扫码了解。

线上阅读

Note

15.3.4　编写网站首页主体布局

本节介绍网站首页的主体样式设计过程。详细代码请读者扫码了解。

线上阅读

15.3.5　编写详细页主体布局

详细页（detail.html）的头部和左侧样式与首页（index.html）一样，因此只需要修改内容右侧即可。网站详细页的主体样式设计过程请读者扫码了解。

线上阅读

此时，网站所需的两个页面的样式都已经完成，与之前设计的效果图一致。接下来将用jQuery给网站添加主要交互功能。

视频讲解

15.4　设计首页交互行为

开始编写jQuery代码之前，读者需要先确定页面应该完成哪些功能。在网站首页（index.html）将完成如下功能。

15.4.1　搜索框文字效果

搜索框默认会有提示文字，如"请输入商品名称"，当光标定位在搜索框内时，需要将提示文字去掉，当光标移开时，如果用户未填写任何内容，需要把提示文字恢复，同时添加回车提交的效果。新建JavaScript文件，保存为input.js，输入下面代码：

```
$(function () {/* 搜索文本框效果 */
    $("#inputSearch").focus(function () {
        $(this).addClass("focus");
        if ($(this).val() == this.defaultValue) {
            $(this).val("");
        }
    }).blur(function () {
        $(this).removeClass("focus");
        if ($(this).val() == '') {
            $(this).val(this.defaultValue);
        }
    }).keyup(function (e) {
        if (e.which == 13) {
            alert('回车提交表单!');
        }
    })
})
```

15.4.2　网页换肤

网页换肤的设计原理就是通过调用不同的样式表文件来实现不同的皮肤切换，并且需要将换好的皮肤记入 Cookie 中，这样用户下次访问时，就可以显示用户自定义的皮肤了。

【操作步骤】

第 1 步，首先设置 HTML 结构，在网页中添加皮肤选择按钮（<li> 标签），代码如下：

```
<ul id="skin">
    <li id="skin_0" title=" 蓝色 " class="selected"> 蓝色 </li>
    <li id="skin_1" title=" 紫色 "> 紫色 </li>
    <li id="skin_2" title=" 红色 "> 红色 </li>
    <li id="skin_3" title=" 天蓝色 "> 天蓝色 </li>
    <li id="skin_4" title=" 橙色 "> 橙色 </li>
    <li id="skin_5" title=" 淡绿色 "> 淡绿色 </li>
</ul>
```

第 2 步，根据 HTML 代码预定义几套换肤用的样式表，分别有蓝色、紫色、红色等 6 套，默认是蓝色，这些样式表分别存储在 styles/skin 目录下。

第 3 步，为 HTML 代码添加样式。注意，在 HTML 文档中要使用 <link> 标签定义一个带 id 的样式表链接，通过操作该链接的 href 属性的值，从而实现换肤，代码如下：

```
<link rel="stylesheet" href="styles/skin/skin_0.css" type="text/css" id="cssfile" />
```

第 4 步，新建 JavaScript 文件，保存为 changeSkin.js，输入如下代码为皮肤选择按钮添加单击事件。

```
var $li =$("#skin li");
$li.click(function(){
    switchSkin( this.id );
});
```

本例脚本需要完成的任务如下：

☑　单击皮肤选择按钮，当前皮肤就被勾选。

☑　将网页内容换肤。

第 5 步，前面为 <link> 标签设置 id，此时可以通过 attr() 方法为 <link> 标签的 href 属性设置不同的值。

第 6 步，完成后，单击皮肤选择按钮就可以切换网页皮肤了，但是当用户刷新网页或者关闭浏览器后，皮肤又会被初始化，因此需要将当前选择的皮肤保存。

第 7 步，本例需要引入 jquery.cookie.js 插件。该插件能简化 Cookie 的操作，此处就将其引入，代码如下：

```
<script src="scripts/jquery.cookie.js" type="text/javascript"></script>
```

第 8 步，保存后，就可以通过 Cookie 来获取当前的皮肤了。如果 Cookie 确实存在，则将当前皮肤设置为 Cookie 记录的值。

```
var cookie_skin = $.cookie("MyCssSkin");
if (cookie_skin) {
    switchSkin(cookie_skin);
}
```

changeSkin.js 文件的完整代码请参考本章案例源代码。

第 9 步，此时网页换肤功能不仅能正常切换，而且也能保存到 Cookie 中。当用户刷新网页后，仍然是当前选择的皮肤，效果如图 15.3 所示。

图 15.3　网页换肤按钮及其效果

15.4.3　导航效果

新建 JavaScript 文件，保存为 nav.js，输入如下代码：

```
$(function(){// 导航效果
    $("#nav li").hover(function(){
        $(this).find(".jnNav").show();
    },function(){
        $(this).find(".jnNav").hide();
    });
})
```

在上面代码中，使用 $("#nav li") 选择 id 为 nav 的 <li> 标签，然后为它们添加 hover 事件。在 hover 事件的第一个函数内，使用 $(this).find(".jnNav") 找到 <li> 标签内部 class 为 jnNav 的元素。然后用 show() 方法使二级菜单显示出来。在第二个函数内，用 hide() 方法使二级菜单隐藏起来，显示效果如图 15.4 所示。

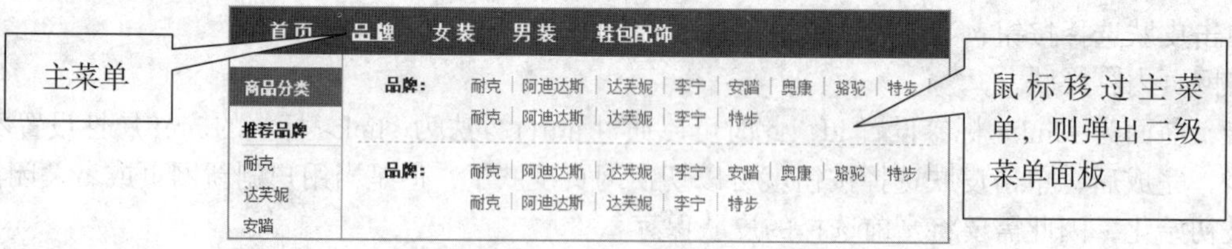

图 15.4　导航菜单交互效果

15.4.4　商品分类热销效果

为了完成商品分类热销效果，可以先用 Dreamweaver 查看模块的 DOM 结构，HTML 代码如下：

```
<div id="jnCatalog">
    <h2 title=" 商品分类 "> 商品分类 </h2>
    <div class="jnCatainfo">
        <h3> 推荐品牌 </h3>
        <ul>
            <li><a href="#nogo" > 耐克 </a></li>
            <li><a href="#nogo" class="promoted"> 阿迪达斯 </a></li>
            <li><a href="#nogo" > 达芙妮 </a></li>
```

```
        <li><a href="#nogo" > 李宁 </a></li>
        <li><a href="#nogo" > 安踏 </a></li>
        <li><a href="#nogo" > 奥康 </a></li>
        <li><a href="#nogo" class="promoted"> 骆驼 </a></li>
        <li><a href="#nogo" > 特步 </a></li>
    </ul>
```

从结构中发现，在热销效果的元素上包含一个 promoted 类，通过这个类，JavaScript 会自动完成热销效果。

新建 JavaScript 文件，保存为 addhot.js，输入如下 jQuery 代码：

```
/* 添加 hot 显示 */
$(function(){
    $(".jnCatainfo .promoted").append('<s class="hot"></s>');
})
```

此时，热销效果如图 15.5 所示。

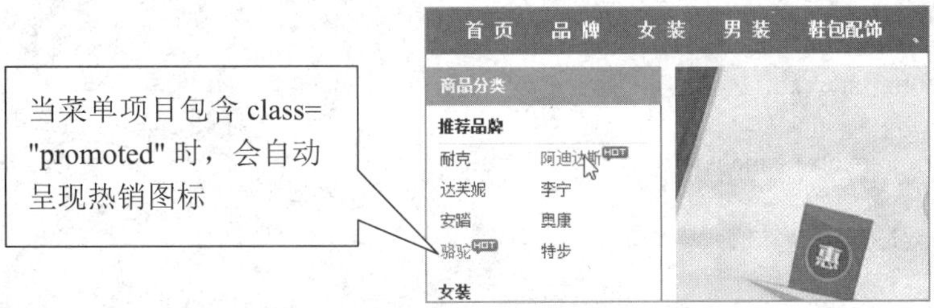

图 15.5　热销效果

15.4.5　产品广告效果

在实现产品广告效果之前，先分析一下如何来完成这个效果。在产品广告下方有 5 个缩略文字介绍，它们分别代表 5 张广告图，如图 15.6 所示。

图 15.6　产品广告效果

当光标滑过文字 1 时，需要显示第一张图片；当光标滑过文字 2 时，需要显示第二张图片；依此类推。因此，如果能正确获取当前滑过的文字的索引值，那么完成效果就非常简单了。

新建 JavaScript 文档，保存为 ad.js。输入如下代码：

```
/* 首页大屏广告效果 */
$(function () {
    var $imgrolls = $("#jnImageroll div a");
    $imgrolls.css("opacity", "0.7");
    var len = $imgrolls.length;
    var index = 0;
    var adTimer = null;
    $imgrolls.mouseover(function () {
        index = $imgrolls.index(this);
        showImg(index);
    }).eq(0).mouseover();
    // 滑入则停止动画，滑出则开始动画
    $('#jnImageroll').hover(function () {
        if (adTimer) {
            clearInterval(adTimer);
        }
    }, function () {
        adTimer = setInterval(function () {
            showImg(index);
            index++;
            if (index == len) { index = 0; }
        }, 5000);
    }).trigger("mouseleave");
})
// 显示不同的幻灯片
function showImg(index) {
    var $rollobj = $("#jnImageroll");
    var $rolllist = $rollobj.find("div a");
    var newhref = $rolllist.eq(index).attr("href");
    $("#JS_imgWrap").attr("href", newhref)
        .find("img").eq(index).stop(true, true).fadeIn().siblings().fadeOut();
    $rolllist.removeClass("chos").css("opacity", "0.7")
        .eq(index).addClass("chos").css("opacity", "1");
}
```

在上面代码中首先定义了一个 showImg() 函数，然后给函数传递了一个参数 index（当前要显示图片的索引）。

获取当前滑过的 a 元素在所有 a 元素中的索引可以使用 jQuery 的 index() 方法。其中，.eq(0).mouseover() 部分是用来初始化的，让第一个文字高亮并显示第一张图片。

读者也可以修改 eq() 方法中的数字来让页面默认显示任意一个广告。

15.4.6 超链接提示

本节设计主页右侧最新动态模块的内容添加超链接提示。现代的浏览器中都自带了超链接提示，只需在超链接中加入 title 属性就可以了。HTML 代码如下：

```
<a href="#" title=" 提示信息 "> 超链接 </a>
```

不过这个提示效果的响应速度是非常缓慢的，考虑到良好的人机交互，需要的是当鼠标移动到超链接的那一瞬间就出现提示。这时就需要移除 <a> 标签中的 title 提示效果，自己动手做一个类似功能的提示。

【操作步骤】

第 1 步，在页面上添加普通超链接，并定义 class="tooltip" 属性。HTML 代码如下：

```
<ul>
    <li><a href="###1" class="tooltip" title="[ 活动 ] 伊伴春鞋迎春大促 ">[ 活动 ] 伊伴春鞋迎春大促 </a></li>
    …
</ul>
```

第 2 步，在 CSS 样式表中定义提示框的基本样式，代码如下：

```
#tooltip {
    position: absolute;
    border: 1px solid #333; background: #f7f5d1; color: #333;
    padding: 1px; display: none;
}
```

第 3 步，新建 JavaScript 文档，保存为 tooltip. Js，输入如下代码：

```
/* 超链接文字提示 */
$(function () {
    var x = 10;
    var y = 20;
    $("a.tooltip").mouseover(function (e) {
        this.myTitle = this.title;
        this.title = "";
        var tooltip = "<div id='tooltip'>" + this.myTitle + "</div>"; // 创建 div 元素
        $("body").append(tooltip);      // 把它追加到文档中
        $("#tooltip")
            .css({
                "top": (e.pageY + y) + "px",
                "left": (e.pageX + x) + "px"
            }).show("fast");            // 设置 x 坐标和 y 坐标，并且显示
    }).mouseout(function () {
        this.title = this.myTitle;
        $("#tooltip").remove();         // 移除
    }).mousemove(function (e) {
        $("#tooltip")
            .css({
                "top": (e.pageY + y) + "px",
                "left": (e.pageX + x) + "px"
            });
    });
})
```

上面代码的设计思路如下：

当鼠标滑入超链接时，先创建一个 div 元素，div 元素的内容为 title 属性的值；然后将创建的元素添加到文档中；为它设置 x 坐标和 y 坐标，使它显示在鼠标位置的旁边。当鼠标滑出超链接时，移除 div 元素。

此时的效果有两个问题：首先是当鼠标滑过后，<a> 标签中的 title 属性的提示也会出现；其次是设置 x

Note

坐标和 y 坐标的问题，由于自制的提示与鼠标的距离太近，有时候会引起无法提示的问题（鼠标焦点变化引起 mouseout 事件）。

为了移除 <a> 标签中自带的 title 提示功能，需要进行以下操作：

☑ 当鼠标滑入时，给对象添加一个新属性 myTitle，并把 title 的值传给这个属性，然后清空属性 title 的值。

☑ 当鼠标滑出时，再把对象的 myTitle 属性的值又赋给属性 title。

为什么当鼠标移出时，要把属性值又传递给属性 title？因为当鼠标滑出时，需要考虑再次滑入时的属性 title 值，如果不将 myTide 的值传递给 title 属性，当再次滑入时，title 属性值就为空了。

为了解决第二个问题（自制的提示与鼠标的距离太近，有时会引起无法提示的问题），需要重新设置提示元素的 top 和 left 的值，并为 top 增加 10px，为 left 增加 20px。

为了让提示信息能够跟随鼠标移动，还需要为超链接添加一个 mousemove 事件，在该事件函数中不断更新提示信息框的坐标位置，实现提示框能够跟随鼠标移动。

第 4 步，在浏览器中预览，则可以看到如图 15.7 所示的提示信息框效果。

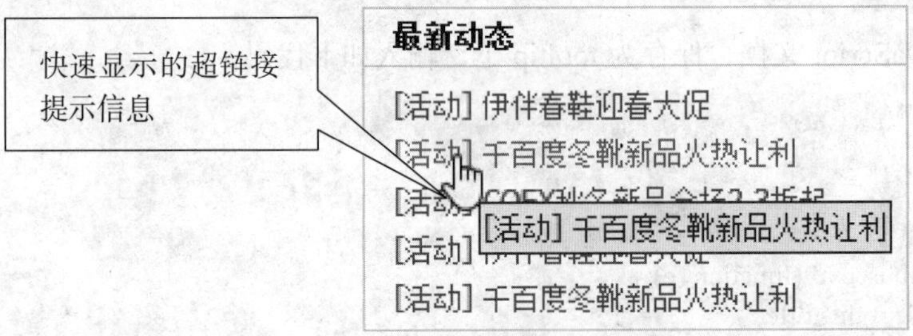

图 15.7　提示信息框效果

15.4.7　品牌活动横向滚动效果

本节设计右侧下部品牌活动横向滚动效果。设计思路：先定义动画函数 showBrandList()，该函数根据下标 index 决定滚动距离。然后为每个 Tab 标题链接绑定 click 事件，在该事件中调用 showBrandList() 实现横向滚动效果。

新建 JavaScript 文档，保存为 imgSlide.js，然后输入如下代码：

```
/* 品牌活动模块横向滚动 */
$(function () {
    $("#jnBrandTab li a").click(function () {
        $(this).parent().addClass("chos").siblings().removeClass("chos");
        var idx = $("#jnBrandTab li a").index(this);
        showBrandList(idx);
        return false;
    }).eq(0).click();
});
// 显示不同的模块
function showBrandList(index) {
    var $rollobj = $("#jnBrandList");
    var rollWidth = $rollobj.find("li").outerWidth();
```

```
    rollWidth = rollWidth * 4;                        // 一个版面的宽度
    $rollobj.stop(true, false).animate({ left: -rollWidth * index }, 1000);
}
```

在网页中应用该动画效果，当单击品牌活动右上角的分类链接时就会以横向滚动的方式显示相关内容，效果如图 15.8 所示。

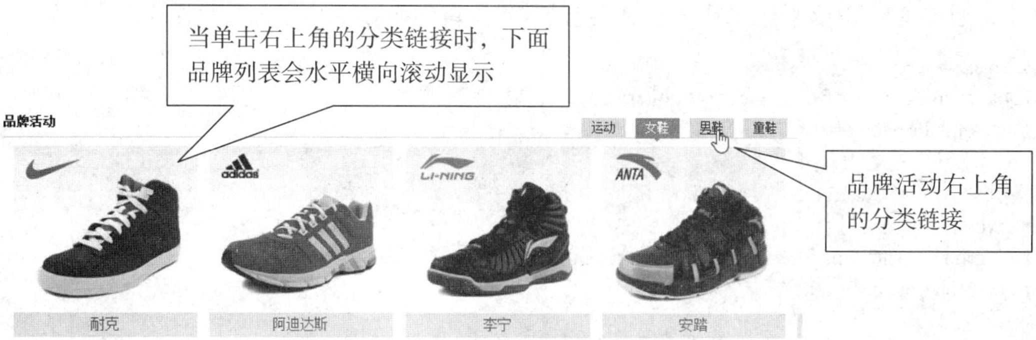

图 15.8　横向滚动效果

15.4.8　光标滑过产品列表效果

本节设计主页右侧下部光标滑过产品列表的动态效果。当光标滑过产品时会添加一个半透明的遮罩层并显示一个放大镜图标，效果如图 15.9 所示。

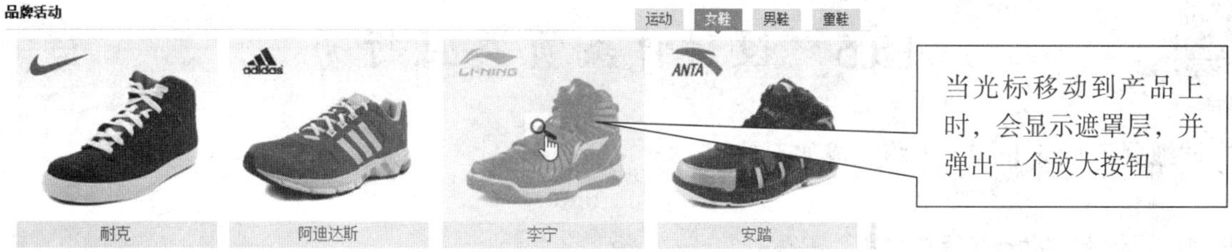

图 15.9　添加高亮效果

为了完成这个效果，可以为产品列表中的每个产品都创建一个 <span> 元素，设计它们的高度和宽度与产品图片的高度和宽度都相同，然后为它们设置定位方式、上边距和左边距，并使之处于图片上方。

【操作步骤】

第 1 步，新建 JavaScript 文档，保存为 imgHover.js，输入如下代码：

```
/* 滑过图片出现放大镜效果 */
$(function () {
    $("#jnBrandList li").each(function (index) {
        var $img = $(this).find("img");
        var img_w = $img.width();
        var img_h = $img.height();
        var spanHtml = '<span style="position:absolute;top:0;left:5px;width:' + img_w + 'px;height:' + img_h + 'px;"
          class="imageMask"></span>';
```

```
            $(spanHtml).appendTo(this);
        })
        $("#jnBrandList").delegate(".imageMask", "hover", function () {
            $(this).toggleClass("imageOver");
        });
})
```

第 2 步，通过控制 class 来达到显示光标滑过的效果。首先在 CSS 中添加一组样式，代码如下：

```
.imageMask {
    background-color: #ffffff;    cursor: pointer;
    filter: alpha(opacity=0);
    opacity: 0;
}
.imageOver {
    background: url(../images/zoom.gif) no-repeat 50% 50%;
    filter: alpha(opacity=60);
    opacity: 0.6;
}
```

第 3 步，当光标滑入 class 为 imageMask 的元素时，为它添加 imageOver 样式以使产品图片出现放大镜效果，当光标滑出元素时移除 imageOver 样式。

第 4 步，当光标滑入图片时就可以出现放大镜了。注意，这里使用的是 live() 方法绑定事件，而不是 bind() 方法。由于 imageMask 元素是被页面加载完后动态创建的，如果用普通的方式绑定事件，那么不会生效。而 live() 方法有个特性，就是即使是后来创建的元素，用它绑定的事件一直会生效。

视频讲解

15.5 设计详细页交互行为

在详细页（detail.html）上将完成如下功能。

15.5.1 图片放大镜效果

当用户移动光标到产品图片上时，会放大产品局部区域，以方便用户查看产品细节。这种放大镜效果在网店中是常用特效，演示效果如图 15.10 所示。

想要实现这个效果，可以借助插件来快速实现。插件是 jQuery 的特色之一，访问 jQuery 官网查找一下，看是否有类似的插件，本例使用的是名为 jqzoom 的插件，它很适合本例设计需求。

【操作步骤】

第 1 步，在官网找到 jquery.jqzoom.js，并下载到本地，然后在详细页中把它引入网页中，代码如下：

```
<!-- 产品缩略图插件 -->
<script src="scripts/jquery.jqzoom.js" type="text/javascript"></script>
```

第 2 步，新建 JavaScript 文件，保存为 use_jqzoom.js。查看官方网站的 API 使用说明，可以使用如下代码调用 jqzoom。

图 15.10　产品图片放大效果

```
$(function () {/* 使用 jqzoom*/
    $('.jqzoom').jqzoom({
        zoomType: 'standard',
        lens: true,
        preloadImages: false,
        alwaysOn: false,
        zoomWidth: 340,
        zoomHeight: 340,
        xOffset: 10,
        yOffset: 0,
        position: 'right'
    });
});
```

第 3 步，将上面代码放入 use_jqzoom.js 文件里，然后在网页文档中引入。

```
<script src="scripts/use_jqzoom.js" type="text/javascript"></script>
```

第 4 步，在相应的 HTML 代码中添加属性。为 a 元素添加 href 属性，设置它的值指向产品对应的 rel 属性，它是小图片切换为大图片的“钩子”，代码如下：

```
<a href="images/pro_img/blue_one_big.jpg" class="jqzoom" rel='gal1' title=" 免烫高支棉条纹衬衣 ">
    <img src="images/pro_img/blue_one_small.jpg" title=" 免烫高支棉条纹衬衣 " alt=" 免烫高支棉条纹衬衣 " id="bigImg" />
</a>
```

第 5 步，添加 jqzoom 所提供的样式。此时，运行代码，产品图片的放大效果就显示出来了。

15.5.2　图片遮罩效果

下面设计产品图片的遮罩效果。单击“观看清除图片”按钮，需要显示如图 15.11 所示的大图，为此需要启动遮罩层，遮盖其他内容显示。

本效果也应用了 jQuery 插件，在官方网站搜索可以找到名为 thickbox 的插件，是一款非常合适的效果。

【操作步骤】

第 1 步，下载 jquery.thickbox.js 插件文件。

第 2 步，按照官方网站的 API 说明，引入相应的 jQuery 和 CSS 文件，代码如下：

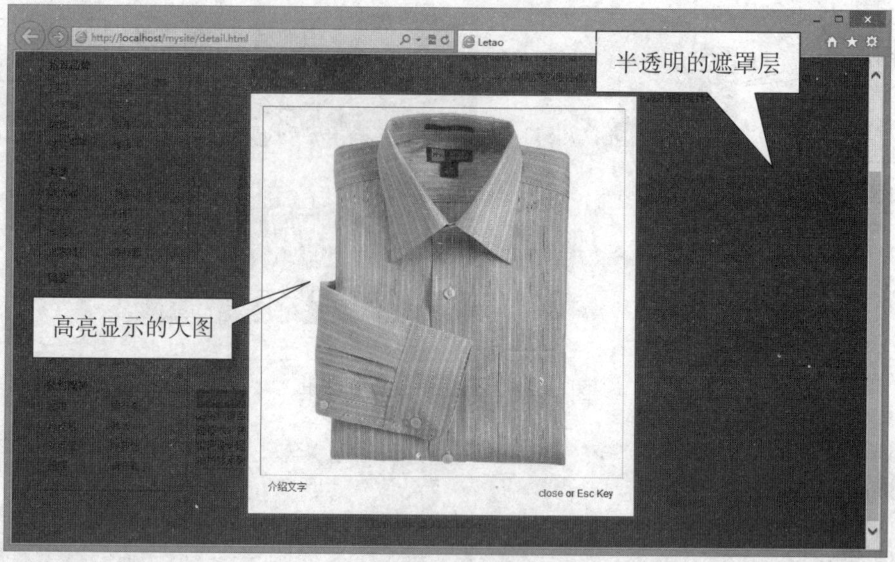

图 15.11　产品图片遮罩效果

```
<!-- 遮罩图片 -->
<script src="scripts/jquery.thickbox.js" type="text/javascript"></script>
<link rel="stylesheet" href="styles/thickbox.css" type="text/css" />
```

第 3 步，为需要应用该效果的超链接元素添加 class="thickbox" 和 title 属性，它的 href 值代表需要弹出的图片。代码如下：

```
<a title=" 介绍文字 " id="thickImg" href="images/pro_img/blue_one_big.jpg" class="thickbox">
    <img src="images/look.gif" alt=" 点击看大图 " />
</a>
```

第 4 步，单击“观看清晰图片”按钮，就能够显示遮罩层效果。

在上面两个效果中，并没有花费太多的时间，可见合理利用成熟的 jQuery 插件能够极大地提高开发效率。

15.5.3　小图切换大图

本节设计当单击产品小图时，上面对应的大图会自动切换，并且大图的放大镜效果和遮罩效果也能够同时切换。

【操作步骤】

第 1 步，先实现第一个效果：单击小图切换大图。在图片放大镜的 jqroom 的例子中自定义一个 rel 属性，它的值是 gal1，它是小图切换大图的“钩子”，HTML 代码如下：

```
<li class="imgList_blue">
    <a href='javascript:void(0);' rel="{gallery: 'gal1', smallimage: 'images/pro_img/blue_one_small.jpg',largeimage:
        'images/pro_img/blue_one_big.jpg'}">
        <img src='images/pro_img/blue_one.jpg' alt=""/>
    </a>
</li>
```

在上面代码中，为超链接元素定义了一个 rel 属性，它的值又定义了 3 个属性，分别是 gallery、smallimage 和 largeimage。其作用就是单击小图时，首先通过 gallery 来找到相应的元素，然后为元素设置 smallimage 和 largeimage。

第 2 步，此时单击小图可以切换大图，但单击“观看清晰图片”按钮，弹出的大图并未更新。下面就来实现这个效果。

实现这个效果并不难，但为了使程序更加简单，需要为图片使用基于某种规则的命名。例如，为小图命名为 blue_one_small.jpg，为大图片命名为 blue_one_big. jpg，这样就可以很容易地根据单击的图片（blue_one.jpg）来获取相应的大图和小图。

第 3 步，新建 JavaScript 文档，保存为 switchImg.js，输入如下代码：

```
/* 单击左侧产品小图切换大图 */
$(function () {
    $("#jnProitem ul.imgList li a").bind("click", function () {
        var imgSrc = $(this).find("img").attr("src");
        var i = imgSrc.lastIndexOf(".");
        var unit = imgSrc.substring(i);
        imgSrc = imgSrc.substring(0, i);
        var imgSrc_big = imgSrc + "_big" + unit;
        $("#thickImg").attr("href", imgSrc_big);
    });
});
```

首先通过 lastIndexOf() 方法获取图片文件名中最后一个“.”的位置，然后在 substring() 方法中使用该位置来分隔文件名，得到“blue_one”和“.jpg”两部分，最后通过拼接“_big”得到相应的大图，将它们赋给 id 为 thickImg 的元素。

第 4 步，应用代码后，当单击产品小图时，不仅图片能正常切换，而且它们所对应的放大镜效果和遮罩层效果都能正常显示，效果如图 15.12 所示。

图 15.12　产品图片遮罩效果

15.5.4 选项卡

在介绍产品属性内容时，使用了 Tab 选项卡。这也是网页中经常应用的形式，实际上制作选项卡的原理比较简单，通过隐藏和显示来切换不同的内容。下面将详细介绍实现选项卡的过程。

【操作步骤】

第 1 步，首先构建 HTML 结构，代码如下：

```
<div class="tab">
    <div class="tab_menu">
        <ul>
            <li class="selected"> 产品属性 </li>
            <li> 产品尺码表 </li>
            <li> 产品介绍 </li>
        </ul>
    </div>
    <div class="tab_box">
        <div>…</div>
        <div class="hide">…</div>
        <div class="hide"> …</div>
    </div>
</div>
```

应用样式后，呈现效果如图 15.13 所示。选项卡默认第一个选项被选中，然后下面区域显示相应的内容；选择“产品尺码表”选项卡，该选项卡将处于高亮状态，同时下面的内容也切换成“产品尺码表”了；选择“产品介绍”选项卡，也显示相应的内容。

第 2 步，新建 JavaScript 文档，保存为 tab.js，输入如下代码：

```
/*Tab 选项卡 标签 */
$(function(){
    var $div_li =$("div.tab_menu ul li");
    $div_li.click(function(){
        $(this).addClass("selected")                    // 当前 li 元素高亮
               .siblings().removeClass("selected"); // 去掉其他同辈 li 元素的高亮
            var index =   $div_li.index(this);         // 获取当前单击的 li 元素在全部 li 元素中的索引
        $("div.tab_box > div")          // 选取子节点。如果不选取子节点，会引起错误，如果里面还有 div
               .eq(index).show()        // 显示 li 元素对应的 div 元素
               .siblings().hide();      // 隐藏其他几个同辈的 div 元素
    }).hover(function(){
        $(this).addClass("hover");
    },function(){
        $(this).removeClass("hover");
    })
})
```

在上面代码中，首先为 li 元素绑定单击事件，绑定事件后，需要将当前单击的 li 元素高亮，然后去掉其他同辈 li 元素的高亮。

第 3 步，选择选项卡后，当前 li 元素处于高亮状态，而其他 li 元素已去掉了高亮状态。但选项卡下面的内容还没被切换，因此需要将下面的内容也对应切换，效果如图 15.14 所示。

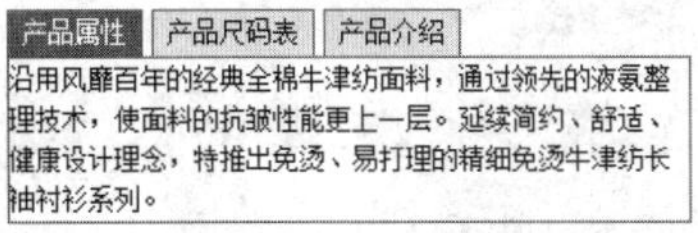

产品属性
产品尺码表
产品介绍
沿用风靡百年的经典全棉牛津纺面料，通过领先的液氨整理技术，使面料的抗皱性能更上一层。延续简约、舒适、健康设计理念，特推出免烫、易打理的精细免烫牛津纺长袖衬衫系列。

图 15.13 选项卡效果

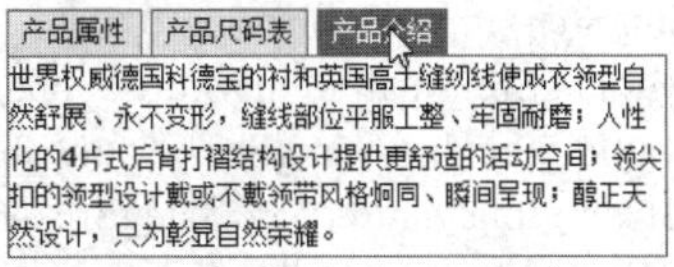

图 15.14 选项卡切换效果

第 4 步，从选项卡的基本结构可以知道，每个 li 元素分别对应一个 div 区域。因此，可以根据当前单击的 li 元素在所有 li 元素中的索引来显示对应的区域。

提示： 在上面的代码中，要注意 $("div.tab_box > div") 这个子选择器，如果用 $("div.tab_box div") 选择器，当子节点里再包含 div 元素时，就会引起错误，因此获取当前选项卡下的子节点才是这个例子所需要的。

15.5.5 产品颜色切换

本节来设计右侧产品颜色切换，与单击左侧产品小图切换为大图类似，不过还需要多做几步，即显示当前所选中的颜色和显示相应产品列表，演示效果如图 15.15 所示。

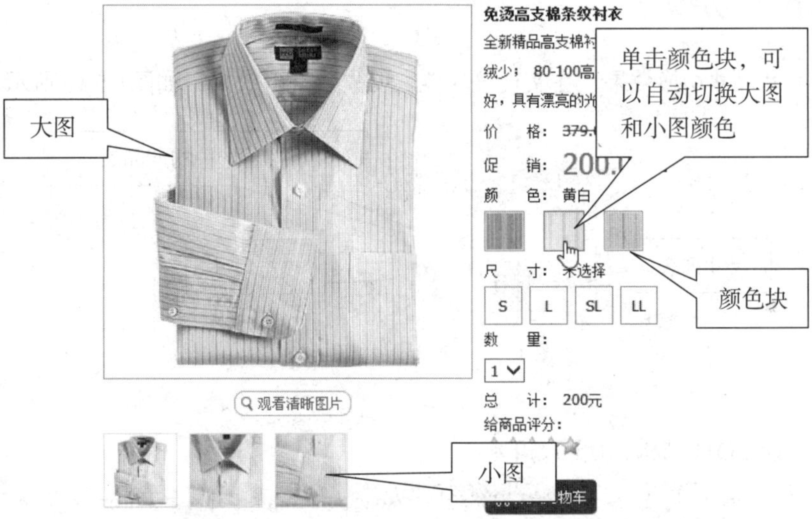

图 15.15 产品颜色切换效果

【操作步骤】

第 1 步，新建 JavaScript 文档，保存为 switchColor.js，输入如下代码：

```
/* 衣服颜色切换 */
$(function () {
    $(".color_change ul li img").click(function () {
        $(this).addClass("hover").parent().siblings().find("img").removeClass("hover");
        var imgSrc = $(this).attr("src");
        var i = imgSrc.lastIndexOf(".");
        var unit = imgSrc.substring(i);
```

Note

```
            imgSrc = imgSrc.substring(0, i);
            var imgSrc_small = imgSrc + "_one_small" + unit;
            var imgSrc_big = imgSrc + "_one_big" + unit;
            $("#bigImg").attr({ "src": imgSrc_small });
            $("#thickImg").attr("href", imgSrc_big);
            var alt = $(this).attr("alt");
            $(".color_change strong").text(alt);
            var newImgSrc = imgSrc.replace("images/pro_img/", "");
            $("#jnProitem .imgList li").hide();
            $("#jnProitem .imgList").find(".imgList_" + newImgSrc).show();
        });
});
```

第 2 步，运行代码后，产品颜色就可以正常切换了，演示效果如图 15.15 所示。

第 3 步，单击时会发现一个问题，如果不手动去单击缩略图，那么放大镜效果显示的图片还是原来的图片，解决方法很简单，只要触发获取的元素的单击事件即可。在上面代码尾部添加如下一行代码：

```
// 解决问题：切换颜色后，放大图片还是显示原来的图片
$("#jnProitem .imgList").find(".imgList_"+newImgSrc).eq(0).find("a").click();
```

15.5.6 产品尺寸切换

本节设计右侧产品尺寸切换效果，在实现该功能之前先看一下效果，如图 15.16 所示。

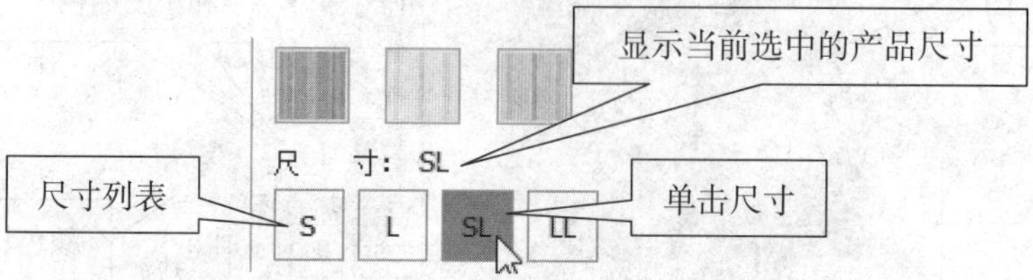

图 15.16　产品尺寸切换效果

【操作步骤】

第 1 步，首先设计 DOM 结构，代码如下：

```
<li class="pro_size"> <span> 尺    寸：</span> <strong> 未选择 </strong>
    <ul>
        <li>S</li>
        <li>L</li>
        <li>SL</li>
        <li>LL</li>
    </ul>
</li>
```

通过观察产品尺寸的 DOM 结构，可以非常清晰地知道元素之间的关系，然后利用 jQuery 强大的 DOM 操作功能进行设计。

第 2 步，新建 JavaScript 文档，保存为 sizeAndprice.js，输入如下代码：

```
/* 衣服尺寸选择 */
$(function () {
    $(".pro_size li").click(function () {
        $(this).addClass("cur").siblings().removeClass("cur");
        $(this).parents("ul").siblings("strong").text($(this).text());
    })
})
```

第 3 步，应用上面 jQuery 代码，用户即可通过单击尺寸来进行实时产品尺寸的选择。

15.5.7　产品数量和价格联动

下面设计右侧产品数量和价格联动效果。这个功能非常简单，只要能够正确获取单价和数量，然后获取它们的积，最后把积赋值给相应的元素即可。

注意：为了防止元素刷新后依旧保持原来的值而引起的价格没有联动问题，需要在页面刚加载时为元素绑定 change 事件之后立即触发 change 事件。

打开 sizeAndprice.js 文档，输入如下代码：

```
/* 数量和价格联动 */
$(function(){
    var $span = $(".pro_price strong");
    var price = $span.text();
    $("#num_sort").change(function(){
        var num = $(this).val();
        var amount = num * price;
        $span.text( amount );
    }).change();
})
```

15.5.8　产品评分效果

本节设计右侧产品评分效果。

【操作步骤】

第 1 步，在开始实现该效果之前，先设计静态的 HTML 结构，代码如下：

```
<div class="pro_rating"> 给商品评分：
    <ul class="rating nostar">
        <li class="one"><a title="1 分 " href="#">1</a></li>
        <li class="two"><a title="2 分 " href="#">2</a></li>
        <li class="three"><a title="3 分 " href="#">3</a></li>
        <li class="four"><a title="4 分 " href="#">4</a></li>
        <li class="five"><a title="5 分 " href="#">5</a></li>
    </ul>
</div>
```

通过改变 ul 元素的 class 属性就能实现评分效果，根据这个原理可以编写脚本。

第 2 步，新建 JavaScript 文档，保存为 star.js，输入如下代码：

```
/* 商品评分效果 */
$(function () {
    // 通过修改样式来显示不同的星级
    $("ul.rating li a").click(function () {
        var title = $(this).attr("title");
        alert(" 您给此商品的评分是：" + title);
        var cl = $(this).parent().attr("class");
        $(this).parent().parent().removeClass().addClass("rating " + cl + "star");
        $(this).blur();// 去掉超链接的虚线框
        return false;
    })
})
```

第 3 步，运行效果，当单击灰色五角星时可以看到评分等级，同时会变色显示当前评分情况，演示效果如图 15.17 所示。

图 15.17　选项卡切换效果

15.5.9　模态对话框

下面设计右侧产品的购物车功能。当用户选择购买该产品时，表明要把产品放入购物车，这一步只需要将产品的名称、尺寸、颜色、数量和总价告诉用户，以便用户进行确认，是否选择正确。

【操作步骤】

第 1 步，新建 JavaScript 文档，保存为 finish.js，输入如下代码：

```
/* 最终购买输出 */
$(function () {
    var $product = $(".jnProDetail");
    $("#cart a").click(function (e) {
        var pro_name = $product.find("h4:first").text();
        var pro_size = $product.find(".pro_size strong").text();
        var pro_color = $(".color_change strong").text();
        var pro_num = $product.find("#num_sort").val();
        var pro_price = $product.find(".pro_price strong").text();
        var dialog = " 感谢您的购买。<div style='font-size:12px;font-weight:400;'> 您购买的产品是：" + pro_name +
          "; " +
            " 尺寸是：" + pro_size + "; " +
            " 颜色是：" + pro_color + "; " +
            " 数量是：" + pro_num + "; " +
```

```
            " 总价是：" + pro_price + " 元。</div>";
        $("#jnDialogContent").html(dialog);
        $('#basic-dialog-ok').modal();
        return false;                                        // 避免页面跳转
    });
})
```

第 2 步，应用该特效，演示效果如图 15.18 所示。

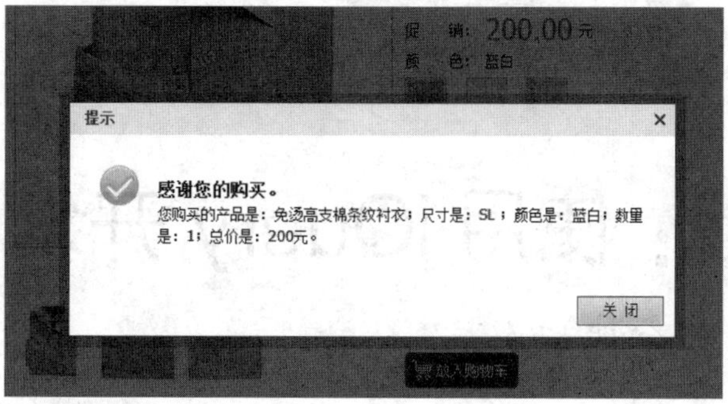

图 15.18　放入购物车提示效果

15.6　在 线 练 习

本节提供两个操作案例，感兴趣的读者可以扫码阅读。

在线练习

第16章

案例实战：使用jQuery开发Web应用

（视频讲解：**48**分钟）

电子相册是Web应用的一种形式，其核心功能就是对照片进行网络化编辑、存储、管理和浏览。本章案例设计简单，主要功能包括照片的分类组织和浏览。整个实例以HTML+CSS+JavaScript+jQuery+XML技术混合进行开发。遵循结构、表现、逻辑和数据完全分离的原则进行设计。结构层由HTML负责，在结构层内不包含其他层代码；表现层完全独立，并实现表现层皮肤定制功能，CSS代码完全兼容IE 6+和现代浏览器，符合Web标准设计的规范；逻辑层使用JavaScript+jQuery技术配合进行开发，充分发挥各自优势，以实现最优化代码编辑原则，其中数据的导入由JavaScript负责，而数据的解析由jQuery负责。示例所要呈现的数据完全独立，并以XML格式进行存储，数据容量可以自由增减，不受程序和页面结构的限制。本实例不需要后台技术支持，可以在本地或远程计算机上进行测试和运行。

视频讲解

Note

16.1　设计思路

在开发之前，用户需要梳理一下整个实例的设计思路，以及所要达成的目标。本案例不是大型 Web 应用项目，谈不上选题调研、策划、论证和开发计划，但是简单明确设计的思路和目标还是必需的。

16.1.1　案例预览

本案例具备以下功能：

☑ 分类比较灵活，方便浏览者按类浏览，如图 16.1 所示。

☑ 缩略图富有动感，方便选择，单击某个缩略图即可加载并显示缩略图的大图，如图 16.2 所示。

☑ 图片分类自由，可以任意定制和增减，分类设置和显示不受限于页面结构，而且可以自由控制，如图 16.3 所示。

☑ 可以定制相册皮肤，实现用户自己决定相册的肤色，如图 16.4 所示。

图 16.1　分类比较灵活

图 16.2　照片浏览比较方便

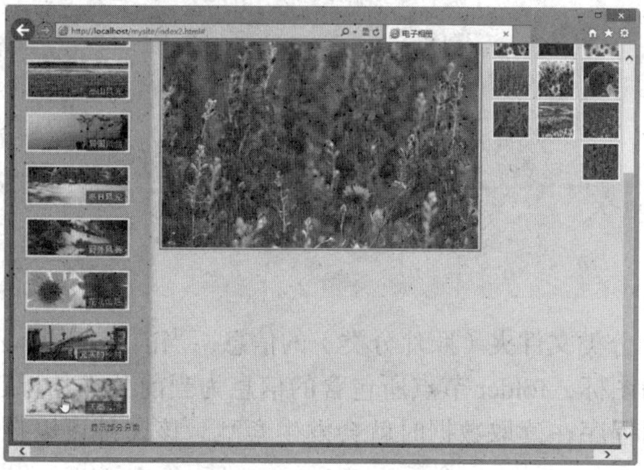

图 16.3　可以自由增加的分类

图 16.4　可以灵活设置相册皮肤

Note

16.1.2 案例策划

整个案例的设计思路可以按如下几个部分进行讲解。

☑ 结构部分：由 HTML 负责。结构代码存放在 index.html、index1.html 和 index2.html 文件中，负责构建页面的基本骨架。index.html、index1.html 和 index2.html 三个文件没有必然联系，只是为方便学习而逐步搭建的框架。index.html 文档结构为初步设计版，index2.html 文档结构为最终效果版。

☑ 布局部分：由 CSS 负责。页面样式代码存放为 images/style0.css（初步样式）、images/style.css（最终效果）、images/colour_blue.css（蓝色皮肤）、images/colour_green.css（绿色皮肤）、images/colour_orange.css（橙色皮肤）、images/colour_pink.css（粉红色皮肤）、images/colour_purple.css（紫色皮肤）。

☑ 脚本部分：由 JavaScript 和 jQuery 负责。脚本代码存放为 javascript0.js（初步控制皮肤）和 javascript.js（控制皮肤、XML 数据的读显操作）。同时注意在文档中导入 jquery.js 框架文件，本实例使用版本为 jQuery 1.11.1，早期 jQuery 版本的语法可能略有不同。

☑ 数据部分：由 XML 负责。存放在 pics 文件夹中。左侧分类导航信息存放在 pics/class.xml 文件中，可以根据照片容量自由增减。在 pics 文件夹中可以自定义子文件夹，每个子文件夹表示一类照片，文件夹的名称可以自由设置。具体照片、照片缩略图和照片 XML 数据索引都放在不同的子分类文件夹中，详细说明可以参阅 16.1.3 节内容。

16.1.3 设计 XML 数据

数据结构对于 Web 开发很重要，一般都需要提前设计并确定下来。对于一个大型项目来说，数据结构搭建好了，也就等于项目开发完成了一半，后期开发无非是借助逻辑层把这些数据串连为一个有机体，并映射到页面中。

本实例所用的数据存在两种形式：一类是实体的照片文件，这些图像文件按原始状态、固定位置和有序组织在项目下的子目录中；另一类是 XML 格式数据，这些数据是相关照片文件的索引信息，存储这些索引信息目的就是方便脚本灵活控制照片的显示。XML 格式数据包括两种文件：pics/class.xml 和 pics/ 子目录 /pics.xml。

第一种文件（pics/class.xml）负责存储分类导航栏的显示信息，结构如下：

```
<?xml version="1.0" encoding="utf-8"?>
<pics url="pics">
    <folder name="1" class="class.jpg"> 热带风情 </folder>
    <folder name="2" class="class.jpg"> 高山风光 </folder>
    <folder name="3" class="class.jpg"> 异国风情 </folder>
    <folder name="4" class="class.jpg"> 冬日风光 </folder>
    <folder name="5" class="class.jpg"> 野外风景 </folder>
    <folder name="6" class="class.jpg"> 花儿灿烂 </folder>
    <folder name="7" class="class.jpg"> 充实的乡村 </folder>
    <folder name="8" class="class.jpg"> 天高云淡 </folder>
</pics>
```

其中 pics 表示根节点。folder 是子节点，它包含每个分类文件夹（照片分类）的信息，当前节点的 name 属性表示分类文件夹的名称，class 属性表示分类导航的图标，folder 节点所包含的信息为当前分类的标题。以上数据必须根据子文件夹的实际信息进行填写，否则程序在读取数据时就会发生紊乱。该文件可以自由增加 folder 子节点的数目，以实现自由增减相册分类。

第二种文件（pics/ 子目录 /pics.xml）负责存储某类照片的信息，结构如下（以“4”子文件夹为例）：

```
<?xml version="1.0" encoding="utf-8"?>
<pics url="pics">
    <folder name="4" class=" 冬日风光 ">
        <file>1.jpg</file>
        <file>2.jpg</file>
        <file>3.jpg</file>
        …
        <file>9.jpg</file>
        <file>10.jpg</file>
    </folder>
</pics>
```

该结构也是以 pics 为根节点，子节点 folder 表示当前分类信息（当前目录），其中 name 属性表示目录的名称，class 属性表示当前分类的标题。请注意本类型文件的 XML 结构与第一种类型结构中节点和属性名称所表示的语义是不同的。

在 folder 节点下包含很多个 file 节点，它们分别表示每个图片文件的信息，file 节点包含的文本为每个照片的完整名称。还可以根据需要为 file 节点增加各种属性，如图片大小、说明等。

在 pics 相片目录下的每个子文件夹中都包含一个同名的 pics.xml 文件，文件中存储着当前子目录所有照片的信息。同时每个子目录中还应保存增加了前缀（t）的同名缩略图，后缀为 .jpg，大小为 50 像素 ×50 像素左右。

16.2　设计相册结构

视频讲解

本章电子相册实例的页面结构比较单一，只有一个页面（index.html），下面分两节从宏观和微观两个层面来解析页面的结构。

16.2.1　设计基本结构

从宏观层面来审视页面结构，整个页面显示为 2 行 3 列的布局样式。从 HTML 结构层分析，所有 HTML 代码都包含在 <div id="wrap"> 包含框中，其下又嵌套三个子包含框：<div id="logo">（标题块）、<div id="nav">（导航块）和 <div id="main">（主体区域块）。基本结构代码的具体说明如下：

```
<div id="wrap">                              <!-- 页面包含框 -->
    <div id="logo">                          <!-- 标题框 -->
        <h1> </h1>                           <!-- 网页标题 -->
        <h2 id="links"></h2>                 <!-- 网页说明（副标题）-->
    </div>
    <div id="nav">                           <!-- 导航栏 -->
        <ul></ul>                            <!-- 导航列表框 -->
        <div id="colours"></div>             <!-- 皮肤控制按钮包含框 -->
    </div>
    <div id="main">                          <!-- 主体信息包含框 -->
        <div id="side_menu"></div>           <!-- 侧栏菜单包含框 -->
```

Note

```
            <div id="content">                                   <!-- 照片显示区域 -->
                <h3></h3>                                        <!-- 图片分类标题 -->
                <div id="gallery"></div>                         <!-- 缩略图包含框 -->
            </div>
        </div>
</div>
```

在设计基本结构时，用户应该注意两个问题：

☑ 结构应简洁、明晰。避免任意使用 ID 和 class 属性，如果借助包含选择器能够实现样式控制的，就不要定义 ID 属性。class 属性作为类样式专用属性一般也不要乱用，除非页面中有两个或更多的元素拥有相同的样式，才可以考虑使用类样式来设计，否则就不要使用。

☑ 使用结构标签一定要注意语义性。基本结构一般使用 div 元素即可，但是如果内容的语义性比较明确，不妨选用对应的元素，如标题、列表、数据表格、段落文本等。

16.2.2 完善页面结构

相对于基本结构，微观结构的设计相对比较灵活，只要不破坏页面结构和内容的语义性即可。下面围绕结构中几个细节设计进行说明，详细代码请参阅本章实例。

第一，行内文本不要包含过多的元素。例如，在页面二级标题中（代码如下）：

```
<h2 id="links"> 联系主人 <a href="#">Email</a><br /> 访问主人 <a href="#">Blog</a></h2>
```

可以使用多个 span 元素来包裹不同行文本（代码如下），但是这样做显得有点画蛇添足。

```
<h2 id="links"><span> 联系主人 <a href="#">Email</a><span/><span> 访问主人 <a href="#">Blog</a><span></h2>
```

当然，如果需要为它们设计不同的样式，可以考虑上面的做法，否则不建议这样设计。

第二，列表信息建议使用列表结构，使用列表结构时应注意有序列表、无序列表和定义列表之间的区别，不能随意选用。例如，下面代码是页面导航信息。

```
<ul>
    <li><a class="selected" href="#"> 首页 </a></li>
    <li><a href="#"> 主人简历 </a></li>
    <li><a href="#"> 客人留言 </a></li>
</ul>
```

在列表项中，超链接应该包含在 li 元素内，不建议在 <a> 标签中再包含其他元素，特别是一些块状显示的元素。很多用户喜欢在 <a> 标签中嵌套多个元素来设计特效样式，不建议这样使用。

对于行内信息使用行内元素即可。例如，对于下面这个同行内显示的多个超链接（皮肤切换按钮），直接在一行内显示，不使用列表结构会更容易操作。

```
<div id="colours">
    <a href="#"><img src="images/pink.png" alt=" 粉红色皮肤 " /></a>
    <a href="#"><img src="images/blue.png" alt=" 蓝色皮肤 " /></a>
    <a href="#"><img src="images/green.png" alt=" 绿色皮肤 " /></a>
    <a href="#"><img src="images/purple.png" alt=" 紫色皮肤 " /></a>
    <a href="#"><img src="images/orange.png" alt=" 橙色皮肤 " /></a>
</div>
```

不过，有很多用户对此存在疑问，认为上面的结构应该属于列表信息，为什么不使用列表结构呢？例如，在禅意花园的页面设计中也出现过这样的结构设计问题（采用上面代码结构），曾有记者采访Dave Shea（禅意花园的主人）时提及这个问题，Dave Shea认为还是使用列表结构会更完美一些。当然，如果用户使用列表结构，且希望在一行内显示，就应该在CSS样式中定义li元素为行内显示。

从更人性化的角度来设计皮肤按钮，还可以使用如下结构：

```
<ul id="colours">
    <li><a href="#"> 粉红色皮肤 </a> </li>
    <li><a href="#"> 蓝色皮肤 </a> </li>
    <li><a href="#"> 绿色皮肤 </a></li>
    <li><a href="#"> 紫色皮肤 </a> </li>
    <li><a href="#"> 橙色皮肤 </a> </li>
</ul>
```

这个结构把按钮图标从结构中全部清除，以列表结构显示皮肤切换按钮信息，这种方法完全抛弃了修饰性的图标对于结构的影响。然后在CSS中使用背景图像来设计图标显示，并隐藏所包含的文本。这种结构有如下优点：

☑ 更符合语义性设计要求，整个结构看起来更加简洁。

☑ 更方便搜索引擎的检索，对于图像来说，其包含的信息无法直接被搜索引擎自动抓取。

☑ 更适应不同的设备浏览，同时设计师可以更容易控制按钮的显示，以及灵活编辑和修改样式。

第三，根据信息显示需要，适当增加一些辅助元素，以方便CSS或JavaScript进行控制。例如，对于左侧的分类导航图标，中间需要显示分类标题，故在结构中增加了一个span元素，代码如下：

```
<div><a href="#"><img src="pics/1/class.jpg" alt=" 相册分类文件夹 1" /></a><span> 相册 1</span></div>
```

然后显示样式和位置将由CSS负责，而显示的内容则由动态数据负责，借助JavaScript脚本来实现。由于侧栏的导航图标是以动态数据的形式显示的，故不适合使用CSS用背景图像的方式进行设计。

同样的还有照片显示区域的标题，代码如下：

```
<h3><span class="title"> 相册 1</span><span class="sub">[ 鼠标移过缩略图可以放大浏览 ]</span></h3>
```

由于该标题信息是动态的，执行中由JavaScript根据XML数据动态进行改写，而后面的提示信息又是静态的，故使用两个span元素分别进行定义。考虑到JavaScript能够更方便地控制，所以这里又为它们定义了class属性，这样使用CSS和JavaScript都很容易实现控制，且不会形成冗余代码。

16.3 设计相册布局和样式

视频讲解

相对于结构，页面布局和局部样式设计要复杂一些。本案例样式设计分为两步：第一步，先以静态页面的方式来设计作品，这样就可以更容易撑起页面框架和描绘大致页面效果；第二步，根据JavaScript动态显示数据的需要，后期补加和完善页面样式设计。

16.3.1 基本布局思路

整个页面的布局比较简单，其呈现的效果为2行3列，而根据结构层次的实际设计效果，页面应该是一个 3 行 2 列式布局效果，如图 16.5 所示。在显示时，标题行和导航栏由于区分度不大，故在视觉上显示为一行效果，而 <div id="content"> 区域由于左右两列区分明显，故在视觉上显示为两列效果。

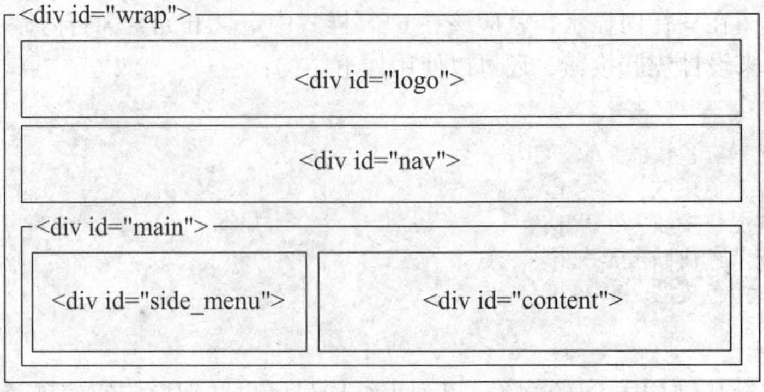

图 16.5　页面基本结构的布局

在设计时，可以考虑让标题行包含框（<div id="logo">）和导航包含框（<div id="nav">）流动布局，即让它们以默认状态自然显示。而 <div id="side_menu"> 和 <div id="content"> 子包含框则以浮动布局，以实现并列显示。

为了精确布局，在 <div id="side_menu"> 和 <div id="content"> 子包含框中以绝对定位布局来控制侧栏导航图标和缩略图的显示，因此还应该在这两个子包含框中定义包含块，以便设置定位坐标。另外，可借助伪列布局设计 <div id="side_menu"> 和 <div id="content"> 子包含框等高显示。

16.3.2　定义默认样式和基本框架

在编写样式表时，建议先统一页面标签的默认样式，这样可以避免重复设计相同的样式。本实例所定义的元素默认样式如下：

```
body {/* 页面基本属性 */
    font-family: verdana, arial, sans-serif;           /* 统一字体显示类型 */
    padding: 0;                                        /* 清除页边距 */
    margin: 0;                                         /* 清除页边距 */
    font-size:.75em;                                   /* 统一字体大小 */
    text-align:center;                                 /* 网页居中显示，针对非 IE 浏览器 */
    background:#000 url(topbg.jpg) repeat-x left -80px;   /* 定制网页背景色和背景图像 */
    color: #656565;                                    /* 统一页面字体颜色 */
}
p {margin: 0; }                                        /* 清除默认的边距 */
img {border:none;}                                     /* 清除图像边框 */
a {text-decoration:none;}                              /* 清除超链接下画线 */
ul, ol, dl, dt, dd, li {                               /* 清除列表结构的默认样式 */
    margin: 0;                                         /* 清除边界 */
    padding: 0;                                        /* 清除补白 */
    list-style: none;                                  /* 清除项目符号 */
}
```

设计页面基本布局样式。首先，在页面包含框中定义页面显示宽度、居中显示和恢复文本左对齐的默认样式。

```
#wrap {/* 页面包含框 */
    width:880px;                          /* 固定宽度 */
    margin:0 auto;                        /* 实现水平居中，针对非 IE 浏览器 */
    text-align:left;                      /* 恢复页面文本左对齐默认样式 */
}
```

然后，定义页面基本包含框样式，核心代码如下：

```
#logo {/* 标题框样式 */
    height: 80px;                         /* 固定高度 */
    border-top:6px solid;                 /* 在顶部定义一条粗的修饰线 */
}
#nav {/* 导航框样式 */
    height: 38px;                         /* 固定高度 */
    border-bottom: 6px solid;             /* 在底部定义一条粗的修饰线 */
}
#main {/* 主体框样式 */
    overflow:auto;                        /* 强迫包含框能自动张开 */
    border: 6px solid;                    /* 定义修饰性的粗边框 */
    border-top:none;                      /* 清除顶部边框样式 */
    background:url(bg.gif) repeat-y center;   /* 定义伪列布局（背景图像）*/
}
```

最后，定义主体包含框内的两个子包含框的布局样式。

```
#side_menu {/* 左侧栏目样式 */
    float: left;                          /* 向左浮动 */
    padding: 22px 12px 12px 12px;         /* 利用补白调整四周空隙 */
    width: 170px;                         /* 固定宽度 */
    margin-top:2em;                       /* 调整顶部边距 */
}
#content {/* 右侧栏目样式 */
    float: left;                          /* 向左浮动 */
    padding:12px 8px 6px 8px ;            /* 利用补白调整四周空隙 */
}
```

16.3.3　定义局部样式

整个页面的样式非常多，限于篇幅，这里不再全部列举并进行说明。下面着重讲解几个 CSS 设计细节和技术难点。

第一，标题透明效果的设计。在设计中，考虑到标题字体比较大，如果颜色过重，会分散浏览者的注意力，故以半透明的效果设计，具体代码如下：

```
#logo h1 {                                /* 半透明显示标题 */
    filter:alpha(opacity=40);             /* IE 浏览器专用 */
    -moz-opacity:0.4;                     /* Firefox 浏览器专用 */
    opacity:0.4;                          /* 标准浏览器专用 */
}
```

第二，分类导航栏（页面左侧）中导航图标与说明文字的重叠设计。分类导航栏的局部结构如下：

```
<div id="side_menu">
    <div><a href="#"><img src="pics/1/class.jpg" alt=" 相册分类文件夹 1" /></a><span> 相册 1</span></div>
    …
</div>
```

设计思路：让 <div id="side_menu"> 包含框内的每个 div 元素浮动显示，并清除浮动，禁止并列显示，实现单列显示效果。同时定义该 div 元素为包含块，实现 span 元素绝对定位，从而精确固定在导航图标的右下角。具体代码如下：

```
#side_menu  div {                          /* 子包含框样式 */
    padding: 4px;                          /* 标准浏览器专用 */
    margin:2px auto;                       /* 标准浏览器专用 */
    float:left;                            /* 标准浏览器专用 */
    position:relative;                     /* 标准浏览器专用 */
}
#side_menu a {                             /* 包含的超链接样式 */
    border:solid 2px #bbb;                 /* 边框样式 */
}
#side_menu img {                           /* 包含图像的样式 */
    border:solid 3px #efefef;              /* 与 a 元素边框形成交错效果 */
}
#side_menu span {                          /* 包含说明性标题的样式 */
    position:absolute;                     /* 绝对定位 */
    right:12px;                            /* 距离包含框右侧距离 */
    bottom:10px;                           /* 距离包含框底部距离 */
    padding:2px 4px;                       /* 内部空隙 */
    color:#eee;                            /* 浅色字体 */
    background:#444;                       /* 灰色背景 */
    filter:alpha(opacity=60);
    -moz-opacity:0.6;
    opacity:0.6;
}
```

第三，使用 CSS 技术来模拟鼠标移过缩略图时，能够自动浏览大图。这是 CSS 的一种特效，它主要利用绝对定位的方法来设计当鼠标移过缩略图时，放大缩略图显示并精确定位到预览区域，如图 16.6 所示，不过在缩略图位置会空出显示。

该部分的结构代码（局部）如下：

```
<div id="gallery">
    <span id="thumbs">
        <a href="#"><img src="pics/1/1.jpg" title="1" alt="1" /></a>
        <a href="#"><img src="pics/1/t2.jpg" title="2" alt="2" /></a>
        …
        <a href="#"><img src="pics/1/t10.jpg" title="10" alt="10" /></a>
    </span>
</div>
```

首先，定义图像浏览包含框为一个包含块，为绝对定位大图做参考。

图 16.6　使用 CSS 技术来预览大图

```
#gallery {                                    /* 浏览区域包含框样式 */
    position: relative;                       /* 相对定位 */
    padding-top: 8px;                         /* 调整顶部空隙 */
    width:100%;                               /* 防止 IE 浏览器出现水平滚动条 */
}
```

定义缩略图包含框向右浮动，并固定宽度。

```
#thumbs {                                     /* 缩略图包含框样式 */
    width: 205px;                             /* 固定宽度 */
    float: right;                             /* 向右浮动 */
}
```

其次，为每个缩略图定制样式。设计 a 元素向右浮动显示，并固定大小，借助 padding 和 margin 属性调整每个缩略图之间的空隙，并定义边框以修饰缩略图。

```
#thumbs a {                                   /* 缩略图超链接样式 */
    float: right;                             /* 向右浮动 */
    margin: 1px 0 3px 10px;                   /* 调整间距 */
    width: 50px;                              /* 固定宽度 */
    height: 50px;                             /* 固定高度 */
    border: 2px solid #FFF;                   /* 定义修饰性边框 */
}
#thumbs a img {/* 缩略图样式 */
    width: 50px;                              /* 固定宽度 */
    height: 50px;                             /* 固定高度 */
}
#thumbs a:hover {border-color: #8A8A8A;}      /* 鼠标经过时变化颜色 */
```

最后，定义大图显示位置。这里使用了绝对定位的方法来进行精确控制，并结合 padding 和 border 属性来设计修饰性的边框线效果。设计选择器在鼠标指针移过缩略图时，以及当缩略图被激活时有效。

```
#thumbs a:hover img, #thumbs a:active   img {        /* 大图显示样式 */
    position: absolute;                              /* 绝对定位 */
    width: 450px;                                    /* 固定宽度 */
```

```
    height: 320px;                          /* 固定高度 */
    right: 196px;                           /* 距离右侧的距离 */
    top: 8px;                               /* 距离顶部的距离 */
    padding: 2px;                           /* 补白大小 */
    border: 2px solid #8A8A8A;              /* 边框样式 */
}
```

第四，使用伪列布局来设计主体区域内左右栏等高显示。这主要利用背景图像来模拟两列等高显示效果。在主体包含框中定义背景图像沿垂直方向平铺，代码如下：

```
#main {/* 伪列布局样式 */
    background:url(bg.gif) repeat-y center;
}
```

16.3.4 设计皮肤

在基本样式表中，凡是与页面颜色相关的属性都没有定义。这里特意把所有相关元素的边框颜色、背景颜色和字体颜色都作为皮肤定制的元素来进行设置。整个示例根据色系定制了 5 套皮肤：colour_blue.css、colour_green.css、colour_orange.css、colour_pink.css 和 colour_purple.css。

这 5 套皮肤的样式基本相同，只是每个声明的属性值不同，主要是根据不同皮肤的色系进行设置的。例如，针对粉色皮肤所设计的样式表（colour_pink.css）如下：

```
#main { border: #DF368F; }                  /* 主体边框颜色 */
#nav li a {color: #EEE; border-color: #A8A8A8;} /* 导航菜单字体颜色，分隔边框色 */
#logo {                                     /* 标题栏的边框色，背景为透明显示 */
    background: transparent;
    border-color: #DF368F;
}
#logo h1 { color: #DF368F; }                /* 网页标题的字体颜色 */
#content h3 {                               /* 栏目标题的边框色和字体颜色，背景为透明显示 */
    background: transparent;
    color: #8A8A8A;
    border-color: #DF368F;
}
/* 定义二级标题、内容区域的字体颜色和背景色，以及超链接显示样式 */
#links a, #content a {background: transparent; color: #DF368F;}
#nav {                                      /* 导航栏边框色、字体颜色和背景色 */
    background: #BE7B9E;
    color: #EEE;
    border-color: #DF368F;
}
#nav li a:hover, #nav li a.selected, #nav li a.selected:hover {/* 定义导航栏超链接字体颜色、边框色 */
    background: #DF368F;
    color: #EEE;
    border-color: #A8A8A8;
}
.title { color:#DF368F; }                   /* 定义标题颜色类 */
```

16.4　设计交互效果

视频讲解

逻辑层的开发要复杂许多，主要包括两个大的功能块：第一，控制网页样式显示，即动态更换网页的皮肤样式表；第二，XML 数据的读取和显示。

16.4.1　动态更换皮肤

动态更换皮肤实际上就是动态导入不同的 CSS 样式表文件。设计思路：在页面初始化完成之后，获取皮肤控制 a 元素的引用指针，以及链接外部样式表文件 link 的引用指针。然后使用 for 语句遍历所有 a 元素，并分别为它们绑定鼠标单击事件处理函数。

在该事件处理函数中，先获取每个超链接包含的图标引用指针，并读取该图像的 URL 地址。利用 JavaScript 脚本截取图像名称字符串，如 purple.png 中的 purple 字符串。

再使用 getAttribute("href") 方法获取 link 元素导入的外部样式表文件的完整路径，然后利用正则表达式把从图像 src 属性中提取出来的字符串替换到 link 元素的 href 属性值中。

最后，把这个 href 属性值赋给 link 元素，从而实现动态改变导入的外部样式表文件。详细代码及其说明如下：

```
window.onload = function(){                                  // 定义页面初始化事件处理函数
    // 获取 <div id="colours"> 包含框中所有 a 元素的引用指针
    var color = document.getElementById("colours").getElementsByTagName("a");
    // 获取页面中第二个 link 元素的引用指针
    var linkcss = document.getElementsByTagName("link")[1];
    for(var i=0 ;i<color.length; i++){                       // 遍历所有 a 元素（皮肤控制按钮）
        color[i].onclick = (function(i){                     // 为每个 a 元素绑定鼠标单击事件处理函数
            return function(){                               // 为了能够在循环体内正确地向处理函数传递循环变量值，
                                                             // 这里定义了一个闭包结构，并在闭包结构中设置一个返
                                                             // 回函数，因为 onclick 属性赋值必须为函数体
                var img = color[i].getElementsByTagName("img"); // 获取当前 a 元素包含的 img 元素的引用指针
                var src =img[0].getAttribute("src");         // 获取当前 a 元素包含图像的 src 属性值
                var a = src.lastIndexOf("/");                // 获取 URL 中名称前面的斜杠位置
                var b = src.lastIndexOf(".");                // 获取 URL 中扩展名前的点号位置
                src = src.substring(a+1,b);                  // 利用上面两个序号值截取图像名称字符串
                // 获取 link 元素的 href 属性值，并利用正则表达式技术，使用所截取的图像名称字符串替换掉
                // href 属性值原来的值。例如，假设 href 属性值为 images/colour_pink.css，而图像名称字符串为
                // orange，则所要替换而得到的新 href 属性值为 images/colour_orange.css，并把这个新值保存在
                // 变量 newcss 中
                var newcss = linkcss.getAttribute("href").replace(/(\w+)\_(\w+)(\.css)/,"$1_"+src+"$3");
                linkcss.setAttribute("href",newcss); // 设置 link 导入的外部样式表文件的 href 属性值为 newcss，从而
                                                    // 实现动态改变导入的外部样式表文件，最终实现动态换肤功能
            }
        })(i);
    }
}
```

16.4.2　初始化 XML DOM 控件

下面尝试直接使用 JavaScript 技术来开发读取并显示外部 XML 数据的脚本。在原来的电子相册模板文

件（index.html）基础上，复制新文件 index2.html。打开 index2.html 文件，在“代码”视图下导入 jQuery 框架文件，代码如下：

```
<script language="javascript" type="text/javascript" src="images/jquery.js"></script>
```

下面的操作讲解如何使用 jQuery 技术读取不同 XML 格式中不同节点中的数据。

首先应明确：JavaScript 语言本身是不能读取 XML 数据的，它需要借助浏览器中的一个 XML DOM 控件，目前主流浏览器都支持该控件，但是不同浏览器的支持标准不同，所以在开始之前，应该初始化 XML DOM 控件，并保证它能够兼容 IE 和 Firefox 浏览器。

定义一个加载外部 XML 文件的函数，该函数将根据不同浏览器类型分别采用不同的方法实例化控件，最后调用 load() 方法加载参数中指定的 XML 文件。

```
function loadXML(xmlpath){      // 初始化 XML DOM 控件，并加载指定 xml 文件
    var xmlDoc=null;            // 定义并初始化变量为空
    if (window.ActiveXObject){ // 如果是 IE 浏览器，则使用如下方法定义控件
        xmlDoc=new ActiveXObject("Microsoft.XMLDOM");
    }else if (document.implementation && document.implementation.createDocument){
        // 如果是 Firefox 浏览器，则使用如下方法定义控件
        xmlDoc=document.implementation.createDocument("","",null);
    }else{                      // 否则将提示错误
        alert(' 你的浏览器暂时不支持 XML DOM 控件 ');
    }
    xmlDoc.async=false;    // 禁止异步通信
    xmlDoc.load(xmlpath); // 加载数据
    return xmlDoc;         // 返回加载的数据
}
```

16.4.3 读取并显示分类导航信息

在电子相册页面的左侧有一列分类导航信息栏，该栏信息是从 pics/class.xml 文件中读取的。要实现这样的功能，用户应该考虑以下几个问题。

第一，在页面初次加载时，能够自动显示导航数据。

第二，需要为显示的数据绑定单击事件属性，只有这样才能把分类导航栏与缩略图包含框信息紧密联系在一起。设计目标是：当在导航栏中单击某类图标时，缩略图包含框中的信息能够自动更新，从而实现信息联动显示效果。

第三，考虑到导航信息不确定性，也许用户分类信息很多。为了页面显示美观，可以初始化限制分类信息显示的数目。

为了实现上面所列的三个问题，不妨借助 JavaScript 函数，把两个核心功能块分开独立定义为以下两个函数。

第一个函数：显示导航图。该函数能够根据所指定的 xmlpath 和 more 参数决定所要显示的导航图信息和信息记录数。其中 xmlpath 参数表示外部 XML 文件，而 more 参数表示是否显示全部数据。设计思路如下：

首先，调用 loadXML() 函数加载指定的 XML 文件，同时使用 jQuery 方法清除分类导航包含框内的所有导航信息。

其次，利用 jQuery 选择器技术获取导入的 XML 文件中的 folder 节点集合，并使用 each() 方法遍历该集合。在遍历过程中，判断参数 more 不为 true，则说明仅显示前 5 条记录项。利用 jQuery 方法获取当前节点所包含的信息，并组成一个 HTML 结构的字符串，字符串中包含节点所要传递的数据。

最后，把这个字符串插入分类导航包含框中，从而实现动态绑定分类信息的目的。为了方便用户操作，在分类导航的末尾插入一个文本按钮，用来决定是否显示所有数据。在函数的结尾调用 bindMenuEvent() 函数为导航图像绑定事件处理函数。该函数的详细代码和说明如下：

```
function initMenu(xmlpath,more){                          // 显示导航图
    var oxml=loadXML(xmlpath);                            // 调用 loadXML() 函数加载 XML 文件
    $("#side_menu").empty();                              // 清空分类包含框内信息
    $(oxml).find("pics > folder").each(function(i){ // 遍历加载的 XML 文档中的 folder 节点
        if(i>4&&more!=true){return false;};         // 如果显示记录数大于 5 条，且参数 more 为 false，则跳出遍历结构
        var temp_str;
        temp_str= "<div><a href='#' title='"+$(this).attr("name")+"'><img src='pics/"+$(this).attr("name")+"/"+$(this).
          attr("class")+"' alt='"+$(this).text()+"' /></a><span>"+$(this).text()+"</span></div>"; // 利用从节点读取的数据组
                                                                                                  // 合 HTML 结构字符串
        $(temp_str).appendTo("#side_menu"); // 把该字符串应用到导航包含框中
    });
    // 如果记录数大于 5 条，则可以考虑提供如下操作选项，否则不提供
    if($(oxml).find("pics > folder").length>5){
        if(more!=true){ // 如果参数 more 为 false，则在底部插入"全部分类"按钮，并在该按钮中绑定本函数调用，
                        // 并传递参数 more 的值为 true
            temp_str="<p onclick='initMenu(\"pics/class.xml\",true);'> 全部分类 </p>";
            $(temp_str).appendTo("#side_menu");// 把超链接结构插入包含框导航信息的底部
        }
        if(more==true){ // 如果参数 more 为 true，则在底部插入 "显示部分分类" 按钮，并在该按钮中绑定本函
                        // 数调用，传递参数 more 的值为 false
            temp_str="<p onclick='initMenu(\"pics/class.xml\",false);'> 显示部分分类 </p>";
            $(temp_str).appendTo("#side_menu");
        }
    }
    bindMenuEvent();                                      // 调用该函数为所有导航信息项绑定鼠标单击事件处理函数
}
```

第二个函数：为导航图标绑定事件。在第一个函数最后调用了 bindMenuEvent() 函数，设计在初始化导航信息之后，使用脚本绑定事件处理函数。设计思路如下：

首先，使用 jQuery 定义的 each() 方法遍历分类导航包含框中每个导航图标，并分别为它们绑定鼠标单击事件处理函数。在该事件处理函数中，先获取导航图标包裹的超链接元素 a 中的 title 属性值，该属性中包含了每个分类相册的目录地址。

其次，清空缩略图包含框，再次调用 initThumbs() 函数，使用当前分类的目录地址再次初始化显示缩略图。详细代码如下：

```
function bindMenuEvent(){                                  // 为导航图标绑定事件
    $("#side_menu a").each(function(i){                    // 遍历分类导航超链接
        $("#side_menu a")[i].onclick = (function(i){       // 为该超链接绑定鼠标单击事件处理函数
            return function(){                             // 返回闭包函数
                var url = $($("#side_menu a")[i]).attr("title"); // 获取超链接中的 title 属性
                $("#thumbs").empty();                      // 清空缩略图包含框中的信息
```

```
                initThumbs("pics.xml","pics/"+url+"/");// 再次调用该函数，使用新的分类目录信息初始化显示缩略图
            };
        })(i);
    });
}
```

Note

最后，为了实现页面初始化时能够显示分类导航信息，不要忘记在页面初始化事件中调用第一个函数，以显示导航图标。

```
window.onload = function(){
    initMenu("pics/class.xml");
}
```

16.4.4 读取并显示缩略图信息

在读取并显示缩略图信息功能块中主要包含 3 个函数：显示缩略图函数（initThumbs()）、为缩略图绑定事件函数（bindThumbsEvent()）和显示大图函数（showBigImg()）。下面分别进行讲解。

第一个函数（initThumbs()）负责显示缩略图。设计思路：首先，调用 loadXML() 函数加载参数中指定的目录和文件；然后，使用 jQuery 遍历 XML 数据文件中的 file 节点，获取该节点中的相关属性和信息，并利用这些信息组合一个缩略图的 HTML 结构字符串；最后，把该字符串应用到缩略图包含框中。

同时，利用分类导航中的说明信息改写大图浏览区中的标题文本。当遍历完成之后，再调用 bindThumbsEvent() 函数为每个缩略图绑定事件处理函数。详细代码如下：

```
function initThumbs(xmlpath,url){                    // 显示缩略图
    var oxml=loadXML(url+xmlpath);                   // 加载 XML 数据
    $(oxml).find("pics file").each(function(){       // 遍历加载数据中 file 节点
        var temp_str;
        temp_str= "<a href='#'><img src='pics/"+$(this).parent().attr("name")+"/t"+$(this).text()+"' title='"+$(this).
          text()+"' alt='"+$(this).text()+"' /></a>";  // 获取 file 节点中的属性和信息组成缩略图 HTML 结构代码字
                                                      // 符串
        $(".title").text($(this).parent().attr("class")); // 获取 file 节点中 class 属性值并改写大图浏览区标题
        $(temp_str).appendTo("#thumbs");             // 把组成的缩略图 HTML 结构代码应用到缩略图包含框中
    });
    bindThumbsEvent();                               // 为每个缩略图绑定事件处理函数
}
```

第二个函数（bindThumbsEvent()）负责为每个缩略图绑定事件。具体代码如下：

```
function bindThumbsEvent(){                                  // 为缩略图绑定事件
    $("#thumbs a").each(function(i){                         // 遍历缩略图中的超链接
        $("#thumbs a")[i].onclick = (function(i){            // 为超链接绑定鼠标单击事件处理函数
            return function(){                               // 返回闭包函数
                var url = $($("#thumbs img")[i]).attr("src");// 获取缩略图的 src 属性值
                $(".big_pic").empty();                       // 清空大图包含框
                showBigImg(url);                             // 把缩略图的 src 属性值作为参数，重新显示大图
            };
        })(i);
    });
}
```

第三个函数（showBigImg()）负责显示大图。在前面小节中曾经使用CSS特效来设计缩略图预览功能，但是它有很多缺陷：一是只能实现鼠标移过时预览大图，无法定义其他操作方式（如单击等）；二是当预览大图时，缩略图会消失；三是大图和缩略图其实就是一个图，所以无法真正实现大图和缩略图的分离，当缩略图很多时，将为数据加载带来极大的负担，所以不建议使用CSS特技的方法来设计缩略图预览。

通过函数的方式来设计大图预览功能，灵活性非常大。当用户单击某个缩略图时，会调用该缩略图的鼠标单击事件处理函数，并把缩略图的src属性值作为参数传递给showBigImg()，从而实现显示大图的效果。详细代码如下：

```
function showBigImg(url){                                   // 显示大图
    var a = url.lastIndexOf("/t");// 获取缩略图中“/t”的位置
    b = url.substring(0,a);                                 // 截取“/t”位置前的字符串
    c = url.substring(a+2);                                 // 截取“/t”位置后的字符串
    var temp_str;
    temp_str= "<img src='"+b+"/"+c+"' alt='"+c+"' />"; // 设置大图的src属性值字符串
    $(temp_str).appendTo(".big_pic");                       // 把大图应用到预览框中
}
```